AKADEMIE DER WISSENSCHAFTEN DER DDR
FORSCHUNGSZENTRUM FÜR MOLEKULARBIOLOGIE UND MEDIZIN
ZENTRALINSTITUT FÜR MIKROBIOLOGIE
UND EXPERIMENTELLE THERAPIE JENA
ABTEILUNG LIMNOLOGIE

LIMNOLOGICA

BAND 11

2. Heft

AKADEMIE-VERLAG · BERLIN

1978

LIMNOLOGICA

INHALTSVERZEICHNIS
Band 11 · Heft 2
Abgeschlossen Oktober 1977

Band 11 der LIMNOLOGICA umfaßt zwei Hefte.

Band 12, Heft 1, wird folgende Arbeiten enthalten:

In memoriam THEODOR SCHRÄDER 1904 – 1975 (S. J. CASPER). – BLOMQVIST, PETER, & BIRGER PEJLER: Experiments on phototaxis in limnic zooplankters. – UHERKOVICH, GABOR: Die wichtigsten Züge der quantitativen und qualitativen Zusammensetzung des Potamophytoplanktons der Drau (Dráva) in Ungarn. – BENNDORF, JÜRGEN, & EVA WERNER: Berechnung der Wachstumsrate des Phytoplanktons in durchmischten Wasserkörpern. – VERMA, SEWA RAM, GOPI RANI SHUKLA & RAMESH CHAND DALELA: Studies on the pollution of Hindan river in relation to fish and fisheries. – VASISHT, HEM SAGAR, & RAJINDER JINDAL: Rheological survey of a pucka stream of Patiala (Punjab, India). – HEYNIG, HERMANN: Das Helme-Staubecken bei Kelbra (Kyffhäuser) IV. Limnologische und hygienische Verhältnisse in den Jahren 1970 bis 1975. – WAGNER, RÜDIGER: Lunzer Psychodiden (Diptera, Nematocera). Schlitzer produktionsbiologische Studien (21). – JYOTI, MOHINDER KUMAR, & HARJEET SEHGAL: Rotifer fauna of Jammu (J & K), India. – WAWRIK, FRIEDERIKE: Algologische Untersuchungen der Eisschluß- und Eisbruchvegetation in Teichen des südlichen Waldviertels (Niederösterreich; 1975). – NASAR, S. A. K., & JAYASHREE DATTA MUNSHI: Studies on the seasonal variations in the fungal population of a fresh pond of Bhagalpur, India. – KOSCHEL, RAINER: Untersuchungen zur Phosphataffinität des Planktons in der euphotischen Zone von Seen. – GUTHKE, GISELA: Glukoseabbauaktivitäten einer Bakterien-Mischpopulation der Saale. – KRAUSCH, HEINZ-DIETER: Untersuchungen über die makrophytische Biomasse der mittleren Saale 1977. – Rezensionen.

Untersuchungen über die zönotische Struktur und die Produktivität von Makrophyten in Gewässern

Akademiemitglied Prof. Dr. med. habil. HANS KNÖLL

* 7. 1. 1913	Wiesbaden
† 26. 6. 1978	Stralsund

LIMNOLOGICA

BAND 11 1977/78

HARTUNG

AKADEMIE DER WISSENSCHAFTEN DER DDR
FORSCHUNGSZENTRUM FÜR MOLEKULARBIOLOGIE UND MEDIZIN
ZENTRALINSTITUT FÜR MIKROBIOLOGIE
UND EXPERIMENTELLE THERAPIE JENA
ABTEILUNG LIMNOLOGIE

LIMNOLOGICA

SCHRIFTLEITER: S. JOST CASPER
HERAUSGEBER: GOTTFRIED BREITIG,
HANS KNÖLL†, ALFRED RIETH,
WILFRIED SCHÖNBORN, DIETRICH UHLMANN
UND GÜNTHER WALTER

BAND 11

AKADEMIE-VERLAG · BERLIN

1977/78

Band 11

Mit 270 Abbildungen, einem Bild, 15 Tafeln und 128 Tabellen

Heft 1, Januar 1977 Seite 1–224
Heft 2, Dezember 1978 Seite 225–531

Die LIMNOLOGICA erscheinen in zwangloser Folge in einzeln berechneten Heften wechselnden Umfangs. Etwa 30 Druckbogen (480 Seiten) bilden einen Band.
Die LIMNOLOGICA veröffentlichen Originalarbeiten aus allen Gebieten der wissenschaftlichen Erforschung der Binnengewässer und der benachbarten Lebensräume. Neben den Originalarbeiten erscheinen Übersichten der Fachliteratur osteuropäischer Staaten, Tagungsberichte und Rezensionen.

Erschienen im Akademie-Verlag, DDR-108 Berlin, Leipziger Str. 3–4

Lizenznummer: 202 · 100/535/79
Gesamtherstellung: VEB Druckerei „Thomas Müntzer“, 582 Bad Langensalza
Printed in the GDR

INHALTSVERZEICHNIS

Originalarbeiten

Rezensionen

Die Herausgeber der Schriftenreihe LIMNOLOGICA erfüllen hierdurch die schmerzliche Pflicht mitzuteilen, daß ihr Mitherausgeber, der emeritierte Direktor des Zentralinstituts für Mikrobiologie und experimentelle Therapie der AdW der DDR,

Akademiemitglied

Prof. Dr. med. habil. Hans Knöll

am 26. Juni 1978 im Alter von 65 Jahren plötzlich und unerwartet verstorben ist.

Die medizinische und biologische Wissenschaft verliert in dem Dahingegangenen einen hervorragenden und erfolgreichen Wissenschaftler, dessen Leistungen als Forscher, Lehrer, Institutsgründer und -leiter weit über die Grenzen unserer Republik hinaus bekannt und geschätzt waren. Er hat sich besondere Verdienste um die Entwicklung der Biowissenschaften in der DDR erworben.

Wir werden sein Andenken stets in Ehren halten.

S. Jost Casper

Limnologica (Berlin)	11	2	1978	229–305

ANNE LINDNER

Soziologisch-ökologische Untersuchungen an der submersen Vegetation in der Boddenkette südlich des Darß und des Zingst (südliche Ostsee)

Mit 17 Abbildungen und 19 Tabellen

Inhalt

1. *Einleitung und Problemstellung*

Zur Erforschung des Ökosystems Brackwasser werden seit 1969 in der Boddenkette südlich des Darß und des Zingst (südliche Ostsee) komplexe kausal-ökologische Arbeiten durchgeführt. Die ermittelten Kenndaten bilden die Grundlage einer biokybernetischen Modellierung des Wirkungsgefüges dieses Ökosystems und sollen im Interesse einer vielseitigen Nutzung der Gesamtbilanz der Bodden und seiner Uferzonen dienen.

In der als Stufenprogramm aufgebauten Gesamtkonzeption war das Anliegen dieser Arbeit, die Vegetationsverhältnisse der submersen Makrophyten und deren Abhängigkeit von ökologischen Faktoren zu untersuchen (Lindner 1972), um damit Voraussetzungen für die inzwischen abgeschlossenen produktionsbiologischen Arbeiten (Festerling 1973) am Makrophytobenthos zu schaffen. Die synökologischen Untersuchungen sollten gleichzeitig zur Klärung des Informationsgehaltes der Phytozönosen beitragen, um diese als Bestandteil eines komplexen Indikatorsystems für die Beurteilung des Gewässers zu integrieren.

In den flachen Boddengewässern der südlichen Ostsee sind ausgedehnte Areale mit einer üppig entwickelten submersen Flora bewachsen. Obwohl diesen Pflanzen als Produzenten beträchtlicher Biomassen, als Detritusbildner, als Lebensraum verschiedener Zoobiozönosen große Bedeutung zukommt, wurde der Aufbau dieser Makrophytenvegetation und ihre Stellung im Ökosystem des Brackwassers bisher nur wenig beachtet, und die Erfassung der Primärproduktion beschränkte sich ausschließlich auf die Bestimmung der planktischen Produktionsleistung.

Auch aus dem USG[1]) war über die Vegetation und ihre Gliederung bisher kaum etwas bekannt. Einige floristische Notizen findet man bei Marsson (1869); über Characeen-Vorkommen in diesem Gebiet berichten Münther (1870) und Holtz (1892); Müller (1932) bringt eine Zusammenstellung der Großalgen für die Binnenbodden von Rügen und des Bock, Jeschke (1960) macht Angaben über die Brackwasservegetation im Bereich der Barther Oie und Fukarek (1961), Hoppe & Pankow (1968) stellen erste soziologische Befunde aus diesem Boddenbereich vor.

Unsere Untersuchungen setzten diese begonnenen Arbeiten mit dem Ziel fort, die Vegetationsverhältnisse der gesamten Boddenkette zu erfassen. Da für die feldfloristischen Arbeiten nur die beiden Vegetationsperioden 1970/1971 zur Verfügung standen, kann diese Arbeit keinen Anspruch auf Vollständigkeit erheben. Es wurde versucht, eine Gesamtübersicht der ökologisch-soziologischen Beziehungen zu geben, die Ansatzpunkt für gezielte kleinräumige Komplexanalysen und experimentell-ökologische Arbeiten sein muß.

Die Brackwasserröhrichte werden in diese Darstellung nicht mit einbezogen. Obwohl sie mit erfaßt wurden, sind für eine sichere Abgrenzung noch eine Reihe von ökologischen Untersuchungen erforderlich.

2. *Einführung in das Untersuchungsgebiet*

2.1. Lage und Geomorphometrie

Die Boddengewässer südlich des Darß und des Zingst sind dem Festland vorgelagerte, miteinander kommunizierende seichte Wasserkörper, die durch einen halbinselartigen Landstreifen von

[1]) In der vorliegenden Arbeit Abkürzung für „Untersuchungsgebiet“.

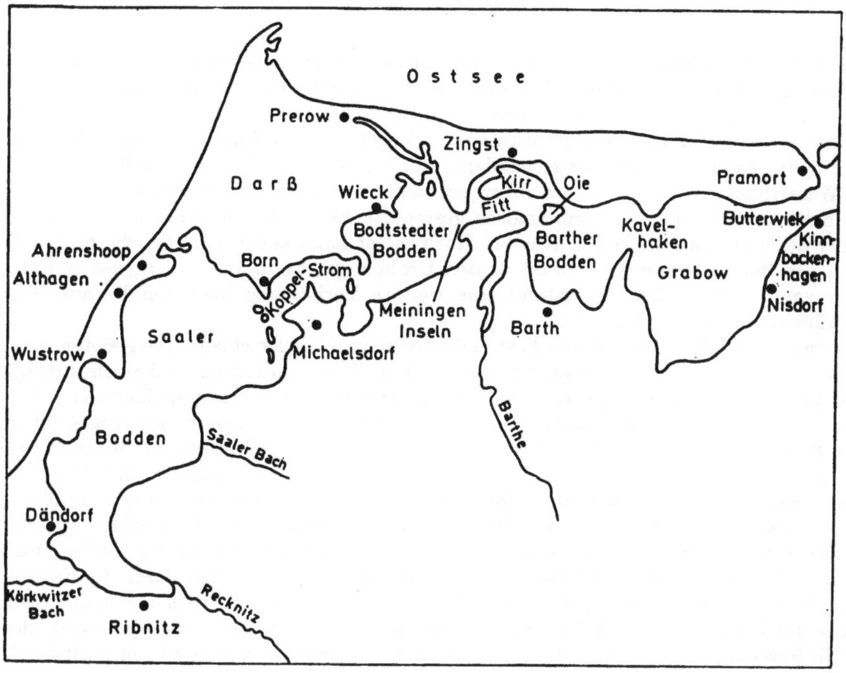

Abb. 1. Übersicht über das Untersuchungsgebiet

der südlichen Ostsee getrennt werden. Es sind von E nach W der Grabow, der Barther Bodden mit der Fitt, der Zingster Strom und das Meiningen-Fahrwasser, der Bodstedter Bodden mit dem Prerow-Strom und der Saaler Bodden, der über Koppel- und Nadelstrom mit dem Bodstedter Bodden in Verbindung steht (Abb. 1). Brosin (1965a) bezeichnet das USG als Musterbeispiel für ein durch eine Barre gebildetes Ästuar, wobei er die Neudeutung des Ästuarbegriffs nach Bowden (1962) und Pritchard (1952) zugrunde legt. Wie aus Tab. 1 ersichtlich ist, sind die Bodden ausgesprochene Flachwassergebiete, deren maximale Tiefe 4,5 m kaum übersteigt. Nur in den engen Durchlässen entstehen durch Ausgleichströme Auskolkungen, die Tiefen bis zu 12 m erreichen (z. B. Meinigen-Fahrwasser).

Tab. 1. Fläche, Volumen und mittlere Tiefe im Untersuchungsgebiet (nach Brosin 1965a)

	Fläche km^2	Volumen 10^6 m^3	mittlere Tiefe m
Grabow (Profil Pramort)	47	99	2,1
Barther Bodden	21	27	1,3
Zingster Strom	2	6	3,0
Fitt	3	2	0,5
Bodstedter Bodden	26	49	1,9
Koppelstrom	11	17	1,5
Prerow-Strom	1	4	3,5
Saaler Bodden	86	138	1,6
insgesamt	197	342	—

2.2. Hydrographie

Nach ersten Befunden von GESSNER (1937, 1957) erfolgte eine umfassende Bearbeitung der hydrographischen Elemente durch HUPFER (1959/60, 1960), BROSIN, HUPFER & v. PETERSSON (1964) und BROSIN (1965a, 1965b). Es sei auf diese Arbeiten verwiesen und hier nur ein kurzer Überblick gegeben. Die für die Entwicklung der Vegetation als Standortfaktoren in Frage kommenden hydrographischen Parameter werden unter 6.2. ausführlicher behandelt.

Der Wasserhaushalt des USG wird im wesentlichen durch den Wasseraustausch mit der freien Ostsee bestimmt, der durch meteorologisch gesteuerte Ein- und Ausstromlagen vonstatten geht und über den Gellenstrom erfolgt. Nur bei Hochwasser kann außerdem über die beiden Fluttore westlich des Bock Ostseewasser direkt in den Grabow gelangen. Bei Niedrigwasser fallen diese Verbindungen trocken. Früher bestand eine weitere Verbindung über den Prerow-Strom, der später künstlich geschlossen wurde.

Süßwasser erhält das Gebiet durch Festlandzuflüsse und Niederschläge. Die größten natürlichen Süßwasserzuflüsse sind die Recknitz, die bei einer Lauflänge von 122 km und einem Einzugsgebiet von 665 km^2 98 Mio m^3/a transportiert, und die Barthe mit einem Einzugsgebiet von 292 km^2 und einer Abflußmenge von 60 Mio m^3/a. Die kleineren Süßwasserzuflüsse haben insgesamt untergeordnete Bedeutung und ihr Einfluß bleibt auf das Mündungsgebiet beschränkt. Mit dem Süßwasser werden Abstoffe aus Industrie und Landwirtschaft eingetragen, die von ZÄNGER (1971) erfaßt und analysiert wurden. Die unterschiedliche Zusammensetzung der Vegetation in den Mündungsbereichen dieser Zuflüsse spiegelt die chemische Heterogenität dieser Wasserläufe wider, vgl. S. 271.

Außer den bisher genannten Wasserkörpern muß in der ufernahen Zone der Einfluß des Braunwassers auf die Entwicklung der Vegetation beachtet werden. Es gelangt durch die Entwässerung des auf Torf stehenden Wiesengeländes in die Bodden und dürfte durch den hohen Gehalt an Huminsäuren im Laufe der Zeit die Struktur der alkalophilen Characeen-Bestände verändern. Das durch Niederschläge zugeführte und durch Verdunstung abgeführte Wasser beeinflußt den Wasserhaushalt nur unwesentlich.

Nach BROSIN (1965a) verteilen sich die in das Boddengebiet gelangenden Wassermassen zu 73% auf den Einstrom von der Ostsee her und zu 19% auf die Festlandabflüsse. Der Anteil der Niederschläge am Wassergewinn beträgt 8%. Etwa 92% der Wasserverluste entfallen auf den Ausstrom und 8% auf die Verdunstung.

2.3. Klima

Durch die ausgleichende Wirkung des Wassers kommt den Klimaelementen bei der Verbreitung und Differenzierung der Wasserpflanzengesellschaften nicht die primäre Bedeutung zu, wie es für die meisten terrestrischen Phytozönosen der Fall ist. Trotzdem können einige Bemerkungen zum Klima dem Verständnis kausal-ökologischer Beziehungen dienen.

Die Klimazone Mecklenburgs, die das USG prägt, wird nach KLIEWE (1951) und HURTIG (1957) als Gebiet des Ostseeküstenklimas bezeichnet. Es umfaßt einen ca. 20—30 km landeinwärts reichenden Küstensaum, der nach HURTIG (1957) folgende Kennzeichen aufweist:

- verhältnismäßig gleichmäßiger Temperaturgang mit geringen Jahrestemperaturschwankungen (später Frühjahrs- und Sommereinzug, milder langer Herbst),
- niederschlagsarm (geringe Niederschläge im Frühjahr, stärkere Niederschlagsbildung im Herbst und Winter),
- hohe Luftfeuchtigkeit,
- lebhafte Luftbewegung.

2.3.1. Temperatur

Die folgenden Klimadaten wurden vom Amt für Meteorologie, Schwerin, zur Verfügung gestellt: Im langjährigen Mittel 1901/1950 beträgt die mittlere Jahrestemperatur für Barth 8,0 °C. Charakteristisch für den maritimen Einfluß sind die milden Winterwerte, die im Durchschnitt der Monate Dezember/Februar mit 0,7 °C angegeben werden. Die tiefsten Temperaturen liegen sowohl

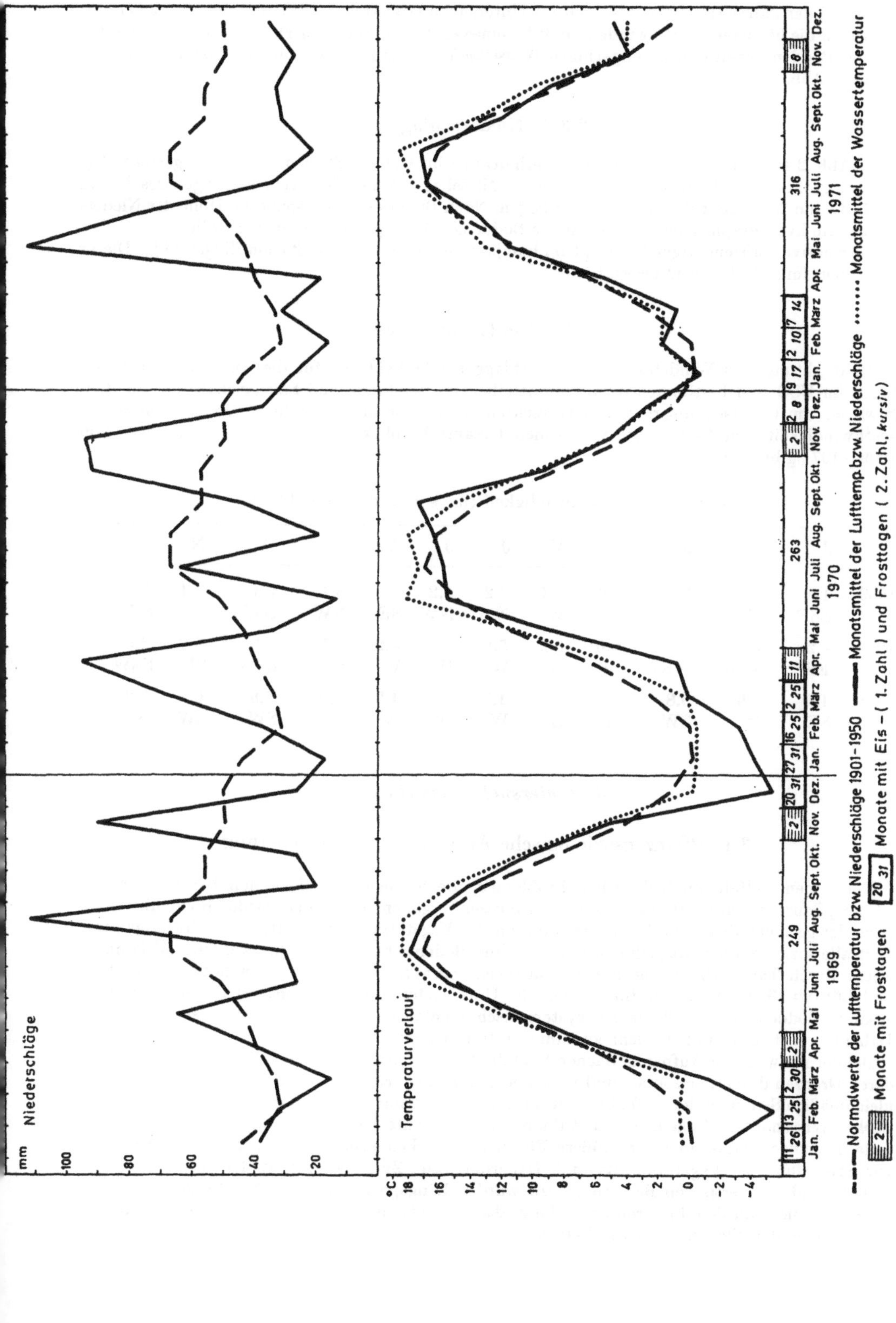

Abb. 2. Klimaverlauf im Untersuchungszeitraum 1969—1971 (Klimadiagramm verändert nach Walter 1964)

im Mittel der Jahre 1901/1950 als auch im Untersuchungszeitraum 1969/1971 im Januar (1969: Februar), die höchsten Werte wurden im Juli gemessen (1970: September). Die Wassertemperaturen der Bodden folgen wegen der geringen Wassertiefe dem jahreszeitlichen Wechsel der Lufttemperatur (Abb. 2).

2.3.2. Niederschläge

In Abb. 2 sind auch die Niederschlagsverhältnisse im Gebiet (Station Zingst) dargestellt. Besonders große Abweichungen vom langjährigen Mittel zeigen die Niederschlagsmengen des Jahres 1971, die um 20% unter dem Normalwert liegen. Nach Brosin (1965a) spielt die Höhe der Niederschläge im hydrographischen Geschehen der Boddengewässer jedoch kaum eine Rolle.

Die relative Luftfeuchtigkeit beträgt im langjährigen Mittel für die Station Zingst 84%. Dieser Wert liegt im Mittel aller Ostseestationen.

2.3.3. Windverhältnisse

Windrichtung und Windstärke sind ausschlaggebende Faktoren für die Aus- und Einstromlagen im USG und bestimmen damit unmittelbar Wasserstände und Salzhaushalt der Boddengewässer. Im Untersuchungszeitraum herrschten Westwinde mit einer durchschnittlichen Windgeschwindigkeit von 5,32 $m \cdot s^{-1}$ vor. Einen Gesamtüberblick über die Windverhältnisse von 1969–1971 gibt Tab. 2.

Tab. 2. Windgeschwindigkeit ($m \cdot s^{-1}$) und Windrichtung

	J	F	M	A	M	J	J	A	S	O	N	D
1969	4,8 SSE	5,0 E	5,9 E	5,4 W	4,4 W	4,2 NW	5,2 NW	4,1 SE	6,1 NW	6,4 NW	7,4 S	3,8 SE
1970	4,2 ESE	5,0 WSW	5,7 WSW	6,0 W	5,2 W	5,0 W	5,2 W	4,2 W	5,7 SE	5,8 SSW	6,2 SE	6,5 SSW
1971	4,4 SE	6,9 W	5,8 SW	4,5 W	3,7 E	4,7 W	5,6 W	4,2 W	5,0 W	5,8 SW	6,7 SW	6,8 W

3. *Untersuchungsmethoden*

3.1. Pflanzensoziologische Aufnahmen und Kartierung

Neben den vielfältigen technischen Problemen, die bei jeder soziologischen Bearbeitung von Wasserpflanzengesellschaften gelöst werden müssen, ergaben sich in der Darßer Boddenkette infolge der geringen Sichttiefe (< 30 cm während der Vegetationszeit) zusätzliche Schwierigkeiten. Fast alle soziologischen Aufnahmen mußten ohne Bodensicht durchgeführt werden und konnten weder durch Taucharbeiten noch Unterwasserphotographie (vgl. z. B. Schwenke 1965a, 1969 und Lüning 1970) Ergänzung finden. Für die Untersuchung der Bewuchsverhältnisse wurde die gesamte Boddenkette (ca. 20000 ha) systematisch abgefahren, große Gebiete wurden abgelaufen. Dabei bewährte sich ein Schlauchboot zum Gerätetransport.

Bei der Auswahl der Aufnahmeflächen fand die Homogenität der Flächen besondere Beachtung, deren Grenzen durch horizontale und vertikale Transsekte ermittelt wurden. Weiterhin wurde die gleichmäßige Streuung der Aufnahmeflächen über das gesamte Gebiet berücksichtigt. Auf die zunächst verwendeten Meßleinen und Aufnahmenetze konnte bald verzichtet werden, weil dieses zeitaufwendige Verfahren keine größere Flächengenauigkeit erbrachte. Dagegen markierten wir zur Ermittlung der Vegetationsdynamik Dauerquadrate. Zur Überprüfung der horizontalen Zonierung und der vertikalen Bewuchsgrenze wurden Längsprofile gelegt (Abb. 9 und 10). Häufig zogen wir diese an den Fischreusen entlang, das vereinfachte die Vermessungsarbeiten und ersparte das mühevolle Auslegen von Leinen.

Die Entnahme der Pflanzen erfolgte in den flachen Boddenteilen mit einer einfachen Harke, die an einem zerlegbaren Metallgestänge befestigt war. In tieferen Gebieten erwies sich eine Wurfharke nach LUTHER (1951) als brauchbar. Zur Kontrolle dieser „Harkenfänge“ und für quantitative Aussagen wurde ein selbstkonstruiertes Gerät benutzt, das die Pflanzenentnahme von 0,1 m^2 ermöglicht (Abb. 3).

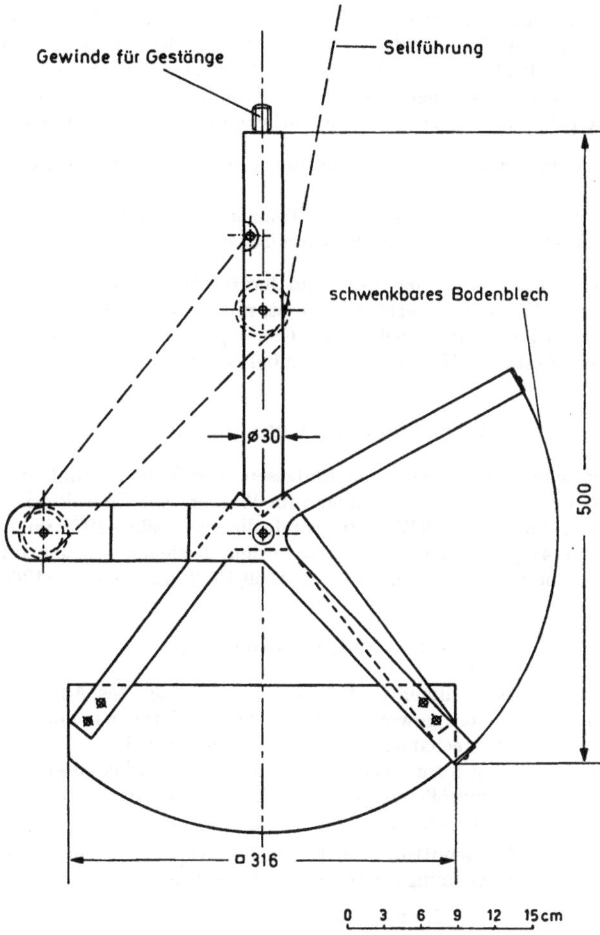

Abb. 3. Pflanzenentnahmegerät für eine Fläche von 0,1 m^2

Die Aufnahmemethodik erfolgte zunächst nach BRAUN-BLANQUET (1964) bzw. TÜXEN & PREISING (1942). Danach wurden Deckungsgrad und Menge in der üblichen Weise nach der 6teiligen Skala geschätzt, auf die Mitteilung der Soziabilität wurde verzichtet (vgl. ELLENBERG 1956). Im letzten Untersuchungsjahr gingen wir dazu über, die Schätzung nach Gewichtsanteilen vorzunehmen (ELLENBERG 1952, AHRENS 1958). Diese Methode hat den großen Vorteil, gleichzeitig quantitative Aussagen zu ermöglichen. — In den Tabellen wurde, um die Literaturbefunde besser vergleichen zu können, einheitlich die Skala nach BRAUN-BLANQUET (1964) verwendet.

Die gewonnenen Aufnahmen wurden auf Grund ihrer floristischen Ähnlichkeit zu Gesellschaftstabellen zusammengestellt. Bei der tabellarischen Gliederung und der Fassung der Einheiten der extrem artenarmen Phytozönosen sind die Dominanten von signifikanter Bedeutung (vgl. S. 242). Zur Erleichterung der Übersicht wurden die Einzelaufnahmen z. T. zu synthetischen Gesellschaftstabellen zusammengefaßt, wobei der Stetigkeitsgrad in absoluten Prozentzahlen mitgeteilt wird. Alle Aufnahmeorte wurden in die Seekarte Nr. 3017 eingetragen.

Auf Grund der genannten Bedingungen (geringe Sichttiefe, breite Uferbank usw.) bereitete die topographische Erfassung der Gesellschaften außerordentliche Schwierigkeiten. Die Vermessungsarbeiten sind mit einem hohen Arbeitsaufwand verbunden und können beträchtliche Schätzungsfehler nicht ausschließen. Zur Rationalisierung solcher Verfahren hat sich das Luftbild als unentbehrliches Hilfsmittel erwiesen (TROLL 1939, KRAUSE 1955, LANG 1964, 1967, 1969 und Berichte des III. Symposiums für Photointerpretation 1970).

Es wurden deshalb gemeinsam mit einem Kollektiv der Abteilung Photogrammetrie des Instituts für Forstwissenschaften Eberswalde die Möglichkeiten des Einsatzes von Luftbildern geprüft (WOLFF & LINDNER 1974). Die Ergebnisse eines Versuchsbildfluges im Barther Bodden zeigen, daß auch in Gewässern mit geringer Sichttiefe Luftbilder der Orwochrom-Emulsion vom Typ UT 18 ausgezeichnete Informationen liefern. Die vorliegenden Steilaufnahmen ermöglichen:

- eine sichere Interpretation der Leitgesellschaften im submersen Bereich und im Verlandungsgürtel;
- die Unterscheidung von Deckungsgraden der Pflanzengesellschaften und
- eine sichere Interpretation der Grenzen der Gesellschaften.

Durch diese Voraussetzungen wird der Zeit- und Kraftaufwand, der für die Bearbeitung von Wasserkörpern dieser Größenordnung erforderlich ist, nicht nur auf ein ökonomisch vertretbares Maß reduziert, sondern es wird gleichzeitig eine Genauigkeit bei der Kartierung von Flächen erreicht, wie sie mit herkömmlichen Methoden nicht möglich ist.

3.2. Ökologische Untersuchungen

Die eigenen ökologischen Untersuchungen umfassen physikalische und chemische Sedimentanalysen sowie Licht- und Temperaturmessungen im Wasser. Zur Charakterisierung des Wasserkörpers dienten die Ergebnisse der WWD Stralsund, die von 1969—1971 im 14-Tage-Rhythmus von 20 Meßstellen (Abb. 4) gewonnen wurden, außerdem beziehen wir uns auf die hydrographischen und hydrochemischen Befunde von HUPFER (1959/1960) und BROSIN (1965a).

3.2.1. Sedimentanalysen

Sedimententnahme: Die Sedimentproben wurden von Juni bis August 1970/1971 von repräsentativen Vegetationseinheiten gewonnen. Dafür verwendeten wir einen Bodenstecher nach OVERBECK (1957), dessen Ventilmechanismus etwas verändert wurde.

Untersucht wurden die oberen 8 cm des entnommenen Profils (das entspricht etwa der Rhizosphäre der Characeen) auf Korngrößenverteilung, Glühverlust, pH-Wert, Gesamtstickstoff, Gesamtphosphor, Eisen und Kalk. Im einzelnen wurde wie folgt verfahren:

Korngrößenanalyse: Zur Ermittlung der Korngrößenverteilung wurden Siebanalysen durchgeführt, wobei Siebe folgender Öffnungsweite verwendet wurden:

2,0 mm	0,2 mm
1,0 mm	0,1 mm
0,5 mm	0,063 mm

Als Einwaage wurden bei Naßsiebungen 50 g und bei Trockensiebungen 100 g eingesetzt. Die Siebdauer mit der Schüttelmaschine setzten wir auf 15 min fest (vgl. HEER 1939). Anschließend wurden die einzelnen Fraktionen gewogen. Auf Schlämmanalysen wurde verzichtet, da zunächst nur der Gesamtanteil der Teilchen unter 0,063 mm interessierte.

Wassergehalt: Eine eingewogene Menge Feucht-Sediment (ca. 10 g) wurde 2 × 24 h bei 105 °C im Trockenschrank getrocknet, gewogen und bis zur Gewichtskonstanz nachgetrocknet. Die ermittelten Werte sind nur schwer mit Literaturbefunden vergleichbar, da dort die Vorbehandlung meist nicht angeführt wird und sicher sehr unterschiedlich ist. Wir ließen die Sedimentproben vor der Trocknung ca. 4 h in den Glasröhren des Bodenbohrers stehen, den untere Verschlußkorken zum Ablaufen des überstehenden Wassers mehrfach durchbohrt wurden.

Organische Substanz (Glühverlust): Zur Bestimmung des Glühverlustes wurden die Proben (atro) 4 h bei 800 °C im Muffelofen geglüht und nach dem Abkühlen im Exsikkator bis zur Gewichtskonstanz gewogen.

pH-Wert: Zur Ermittlung des pH-Wertes wurden 20 g Feinerde (lutro) mit 50 ml 1-n-KCl-Lösung suspendiert. Die Messung der Wasserstoffionenkonzentration erfolgte elektrometrisch mit dem pH-Meßgerät MV 12 der Firma Clamann & Grahnert.

Gesamtstickstoff und Gesamtphosphor: Nach SCHLUNGBAUM (1970) ist es möglich, beide Nährstoffe in einem Aufschluß nachzuweisen. Dafür wurden etwa 0,2 g Bodensubstanz (lutro) mit stickstofffreier Schwefelsäure unter Zusatz von etwas Kaliumsulfat aufgeschlossen. Der Nachweis des ammonisierten Stickstoffs erfolgt nach der Destillation in einer WAGNER-PARNAS-Apparatur mit Hilfe der Indophenolblau-Methode (SAGI 1966). In einem aliquoten Teil der Aufschlußlösung wird nach Neutralisation der Lösung nach der Methode von MURPHY & RILEY (1962) der Phosphor als Phosphat nachgewiesen.

Eisen: Für die Eisenbestimmung wurden 0,25 g Boden (lutro) mit halbkonzentrierter Salzsäure kurze Zeit erhitzt. Das austauschbare Eisen wird im Filtrat mit Hilfe von α,α'-Dipyridil nach dem von EICHELSDÖRFER & ROSOPULO (1967) beschriebenen Arbeitsgang nachgewiesen.

Kalziumkarbonat: Der Kalziumkarbonat-Gehalt wurde nach SCHEIBLER (s. REUTER 1967) bestimmt. Hierbei wird das durch verdünnte Salzsäure frei gewordene CO_2 volumetrisch erfaßt und das verdrängte Volumen unter Berücksichtigung der Temperatur und des Drucks auf $CaCO_3$ umgerechnet.

3.2.2. Wassertemperatur- und Lichtmessungen

Die Temperaturmessung erfolgte mit einem Kipp-Thermometer bzw. mit einem einfachen Thermometer mit 1/10 °C-Einteilung.

Die Lichtverhältnisse wurden mit einer SECCHI-Scheibe und mit einem Unterwasserphotometer untersucht (Einzelheiten werden unter 6.2.1. behandelt).

4. Verzeichnis der makrophytischen Wasserpflanzen in der Boddenkette südlich des Darß und des Zingst

Der Florenkatalog soll einen Überblick über den Artenbestand des Makrobenthos in der Boddenkette geben, dabei werden Beobachtungen über Häufigkeit, Gesellschaftsanschluß, Salinität und Trophiestufe des Standortes mitgeteilt.

Die im Gebiet determinierten Spezies verteilen sich wie folgt:

Spermatophyta	13
Charophyta	11
Chlorophyta	10
Rhodophyta	4
Phaeophyta	3
Cyanophyta	12

Neben wenigen Arten der Gattungen *Ruppia*, *Zannichellia*, *Myriophyllum* und *Potamogeton* bestimmen die Characeen die Vegetationsstruktur im USG. Es ist eine außerordentlich plastische Pflanzengruppe, die die instabilen Standortbedingungen durch die Ausbildung zahlreicher Standortmodifikationen zu tolerieren vermag. Diese morphologische Variabilität erschwert eine sichere Determinierung und führt zu taxonomischen Problemen von sehr grundsätzlicher Art.[2]) In der umfangreichen Characeen-Literatur wird diese Situation durch ständige Umbenennungen, Umgruppierungen und Aufspaltung bzw. Vereinigung von Arten manifest. Eine grundlegende Revision der inzwischen unübersehbaren Synonymliste wurde in jüngerer Zeit von

[2]) Umfassende autökologische Befunde sowie die Ergebnisse der taxonomischen Bearbeitung der Brackwasser-Characeen liegen vor und werden an anderer Stelle publiziert.

WOOD & IMAHORI (1964, 1965) vorgenommen und führte zur Vereinigung der von MIGULA (1897) beschriebenen 314 Arten zu 81 Großarten. Trotz bestimmter Vorbehalte bestätigen unsere Befunde in der Darßer Boddenkette die Richtigkeit dieser Großartenbildung durch die genannten Autoren und ihre Auffassung der Zuordnung der einzelnen Arten. Insbesondere betrifft das die in der Boddenkette dominierende *Chara hispida* L. (inkl. *Ch. baltica*, *Ch. horrida*, *Ch. intermedia* und *Ch. polyacantha*).

Daraus ergeben sich freilich sehr unschöne Namen für die soziologischen Einheiten, zumal die Arten Standortmodifikationen ausbilden, die für die Abgrenzung der Subassoziationen von großer Bedeutung sind und also auch bezeichnet werden müssen. Wir benennen deshalb die Assoziationen mit den herkömmlichen Namen und verzichten in den Tabellen und Abbildungen zur besseren Übersicht auf die Bezeichnung der Varietät.

Um Einwanderungstendenzen der Süßwasserarten zu verfolgen, wurden auch die wichtigsten Süßwasserzuflüsse (Körkwitz-Bach, Recknitz, Barther Strom) bearbeitet. Die dort ermittelten Arten werden in einer gesonderten Liste aufgeführt, sie ist sicher nicht vollständig und bedarf einer weiteren Ergänzung.

Die Benennung der Characeen erfolgte nach MIGULA (1897) und WOOD & IMAHORI (1964, 1965), die der übrigen Algen nach PANKOW (1971). Die Gefäßpflanzen wurden nach ROTHMALER (1963, 1972) benannt.

Die Makrophyten der Brackwasserbereiche

Spermatophyta

Potamogeton pectinatus L. Häufigste Phanerogame im USG, Begleiter aller Phytozönosen, aber auch Reinbestände bildend; α-mesohalin bis limnisch[3]), oligotroph bis mesotroph (breite ökologische Amplitude).

Potamogeton filiformis L. Einziger Fundort südwestlich von Nisdorf (Grabow), auf grobem Kies; β-mesohalin, oligotroph.

Potamogeton pusillus L. Im Prerow-Strom und im Permin in kleinen Reinbeständen oder gesellig mit *Zannichellia palustris* subsp. *pedicellata* und *Ceratophyllum demersum*; β-oligohalin, eutroph.

Ruppia maritima L. (inkl. ssp. *maritima* und *ssp. brevirostris*). Vom Grabow bis zum Meiningen-Verlandungsgebiet verbreitet, Kennart der Ruppion-Gesellschaften, auf eutrophen Standorten in Reinbeständen; α- ... β-mesohalin.

Ruppia spiralis L. Verbreitungsschwerpunkt im östlichen Grabow, Kennart des Ruppietum spiralis; α- ... β-mesohalin, oligotroph.

Zostera marina L. Im östlichen Grabow vereinzelt.

Zannichellia palustris L. ssp. *palustris* var. *polycarpa* PRAHL. In kleinen Trupps in tieferen Bereichen der mesohalinen Zone in Reinbeständen oder mit *Ruppia spiralis* vergesellschaftet. Die Polymorphie dieser Gattung ist allgemein bekannt, und die Zuordnung mancher Pflanze zu einer der drei Sippen bereitet oftmals Schwierigkeiten (vgl. REESE 1963).

Zannichellia palustris L. ssp. *pedicellata* (WAHLB. & ROS.) HEGI. Vom Grabow bis zum Bodstedter Bodden weit verbreitet, Kennart des Ruppietum maritimae; β-mesohalin, mesotroph bis eutroph.

Zannichellia palustris L. ssp. *repens* (BOENN.) KOCH. Im oberen Litoral im südlichen Saaler Bodden; β-oligohalin, mesotroph.

---

[3]) Nach dem Venice-System (SEGERSTALE 1959) gilt folgende Einteilung der Brackwässer:

1. (Mixo)-mesohaline Gewässer
   α-mesohaline Zone 18 – 10‰
   β-mesohaline Zone 10 – 5‰
2. (Mixo)-oligohaline Gewässer
   α-oligohaline Zone 5 – 3‰
   β-oligohaline Zone 3 – 0,5‰

Najas marina L. var. *intermedia* (Wolfg.) A. Br. Vom westlichen Grabow bis zum Saaler Bodden verbreitet, Kennart des Najadetum marinae, häufig mit *Chara tomentosa* und *Chara hispida* var. *baltica* f. *fastigiata* vergesellschaftet; β-mesohalin bis limnisch, mesotroph bis eutroph.

Ranunculus fluitans Lam. Streufunde in der gesamten Boddenkette.

Ranunculus baudotii Godr. Einziger Fundort im Barther Bodden östl. von Barth.

Myriophyllum spicatum L. Vom Grabow bis zum Saaler Bodden verbreitet, meist in Reinbeständen; α-mesohalin bis limnisch, meso- bis eutroph.

Charophyta

Tolypella nidifica (Müller) v. Leonhard. Im östlichen Grabow, selten, Kennart des Tolypelletum nidificae, vereinzelt im Ruppietum spiralis; α- ... β-mesohalin, oligo- bis mesotroph.

Chara canescens Loiseler. Verbreitungsschwerpunkt im β-mesohalinen Bereich der Boddenkette, vergesellschaftet auf mineralischem Sediment mit *Chara aspera* und *Chara hispida* var. *baltica* f. *baltica* und auf Schlick mit *Chara tomentosa*, *Najas marina* var. *intermedia* und *Chara hispida* var. *baltica* f. *fastigiata*; β-mesohalin, mesotroph.

Chara tomentosa L. Vom westlichen Barther Bodden bis zum östlichen Saaler Bodden auf Schlick weit verbreitet, Kennart des Charetum tomentosae; β-mesohalin bis α-oligohalin, eutroph.

Chara hispida var. *hispida* f. *polyacantha* (A. Br.) R. D. W. = *Chara polyacantha* A. Br. Vereinzelt im Saaler Bodden.

Chara hispida var. *major* f. *crassicaulis* (A. Br.) R. D. W. = *Chara equisetina* Kütz. Größere Bestände im Redensee, vereinzelt im gesamten Saaler Bodden, vergesellschaftet mit *Chara tomentosa*, *Chara hispida* var. *baltica* f. *fastigiata* und *Najas marina* var. *intermedia*; α- ... β-oligohalin, eutroph.

Chara hispida var. *major* f. *intermedia* (A. Br.) R. D. W. = *Chara intermedia* A. Br. Im östlichen Saaler Bodden auf kalkhaltigem Schlick verbreitet, Kennart des Charetum intermediae; α- ... β-oligohalin, eutroph.

Chara hispida var. *baltica* f. *baltica* (Bruz.) R. D. W. = *Chara baltica* Bruz. Verbreitungsschwerpunkt im Grabow und im Barther Bodden, die Art bildet zahlreiche Standortmodifikationen aus, die z. T. für die Abgrenzung der Gesellschaften von Bedeutung sind (vgl. S. 250). Kennart der *Chara-baltica*-Gesellschaft, Trennart des Ruppietum spiralis; α- ... β-mesohalin, oligotroph bis mesotroph.

Chara hispida var. *baltica* f. *liljebladii* (Wallm.) R. D. W. = *Chara liljebladii* Wallm. Im Zingtser Strom und im Bodstedter Bodden auf Schlick, vergesellschaftet mit *Chara hispida* var. *baltica* f. *fastigiata*, *Chara tomentosa* und *Najas marina* var. *intermedia*; β-mesohalin, eutroph.

Chara hispida var. *baltica* f. *fastigiata* (Wallm.) R. D. W. = *Chara horrida* Wahlst. Verbreitung und Ökologie wie *Chara tomentosa*.

Chara vulgaris var. *vulgaris* f. *contraria* (A. Br. ex Kütz.) R. D. W. = *Chara contraria* Kütz. Im westlichen Saaler Bodden, vergesellschaftet mit *Chara aspera*; β-oligohalin, mesotroph bis eutroph.

Chara aspera Deth. ex Willd. = *Chara globularis* var. *aspera* f. *aspera* (Deth. ex Will d.) R. D. W. Häufigste Characeae im Boddenbereich, Kennart des Charetum asperae. Begleiter fast aller Characeen-Gesellschaften; β-mesohalin bis β-oligohalin, oligotroph bis mesotroph.

Chlorophyta

Ulvopsis grevillei (Thuret) Gayral. Im Boddengebiet selten, vereinzelt im Grabow auf Torf am Uferkliff zwischen *Enteromorpha prolifera*.

Chaetomorpha linum Kütz. Im östlichen Grabow häufig, große knäuelartige Bestände zwischen Nisdorf und Kinnbackenhagen; α- ... β-mesohalin.

Enteromorpha torta (Mert. in Jürgens) Reinb. Vereinzelt an Steinen.

Enteromorpha intestinalis (L.) Link. Als frei schwimmende Bestände in der gesamten Boddenkette, häufig; α-mesohalin bis limnisch, eutroph.

Enteromorpha compressa (L.) Grev. Im gesamten Gebiet zerstreut an Steinen, Holz und Schilfstengeln; α- ... β-mesohalin.

Enteromorpha ahlneriana Bliding. Vereinzelt an Steinen und Schilfstengeln.

Enteromorpha prolifera (Müller) J. G. Ag. An den ständig von Wasser bespülten Kliffs in Reinbeständen oder zwischen *Pottia heimii* und *Rivularia atra*; β-mesohalin.

Cladophora glomerata (L.) KÜTZ. In Form freischwimmender ,Watten' im gesamten USG weit verbreitet; α-mesohalin bis limnisch, eutroph.

Cladophora sericea (HUDS.) KÜTZ. Im östlichen Grabow auf Steinen, Muscheln, Characeen; α- ... β-mesohalin.

Spirogyra weberi KÜTZ. Im Ruppietum spiralis vor Nisdorf (östlicher Grabow).

Rhodophyta

Polysiphonia violacea (ROTH) GREV. Selten, nur im α-mesohalinen Bereich.

Polysiphonia nigrescens (SMITH) GREV. Im α-mesohalinen Bereich, häufiger als *P. violacea*, auf Steinen, Holz u. ä.

Ceramium diaphanum (LIGHTF.) ROTH. Im Grabow und im Barther Bodden epiphytisch auf Characeen und an submersen Pflanzen, häufig.

Ceramium rubrum (HUDS.) C. A. AG. Selten; nur im α-mesohalinen Bereich der Boddenkette.

Phaeophyta

Fucus vesiculosus L. Im östlichen Grabow Zwergpflanzen dieser Art; α-mesohalin.

Chorda filum (L.) STACKH. Im östlichen Grabow vereinzelt auf Steinen.

Ectocarpus confervoides (ROTH) LE JOLIS. Im östlichen Grabow zerstreut auf Steinen, Muschelschalen und Pflanzen.

Cyanophyta

In der Artenliste werden nur die Blaualgen erfaßt, die vegetationsphysiognomisch auffallen bzw. Initialstadien in der Gesellschaftssukzession bilden.

Aphanothece stagnina (SPRENGEL) BOYE PETERSEN. Zusammenhängende sessile Lager (40 m^2) im südlichen Zipfel des Ribnitzer Sees auf schlickigem Sand.

Rivularia atra ROTH. Im gesamten Gebiet epiphytisch an Characeen (meist an *Chara aspera* und *Chara hispida* var. *baltica* f. *baltica*, nie an *Chara tomentosa* und *Chara canescens* beobachtet).

Rivularia nitida C. A. AG.[4]). Die Art bildet im gesamten Boddenbereich an der Mittelwasserlinie der Kliffs zusammenfließende Lager.

Gloeotrichia natans (LYNGB.) RBH. Wie vorige, die Art scheint jedoch nährstoffreicheres und wärmeres Wasser zu bevorzugen. Massenvorkommen im Saaler Bodden (Werre).

Die nachfolgenden Arten sind Bestandteil mächtiger Blaualgenschichten, die große Flächen der zeitweilig trockenfallenden Uferlinie bedecken und vor allem im Bodstedter Bodden (Meiningen-Inseln) und im Saaler Bodden (bei Dändorf) weit verbreitet sind.

Spirulina major KÜTZ. Vereinzelt.

Spirulina subsalsa OERSTEDT. Vereinzelt.

Oscillatoria nigro-viridis THWAITES in HARVEY. Massenhaft.

Oscillatoria chalybea MERT. in JÜRGENS. Häufig bis massenhaft.

Oscillatoria tenuis C. A. AG. Häufig.

Lyngbya aestuarii (MERT. in JÜRGENS) LIEBM. Häufig bis massenhaft.

Microcoleus tenerrimus GOMONT. Vereinzelt.

Microcoleus chthonoplastes THURET. Massenhaft.

Die Makrophyten der limnischen Bereiche

Spermatophyta

Sparganium emersum REHM. Zerstreut im Oberlauf der Recknitz im Pfeilkrautröhricht.

Potamogeton pectinatus L. Im gesamten limnischen Bereich verbreitet.

Potamogeton friesii RUPR. Im Barther Strom und im Mündungsgebiet der Recknitz nicht selten. Die Art wächst zusammen mit *Ceratophyllum demersum, Potamogeton crispus und Potamogeton pectinatus.*

---

[4]) Auf die taxonomischen Probleme bei dieser Art verweisen PANKOW, FESTERLING & FESTERLING (1971).

Potamogeton crispus L. Im Mündungsgebiet der Recknitz und im gesamten Ribnitzer See verbreitet, fehlt im Barther Strom.

Potamogeton perfoliatus L. Im Mündungsgebiet der Recknitz und im gesamten Ribnitzer See verbreitet, fehlt im Barther Strom.

Potamogeton lucens L. Wie vorige Art.

Zannichellia palustris L. ssp. *palustris*. Im Barther Strom zerstreut.

Najas marina L. var. *intermedia* (Wolfg.) A. Br. Im Barther Strom mit *Ceratophyllum demersum* vergesellschaftet.

Sagittaria sagittifolia L. Zerstreut im Barther Strom, im Mündungsgebiet der Recknitz häufiger, Kennart des Pfeilkrautröhrichts.

Hydrocharis morsus-ranae L. Streufunde im südlichen Teil des Barther Stroms und der Recknitzmündung, verbreitet im Mündungsgebiet des Körkwitz-Baches.

Stratiotes aloides L. Zerstreut im S-Teil des Ribnitzer Sees und im Mündungsgebiet des Körkwitz-Baches.

Elodea canadensis Michx. Verbreitet im Barther Strom bis Pruchten, an einem Süßwasserzufluß am Borner Zeltplatz, im Mündungsgebiet der Recknitz.

Lemna trisulca L. Bis Bresewitz im Barther Strom zerstreut, häufiger im Mündungsbereich der Recknitz.

Lemna minor L. Verbreitet im Barther Strom unterhalb von Pruchten, ebenso in allen anderen Süßwasserzuflüssen.

Lemna gibba L. Die Art wächst bei Pruchten im Fischerhafen, im Mündungsbereich der Recknitz zerstreut.

Spirodela polyrhiza (L.) Schleiden. Wie vorige Art.

Nymphaea alba L. Im südlichen Teil des Barther Stroms verbreitet, ebenso in den Mündungsgebieten der Recknitz und des Körkwitz-Baches.

Nuphar lutea (L.) SM. Die Art fehlt im Barther Strom; im Mündungsgebiet der Recknitz und des Körkwitz-Baches verbreitet.

Ceratophyllum demersum L. Im Bereich der Süßwasserzuflüsse sehr verbreitet.

Myriophyllum spicatum L. Im Barther Strom verbreitet.

Menyanthes trifoliata L. Vor Pruchten im Barther Strom vereinzelt.

Utricularia intermedia Hayne. Am Hundsbeck im Saaler Bodden (durch den neu gezogenen Damm erloschen).

Moose und Algen

Fontinalis antipyretica L. Vor Pruchten im Barther Strom im Bereich des Röhrichts verbreitet; im Mündungsgebiet der Recknitz und des Körkwitz-Baches vereinzelt.

Chara fragilis Desvaux = *Chara globularis* var. *globularis* f. *globularis* (Thuill.) R. D. W. Wie vorige Art.

Nitellopsis obtusa (Desv.) Groves. Vor Pruchten im Barther Strom auf Schlamm.

Vaucheria sp. Im limnischen Bereich des Barther Stromes in Stillwasserbuchten. Die Spezies befindet sich in Kultur und konnte bisher nicht determiniert werden.

Enteromorpha intestinalis (L.) Link, *Enteromorpha compressa* (L.) Grev. und *Cladophora glomerata* (L.) Kütz. Diese drei Arten sind in allen limnischen Bereichen des USG verbreitet.

Hydrodictyon reticulatum (L.) Lag. Die Alge wächst in ausgedehnten Watten südl. der Brücke im Barther Strom, vereinzelt dringt sie bis Pruchten (Salzgehalt bis $2^0/_{00}$) vor. Die Art wurde bisher in Mecklenburg nur von Brockmüller (1863) und Boll (1860) beobachtet.

5. *Die Wasserpflanzengesellschaften*

5.1. Allgemeine Bemerkungen

Als Produkt des Zusammenwirkens vielfältiger Umweltfaktoren sind Phytozönosen Informationsträger, die der Praxis vor allem dann als Indikatoren dienen, wenn es gilt, Kenntnis des Gesamtstandortes zu erhalten. Der Informationswert hängt von der Komplexität der „Eichung" der Gesellschaft bzw. ihrer Untereinheiten ab. Es wurde deshalb versucht, eine Reihe von Standortfaktoren zu analysieren, um Voraussetzungen für die Formierung und Wertung der soziologischen Einheiten des Brackwassers zu schaffen.

Die Phytozönosen der Darßer Boddenkette sind sehr artenarme, zur Faziesbildung neigende Gemeinschaften, die im wesentlichen nur aus wenigen Arten der Gattungen *Ruppia*, *Zannichellia*, *Myriophyllum*, *Potamogeton*, *Chara* und *Cladophora* aufgebaut sind. Sie leiten in den lenitischen Ufergebieten die Verlandung ein und prägen dort das erste Stadium der Boddenentwicklungsreihe (FUKAREK 1961). Die in lotischen Bereichen wachsenden Gemeinschaften werden als Dauergesellschaften aufgefaßt, die infolge extremer Bedingungen auf dem Pionierstadium blockiert bleiben, vgl. SCHWENKE (1970).

Der einfache Aufbau dieser artenarmen Phytozönosen ermöglicht zwar eine verhältnismäßig rasche Analyse, gestattet jedoch kaum eine Vegetationsgliederung nach Artengruppen. Vielmehr spielen bei der Klassifikation die Dominanten die entscheidende Rolle (BYKOW 1960—1965, SCAMONI 1969). Durch Berücksichtigung der typischen Standortformen bei der Abgrenzung der Vegetationseinheiten, wird die ökologische Amplitude der „Dominanzassoziationen" so eingeengt, daß der BRAUN-BLANQUETsche Assoziationsbegriff volle Gültigkeit behält, vgl. SUCCOW (1974).

Eine zusätzliche Schwierigkeit bei der Abgrenzung der Brackwassergesellschaften spielt die Substratmobilität. Sie führt zu einer gewissen Instabilität der Vegetationsstruktur, die aber nicht so folgenschwer ist, daß es nur zu einer lockeren zufälligen Verbindung zwischen den einzelnen Individuen kommt, vgl. LUTHER (1951), GESSNER (1955), SCHWENKE (1964).

Obwohl besonders in jüngster Zeit verschiedentlich Versuche der Klassifikation der Brackwassergesellschaften unternommen wurden (KORNAŚ 1959, KORNAŚ et al. 1960, TÜXEN 1960, FUKAREK 1961, BEEFTINK 1962, DEN HARTOG & SEGAL 1964, KRAUSCH 1968, WESTHOFF & DEN HELD 1969), blieben u. a. folgende Probleme zu klären:

- Wie erfolgt die Abtrennung des Ruppion vom halophilen Zweig des Charion?
- Rechtfertigen ökologische Bedingungen die Trennung eines Limno-Charion von einem Halo-Charion?
- Welche niederen soziologischen Einheiten ermöglichen eine differenzierte Indikation des Standortes?

Die Bearbeitung von mehr als 1000 soziologischen Aufnahmen und die Auswertung einer Anzahl ökologischer Analysen ergab die Aufteilung in die im folgenden beschriebenen Verbände, Assoziationen und Subassoziationen.

5.1.1. Das Ruppion BRAUN-BLANQUET 1931

Das Ruppion wächst im USG unter sehr instabilen Umweltbedingungen. Es dominiert im östlichen Grabow bei einem durchschnittlichen Salzgehalt von etwa 8 ± 4‰; im Gebiet der Meiningen-Inseln gedeiht das Ruppion bei niedrigeren Salzwerten (∅ 4,5‰), aber starken Wasserstandsschwankungen oder siedelt auf Schlammbänken mit instabilen Sedimentbedingungen. Die Gesellschaften des Verbandes bauen sich ausschließlich aus Brackwasserarten auf. Sie besiedeln mit sehr unterschiedlichen Deckungsgraden die genannten Standorte und neigen zur Faziesbildung.

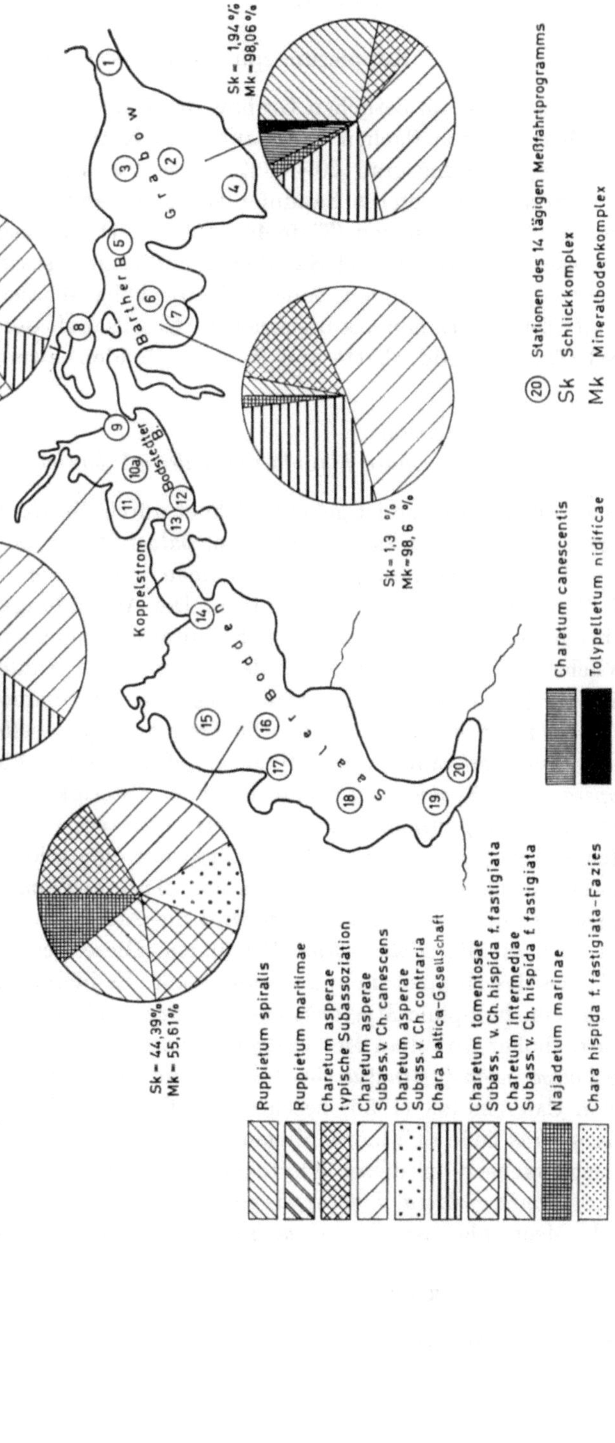

Abb. 4. Verteilung der Pflanzengesellschaften in den einzelnen Bodden

Das Ruppion ist im USG durch drei Assoziationen vertreten:

1. Das Ruppietum spiralis (IVERSEN 1934) (α-...β-mesohalin)
2. Das Ruppietum maritimae (BERG. 1941) GILLNER 1960 (α-...β-mesohalin)
3. Das Tolypelletum nidificae KORNAŚ 1959 (α-...β-mesohalin)

5.1.1.1. Ruppietum spiralis (IVERSEN 1934)[5])

Diese Assoziation löst im östlichen Grabow das Charion ab und besiedelt mosaikartig die windexponierten flachen Sandbänke des Kattenstart und der Butterwiek (Tiefe 10—40 cm, Deckungsgrad 20—40%). Geschlossene Bestände bewachsen die etwas geschützteren und tieferen Sandufer vor Kinnbackenhagen und Nisdorf, den Kavelnhaken und den Salzhaken (Tiefe 40—100 cm, Deckungsgrad 80—100%). Die Gesellschaft besiedelt ausschließlich Sandböden und zeigt Wasserzirkulation, instabile Salzwerte der α- ... β-mesohalinen Zone und eine hohe Wassertransparenz an. Die von IVERSEN (1934) aus Dänemark beschriebene Gesellschaft der flachen Brackwässer läßt im USG (Darßer Boddenkette und Rügener Bodden) zwei Subassoziationen erkennen:

— die typische Subassoziation
— die Subassoziation von *Chara hispida* var. *baltica* f. *baltica* (öf.[6]) simplex).

Die typische Subassoziation ist gekennzeichnet durch die Kennart *Ruppia spiralis*, der sich regelmäßig *Zannichellia palustris* ssp. *palustris* var. *polycarpa* zugesellt. Als Verbands- und Ordnungscharakterarten kommen mit geringerer Stetigkeit *R. maritima* und *Z. palustris* ssp. *pedicellata* hinzu. Die Ausbildungsform entwickelt sich optimaler bei höheren und konstanteren Salinitätsbedingungen. Sie findet deshalb günstige Wuchsmöglichkeiten im Gebiet der Rügener und Hiddenseer Bodden.

Im Gebiet der Darßer Boddenkette überwiegt das Vorkommen der Subassoziation von *Chara hispida* var. *baltica* f. *baltica*. Die Trennart der Gesellschaft ist eine kleine, buschige, sehr typische Standortmodifikation (öf. simplex, Abb. 5). Häufig gesellen sich *Ch. aspera* und *Ch. canescens* hinzu. Mit hoher Stetigkeit ist in beiden Subassoziationen *Potamogeton pectinatus* var. *scoparius* vertreten. Die Art bildet entlang der beiden tiefen Rinnen, der Aue und dem Fahrwasser eine kilometerlange Fazies aus. Bemerkenswert ist das häufige Vorkommen von *Myriophyllum spicatum* im östlichen Verbreitungsgebiet der Gesellschaft, dort wird die Art stellenweise zur Dominanten bzw. mischt sich mit den *Potamogeton*-Beständen. Diese Bestände werden zunächst ebenso als Fazies des Ruppietum spiralis aufgefaßt. Es bleibt zu untersuchen, inwieweit hier nicht eine halophile *Myriophyllum-spicatum — Potamogeton-pectinatus*-Gesellschaft vorliegt (hoher Anteil an Meeresalgen). JESCHKE (1968) nennt aus dem Brackwasser eine *Potamogeton-pectinatus*-Gesellschaft, die dieser Ausbildung sehr nahe steht. Auch die von CARSTENSEN (1955) beschriebene Gesellschaft von *Potamogeton pectinatus* var. *scoparius* ließe sich hier einfügen.

Epiphytisch wachsen in dieser Phytozönose *Ceramium diaphanum*, *Cladophora sericea*, *Polysiphonia violacea*, *Ectocarpus confervoides* und *Spirogyra weberi*. Die stets dominierende Meeresalge ist *Ceramium diaphanum*, die im α-mesohalinen Bereich

[5]) Die Autoren wurden dann in Klammern gesetzt, wenn eine Aufgliederung bzw. Neufassung der Gesellschaft erfolgte.

[6]) In vorliegender Arbeit Abkürzung für Standortmodifikationen.

5a

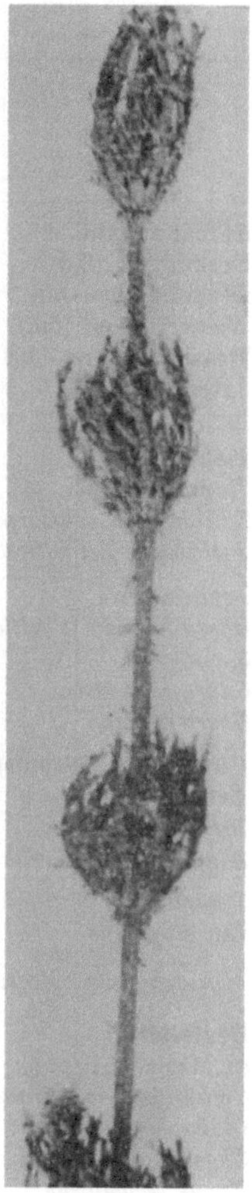

5b

Abb. 5a, b. *Chara hispida* var. *baltica* f. *baltica* (Bruz.) R. D. W. (öf. simplex)

des Grabow gute Wuchsbedingungen findet, im Ruppietum des Kavelnhakens aber nach kurzer Zeit abstirbt und in Form benthopleustischer Watten die Entwicklung der lichtliebenden *Ruppia*-Pflanzen behindert. Auffällig sind an *Ruppia* die violetten Knollen des Parasiten *Tetramyxa parasitica* Goebel, über die auch Luther (1950, 1951), Olsen (1945), Kornaś (1954) und Kornaś et al. (1960) berichten. Zwergpflanzen von *Fucus vesiculosus* bewachsen in dieser Assoziation kleine Steine und Muschelschalen. Vereinzelt finden sich *Chorda filum*, *Zostera marina* und *Chaetomorpha linum* ein. Diese Algen fehlen jedoch der armen Variante, die im Salzhaken und Kavelnhaken wächst. Die in der Literatur vielfach beschriebenen *Zostera*-reichen *Ruppia-spiralis*-Bestände fehlen im USG.

Das Ruppietum spiralis hat noch mehr als die anderen Brackwassergemeinschaften den Charakter einer Piniergesellschaft. Die wurzelnden Stengelglieder bilden am Boden dicht verfilzte Matten, die der Gesellschaft die Existenz auf den beweglichen

Tab. 3. Ruppietum spiralis (IVERSEN 1934)

	typische Subass.	Subassoziation von *Chara hispida* f. *baltica* (öf. simplex)			
		a	b	c	d
Aufnahmezahl	18	18	6	8	18
Deckung ∅ (%)	90	83	95	85	71
Deckung von–bis	40–100	40–100	80–100	60–100	20–100
Wassertiefe ∅ (cm)	33	43	73	75	53
Wassertiefe von–bis	5–50	12–70	65–80	70–85	20–100
Artenzahl	1–8	5–10	4–8	6–9	2–6
Kennarten:					
Ruppia spiralis	100 4–5	100 2–5	100 2–4	100 +–1	100 2–4
Zannichellia polycarpa	50 +–2	50 +–2	16 +	. .	. .
Tetramyxa parasitica	44 +–1	22 +–1	. .	. .	. .
Trennarten:					
Chara hispida f. *baltica* öf. simplex	. .	100 +–2	83 +–1	87 +	100 +–3
Chara canescens	. .	22 +–1	16 +	25 +	50 +–1
Chara aspera	. .	44 +–2	16 +	. .	44 +–1
Ruppion- u. Ruppietea-Arten:					
Ruppia maritima	17 +–1	6 +	. .	. .	11 +–1
Zannichellia pedicellata	17 +–1	11 +	50 +–1	75 +–1	11 +
Potamogeton pectinatus var. *scoparius*	72 +–2	83 +–2	100 4–5	100 +–2	50 +–2
Myriophyllum spicatum	11 +	50 +–3	66 +–1	100 3–5	16 +–2
Begleiter:					
a) Meeresalgen					
Ceramium diaphanum	33 +–3	66 +–1	66 +	87 +–1	11 +
Cladophora sericea	22 +–1	22 +–1	33 +	50 +–1	. .
Chaetomorpha linum	16 +–1	38 +–1	50 +–1	25 1	. .
Fucus vesiculosus	16 +	38 +–1	. .	50 +–1	. .
Polysiphonia nigrescens	33 +–1	22 +–1	. .	. .	. .
b) Begleiter mit geringer Stetigkeit:					
Ectocarpus confervoides	6 +	11 +	. .	. .	. .
Spirogyra weberi	6 1	11 1	. .	. .	. .
Tolypella nidifica	. .	16 +–1	33 +–1	13 +	. .
Chorda filum	22 +	. .	. .	13 1	. .
Zostera marina	16 +	11 +	. .	37 +	. .
Rivularia atra	6 ×	11 ×	. .	. .	. .

a – algenreiche Variante; b – *Potamogeton*-Fazies;
c – *Myriophyllum*-Fazies; d – algenarme Variante

Böden ermöglichen, zum anderen aber eine Verfestigung des mobilen Substrates bedingen. In den bürstenartigen Beständen sammeln sich kleine Steine und Muschelschalen, unter denen sich erste Detritus-Beimischungen halten können. Auf Grund der extremen ökologischen Bedingungen bleibt diese Gesellschaft auf dem Pionierstadium blockiert. Lediglich an einigen Stellen konnten wir über kleine Herden von

Scirpus tabernaemontani und *Bolboschoenus maritimus* eine Weiterentwicklung zum Bolboschoenetum maritimae beobachten, vgl. FUKAREK (1961). Als Kontaktgesellschaft fanden wir uferwärts das Charetum asperae und *Zannichellia-pedicellata*-Bestände ausgebildet.

5.1.1.2. Ruppietum maritimae (BERGUINOT 1941) GILLNER 1960

Im Gegensatz zum Ruppietum spiralis bewächst das Ruppietum maritimae die flachen Stillwassergebiete des Grabow, der Barther Oie, des Zingster Stroms und der Meinigen-Inseln und wandert damit von den Ruppion-Gesellschaften am weitesten in die β-mesohaline Zone ein. Wir beobachteten die Gesellschaft in stagnierendem Wasser auf nährstoffreichem Untergrund oder als Folgegesellschaft des Charetum tomentosae dann, wenn die Schlammaufhöhung soweit fortgeschritten ist, daß der darüber stehende Wasserkörper (< 30 cm) diesen Gesellschaften keine Lebensmöglichkeit mehr bietet. Diese Beobachtung konnte vor allem im Gebiet des Zingster Stroms, östlich der Anlegestelle des Kirr, gemacht werden. Dort hatte im Untersuchungs-

Abb. 6. Verlandungsgebiet Meiningen; Ruppietum maritimae mit einzelnen *Bolboschoenus-maritimus*-Pflanzen

zeitraum eine starke Schlammaufhöhung zu einer Veränderung des Wasserstandes geführt: 1969 betrug der Wasserstand an dieser Beobachtungsstation ca. 80 cm und das Areal war mit einem Charetum tomentosae bewachsen. Im zweiten Untersuchungsjahr siedelte sich dort, nachdem die Schlammaufhöhung fortgeschritten war, ein Najadetum marinae an. 1971 erreichte die Schlammanreicherung solche Ausmaße, daß nur noch wenige cm Wasser darüber standen und *Ruppia maritima* breitete sich aus. Diese Sukzession konnte an verschiedenen Stellen des USG nachgewiesen werden. Ob diese Gesellschaftsfolge gesetzmäßig ist, müssen weitere Beobachtungen zeigen. Neben diesen Schlammbänken besiedelt die Assoziation die seichten wattartigen Verlandungsgebiete um die Meiningen-Inseln. Hier entsteht die Gesellschaft aus einem Blaualgen-Initialstadium (s. S. 270), durch das eine dünne Schlickauflage ge-

Tab. 4. Ruppietum maritimae (BERGUINOT 1941) GILLNER 1960

Laufende Nummer	1	2	3	4	5	6	7	8	9	10	11	12	13	14	15	16
Deckung (%)	100	90	90	100	40	50	80	70	80	90	60	90	100	90	90	70
Wassertiefe (cm)	10	18	15	18	15	15	40	25	30	30	25	15	25	10	25	20
Artenzahl	6	5	4	4	5	3	6	4	4	5	4	2	3	3	4	3
Kennarten:																
Ruppia maritima ssp. *maritima*	3	4	4	3	2	1	2	3	3	5	2	2	+	4	+	3
Ruppia maritima ssp. *brevirostris*	1	1	.	.	.	.	.	.	.	+	.	.	.	.	.	.
Zannichellia pedicellata	2	2	1	+	2	5	2	2	2	1	3	2	2	4	4	4
Begleiter:																
a) Potametea-Arten:																
Potamogeton pectinatus var. *scoparius*	.	+	+	1	.	.	+	+	+	+	.	.	.	.	.	.
Najas marina	.	.	.	.	.	.	.	.	1	+	.	.	.	.	.	.
b) Ruppietea-Arten:																
Ruppia spiralis	.	.	.	.	.	.	.	.	.	.	.	.	2	.	1	2
c) Charetea-Arten:																
Chara aspera	.	.	.	.	1	+	1	+	.	.	1	.	.	.	.	.
Chara canescens	+	.	+	.	+	.	+	.	.	.	.	.	.	1	3	.
d) Algen:																
Cladophora glomerata	+	.	.	+	.	.	1	.	.	.	1	.	.	.	.	.
Rivularia atra	×	×	.	.	×	.	.	.	.	.	.	.	.	.	.	.

Aufnahme-Orte: 1 – 6 – Meiningen-Inseln; 7 – 12 – Zingster Strom; 13 – 16 – Großer Jasmunder Bodden (Rügen)

schaffen wird. In ausgespülten Rinnen und Mulden führt die Entwicklung weiter zum Charetum asperae und in aufgesandeten Teilen zum Bolboschoenetum maritimae bzw. Phragmitetum communis.

5.1.1.3. Tolypelletum nidificae KORNAŚ 1959

Diese Gesellschaft ist nur kleinflächig im α-mesohalinen Bereich des östlichen Grabow ausgebildet. Die Struktur dieser Phytozönose wird durch die Dominante *Tolypella nidifica* und einen hohen Anteil an Meeresalgen bestimmt, wie *Ceramium diaphanum*, *C. rubrum*, *Ectocarpus confervoides*, *Polysiphonia violacea*, *P. nigrescens*, *Chaetomorpha linum* und *Fucus vesiculosus*. An höheren Pflanzen beobachteten wir *Ruppia spiralis*, *Zannichellia polycarpa* und mit geringer Dominanz und Stetigkeit *Zostera marina*, *Myriophyllum spicatum* und *Potamogeton pectinatus*. In den Hiddenseer und Rügener Bodden kommt diese Gesellschaft in einer ähnlichen Zusammensetzung vor. Die reichen, aber örtlich begrenzten Bestände sind dort selten mit *Chara*-Arten, häufig mit Rot- und Braunalgen vermischt (STROEDE 1931, REINKE 1901, TRAHMS 1940, OVERBECK 1965). In ähnlicher Gesellschaft wächst *Tolypella nidifica* auch in anderen Brackwassergebieten. CORILLION (1957) berichtet aus Frankreich, daß die Kennart entweder als Einart-Gesellschaft auftritt oder mit anderen Tolypellen vergesellschaftet ist. OLSEN (1944, 1945) fand die Art in Dänemark gemeinsam mit *Chara aspera*, *Ch. baltica*, *Ch. canescens*, *Zannichellia palustris*, den *Ruppia*-Species und *Potamogeton pectinatus*. ULVINEN (1955) beobachtete *Tolypella nidifica* in Finnland zusammen mit *Z. palustris* und *Ch. aspera*. FORSBERG (1965) findet sie in Schweden gemeinsam mit *Ch. canescens*, *Ch. tomentosa* und *Ch. aspera*. PANKOW et al. (1967) nennen Mischbestände mit *Tolypella nidifica* vor Langenwerder bei Wismar.

Die zarte unberindete *T. nidifica* meidet wellenbewegte, exponierte Standorte. Das mag der Grund sein, weshalb für die Gesellschaft im USG und in den benachbarten Rügener Gewässern zwei Tiefenoptima beobachtet wurden:

— seichte wellengeschützte Ufer (Wassertiefe 10—60 cm);
— tieferes Wasser, in dem sich der Wellengang nur bedingt bemerkbar macht (Wassertiefe 150—250 cm).

Die Sedimente beider Standorte sind schlickiger Sand, dessen Nährstoffwerte höher sind als die des Ruppietum spiralis (Tab. 5a). Ähnliche Sedimentbedingungen werden von REINKE (1901), STROEDE (1931), OLSEN (1944), KORNAŚ et al. (1960) beobachtet, während LUTHER (1951) Gyttja als Untergrund nennt. Von allen im Gebiet wachsenden Gesellschaften stellt das Tolypelletum die höchsten Salzansprüche. Obwohl in der Literatur für die Art eine breite Salzamplitude angegeben wird ($2^0/_{00}$ CEDERKREUTZ 1933; $30^0/_{00}$ LAKOWITZ 1929), liegt das Entwicklungsoptimum der Gesellschaft im USG bei ca. $8^0/_{00}$.

Tab. 5. Tolypelletum nidificae KORNAŚ 1959

Laufende Nummer	1	2	3	4	5	6	7
Deckung (%)	30	40	45	80	40	40	50
Wassertiefe (cm)	160	180	220	90	240	60	50
Artenzahl	10	11	11	8	10	7	8
Kennart:							
Tolypella nidifica	3	3	3	2	3	2	2
Ruppion- u. Ruppietea-Arten:							
Ruppia spiralis	+	1	1	+	.	.	2
Zannichellia pedicellata	+	+	+	.	1	.	.
Potamogeton pectinatus	+	+	+	1	+	.	.
Chara hispida f. *baltica* (öf. simplex)	+	+	+	2	.	.	+
Begleiter:							
a) Potametea-Arten							
Myriophyllum spicatum	+	.	.	.	1	.	.
b) Charetea-Arten							
Chara canescens	+	.	+	1	.	1	1
Chara aspera	.	.	.	1	.	+	1
c) Meeresalgen u. Meeres-phanerogamen							
Ceramium diaphanum	1	+	+	.	1	.	+
Ceramium rubrum	.	+	+	.	.	.	.
Polysiphonia nigrescens	.	+	.	.	+	.	1
Polysiphonia violaceae	+	.	.	+	1	2	1
Chaetomorpha linum	+	+	.	.	+	.	.
Fucus vesiculosus	.	+	+	.	+	.	.
Cladophora sericea	.	.	+	.	.	.	.
Ectocarpus confervoides	.	.	.	.	.	1	.
Chorda filum	.	.	.	+	.	.	.
Zostera marina	.	.	+	.	.	+	.
Zannichellia palustris subsp. *pedicellata*	.	+	.	.	+	.	.

Aufnahme-Orte: 1—4 — östl. Grabow; 5—7 — Gr. Jasmunder Bodden (Rügen)

Tab. 5a. Sedimentanalysen – Ruppion (Nährstoffangaben µg-at/g wf. Subst.)

n = 11	1	2	K mm	1 %	2 %
Wassergehalt %	14,94	14,20	<0,063	3,56	55,55
Glühverlust % wf. Subst.	1,95	12,36	0,063–0,1	24,95	35,21
pH-Wert	6,80	6,60	0,1–0,2	56,42	8,52
Gesamt-P	3,89	8,92	0,2–0,5	13,91	0,92
Gesamt-N	91,05	152,47	0,5–1,0	0,35	0,00
Fe	26,95	100,18	1,0–2,0	0,23	0,00
$CaCO_3$ % wf. Subst.	0,35	0,04	<2,0	0,00	0,00

1 – Ruppietum spiralis; 2 – Tolypelletum nidificae; K – Korngrößenverteilung; wf. Subst. – wasserfreie Substanz

Gesellschaftsvergleich (Ruppion)

Die Selbständigkeit des Ruppion gegenüber den *Zostera*- und *Potamogeton*-Gesellschaften wurde erst durch TÜXEN (1960) eindeutig formuliert. Er nennt als Kennarten *Ruppia maritima* var. *rostellata*, *Zannichellia palustris* subsp. *pedicellata*, *Chara crinita* und *Ch. baltica* und ordnet dem Verband drei Gesellschaften zu:

– das Ruppietum spiralis IVERSEN 1934
– das Chareto–Tolypelletum KORNAŚ 1949 (von KORNAŚ et al. 1960 aufgelöst zum Charetum balticae und Tolypelletum nidificae)
– das Eleocharetum parvulae.

Während WESTHOFF et al. (1969) und DEN HARTOG & SEGAL (1964) der Auffassung sind, daß die hier angeführten *Chara*-Gesellschaften nicht in das Ruppion gehören und zu den Charetea-Assoziationen gerechnet werden müssen, zeigen unsere ökologischen Untersuchungen ihre Berechtigung in diesem Verband. Allerdings kann nach Auswertung unserer Analysen das Charetum balticae KORNAŚ (1959) nicht als selbständige Gesellschaft aufgefaßt werden, sondern ist als Subassoziation dem Ruppietum spiralis[7]) zuzuordnen.

Die Trennart *Chara hispida* var. *baltica* f. *baltica* wächst unter den Standortbedingungen als sehr typische Modifikation (*Ch. baltica* f. *simplex* MIGULA 1897), die nur in dieser Wuchsform eine Ruppion-Art ist. Sie unterscheidet sich deutlich von den Wuchsformen in Abb. 7, die unter völlig anderen ökologischen Bedingungen eine *Chara-baltica*-Gesellschaft aufbauen und dem Charion zuzurechnen sind. Unserem Ruppietum spiralis, Subassoziation von *Ch. hispida* var. *baltica* f. *baltica* entspricht die von KLOSS (1969) beschriebene *Chara-baltica*–*Ruppia-spiralis*-Gesellschaft, und auch die von FROEDE (1957/1958) erwähnte *Chara-baltica*-reiche *Ruppia-maritima*–*Zannichellia-pedicellata*-Gesellschaft muß hier eingefügt werden.

Das Ruppietum maritimae läßt sich nach unseren Befunden als selbständige Assoziation abgrenzen. Die Standortbefunde von GILLNER (1960), der die Assoziation abtrennt, PANKOW et al. (1967) und KLOSS (1969) stimmen mit unseren Ergebnissen gut überein. Auch die von KÜNZENBACH (1955/56) und OVERBECK (1965) beschriebene *Ruppia-maritima*-Zone um Hiddensee läßt sich dieser Assoziation zuordnen. HILBIG (1970) nennt die Gesellschaft von Binnensalzstellen.

[7]) KORNAŚ gibt in seinen Aufnahmen nur *Ruppia maritima* an und schreibt: „Die Species scheinen zu *Ruppia maritima* zu gehören". Seine Standorte sind aber typische *Ruppia-spiralis*-Biotope.

5.1.1.4. *Zannichellia-palustris*-Bestände

Inwieweit im Brackwasser selbständige *Zannichellia*-Gesellschaften ausgewiesen werden müssen, kann nach vorliegendem Material noch nicht entschieden werden. Sicher ist, daß *Z. palustris* ssp. *pedicellata* als Kennart des Ruppion maritimae zu gelten hat, die Art begleitet beide Gesellschaften, das Ruppietum maritimae und das Ruppietum spiralis, in hoher Stetigkeit.

Die Art gedeiht andererseits aber auch in größeren Reinbeständen

— auf Schlammbänken in eutrophierten Bootsausfahrten (Schilfschneisen), im Gebiet kleinerer Abwasserzuflüsse u. ä.
— auf Sand an exponierten Ufersäumen, die durch Beweidung röhrichtfrei bleiben.

Beide Standorte sind hoch eutroph und die wenigen vorliegenden Sedimentanalysen deuten an, daß es sich offensichtlich um nitrophile Ausbildungsformen handelt. *Zannichellia*-Streifen vor beweideten Uferabschnitten sind für das gesamte Gebiet typisch und nehmen eine Breite von 1—8 m ein. Bestände von *Z. palustris* ssp. *palustris* var. *polycarpa* besiedeln kleinflächig tiefere Teile des Grabow. *Potamogeton pectinatus*, *Ruppia spiralis* und einige Meeresalgen sind Begleiter dieser Pflanzen.

Die sehr lichte Besiedelung durch *Z. palustris* ssp. *repens* auf den Sandanlandungen im südlichen Saaler Bodden (Aufn. 24—27) kann nur als Initialstadium gewertet werden. Es hat hier Kontakt zu einer geschlossenen Blaualgenzone des oberen Litorals.

Gesellschaftsvergleich

Kornaś et al. (1960) beschreiben im Brackwasser in einer Tiefe zwischen 1 und 4,4 m eine *Zannichellia*-Zone in exponierten Lagen auf reinem Sand und stellen die Gemeinschaft zum Ruppion maritimae. Die ökologischen Bedingungen unserer Bestände von *Z. palustris* ssp. *palustris* entsprechen am ehesten den von Kornaś et al. (1960) genannten. Auch die von Olsen (1945) erwähnte *Zannichellia—Potamogeton-pectinatus*-Assoziation läßt sich hier einfügen, ebenso gehören die von Pankow et al. (1967) zu einem Zannichellietum zusammengefaßten Bestände zu diesem Komplex. Soó (1934, 1947) beschreibt von Binnensalzstellen ein Parvipotameto-Zannichellietum pedicellatae, das eine gewisse Beziehung zu unserer nitrophilen Ausbildung zeigt.

Damit zeichnen sich im Brackwasser zumindest zwei „Ökogruppen" ab:

a) Bestände von *Zannichellia palustris* ssp. *palustris* var. *polycarpa*, die unter mesohalinen Bedingungen im tieferen Wasser wachsen;
b) Bestände von *Zannichellia palustris* ssp. *pedicellata*, die in Flachwassergebieten nährstoffreichere Standorte (nitrophile ?) indizieren.

Im Süßwasser wurde ein Zannichellietum palustris von Baumann (1911) als Nebentypus des Potametum erwähnt. Diese Gesellschaft beschreibt auch Lang (1967) aus dem Bodenseegebiet. Neben *Z. palustris* ssp. *palustris* sind dort Potametea-Arten enthalten. Hilbig (1970) erwähnt diese Gesellschaft aus dem Werragebiet und aus Nordwestsachsen und Hempel (1965) aus der Lausitz. Aus dem Stechlin-See nennt Krausch (1964) eine *Potamogeton-perfoliatus—Zannichellia-palustris*-Assoziation als Verarmungsform des Ranunculetum fluitantis.

Die sinnvolle Eingliederung der *Zannichellia*-Bestände des Brackwassers wird nur durch weitere umfangreiche Standortanalysen möglich werden. Die vorliegenden

Tab. 6. *Zannichellia*-Bestände

Laufende Nummer	1	2	3	4	5	6	7	8	9	10	11	12	13	14	15	16	17	18	19	20	21	22	23	24	25	26	27	28	29	30
Deckung (%)	90	100	60	80	100	10	90	60	50	30	25	100	60	80	90	100	100	100	70	40	35	40	60	50	70	80	80	60	60	80
Wassertiefe (cm)	40	30	35	50	110	75	40	30	20	10	10	40	40	25	40	40	40	45	25	40	15	15	10	15	5	10	100	90	110	90
Artenzahl	8	6	5	5	4	5	4	3	2	2	2	5	2	2	4	6	5	4	5	3	3	2	2	1	2	3	2	4	3	2
Zannichellia-Arten:																														
Z. pedicellata	2	5	3	2	2	4	2	3	3	3	2	4	4	4	5	4	5	5	2	3	3	3	3	.	.	.	.	.	.	.
Z. polycarpa	.	.	.	.	3	.	.	.	.	.	.	.	.	.	.	.	.	.	.	.	.	.	.	.	.	.	.	3	3	4
Z. repens	.	.	.	.	.	.	.	.	.	.	.	.	.	.	.	.	.	.	.	.	.	.	.	4	5	3	4	.	.	.
Charetea-Arten:																														
Chara aspera	+	.	1	2	.	.	1	.	.	.	.	.	.	.	1	.	.	.	.	+	.	.	.	.	.	1	.	.	.	.
Chara canescens	1	+	.	+	.	.	.	.	.	.	.	.	.	.	.	1	.	.	.	.	.	.	.	.	.	.	.	.	.	.
Chara hispida f. *baltica*	2	.	.	+	.	.	.	.	1	.	.	1	.	.	.	.	1	.	.	.	+	+	.	.	.	.	.	1	.	.
Chara tomentosa	.	.	+	.	.	.	.	.	.	.	.	.	.	.	.	.	.	+	.	.	.	.	.	.	.	.	.	.	.	.
Potameta-Arten:																														
Potamogeton pectinatus	+	.	.	.	1	1	.	.	.	+	.	2	.	.	.	1	.	.	.	.	.	.	1	.	+	.	.	.	.	.
Myriophyllum spicatum	.	.	1	.	.	+	.	2	.	.	.	.	.	.	.	.	.	.	.	.	+	.	.	.	.	.	.	.	.	.
Najas marina var. *intermedia*	.	.	.	.	.	.	.	.	.	.	.	.	.	.	.	.	2	.	3	.	.	.	.	.	.	.	.	.	.	.
Ruppietea-Arten:																														
Tolypella nidifica	+	+	.	.	.	+	.	.	.	.	.	.	.	.	.	.	.	.	.	.	.	.	.	.	.	.	.	1	.	.
Ruppia spiralis	.	+	.	.	.	.	.	.	.	.	.	.	.	.	1	1	+	+	+	.	.	.	.	.	.	.	.	.	+	.
Algen:																														
Cladophora glomerata	+	+	2	+	1	2	3	.	.	.	.	1	1	.	.	.	.	+	+	.	.	.	.	.	.	+	+	1	.	.
Enteromorpha intestinalis	.	.	.	.	.	.	.	.	.	.	.	.	.	.	.	.	.	.	1	+	.	.	.	.	.	.	.	.	.	.
Ceramium diaphanum	+	1	.	.	.	.	.	.	.	.	.	1	.	.	+	+	1	.	.	.	.	.	.	.	.	.	.	.	+	+
Rivularia atra E	.	.	.	.	.	.	×	×	.	.	×	.	.	.	.	×	.	.	.	.	.	.	.	.	.	.	.	.	.	.

E — Epiphyt

Aufnahme-Orte: **Grabow:** 1–6 – Nordufer; 15, 16 – Nordufer; 17, 18 – Bootsausfahrt Kinnbackenhagen; 28–30 – vor Kinnbackenhagen und Nisdorf; **Barter Bodden:** 11–14 – kleine Wiek; 19–23 – kleine Wiek; 7–10 – Zingster Strom; **Saaler Bodden:** 24–27 – südwestlich von Dierhagen

Literaturbefunde aus anderen Brackwassergebieten tragen wenig zur Klärung dieser Probleme bei, weil meist Kollektivarten genannt werden, zur Determinierung der Gemeinschaft aber die Dominanz der Unterart entscheidend ist. Ob diese *Zannichellia*-Bestände des Brackwassers dem Ruppion zugeordnet werden können (KORNAŚ et al. 1960) ist fragwürdig.

5.1.2. Das Charion (RÜBEL 1933) SAUER 1937

Characeengesellschaften sind ubiquitär verbreitet und stellen unter entsprechenden Bedingungen in Binnenseen und flachen Küstengewässern den dominierenden Vegetationstyp dar, siehe auch KRAUSCH (1964). Dennoch blieb die systematische Stellung dieser Gemeinschaften lange Zeit unbeachtet und unbekannt. Erst in neuerer Zeit finden diese interessanten Pflanzenzönosen regeres Interesse der Pflanzensoziologen. Es seien insbesondere die Arbeiten von CORILLION (1957), JESCHKE (1959, 1963), FREITAG (1962), DAMBSKA (1961, 1966), KRAUSCH (1964, 1968) und KRAUSE (1969) genannt, die sich mit der Vergesellschaftung der Characeen im Süßwasser befaßten.

Während für die Gliederung der Characeengesellschaften im limnischen Bereich inzwischen recht umfangreiches Material vorliegt, reichen die wenigen Arbeiten aus dem Brackwasser nicht aus, um den halophilen Zweig des Characeen-Systems sicher abgrenzen zu können. Hinzu kommt, daß die Bearbeiter relativ kleine Gebiete untersuchten und ihre Feststellungen lokalen Charakter tragen (KORNAŚ 1959, KORNAŚ et al. 1960, FROEDE 1957/58; FUKAREK 1961, HOPPE & PANKOW 1968, PANKOW et al. 1967, KLOSS 1969).

In den Darßer Boddengewässern bestimmen die Characeengesellschaften die Wasservegetation, und die Tatsache, daß ein E—W-Salzgefälle von 10‰ auf unter 1‰ vorliegt, macht das USG für die Klärung der in der Einleitung genannten Probleme besonders geeignet.

Die Characeengesellschaften entwickeln sich im USG optimal bei einem Salzgehalt unter 7‰ und bestehen aus halophilen und limnischen Arten. In systematischer Hinsicht nehmen sie eine selbständige Stellung ein und werden dem Charion, dem Charetalia und dem Charetea untergeordnet (siehe auch SAUER 1937, JESCHKE 1959, 1963, FUKAREK 1961, KRAUSCH 1968, KRAUSE 1969).

Im USG ist das Charion durch folgende Gesellschaften vertreten:

1. Das Charetum asperae (CORILLION 1957)
   (β-mesohalin bis β-oligohalin)
2. Das Charetum canescentis CORILLION 1957
   (β-mesohalin)
3. Die *Chara-baltica*-Gesellschaft
   (β-mesohalin)
4. Das Charetum tomentosae (CORILLION 1957)
   Subassoziation von *Chara hispida* var. *baltica* f. *fastigiata*
   (β-mesohalin bis α-oligohalin)
5. Das Charetum intermediae (DAMBSKA 1966)
   Subassoziation von *Chara hispida* var. *baltica* f. *fastigiata*
   (α- ... β-oligohalin)

[6. Das Najadetum marinae FUKAREK 1961]
   (β-mesohalin bis β-oligohalin)

5.1.2.1. Charetum asperae (CORILLION 1957)

Diese Gesellschaft ist die dominierende Pflanzengemeinschaft der wellenexponierten flachen Sandschare in der gesamten Boddenkette. Mit einem Deckungsgrad von 60–100% besiedelt sie mineralische Sedimente in einer Wassertiefe von 10–80 cm. Abhängig von Exposition, Detritusanteil im Sediment und Salzgehalt, lassen sich im USG drei Subassoziationen unterscheiden:

— die typische Subassoziation,
— die Subassoziation von *Chara canescens*,
— die Subassoziation von *Chara vulgaris* var. *vulgaris* f. *contraria*.

Die typische Subassoziation

Sie besteht fast ausschließlich aus der Kennart *Chara aspera*, der sich wenige Begleiter zuordnen, und besiedelt oligotrophe, instabile Mineralböden in exponierter Lage. Insbesondere sind das die E-Küsten des USG, die den vorherrschenden W-Winden ausgesetzt sind, und die vom Aus- und Einstrom erfaßten Gebiete.

Die Subassoziation zeigt keine salinitätsbedingte Innengrenze, denn sie wächst auch in oligotrophen bis mesotrophen Binnenseen, vgl. JESCHKE (1959, 1963), KRAUSCH (1964) und DAMBSKA (1966). Dagegen wird die Außengrenze der Assoziation vom Salzgehalt bestimmt und liegt südlich von Nisdorf bei ca. 8‰. Bei einer höheren Salinität wird die Gesellschaft vom Ruppietum spiralis abgelöst.

Die Anforderungen an die Lichtverhältnisse sind sehr hoch, zusammenhängende Bestände wachsen deshalb nur in geringer Tiefe. Mit Verschlechterung der Sichtverhältnisse sinken Vitalität und Fertilität. Die Gesellschaft ist im Gebiet einjährig; sie beginnt ihre Entwicklung im Mai und bricht Anfang Oktober bereits zusammen.

Uferwärts grenzt die Assoziation meist an röhrichtfreie Kliffs. Submerse Kontaktgesellschaften können sich auf Grund der exponierten Lage kaum entwickeln.

Die Subassoziation von *Chara canescens*

Sobald sich der Feinkornanteil im Sediment erhöht, gesellen sich der dominierenden Kennart *Chara aspera* die Trennarten *Ch. canescens* und *Ch. hispida* var. *baltica* f. *baltica* hinzu. Diese Subassoziation dominiert deshalb auf den etwas ruhigeren bis 500 m breiten Uferbänken der N- und W-Küste des Grabow und des Barther Boddens. Dort bildet die Gesellschaft außerordentlich dichte, bis 35 cm hohe Bestände aus, deren Produktivität mit dem Feinkornanteil im Sediment korreliert. Die Entwicklung der Gesellschaft ist außerdem vom Salzgehalt abhängig. Ihre Hauptverbreitung liegt im USG in der β-mesohalinen Zone (Abb. 5, 7–9).

Als Kontaktgesellschaften konnten zum Tiefen hin die *Chara-baltica*-Gesellschaft und in Stillwassergebieten das Charetum canescentis beobachtet werden. Die Subassoziation von *Ch. canescens* ist nicht nur im USG die bestimmende Gesellschaft, sondern charakteristisch für die flachen Sandschare der gesamten Ostsee. Schon WALLMANN (1856) nennt von der Sandküste Skandinaviens einen Bewuchs mit *Chara baltica*, *Ch. crinita* (= *Ch. canescens*) und *Ch. aspera* und betont, daß diese Gruppe keine Verbindung zu anderen Arten hat.

Die Subassoziation von *Chara vulgaris* var. *vulgaris* f. *contraria*

Diese Untergesellschaft wächst nur im Saaler Bodden westlich der Linie Ahrenshoop—Michaelsdorf unter Sediment- und Expositionsbedingungen wie die vorher beschriebene Subassoziation. Sie leitet zum limnischen Zweig des Charetum asperae über. Differenzierender Ökofaktor zur Subassoziation von *Ch. canescens* ist ein Salzgehalt unter 3‰, durch den *Ch. canescens* von *Ch. vulgaris* var. *vulgaris* f. *contraria* abgelöst wird. Die Gesellschaft wächst in einer Wassertiefe von 35—55 cm und bildet in schilfgeschützten kleinen Buchten dichte Rasen, während in exponierten Lagen mosaikartige Bestände beobachtet werden konnten.

Chara vulgaris var. *vulgaris* f. *contraria* stellt höhere Nährstoffansprüche als *Ch. aspera*. Reine Bestände dieser Art fanden wir in einigen Seen in der Umgebung von Güstrow regelmäßig vor stark beweideten Uferstreifen. Auch die Standorte im Saaler Bodden sind eutrophiert.

Die Begleiter des Charetum asperae unterscheiden sich sowohl in den Subassoziationen als auch in den einzelnen Bodden. *Cladophora glomerata* begleitet die Gesellschaft mit hoher Stetigkeit in allen Bodden, vor allem in Gebieten, die in der Hauptwindrichtung liegen. Das läßt vermuten, daß die Art eingetrieben wird, sie kann deshalb nicht zu den Kennarten der Assoziation gerechnet werden. Auffallend sind außerdem die Blaualgen *Rivularia atra* und *Gloeotrichia natans* an *Chara aspera*. Über die ökologischen Ursachen dieses Epiphytenbewuchses ist wenig bekannt. *Gloeotrichia natans* scheint nährstoffreichere Bedingungen und ruhigeres, wärmeres Wasser zu fordern, während *Rivularia atra* auch unter oligotropheren Bedingungen beobachtet werden konnte. Ebenso regelmäßig und in allen Bodden findet sich *Potamogeton pectinatus* in der Assoziation an. Im Grabow kommen als Begleiter Meeresalgen wie *Ceramium diaphanum*, *Chaetomorpha linum* und *Zwergpflanzen* von *Fucus vesiculosus* hinzu, im Saaler Bodden dagegen Sandmodifikationen der Großcharaceen *Chara tomentosa*, *Ch. hispida* var. *major* f. *intermedia*, *Ch. hispida* var. *baltica* f. *fastigiata*, deren Fortpflanzungsorgane sicher mit dem Ausstrom aus den dichten Magnochareten der benachbarten Stillwasserbuchten in das Charetum asperae gelangen und dort Fuß fassen. Wie auf Grund der extremen Expositionen nicht anders zu erwarten, ist die typische Subassoziation wesentlich ärmer an Begleitern (vgl. Tab. 7).

Tab. 7a. Sedimentanalysen — Charetum asperae (Nährstoffangaben in µg-at/g wf. Subst.)

n = 25	Subassoziation, typische	Subassoziation v. *Chara canescens*	Korngrößen mm	Subassoziation, typische %	Subassoziation v. *Chara canescens* %
Wassergehalt %	15,21	21,67	<0,063	2,52	6,05
Glühverlust % wf. Subst.	1,04	1,69	0,063—0,1	33,58	40,06
pH-Wert	6,95	7,00	0,1—0,2	42,21	41,44
Gesamt-P	2,58	2,85	0,2—0,5	11,42	9,24
Gesamt-N	25,26	79,59	0,5—1,0	0,46	0,94
Fe	15,25	22,03	1,0—2,0	0,43	0,35
$CaCO_3$ % wf. Subst.	0,82	0,88	>2,0	4,30	3,70

Tab. 7. Charetum asperae
a) typische Subassoziation, b) Subassoziation von *Chara*

	a				
Bodden	Gra	Ba	Zi	Bo	Ko
Aufnahmezahl	11	20	—	19	15
Deckung ∅ (%)	91	76	—	75	79
Deckung von — bis	65—100	40—100	—	40—100	55—100
Tiefe ∅ (cm)	117	58	—	35	45
Tiefe von—bis	35—200	35—80	—	20—60	25—65
Artenzahl	1—3	1—4	—	1—3	1—4
Kennart:					
Chara aspera	100 3—5	100 2—5	.	100 3—5	100 3—5
Trennarten:					
Chara canescens	.	.	.	.	.
Chara hispida f. *baltica* öf. typica	.	.	.	.	.
Chara vulgaris f. *contraria*	.	.	.	.	.
Chara hispida f. *intermedia*	.	.	.	.	.
Begleiter:					
a) Potametea-Arten:					
Potamogeton pectinatus	.	30 +—1	.	21 +—1	12 +—1
Myriophyllum spicatum	.	5 +	.	.	.
Najas marina	.	.	.	.	.
b) Ruppietea-Arten:					
Ruppia maritima	.	.	.	.	.
Zannichellia pedicellata	.	.	.	.	.
c) Charetea-Arten:					
Chara tomentosa	.	.	.	.	.
Chara hispida f. *fastigiata*	.	.	.	.	17 +—1
d) Meeresalgen:					
Ceramium diaphanum	27 +—1	.	.	.	.
Chaetomorpha linum	27 +	.	.	.	.
Fucus vesiculosus	.	.	.	.	.
e) Algen mit breiter Salzamplitude:					
Enteromorpha intestinalis	.	.	.	.	.
Cladophora glomerata	36 +—1	60 +—4	.	38 +—2	13 +—1
Rivularia atra E	45	25	.	6	.
Gleotrichia natans E	.	.	.	.	.

Für alle Tabellen gelten folgende Abkürzungen: Gra – Grabow: Ba – Barther Bodden; Zi – Zingster Strom; Die Stetigkeit ist in absoluten Prozenten angegeben.

Gesellschaftsvergleich

Während KLEBAHN (1895) erstmalig ausgedehnte Wiesen von *Chara aspera* aus dem Plöner See beschreibt, faßt SAUER (1937) diese Bestände als Komponente seines Parvocharetums auf. Das von CORILLION (1957) so benannte und durch eine Tabelle mit 5 Aufnahmen belegte Charetum asperae ist äußerst weit verbreitet. Es erstreckt sich über West-, Mittel- und Südeuropa, Nordafrika, Asien und Nordamerika (siehe

(CORILLION 1957)
canescens, c) Subassoziation von *Chara vulgaris* f. *contraria*

a	b						c
Sa	Gra	Ba	Zi	Bo	Ko	Sa	Sa
24	54	78	63	50	12	39	21
69	82	83	83	63	85	86	80
30–100	50–100	60–100	55–100	20–100	75–100	60–100	50–100
43	67	57	40	46	45	42	39
25–65	25–140	20–130	25–65	10–150	30–55	30–60	35–55
1–4	2–8	2–6	2–6	2–7	2–4	2–8	3–5
100 3–5	100 2–5	100 2–5	100 3–5	100 3–5	100 2–5	100 3–5	100 3–5
.	87 +–2	90 +–2	89 +–2	70 +–2	91 +–2	98 +–1	14 –1
.	67 +–3	73 +–3	75 +–2	42 +–2	50 +–2	.	.
.	.	.	.	.	.	.	100 +–2
.	.	.	.	.	.	.	30 +–1
16 +–2	41 +–2	38 +–1	24 +–1	26 +–1	8 +	5 +–1	10 +–1
8 +–1	3 +	4 +	.	4 +	.	2 +	.
.	.	3 +	.	4 +	.	.	.
.	.	2 1–2	.	4 +–1	.	.	.
8 +–1	21 +–1	2 +–2	3 1	2 +	.	4 +	.
.	.	.	20 +–1	18 +–1	8 +	65 +–1	23 +
8 +	.	.	19 +–1	4 +–2	8 +	42 +–1	5 +–1
.	20 +–1	.	.	.	.	.	.
.	22 +–1	.	.	.	.	.	.
.	8 +–1	.	.	.	.	.	.
.	11 +–1	7 +–1	5 +–1	8 +–1	.	.	.
52 +–3	27 +–1	25 +–3	36 +–3	16 +–2	21 +–1	28 +–3	19 +–1
16	4	15	15	8	.	14	15
16	.	.	.	6	.	21	25

Bo – Bodstedter Bodden; Mei – Meiningen; Ko – Koppelstrom; Sa – Saaler Bodden; E – Epiphyt.

auch KRAUSCH 1964). In neuerer Zeit wird die Gesellschaft aus dem limnischen Bereich häufiger beschrieben. OBERDORFER (1957) nennt vom Bodensee eine *Chara-aspera*-Gesellschaft, die dort im Flachwasserbereich mit der Zunahme von Sand und Kies und dem Zurücktreten schlammiger Feinteilchen an die Stelle des Potametum panormitano-graminei tritt. Aus den Feldberger Seen und vom E-Ufer der Müritz beschreibt JESCHKE (1959, 1963) ebenfalls diese Gesellschaft, die nach seinen Beobachtungen sowohl ursprünglich als auch Ersatzgesellschaft sein kann. KRAUSCH (1964) beobachtet die Assoziation am Stechlinsee, im Nehmitz- und Witwe-See an röhrichtfreien, windexponierten flachen Sandufern. Seine Tabelle enthält ausschließlich *Ch. aspera*. DAMBSKA (1966) beschreibt aus Polen von oligotrophen Standorten ein Charetum asperae, das einen hohen Anteil von *Ch. contraria* enthält. Ähnlich aufgebaut ist das von LANG (1967) aus dem Bodensee durch 9 Aufnahmen belegte Charetum asperae. KRAUSE (1969) benennt ein Charion asperae (syn. Charion fragilis KRAUSCH 1964) und grenzt nach der Art des Sediments bzw. nach vorherrschenden Mikroorganismen verschiedene Unterverbände ab.

Die Untersuchungen von *Chara-aspera*-Beständen im Brackwasser sind insgesamt spärlich und die Auffassung ihrer Zuordnung ist sehr unterschiedlich. CORILLION (1957) beschreibt ein Charetum canescentis, das ökologisch dem Charetum asperae litorale KRAUSE (1969) und unserer Subassoziation von *Ch. canescens* nahesteht. FUKAREK (1961) scheidet die *Chara-aspera*-Bestände des Brackwassers als *Chara-aspera*-Fazies des Charetum crinitae (= Charetum canescentis) aus und ordnet sie dem Charion crinitae unter. Nach unseren Untersuchungen der gesamten Boddenkette halten wir es mit HOPPE & PANKOW (1968) für gerechtfertigter, die *Ch.-canescens*-haltigen *Ch.-aspera*-Rasen nicht als Charetum canescentis, sondern als halophile Ausbildungsform des Charetum asperae aufzufassen und sie als Subassoziation von *Ch. canescens* abzutrennen. Für die Auffassung spricht sicher auch die Tatsache, daß im westlichen Saaler Bodden (Salzgehalt $2^0/_{00}$—$0^0/_{00}$) die Subassoziation von *Ch. canescens* „nahtlos" in die limnische Ausbildungsform von *Ch. vulgaris* var. *vulgaris* f. *contraria* übergeht.

5.1.2.2. Charetum canescentis CORILLION 1957

Die Gesellschaft steht syngenetisch und synökologisch dem Charetum asperae, Subassoziation von *Ch. canescens*, sehr nahe. Sie entwickelt sich im Areal dieser Gesellschaft dann, wenn durch eine entsprechende Wind- und Stromlage an sehr flachen ufernahen Stellen vorübergehend eine stärkere Detritusablagerung möglich wird. Das sind jedoch niemals Stillwasserbuchten, deren stabile Schlickauflagen den Großcharaceen Lebensbedingungen gewähren. Die Ausbildung dieser ephemeren Gesellschaft hängt deshalb weitgehend von den lokalen Sedimentbedingungen ab, die zur Zeit der Entwicklung der Gesellschaft vorherrschen. So konnte 1970 am röhrichtfreien Ufersaum des Kavelnhakens ein außerordentlich vitaler *Chara-canescens*-Bestand von 80 × 400 m beobachtet werden. Bereits im Herbst desselben Jahres war diese Gesellschaft völlig übersandet und der Mineralboden mit kleinen Pflänzchen von *Ch. aspera* und *Ch. hispida* var. *baltica* f. *baltica* bewachsen. 1971 wuchs an gleicher Stelle ein typisches Charetum asperae.

Bedeutsam für die Ausbildung der Gesellschaft ist der Salzgehalt des Wassers. Luxurierende Bestände konnten nur im Grabow bei ca. $7^0/_{00}$ (Salzamplitude Abb. 17) beobachtet werden. Im Verlandungsgebiet der Meiningen-Inseln wuchs die Assoziation in einer 2 m breiten, 30 m langen und 20 cm tiefen Rinne inmitten der trocken gefallenen Sandbänke. Durch das lang anhaltende Niedrigwasser im Sommer 1971 verdunstete ein Teil des Wassers in dieser Rinne und der Salzgehalt konzentrierte sich auf $6{,}4^0/_{00}$ (der zur gleichen Zeit im freien Wasserkörper des Bodstedter Boddens gemessene Salzgehalt betrug $4{,}2^0/_{00}$).

Tab. 8. Charetum canescentis CORILLION 1957

Laufende Nummer	1	2	3	4	5	6	7	8	9	10	11	12	13	14	15	16	17	18	19	20
Deckung (%)	90	75	100	100	100	100	100	100	100	100	100	100	100	100	100	100	100	65	100	100
Wassertiefe (cm)	40	30	35	30	30	30	40	40	30	35	40	35	35	35	35	25	20	30	35	35
Artenzahl	3	3	2	1	1	2	2	2	2	2	1	2	2	3	3	5	3	2	2	2
Kennarten:																				
Chara canescens	5	4	5	5	5	5	5	5	5	5	5	5	5	5	5	3	4	4	5	5
Chara aspera	+	1	.	.	.	.	.	.	.	+	.	.	+	+	.	1	1	.	+	1
Chara hispida f. *baltica*	.	.	.	.	.	.	1	2	.	.	.	.	.	.	1	+	+	.	.	.
Begleiter:																				
Potamogeton pectinatus	.	.	1	.	.	+	.	.	1	.	.	.	.	1	.	.	.	.	.	.
Ruppia maritima	.	.	.	.	.	.	.	.	.	.	.	.	.	.	+	1	.	.	.	.
Zannichellia pedicellata	.	.	.	.	.	.	.	.	.	.	.	.	.	.	.	1	.	.	.	
Najas marina	.	.	.	.	.	.	.	.	.	.	.	.	.	.	.	.	.	1	.	.
Cladophora glomerata	+	1	.	.	.	.	.	.	.	.	.	+	.	.	.	.	.	.	.	.

Aufnahme-Orte: 1–3 – Grabow, südwestl. Pramort; 4–8 – Grabow, Kavelnhaken (Uferzone); 9–14 – Grabow, vor Nisdorf und Kinnbackenhagen; 15, 16 – Meiningen-Inseln; 17–20 – Koppelstrom

Sehr hoch ist das Lichtbedürfnis dieser Gesellschaft, sie wächst im USG deshalb nur im oberen Litoral. Nachfolgende Ergebnisse der Sedimentanalysen deuten auf mesotrophe Ansprüche der Assoziation.

Tab. 8a. Sedimentanalysen — Charetum canescentis
(Nährstoffangaben in µg-at/g wf. Subst.)

n = 6		Korngrößen	
		mm	%
Wassergehalt %	19,81	<0,063	5,29
Glühverlust % wf. Subst.	1,74	0,063—0,1	51,06
pH-Wert	6,90	0,1—0,2	27,05
Gesamt-P	3,02	0,2—0,5	5,08
Gesamt-N	90,47	0,5—1,0	2,90
Fe	37,89	1,0—2,0	0,00
$CaCO_3$ % wf. Subst.	0,23	>2,0	0,00

Gesellschaftsvergleich

Die Gesellschaft wurde bisher nur selten erwähnt. CORILLION (1957) beschreibt erstmalig ein Charetum canescentis aus flachen Brackwassergebieten. Nach seinen Angaben ist die Gesellschaft an der gesamten europäischen Küste verbreitet, besonders häufig aber an der Ostsee. KORNAŚ et al. (1960, Tab. 6) nennen *Ch. canescens* als Kennart des Charetum balticae, bemerken aber, daß die Art in der Bucht von Gdansk selten ist. TÜXEN (1960) zählt *Ch. canescens* zu den Kennarten des Ruppion maritimae. Nach KRAUSCH (1968) hingegen gehört die Art zu den Verbandscharakterarten des Charion canescentis, das er vom limnischen Charion fragilis abtrennt. Die Zuordnung des von FUKAREK (1961) aus dem Saaler Bodden beschriebenen Charetum crinitae wurde auf S. 258 diskutiert.

Für die reinen *Chara-canescens*-Bestände soll, bis weiteres Aufnahmematerial aus Brackwassergebieten eine endgültige Entscheidung zuläßt, der Rang einer Assoziation beibehalten werden, wir neigen aber dazu, die Gesellschaft als Variante (Fazies ?) des Charetum asperae, Subassoziation von *Ch. canescens*, zu werten.

Fast alle Bearbeiter von Brackwassergesellschaften nennen *Ch. canescens*, z. B. HOLTZ (1892), SONDER (1890), PORTER (1894), CEDERKREUTZ (1933), LUTHER (1951), STEEMANN-NIELSEN (1951), ULVINEN (1955), KÜNZENBACH (1955/1956) und OVERBECK (1965), ohne sie einer Gesellschaft zuzuordnen. Danach kommt die Art im Ostseeraum regelmäßig, aber mit geringer Deckung vor. Das entspricht auch unseren Beobachtungen.

5.1.2.3. *Chara-baltica*-Gesellschaft

Mit zunehmender Wassertiefe, die eine Reduktion der Sichtbedingungen mit sich bringt, wird das Charetum asperae, Subassoziation von *Ch. canescens*, von der *Chara-baltica*-Gesellschaft abgelöst. Wie Tab. 9 zeigt, handelt es sich um einartige bzw. sehr artenarme *Chara*-Bestände, in die aus der vorher beschriebenen Flachwasserzone

Ch. aspera übergreift. Steter Begleiter auch dieser Gemeinschaft ist *Potamogeton pectinatus*. Niemals jedoch sind hier die benthopleustischen Watten von *Cladophora glomerata* zu beobachten. Die Kennart dieser Gesellschaft ist ein sehr kräftiger, vitaler Standorttyp, der der *Chara baltica* f. *typica* MIGULA entspricht. Dieser Typ (Abb. 7) unterscheidet sich deutlich von der Standortmodifikation, die im Ruppion wächst (Abb. 5).

a b

Abb. 7a, b. *Chara hispida* var. *baltica* f. *baltica* (BRUZ.) R. D. W. (öf. typica)

Die mehrjährige Gesellschaft besiedelt Tiefen von 0,50—2,0 m. Das Entwicklungsoptimum wurde zwischen 0,90 und 1,40 m beobachtet. Dort erreichten die Bestände bei einem Deckungsgrad von 80%eine Höhe von 35—55 cm, in größeren Tiefen nehmen Länge und Deckungsgrad ab.

Das Sediment, auf dem die Gemeinschaft siedelt, ist Sandboden mit einem hohen Feinkornanteil und mesotrophen Nährstoffbedingungen. An windexponierten Standorten und Gebieten, die unmittelbar vom Aus- und Einstrom erfaßt werden, fehlt die Gesellschaft. Sie entwickelt sich deshalb besonders gut am N- und W-Ufer des Grabow und im Barther Bodden. Dort bilden die Bestände als breites Band (bis 400 m) die Tiefengrenze zu den unbewachsenen Boddenteilen (Abb. 4, 9—12).

Die Phytozönose wächst im USG bei einer Salzamplitude von 4,5–7,5‰ und zeigt eine deutliche salzabhängige W-Grenze. Im Saaler Bodden finden sich zwar noch Streufunde der Art, nicht aber die Gesellschaft.

Tab. 9. *Chara-baltica*-Gesellschaft

Bodden	Gra		Ba		Zi/Fitt		Bo	
Aufnahmezahl	31		43		13		17	
Deckung ∅ (%)	71		80		74		72	
Deckung von–bis	50–100		60–100		60–90		50–100	
Wasertiefe ∅ (cm)	160		133		56		128	
Wassertiefe von–bis	105–200		60–190		50–65		65–160	
Artenzahl	1–5		1–3		1–4		1–3	
Kennart:								
Chara hispida f. *baltica* (öf. typica)	100	3–5	100	4–5	100	4–5	100	3–4
Charetea-Arten:								
Chara aspera	27	+–2	47	+–2	30	+–1	40	+–2
Chara canescens	.	.	7	+	15	+–1	.	.
Begleiter:								
Potamogeton pectinatus	36	+–2	37	+–2	20	+–1	60	+–1
Zannichellia polycarpa	13	+–2	.	.	.	.	.	.
Chaetomorpha linum	27	+–2	.	.	.	.	.	.
Ceramium diaphanum	45	+–2	.	.	.	.	.	.
Rivularia atra E			60	.	80	.	.	.

Im Koppelstrom und im Saaler Bodden fehlt die Gesellschaft.

Tab. 9a. Sedimentalanalysen – *Chara-baltica*-Gesellschaft
(Nährstoffangaben in µg-at/g wf. Subst.)

n = 4		Korngrößen	
		mm	%
Wassergehalt %	23,93	<0,063	8,31
Glühverlust % wf. Subst.	3,05	0,063–0,10	55,40
pH-Wert	6,75	0,10–0,20	23,70
Gesamt-P	5,65	0,20–0,50	8,80
Gesamt-N	118,25	0,50–1,00	1,87
Fe	59,13	1,0–2,00	0,66
$CaCO_3$ % wf. Subst.	2,19	>2,0	0,37

Gesellschaftsvergleich

Ein Charetum balticae wird erstmals von KORNAŚ (1959) benannt, zur Einordnung dieser Gesellschaft wird auf S. 250 Stellung genommen. Unserer *Chara-baltica*-Gesellschaft entsprechen die von HOFFMANN (1937/38), TRAHMS (1940), KÜNZENBACH (1955/56), OVERBECK (1965) beobachteten geschlossenen *Chara-baltica*-Zonen, die kaum floristische Beziehungen zum Ruppion haben und durch typische Standortmodifikationen (Abb. 7) gekennzeichnet sind. Das Charetum horridae-balticae FUKAREK (1961) ist nicht, wie KRAUSCH (1968) annimmt, dem Charetum balticae KORNAŚ (1959) synonym und entspricht auch nicht unserer *Chara-baltica*-Gesellschaft, sondern ist als Fazies des Charetum tomentosae zu werten (vgl. S. 264). CORILLION (1957) gibt *Chara-baltica*-Bestände aus dem sehr ungeschützten Litoral der französischen Küste an und vermutet eine Zugehörigkeit zum Charetum canescentis.

5.1.2.4. Charetum tomentosae (CORILLION 1957), Subassoziation von *Chara hispida* var. *baltica* f. *fastigata*

Dominante und zugleich Kennart dieser Assoziation ist *Chara tomentosa*. Die Art wird in der Regel von *Ch. hispida* var. *baltica* f. *fastigiata*, *Ch. hispida* var. *baltica* f. *liljebladii* u. *Najas marina* var. *intermedia* begleitet. Durch diese halophilen Arten ist eine Trennung von limnischen Ausbildungsformen der Assoziation möglich. Die Gesellschaft ist ausdauernd und besitzt dadurch eine ziemliche Beständigkeit. Mitunter schwankt die Artenzusammensetzung im Verlauf aufeinanderfolgender Vegetationsperioden jedoch erheblich. Insbesondere hängt der Anteil der einjährigen *Najas marina* weitgehend von den jeweiligen Keimbedingungen ab.

Die Beobachtung eines Dauerquadrates ergab folgende Dominanzverschiebung:

	1969	1970	1971	1972
Chara tomentosa	4	2	1	1
Najas marina	1	4	2	+
Chara aspera	1	1	+	–
Chara canescens	1	1	.	–
Chara hispida f. *fastigiata*	1	1	.	–
Chara hispida f. *baltica*	.	+	.	–
Cladophora glomerata	+	.	2	–
Ruppia maritima	.	.	2	+

Das Dauerquadrat befindet sich in der Nähe eines Abwasserschwerpunktes (landwirtschaftliche Abstoffe), und die Veränderung der Vegetationsstruktur muß mit der Wasserbelastung in Verbindung gebracht werden.

Im Areal des Charetum tomentosae bilden die Differentialarten der Assoziation, ohne erkennbare ökologische Ursachen, oft ausgedehnte Reinbestände, die von uns als Fazies gewertet werden (z. B. Wiecker Bucht, Zingster Strom). Die Gesellschaft siedelt auf losem schwarzem, stark nach H_2S riechendem Sapropel. Die Nährstoffanalysen des Sediments (Tab. 10a) beweisen eutrophe Standortbedingungen. Obwohl die Art Salzwerte bis 6‰ zu tolerieren vermag (LUTHER 1951), liegt im USG die östliche Verbreitungsgrenze bei ca. 5‰ (Barther Oie) und ist von edaphischen Faktoren und Expositionsbedingungen abhängig. Das Lichtbedürfnis scheint sehr hoch zu sein, Wassertiefen unter 1,20 m werden im USG von ihr nicht besiedelt. Bei Niedrigwasser kann die Gesellschaft teilweise trocken fallen, ohne nennenswerten Schaden zu erleiden.

Die bis zu 1,20 m hoch werdenden Bestände gehören zu den produktivsten Gemeinschaften des USG, Biomassen bis zu 14 kg/m² konnten ermittelt werden (vgl. FESTERLING 1973). Durch das teilweise Absterben der Thalli im Spätherbst wird die Eutrophierung und Verlandung dieser Boddenbereiche gefördert. Das Charetum tomentosae ist im USG die Leitgesellschaft der Stillwassergebiete (Zingster Strom, Fitt, nördl. Bodstedter Bodden, östl. Saaler Bodden), sie fehlt im Grabow und im Barther Bodden.

Gesellschaftsvergleich

Die Gesellschaft ist bisher vorwiegend aus dem limnischen Bereich bekannt. SAUER (1937)nennt aus den Stillwassergebieten der ostholsteinischen Seen eine Gemeinschaft, die aus *Chara tomentosa, Ch. contraria* und *Nitella*-Arten besteht. Sie bildet als 3. Komponente seines Parvocharetums zugleich den Übergang zum Magnocharetum und entspricht dem Magnocharetum tomentosae CORILLION (1957). PANKNIN (1941) nennt vom Grimnitz-See in der südlichen Uckermark Aufnahmen, in denen *Ch. tomentosa* vorherrscht und von *Potamogeton pectinatus* und *P. perfoliatus* begleitet wird. JESCHKE (1963) beobachtet im Müritz-Gebiet ein Charetum tomentosae in einer Tiefe von 2,8—4 m. DAMBSKA (1966) beschreibt die Gesellschaft aus Polen und unterscheidet drei Varianten: a) mit *Ch. contraria,* b) mit *Ch. rudis,* c) mit Potametalia-Arten. KRAUSCH (1964) teilt zwei Aufnahmen aus dem Stechlingebiet mit und AHREND (1970) nennt Aufnahmen aus dem Uckersee. KRAUSE (1969) rechnet die Gesellschaft zum Magnocharetum des eutrophierten Tiefwassers und stellt sie zum Unterverband des Eu-Charion asperae.

Insgesamt wächst die Gesellschaft im limnischen Bereich in stärker eutrophierten Gebieten. Sie wird allgemein dem Magnocharetum zugerechnet und besiedelt Tiefen von 1—8 m. Die maximale Tiefe ist weitgehend von den Lichtbedingungen abhängig.

Aus dem Brackwasser wurde die Gemeinschaft bisher kaum erwähnt, obwohl floristische Angaben von HOLTZ (1892), LAKOWITZ (1929), STROEDE (1931), CEDERKREUTZ (1933), SAMUELSON (1925), HASSLOW (1931, 1936), EHNHOLM (1937), BJÖRKMANN (1947), ULVINEN (1937, 1955) u. a. eine weite Verbreitung im Ostseeraum vermuten lassen. HÄYREN (zit. in STROEDE 1931, S. 42) schreibt aus Finnland: „Die Assoziation von *Chara ceratophylla* (syn. *Ch. tomentosa*) ist tonangebend in den inneren Schären, wo sie bedeutende Areale (bis 1 ha große) ganz beherrscht“. Mit hoher Stetigkeit ist *Ch. tomentosa* ebenfalls in den Brackwassergesellschaften von FUKAREK (1961) vertreten. KÜNZENBACH (1955/1956) berichtet von 2 m hohen *Ch.-horrida*-Beständen (syn. *Ch. hispida* f. *fastigiata*) im Breetzer Bodden (Rügen), diese entsprechen unserer *Chara-hispida*-var.-*baltica*-f.-*fastigiata*-Fazies. HOPPE & PANKOW (1968) fassen nur die reinen *Chara-tomentosa*-Bestände vom südlichen Barther Bodden und vom Ufer der Halbinsel Bresewitz als Charetum tomentosae auf, während sie die reicheren Ausbildungsformen als Mischbestände bezeichnen.

Die Auswertung von 110 eigenen soziologisch-ökologischen Analysen und der Vergleich mit Literaturbefunden berechtigt zur Abtrennung einer halophilen Subassoziation von den limnischen Ausbildungsformen.

5.1.2.5. Charetum intermediae, syn. Charetum aculeolatae (DAMBSKA 1966), Subassoziation von *Chara hispida* var. *baltica* f. *fastigiata*

Die Gesellschaft gehört ebenfalls zu den schlammbewohnenden Magnochareten der Boddenkette. Ein hoher Kalkanteil im Sediment (Tab. 10a) und β-oligohaline Salzansprüche bedingen nach unseren Beobachtungen die Begrenzung des Areals dieser Assoziation auf Gebiete des Saaler Boddens. Dort besiedelt sie in lückenloser Deckung ausgedehnte Flächen in einer Tiefe von 45—95 cm. Der von dieser Gesellschaft bewachsene Untergrund ist eine grau-schwarze Gyttja, die reichlich Muschel- und Schneckenbrekzien enthält. Der hohe Nährstoffgehalt im Sediment (Tab. 10a)

Tab. 10. Charetum tomentosae (Corillion 1957)
Subassoziation von *Chara hispida* f. *fastigiata*
a) Variante von *Chara hispida* f. *intermedia* b) *Chara-hispida*-f.-*fastigata*-Fazies

	a				b	
Bodden	Zi/Fitt	Bo	Ko	Sa	Zi	Bo
Aufnahmezahl	36	20	8	27	5	5
Deckung ∅ (%)	100	100	89	88	100	100
Deckung von—bis	100	100	70—100	60—100	100	100
Wassertiefe ∅ (cm)	65	85	60	55	95	105
Wassertiefe von—bis	55—90	55—115	45—65	35—90	85—110	80—120
Artenzahl	1—7	1—5	2—5	2—7	1—2	1—2
Kennart:						
Chara tomentosa	100 2—5	100 3—5	100 3—4	100 3—5	11 +—1	18 +—1
Trennarten der halophilen Subassoziation:						
Chara hispida f. *fastigiata*	72 +—3	85 +—2	50 1—2	79 +—3	100 5	100 5
Chara canescens	40 +—1	10 +—1	25 +—1	40 +—1	.	.
Chara hispida f. *liljebladii*	35 +—2	20 +—1	12 +	.	40 1—2	40 1—2
Najas marina var. *intermedia*	40 +—1	25 +—1	27 +—1	33 +—2	.	.
Trennarten der Variante v. *Chara hispida* f. *intermedia*:						
Chara hispida f. *intermedia*	.	.	.	60 +—2	.	.
Chara vulgaris f. *contraria*	.	.	.	26 +	.	.
Chara hispida f. *major*	.	.	.	11 +	.	.
Begleiter:						
Potamogeton pectinatus	27 +—2	45 +—1	25 1	33 +—1	.	40 +—1
Chara aspera	25 +—1	10 +—1	25 2	60 +—2	.	.
Cladophora glomerata	14 +—1	25 +—1	25 1	8 +—1	.	.

Die Gesellschaft fehlt im Grabow und im Barther Bodden.

Tab. 10a. Sedimentanalysen — Charetum tomentosae und Charetum intermediae (Nährstoffangaben µg-at/g wf. Subst.)

1) n = 11 2) n = 8	1*)	2	3	K	1	2
				mm	%	%
Wassergehalt %	53,58	55,65	66,90	<0,063	36,34	
Glühverlust % wf. Subst.	10,20	20,82	24,13	0,06—0,1	38,81	80%
pH-Wert	7,20	7,00	7,8	0,1—0,2	19,04	unter
Gesamt-P	6,52	16,40	17,72	0,2—0,5	3,55	0,063
Gesamt-N	250,70	453,78	406,03	0,5—1,0	0,70	
Fe	87,96	132,46	120,83	1,0—2,0	0,00	
$CaCO_3$ % wf. Subst.	1,86	1,74	14,99	>2,0	0,00	

*) 1 — Charetum tomentosae, Subass. von *Ch. hispida* var. *baltica* f. *fastigiata*; 2 — *Chara-hispida*-var.-*baltica*-f.-*fastigiata*-Fazies; 3 — Charetum intermediae, Subass. von *Ch. hispida* var. *baltica* f. *fastigiata*

und die Lage der Fundorte (unweit von Bootsanlegestellen, Badeplätzen u. ä.) zeigen anthropogenen Einfluß an. Der halophile Charakter der Ausbildungsform im USG wird durch *Chara hispida* var. *baltica* f. *fastigiata* manifest.

Die ausdauernde Assoziation regeneriert sich aus den Thallusknoten der *Chara*-Pflanzen. Bis auf geringe Arealverschiebungen konnte die Gesellschaft in drei aufeinanderfolgenden Vegetationsperioden in unveränderter Zusammensetzung beobachtet werden.

Gesellschaftsvergleich

Die Gesellschaft wurde erstmals von Corillion (1957) als Magnocharetum aculeolatae aus Frankreich beschrieben und als Vikariante des Charetum hispidae aufgefaßt. Krausch (1964) nennt *Chara aculeolata* (syn. *Ch. intermedia*) als Kennart des Charetum filiformis. Dambska (1966) belegt mit 2 Aufnahmen ein Charetum aculeolatae (syn. Charetum intermediae) aus Polen. Weitere Hinweise über Geselligkeit der Art findet man bei Braun (1876), Holtz (1903), Stroede (1931), die auch *Ch. tomentosa* als steten Begleiter von *Ch. intermedia* angeben. Aus dem Brackwasser wurde diese Gesellschaft bisher nicht erwähnt, obwohl floristische Angaben das Vordringen der Kennart in Brackwasser-Bereiche belegen: Holtz (1892), Porter (1894), Migula (1897), Stroede (1931).

5.1.2.6. Najadetum marinae (Oberdorfer 1957) Fukarek 1961

Das Najadetum marinae besiedelt im USG entweder primär sehr flache, geschützte Buchten oder entwickelt sich als Folgegesellschaft aus dem Charetum tomentosae dann, wenn die Schlammauflage soweit fortgeschritten ist (vgl. Hoppe & Pankow 1968), daß der darüber stehende Wasserkörper dem etwa 120 cm hoch werdenden Magnocharetum keine Lebensbedingungen mehr gewährt.

Ökologisch steht die Assoziation deshalb dem Charetum tomentosae sehr nahe, und meist findet man der dominierenden *Najas marina Chara tomentosa* zugesellt. Nach Tab. 12 bietet es sich an, eine reine Ausbildungsform von einer Ausbildungsform mit *Ch. tomentosa* zu unterscheiden. Bis auf geringe Tiefenunterschiede können aber keine ökologischen Parameter gefunden werden, die diese Trennung rechtfertigen und

Tab. 11. Charetum intermediae (DAMBSKA 1966),
Subassoziation von *Chara hispida* f. *fastigiata*

Laufende Nummer	1	2	3	4	5	6	7	8	9	10	11	12	13	14	15	16	17	18	19	20	21	22	23	24	25	26	27
Deckung (%)	100	100	100	100	100	100	100	100	100	100	100	100	100	100	100	100	100	100	100	100	100	100	100	60	70	100	100
Wassertiefe (cm)	70	65	75	70	70	75	80	80	80	70	85	95	95	95	80	80	80	80	64	65	60	55	85	60	45	45	70
Artenzahl	1	3	2	2	3	2	2	3	3	6	4	4	5	5	3	3	6	5	2	2	5	5	1	3	2	3	4
Kennart:																											
Chara hispida f. *intermedia*	5	5	5	5	5	4	4	4	4	5	3	4	4	5	2	4	2	3	5	5	5	3	5	4	4	3	4
Trennarten der halophilen Subassoziation:																											
Chara hispida f. *fastigata*	.	.	.	+	+	1	2	2	2	1	1	2	1	1	3	1	4	1	2	1	1	2	.	+	.	.	1
Chara canescens	.	.	.	.	.	.	.	.	.	+	.	.	+	+	.	.	1	+	.	.	1	1	.	.	.	.	.
Charetea-Arten:																											
Chara tomentosa	.	.	.	.	1	.	.	1	2	2	2	1	2	+	+	+	1	1	.	.	1	2	.	.	.	.	.
Chara aspera	.	+	+	.	.	.	.	.	.	1	.	.	+	+	.	.	1	+	.	.	1	1	.	1	1	.	2
Begleiter:																											
Potamogeton pectinatus	.	.	.	.	.	.	.	.	.	+	1	+	.	.	.	.	+	.	.	.	.	.	.	.	.	.	.
Najas marina var. *intermedia*	.	.	.	.	.	.	.	.	.	.	.	.	.	.	.	.	.	.	.	.	.	.	.	.	.	4	+
Cladophora glomerata	.	+	.	.	.	.	.	.	.	.	.	.	.	.	.	.	.	.	.	.	.	.	.	.	.	+	.

Aufnahme-Orte: Saaler Bodden
1–3 – westlich der Versuchstation Born; 4–8 – Hundsbeck, Cartine, Werre (1969 durch den Deichbau erloschen); 9–11 – nördl. der Linie Althagen – Born; 12 – Permin, westlich von Wustrow; 13–19 – vom Zeltplatz Born bis Wedden-Ort; 20, 26 – nordöstl. von Ahrenshoop; 21 – südl. der Neuendorfer Bülte; 22 – vor Michaelsdorf; 23, 27 – nordwestl. Neuendorf; 24, 25 – nordöstl. von Dierhagen

Ch. tomentosa muß als übergreifende Art aus der Kontaktgesellschaft (Charetum tomentosae) aufgefaßt werden.

Von den limnischen Ausbildungsformen unterscheidet sich das Najadetum im Brackwasser durch das Fehlen der Potametea-Arten. Die Gesellschaft wächst in einer Wassertiefe von 30–85 cm auf sehr nährstoffreichem schwarzem Schlick (Tab. 12a) mit einem Deckungsgrad von 60–100%. Die Vorkommen auf mineralischem Sediment sind sehr niedrig und mosaikartig ausgebildet.

Die Gesellschaft breitet sich etwas weiter östlich und westlich als die vorher beschriebenen Assoziationen aus. Sie dringt auch weiter in limnische, stärker eutrophierte Gebiete vor (Barther Strom), die von Characeen nicht mehr toleriert werden können. Dort vergesellschaftet sich die Art mit *Ceratophyllum demersum* (ALMQUIST 1929: *Najas-marin—Ceratophyllum*-Ass.).

Tab. 12. Najadetum marinae (OBERDORFER 1957) FUKAREK 1961

Bodden	Gra	Ba/Zi	Bo/Ko	Sa
Aufnahmezahl	3	6	7	16
Deckung ∅ (%)	100	86	83	86
Deckung von – bis	–	60–100	30–100	30–100
Wassertiefe ∅ (cm)	82	45	51	49
Wassertiefe von – bis	80–85	40–55	40–70	40–70
Artenzahl	1–5	1–3	2–3	1–3
Kennart:				
Najas marina var. *intermedia*	100 4–5	100 4–5	100 3–5	100 3–5
Charetea-Arten:				
Chara tomentosa	66 +–1	33 1	86 +–2	38 +–2
Chara hispida f. *fastigiata*	33 +	17 +	14 +	6 1
Chara aspera	33 +	33 1	. . .	19 +
Chara canescens	. . .	. . .	14 +	19 +
Potametea-Arten:				
Potamogeton pectinatus	. . .	. . .	. . .	25 +–2
Myriophyllum spicatum	. . .	. . .	. . .	19 +
Ruppion-Arten:				
Ruppia maritima	. . .	33 1–2	. . .	. . .
Zannichellia pedicellata	33 2	. . .	. . .	. . .
Algen:				
Enteromorpha intestinalis	. . .	17 1	. . .	. . .
Enteromorpha compressa	. . .	14 +	. . .	6 1
Cladophora glomerata	. . .	. . .	. . .	12 +–1

Tab. 12a. Sedimentanalysen — Najadetum marinae (Nährstoffangaben µg-at/g wf. Subst.)

n = 7		Korngrößen	
		mm	%
Wassergehalt %	58,58	<0,063	50,28
Glühverlust % wf. Subst.	15,19	0,063–0,1	25,06
pH-Wert	7,20	0,1–0,2	20,18
Gesamt-P	7,67	0,2–0,5	3,01
Gesamt-N	415,95	0,5–1,0	1,56
Fe	119,07	1,0–2,0	–
$CaCO_3$ % wf. Subst.	1,85	>2,0	–

Gesellschaftsvergleich

Die wärmeliebenden *Najas*-reichen Flachwassergesellschaften wurden zunächst nach Koch (1926) zum Parvopotameto-Zannichellietum tenuis gestellt. Libbert (1932/33), Schwickerath (1933), Sauer (1937) und Oberdorfer (1957) schließen sich diesem Vorgehen an und unterscheiden zwei Ausbildungsformen, eine nährstoffreichere, anthropogen beeinflußte Gesellschaft mit *Zannichellia* und eine mesotrophe Ausbildungsform, in der *Najas*-Arten dominieren. Fukarek (1961) benennt die Gesellschaft nach der dominierenden Art und belegt die Assoziation mit 5 Aufnahmen aus dem Brackwasser. Er betrachtet diese Gesellschaft als Vikariante zum Parvopotameto—Zannichellietum Koch (1926). Lang (1967) nennt diese Gesellschaft aus dem oberen Sublitoral des Bodensees. Er unterscheidet 3 Ausbildungsformen, dessen erste *Chara tomentosa* enthält und unseren Brackwasseraufnahmen nahekommt. Auch Almquist (1929) nennt eine *Najas-marina—Chara-tomentosa*-Assoziation und Berglund (1963) beobachtet *Chara aspera* und *Ch. horrida* am häufigsten mit *Najas marina* vergesellschaftet.

Die von Passarge (1964) vermutete Brackwasserausbildung mit *Zannichellia* kann nach gründlicher Durchforschung des USG nicht bestätigt werden. *Zannichellia* spielt im Aufbau der Gesellschaft nur eine untergeordnete Rolle und scheint viel häufiger im anthropogen beeinflußten Süßwasser vorzukommen (Oberdorfer 1957, Lang 1967). Ahrend (1970) beschreibt die Gesellschaft aus der Uckermark und belegt sie mit 32 Aufnahmen.

Da im Brackwasser von den Kennarten des Potamion nur *Potamogeton pectinatus* var. *scoparius* einigermaßen stet im Najadetum ist, erscheint die bisher vorgenommene Zuordnung zum Potamion problematisch. Es sollte weiter überprüft werden, ob nicht auf Grund der engen soziologisch-ökologischen Bindung zumindest die Brackwasser-Ausbildungsform dem Charion zuzuordnen ist, wie es bereits den Hartog & Segal (1964) andeuten.

5.1.3. Bemerkungen zu den *Enteromorpha-intestinalis*- und *Cladophora-glomerata*-Beständen

Überall dort im USG, wo ein stärkerer Eintrag an Abstoffen erfolgt, verschwinden die Characeen-Rasen, und es entwickeln sich dichte *Cladophora*-Watten (in Flachwassergebieten) bzw. *Enteromorpha-intestinalis*-Bestände (bei größerer Wassertiefe). Besonders üppige *Cladophora*-Vorkommen von 1200—1900 m² konnten 1971 im Gebiet von Ahrenshoop und im Zingster Strom vermessen werden, während im Jahr zuvor dort nur spärliche Anteile dieser Alge festgestellt wurden. Als Ursachen für die Erscheinung sehen wir die gleichmäßig hohen Temperaturen des Sommers 1971, durch die die Ausbildung dieser Bestände begünstigt wurde, zum anderen ist im Zingster Strom und im Ahrenshooper Gebiet durch den Eintrag landwirtschaftlicher Abstoffe der Nährstoffvorrat stark angestiegen und hat vermutlich zur Entwicklung dieser Art beigetragen. Insgesamt haben diese Bestände vieles mit den Wasserschwebergesellschaften des Süßwassers gemein, und wir schlagen vor, sie im Gegensatz zu den vielfach beschriebenen sessilen Enteromorpheten und Cladophoreten als Pleusto-Enteromorphetum und als Pleusto-Cladophoretum zu bezeichnen. In dieser Ausbildungsform sind sie Indikatoren für belastete Gewässerabschnitte. Die sessilen

Enteromorpha- und *Cladophora-*Gesellschaften spielen im Gebiet nur eine untergeordnete Rolle. Wir finden sie in der vielfach beschriebenen Zonierung (z. B. KÜNZENBACH 1955/56, ALEEM & SCHULZ 1952 u. a.) an Schilfstengeln, Pfählen und Steinen.

5.1.4. Bemerkungen zu einigen Cyanophyceen-Gesellschaften

Die Blaualgen-Gesellschaften des USG bedürfen noch einer eingehenden Untersuchung. Hier soll kurz auf zwei Cyanophyceen-Gesellschaften hingewiesen werden, die vegetationsphysiognomisch auffallen bzw. als Initialstadien in der Sukzessionsreihe aufzufassen sind. Im oberen Litoral, das häufig trocken fällt, bildet sich eine dunkelgrüne, mehrere Millimeter dicke Blaualgenschicht, in der *Microcoleus chthonoplastes, Lyngbya aestuarii, Oscillatoria nigro-viridis* dominieren, wobei der Anteil der einzelnen Arten variiert und *Lyngbya aestuarii* auch ganz fehlen kann. Mit geringerer Dominanz finden sich in dieser Gesellschaft *Spirulina major, S. subsalsa, Oscillatoria tenuis* sowie *Microcoleus tenerrimus* an. Bei Trockenheit werden diese Algenschichten fest und reißen auf (Abb. 8).

Abb. 8. Verlandungsgebiet Meiningen; Cyanophyceen-Gesellschaften

LINDSTEDT (1943) bezeichnet diese Gemeinschaft als *Microcoleus-chthonoplastes—Lyngbya-aestuarii*-Assoziation. Sie ist im halophilen Milieu weit verbreitet: England — CARTER (1933), Schweden — LINDSTEDT (1943), Niederlande — KOSTER (1954). Andere Autoren (z. B. HÄYREN 1956) trennen diese Gesellschaft und unterscheiden eine *Microcoleus-chthonoplastes*-Assoziation und eine *Lyngbya-aestuarii*-Assoziation. GILLNER (1960) findet die beiden Spezies auf unterschiedlichen Sedimenten: *Microcoleus chthonoplastes* auf Sand, während *Lyngbya aestuarii* mehr auf schlickigem Boden siedelt. NIENHUIS (1970) bezeichnet solche Blaualgen-Bestände als „Communities dominated by Cyanophyceae“.

Neben der *Microcoleus-chthonoplastes—Lyngbya-aestuarii*-Gesellschaft fallen an den ca. 50 cm hohen Kliffs, die für die röhrichtfreien Uferabschnitte des USG charakteristisch sind, *Rivularia*-Bestände auf, die LINDSTEDT (1943), HÄYREN (1956) und RATHSACK-KÜNZENBACH (1961) als *Rivularia-nitida*-Assoziation bezeichnen. Im Gebiet findet sich in dieser Gesellschaft häufig *Pottia heimii* ein und wird verschiedentlich zur Dominanten. Ob solche Bestände sich möglicherweise als Subassoziation des Pottietum heimii HÜBSCH. abgrenzen lassen, müssen weitere Beobachtungen zeigen.

5.1.5. Pflanzengesellschaften der limnischen Bereiche der Boddenkette

Die limnischen Gebiete des USG umfassen:

— den Ribnitzer See, dessen hydrologisches Regime durch die einmündenden Wasserläufe der Recknitz, des Körkwitz-Baches und durch die Abwasserzuflüsse vom Hartfaserplattenwerk Ribnitz geprägt wird,
— den Barther Strom (Straßenbrücke Barth bis Pruchten), der durch den Zufluß der Barthe Süßwasser erhält.

An den anderen Zuflüssen bilden sich nur vorübergehend limnische Bedingungen aus, denn die Bewegung des Wasserkörpers bewirkt eine ständige Vermischung mit Brackwasser und verhindert eine Ausbildung von limnischen Wasserpflanzengesellschaften. Die limnischen Bereiche des USG sind anthropogen gestörte, stark eutrophierte Gewässerabschnitte, in denen die *Chara*-Gesellschaften gänzlich verschwunden sind. Nachfolgende Gesellschaften wurden determiniert, sie beweisen nährstoffreiche Bedingungen:

Lemnetea W. KOCH & TÜXEN 1954
  Lemnetalia W. KOCH & TÜXEN 1954
    Lemnion minoris W. KOCH & TÜXEN 1954
    1. Lemno-Spirodeletum W. KOCH 1954 em. MÜLLER & GÖRS 1960
    2. Lemnetum gibbae MIYAWAKI & J. TÜXEN 1960
    3. Hydrocharitetum morsus-ranae VAN LANGENDONCK 1935

Potametea TÜXEN & PREISING 1942
  Potametalia W. KOCH 1926
    Potamion eurosibiricum W. KOCH 1926
    4. Ceratophylletum demersi HILD 1956
    5. Myriophyllo-Nupharetum W. KOCH 1926
    6. Potametum lucentis HUECK 1931

Phragmitetea TÜXEN & PREISING 1942
  Phragmitetalia (W. KOCH 1926) PINATTI 1953
    Phragmition communis W. KOCH 1926
    7. Sagittario-Sparganietum TÜXEN 1953

Es handelt sich um weit verbreitete, oft diskutierte Gemeinschaften. Wir verweisen auf die umfassenden Darstellungen bei MÜLLER & GÖRS (1960), KRAUSCH (1964), WEBER-OLDECOP (1970, 1971), HILBIG (1970) u. a. und geben hier nur einen kurzen Überblick über die Verbreitung dieser Phytozönosen im Boddenbereich.

Lemno-Spirodeletum W. KOCH 1954 em. MÜLLER & GÖRS 1960

Diese verbreitete Wasserschwebergesellschaft ist im unteren Teil des Barther Stroms und im Oberlauf der Recknitz und des Körkwitz-Baches ausgebildet. Dort besiedelt die Assoziation nährstoffreiche Flachwasserbuchten. Im stark abwasserbelasteten Ribnitzer See und im Mündungsbereich des Körkwitz-Baches fehlt diese Gesellschaft. Wie nicht anders zu erwarten, liegt im USG die Subassoziation von *Lemna trisulca* vor, die im Gegensatz zur typischen Subassoziation nährstoffreichere Gewässer indiziert.

Lemnetum gibbae Miyawaki & Tüxen 1960

Das Lemnetum gibbae gedeiht im Barther Strom im Bereich der stark eutrophierten Bootsliegeplätze. Die obere Schicht der zweischichtigen Gesellschaft wird von der dominierenden *Lemna gibba* gebildet, der sich *Lemna minor* und *Spirodela polyrhiza* zugesellen. Darunter wachsen vor allem *Ceratophyllum demersum* und einige Potametalia-Arten: *Potamogeton crispus*, *Potamogeton friesii* und *Elodea canadensis*. Kontaktgesellschaft ist das Ceratophylletum demersi.

Tab. 13. Lemno-Spirodeletum W. Koch 1954 em. Müller & Görs 1960 (Aufn. 1–8); Lemnetum gibbae Miyawaki & Tüxen 1960 (Aufn. 9, 10)

Aufnahmenummer	1	2	3	4	5	6	7	8	9	10
Deckung (%)	100	100	70	10	100	100	90	100	100	100
Wassertiefe (cm)	60	50	50	45	60	30	45	45	65	55
Artenzahl	3	2	5	8	3	3	4	3	8	6
Kennarten:										
Lemna minor	4	3	2	3	3	3	3	3	1	+
Spirodela polyrhiza	3	4	2	2	5	4	3	.	+	+
Lemna trisulca	.	.	.	+	+	1	+	4	1	+
Lemna gibba	.	.	.	.	.	.	.	.	5	5
Potametea-Arten:										
Ceratophyllum demersum	+	.	1	2	.	.	.	.	+	+
Potamogeton crispus	.	.	.	.	.	.	.	.	+	
Potamogeton friesii	.	.	.	1	.	.	.	.	.	+
Potamogeton pectinatus	.	.	.	+	.	.	.	.	+	.
Elodea canadensis	.	.	.	.	.	.	.	.	+	.
Moose und Algen:										
Fontinalis antipyretica	.	.	.	1	.	.	.	+	.	.
Enteromorpha intestinalis	.	.	+	.	.	.	.	.	.	.
Cladophora glomerata	.	.	2	.	.	.	.	.	.	.
Hydrodictyon reticulatum	.	.	.	+	.	.	+	.	.	.

Aufnahme-Orte: 1–6, 9, 10 Barther Strom; 7, 8 Mündungsbereich der Recknitz

Lemna gibba gilt als ausgesprochener Indikator für Abwasser- und Jauchebelastung. Durch die zunehmende Verschmutzung der Gewässer befindet sich die Gesellschaft in starker Ausbreitung.

Hydrocharitetum morsus-ranae van Langendonck 1935

Die Gesellschaft wächst kleinflächig an der Südspitze des Ribnitzer Sees und im Mündungsbereich des Körkwitz-Baches. Dort besiedelt vor allem die *Stratiotes*-Fazies sehr windgeschützte, hoch eutrophierte, sich stark erwärmende *Phragmites*-Buchten.

Größere *Hydrocharis*-Bestände wachsen lediglich im Gebiet des Körkwitzzuflusses. Die Assoziation fehlt im Gebiet der Recknitzmündung und im Barther Strom. Wie die nachfolgende Aufnahme ausweist, ist die Gesellschaft im USG sehr artenarm:

Ribnitzer See		**Körkwitz-Bach**	
Stratiotes aloides	4	*Hydrocharis morsus-ranae*	3
Hydrocharis morsus-ranae	1	*Ceratophyllum demersum*	2
Ceratophyllum demersum	1	*Lemna minor*	1
		Spirodela polyrhiza	2

Potametum lucentis Hueck 1931

Die Assoziation wächst im USG ausschließlich im Ribnitzer See. Dort besiedelt sie ausgedehnte Flächen in Tiefen von 110—190 cm. Die Biozönose wächst über Faulschlamm, der dicht mit Muschelschalen besetzt ist. Im USG wird das Bild der Gesellschaft durch die beiden breitblättrigen Laichkräuter *Potamogeton perfoliatus* und *P. lucens* bestimmt, die zugleich Kennarten der Gesellschaft sind. Regelmäßig gesellt sich *P. pectinatus* var. *vulgaris* hinzu. Die kleinen Laichkräuter spielen nur eine geringe Rolle. Während verschiedene Autoren die beiden großen Laichkräuter getrennten Gesellschaften zuordnen (Koch 1926, Passarge 1964, Hilbig 1970) und feststellen, daß sich die Arten einander ausschließen, kommen sie im USG unter gleichen ökologischen Bedingungen vor. Sie vermischen sich jedoch meist nicht, sondern bilden aneinander grenzende Herden aus. Krausch (1964) schlägt eine Untergliederung der Gesellschaft vor. Seine nährstoffreichere Variante steht unserer Ausbildungsform nahe. Nach Krausch (1964) findet sich *Potamogeton lucens* nur in solchen Aufnahmen, in denen die Characeen fehlen oder zumindest stark zurücktreten. Diese Feststellung bestätigt sich im USG. Insgesamt ist unsere Gesellschaft viel artenärmer als die in der Literatur beschriebenen.

Tab. 14. Potametum lucentis Hueck 1931

Aufnahmenummer	1	2	3	4	5	6	7	8	9	10
Deckung (%)	80	70	100	70	80	100	80	70	30	40
Wassertiefe (cm)	110	120	115	150	110	120	140	130	110	120
Artenzahl	3	4	4	3	3	3	3	3	1	2
Kennarten:										
Potamogeton lucens	3	3	2	2	2	4	5	4	3	.
Potamogeton perfoliatus	3	2	3	3	2	3	.	3	.	2
Potametea-Arten:										
Potamogeton pectinatus	+	.	1	.	2	.	1	.	.	1
Potamogeton crispus	.	+	+	.	.	1	.	.	.	.
Potamogeton friesii	.	.	.	.	.	.	.	1	.	.
Algen:										
Cladophora glomerata	.	.	.	2	.	.	.	.	.	.
Enteromorpha intestinalis	.	1	.	.	.	.	1	.	.	.

Aufnahme-Orte: 1—3 — nordwestlich der Recknitz-Mündung; 4—7, 9, 10 — Südzipfel des Ribnitzer Sees; 8 — südwestlich des Ahrenshooper Hafens

Ceratophylletum demersi HILD 1956

Das Ceratophylletum demersi beherrscht das Vegetationsbild in den eutrophierten limnischen Bereichen des USG. Vor allem am linksseitigen Ufer des Barther Stroms im Bereich der kleinen Bootshäfen und im Gebiet der Abwasserzuflüsse von Pruchten und Bresewitz, im Mündungsbereich der Recknitz und im Prerow-Strom sind dichte Bestände dieser Assoziation ausgebildet. In das eigentliche Brackwasser dringt die Gesellschaft nicht vor, obwohl die Art Salzwerte bis 9‰ zu tolerieren vermag (OLSEN 1945). Die Kennart *Ceratophyllum demersum* dominiert meist so stark, daß andere Arten nur eine untergeordnete Rolle spielen. Die Potamion- und Potametalia-Vertreter sowie die Begleiter indizieren ausnahmslos kalk- und nährstoffreiche Bedingungen. Die sehr wellenscheue Gesellschaft steht über kalkreichem Faulschlamm und wurde in einer Wassertiefe von 60–110 cm beobachtet. Insgesamt stimmen unsere Standortbeobachtungen gut mit den Befunden von HILD (1960, 1964) und HILD & REHNELT (1971) aus dem Niederrheingebiet, von WEBER-OLDECOP (1970, 1971) aus Ost-Niedersachen und von HILBIG (1970) überein.

Tab. 15. Ceratophylletum demersi HILD 1956

Aufnahmenummer	1	2	3	4	5	6	7	8	9	10	11	12	13	14	15	16	17
Deckung (%)	100	100	100	100	100	100	100	100	100	100	100	100	100	90	80	80	90
Wassertiefe (cm)	60	65	60	110	65	60	90	80	80	85	70	75	95	80	90	95	65
Artenzahl	6	2	3	5	3	4	6	7	4	5	4	3	4	2	4	5	5
Kennart:																	
Ceratophyllum demersum	5	3	3	3	5	3	4	4	3	5	3	5	5	5	5	5	4
Potametea-Arten:																	
Potamogeton crispus	1	+	.	.	.	.	.	2	1	.	.	+	+	2	1	+	.
Potamogeton friesii	1	.	.	2	.	1	2	1	.	.	.	+	+	.	+	+	.
Potamogeton pectinatus	1	.	3	+	.	+	1	1	.	.	.	.	.	.	.	.	.
Najas marina	.	.	.	.	.	.	1	+	1	.	.	.	.	.	1	.	.
Elodea canadensis	1	.	.	.	.	.	.	+	.	.	.	.	.	.	.	+	+
Myriophyllum spicatum	.	.	.	.	.	.	.	.	1	.	.	.	.	.	.	1	.
Lemnetea-Arten:																	
Lemna minor	.	.	+	2	+	.	.	.	.	1	2	.	.	.	.	.	1
Spirodela polyrhiza	.	.	.	1	+	.	.	.	.	1	2	.	.	.	.	.	.
Hydrocharis morsus-ranae	.	.	.	.	.	.	.	.	.	.	.	.	+	.	.	.	1
Algen:																	
Cladophora glomerata	.	.	.	.	.	.	1	.	.	2	.	.	.	.	.	.	.
Enteromorpha intestinalis	1	.	.	.	.	2	3	.	.	.	.	.	.	.	.	.	.
Chara fragilis	.	.	.	.	.	.	.	+	.	.	.	.	.	.	.	.	.
Hydrodictyon reticulatum	.	.	.	.	.	.	.	.	.	2	3	.	.	.	.	.	.

Aufnahme-Orte: 1–11 – Barther Strom; 12–15 – Prerow Strom; 16, 17 – Mündungsbereich des Körkwitz-Baches

Myriophyllo-Nupharetum W. KOCH 1926

Die Gesellschaft ist im limnischen Bereich des Barther Stroms und im Mündungsbereich der Recknitz und des Körkwitz-Baches ausgebildet. Während im Barther

Strom *Nymphaea alba* die Bestände beherrscht, überwiegt im Saaler Bodden *Nuphar lutea*. Nach Literaturbefunden soll *Nymphaea alba* an seichteres Wasser gebunden sein, während *Nuphar lutea* in Gewässern mit stark schwankendem Wasserspiegel dominiert. Im USG konnten keine gravierenden ökologischen Unterschiede in der Ausbildung dieser beiden Fazies erkannt werden.

Tab. 16. Myriophyllo-Nupharetum KOCH 1926

Aufnahmenummer	1	2	3	4	5	6	7	8	9	10	11	12	13	14
Deckung (%)	80	80	100	100	100	90	80	100	100	90	90	100	100	90
Wassertiefe (cm)	80	110	140	130	130	90	120	120	100	120	120	80	120	120
Artenzahl	6	3	5	6	4	6	6	5	3	3	4	3	5	2
Kennarten:														
Nymphaea alba	3	3	5	5	5	5	5	3	.	.	.	2	2	.
Nuphar lutea	.	.	.	.	.	.	.	.	5	4	4	4	3	4
Trennart:														
Ceratophyllum demersum	3	1	1	1	2	1	1	1	.	1	.	+	1	1
Potametea-Arten:														
Potamogeton pectinatus	+	.	.	+	.	.	.	.	.	.	.	.	.	.
Potamogeton crispus	.	.	.	.	.	.	1	1	.	.	.	.	.	.
Potamogeton perfoliatus	.	.	.	.	.	.	.	.	1	1	+	.	.	.
Elodea canadensis	.	.	.	.	.	.	.	.	+	.	.	.	.	.
Lemnetea-Arten:														
Lemna minor	+	.	2	2	2	2	3	3	.	.	3	.	2	.
Spirodela polyrhiza	+	.	1	2	2	2	.	3	.	.	.	.	.	.
Lemna trisulca	+	.	.	.	.	.	3	.	.	.	3	.	1	.
Algen:														
Hydrodictyon reticulatum	.	.	1	+	.	+	.	.	.	.	.	.	.	.
Enteromorpha intestinalis	.	+	.	.	.	.	+	1	.	.	.	.	.	.

Aufnahme-Orte: 1–8 – Barther Strom; 9–14 – Südzipfel des Ribnitzer Sees

Regelmäßig ist in der Gesellschaft *Ceratophyllum demersum* entwickelt. Die Art wird nach MÜLLER & GÖRS (1960), JESCHKE (1963), KRAUSCH (1964) als Differentialart gegen ärmere Ausbildungen gewertet. FREITAG et al. (1958) unterscheiden eine *Myriophyllum-verticillatum-* und eine *Ceratophyllum-demersum*-Fazies. Die stark eutrophierten Bedingungen im Gebiet schließen eine Entwicklung der *Myriophyllum*-Ausbildung aus. Die Assoziation wächst im USG in einer Tiefe von 0,80–1,40 m auf gyttjahaltigem Mineralboden.

Sagittario-Sparganietum TÜXEN 1953

Im unteren Teil des Ribnitzsees ist eine Fläche von ca. 300 m² mit nachfolgender Vegetation bewachsen:

Sagittaria sagittifolia	4	*Potamogeton pectinatus*	+
Ceratophyllum demersum	1	*Potamogeton lucens*	+
Potamogeton friesii	1		

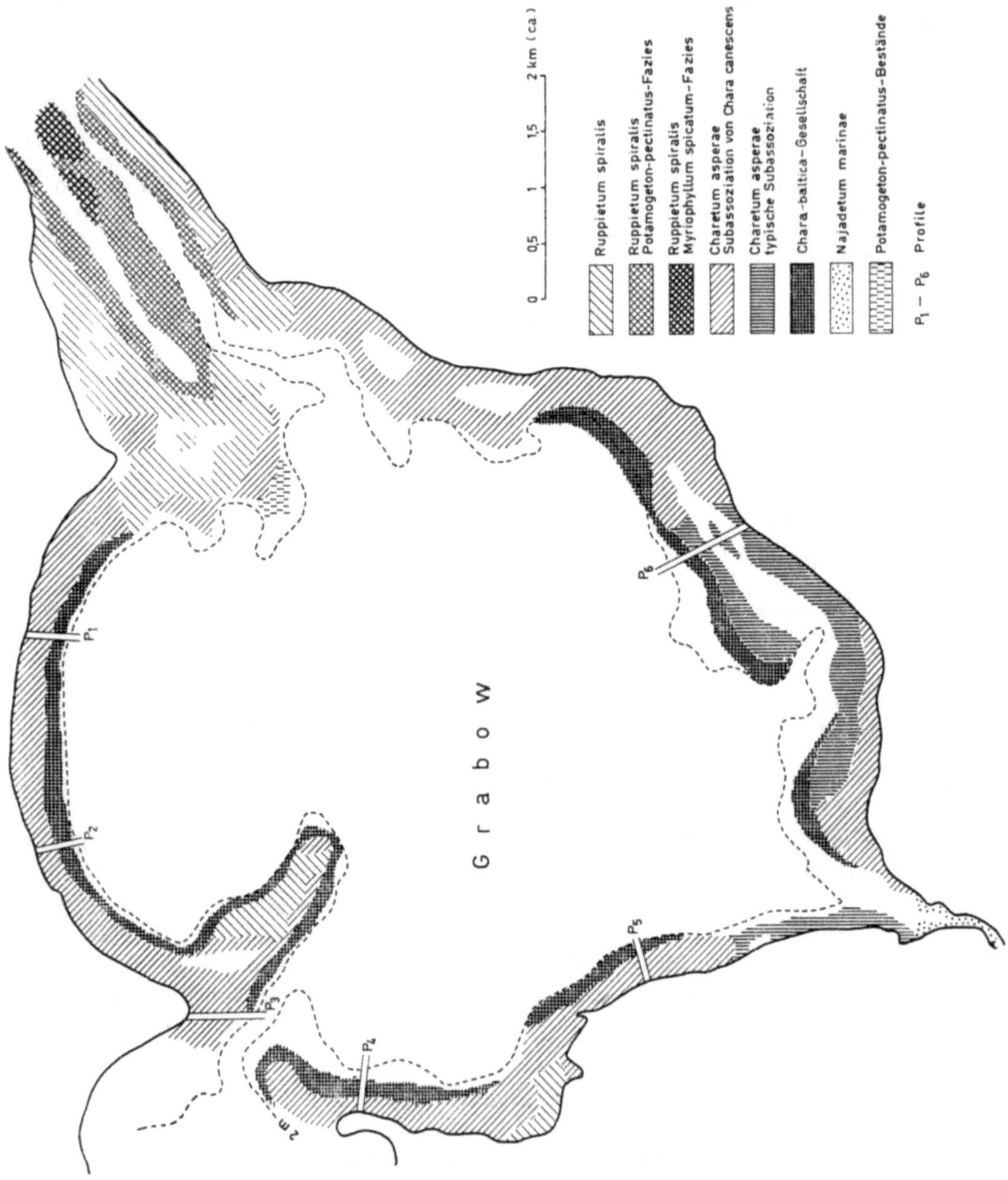

Abb. 10. Verbreitung der Leitgesellschaften (1970/71) im Barther Bodden. In der Legende muß es korrekt heißen: Chara-baltica-Gesellschaft

Abb. 11. Verbreitung der Leitgesellschaften (1970/71) im Bodstedter Bodden. In der Legende muß es korrekt heißen: Chara-hispida-f.-fastigiata-Fazies

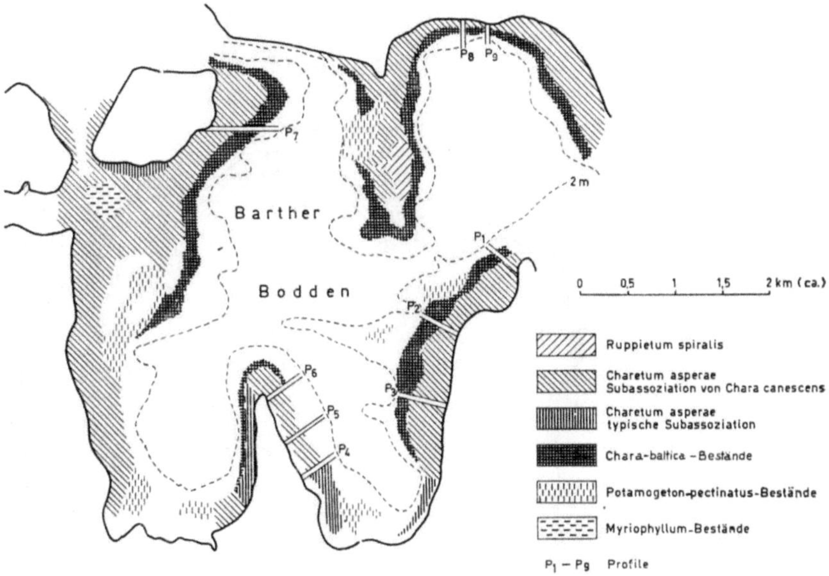
Barther
Bodden
2m
P1
P2
P3
P4
P5
P6
P7
P8
P9
0 0,5 1 1,5 2 km (ca.)
Ruppietum spiralis
Charetum asperae
Subassoziation von Chara canescens
Charetum asperae
typische Subassoziation
Chara-baltica -Bestände
Potamogeton-pectinatus-Bestände
Myriophyllum-Bestände
P1 – P9 Profile

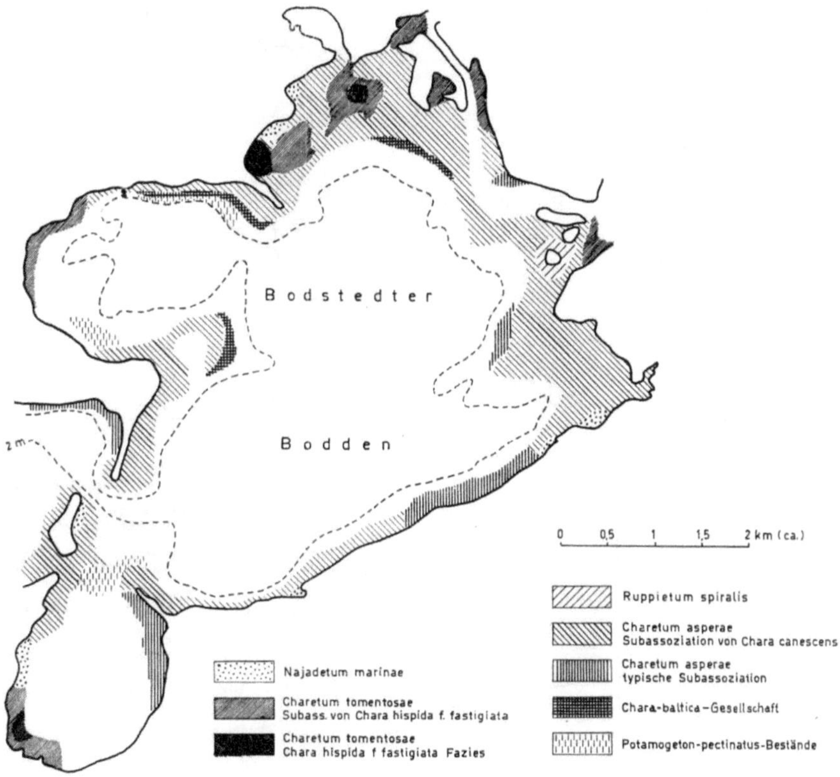
Bodstedter
Bodden
2m
0 0,5 1 1,5 2 km (ca.)
Ruppietum spiralis
Charetum asperae
Subassoziation von Chara canescens
Charetum asperae
typische Subassoziation
Chara-baltica-Gesellschaft
Potamogeton-pectinatus-Bestände
Najadetum marinae
Charetum tomentosae
Subass. von Chara hispida f. fastigiata
Charetum tomentosae
Chara hispida f fastigiata Fazies

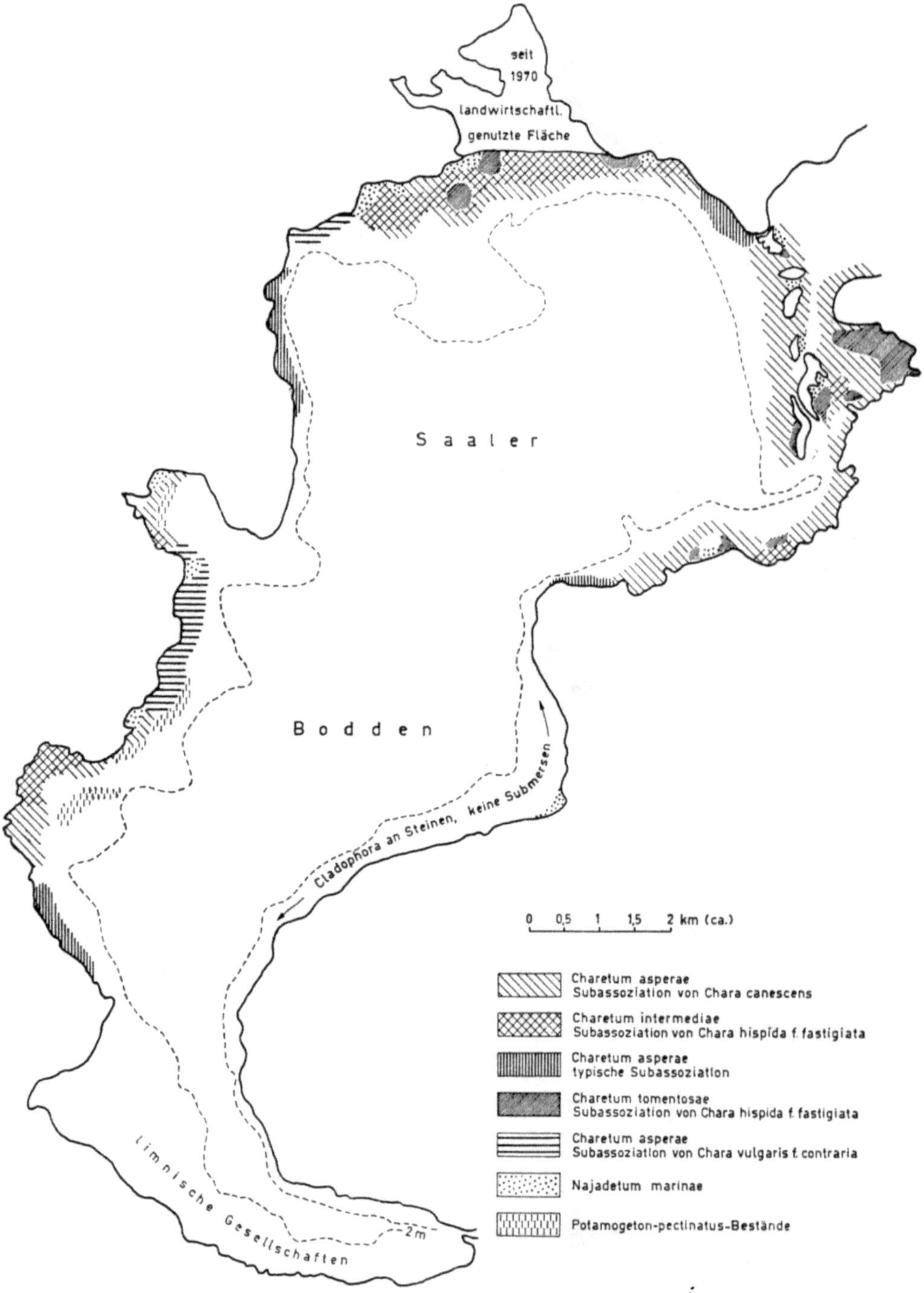

Abb. 12. Verbreitung der Leitgesellschaften (1970/71) im Saaler Bodden

Die Wassertiefe beträgt 65 cm, die Deckung 75%, der Boden besteht aus schlickigem Sand. Diese Gemeinschaft muß als verarmtes Pfeilkrautröhricht aufgefaßt werden, ihr fehlt die zweite Kennart *Sparganium simplex*.

5.2. Bemerkungen zu den Vegetationskarten

Die Vegetationskarten entstanden auf der Basis eines sehr dichten Netzes von Vegetationsaufnahmen nach mehrmaliger, fast lückenloser Untersuchung der Flächen oberhalb der 2-m-Isobathe. Diese Begrenzung des USG erfolgte, nachdem durch Transsekte die vertikale Bewuchsgrenze ermittelt wurde und die Gebiete mit einer Wassertiefe über 2 m als unbewachsen ausgeklammert werden konnten. Bei der topographischen Fixierung der Bewuchsgrenzen waren uns die photogrammetrischen Luftbild-Reihenaufnahmen (schwarz-weiß) eine gewisse Hilfe.[8])

Wir haben in die Karten nur die Leitgesellschaften für die einzelnen Gebiete eingetragen, innerhalb dieser Leitgesellschaften können kleinflächig andere Biozönosen ausgebildet sein, die in den Vegetationstabellen aufgeführt wurden.

Profile wurden nur im Grabow und im Barther Bodden eingemessen, in den übrigen Bodden verzichteten wir auf dieses arbeitsaufwendige Verfahren. Da wir die Brackröhrichte an anderer Stelle bearbeitet haben, wurde in diesen Vegetationskarten der Röhrichtgürtel nicht berücksichtigt und die Begrenzungslinien der Karten stellen die Grenzen der Submersen dar, die in einen unterschiedlich breiten Verlandungsgürtel übergehen. Der submerse Bewuchsgürtel im nördlichen Grabow zeigte 1970 diese geschlossene Deckung; 1971 waren die Bestände mosaikartiger ausgebildet.

Aus den Vegetationskarten wird eine Gliederung der Vegetation in vier Einheiten deutlich:

Die erste Vegetationseinheit bildet der östliche Teil des Grabow, der von den Gesellschaften des Ruppion bewachsen wird.

Die zweite Vegetationseinheit umfaßt den westlichen Grabow und den Barther Bodden und wird vom Charetum asperae, Subass. von *Chara canescens*, bestimmt.

Die dritte Vegetationseinheit bilden die Verlandungsgebiete des Zingster Stroms, des nördlichen Bodstedter Boddens und die östlichen Verlandungsgebiete des Saaler Boddens. Das Charetum tomentosae, das Najadetum marinae und das Charetum intermediae (Saaler Bodden) sind Leitgesellschaften dieser Gebiete.

Als vierte Vegetationseinheit schließen sich die limnischen Bereiche an, wobei als Leitgesellschaft im Ribnitzer See das Potametum lucentis und im Barther Strom das Ceratophylletum demersi wächst.

Insgesamt fällt der wesentlich spärlichere Bewuchs der östlichen und südöstlichen Uferbank des Saaler Boddens auf. Dort fehlen Weichböden und auf dem steinigen Untergrund finden die Characeen keine Wuchsbedingungen mehr. Am W-Ufer des Saaler Boddens führen Anlandungsprozesse zu einer instabilen Sedimentsituation, die einen Bewuchs nur im geschützteren Bereich des *Phragmites*-Gürtels ermöglichen.

Die Vegetationskarten zeigen großräumig recht gut die Verteilung der Pflanzenbestände, sie sind aber völlig unzulänglich, um daraus produktionsbiologische quantitative Aussagen abzuleiten. Eine exakte topographische Kartierung, die Festlegung des Umfangs und der Größen der Gesellschaften wird erst nach einer Gesamtbefliegung der Bodden möglich sein.

---

[8]) Die Ergebnisse der Farbluftbilder (s. S. 236) konnten hier nicht berücksichtigt werden, da nur ein kleiner Teil des USG beflogen wurde.

6. Die Bedeutung der Umweltfaktoren für die Verbreitung der Vegetation in der Boddenkette

Die im vorhergehenden Abschnitt geschilderte Gliederung der Vegetation ist das Ergebnis eines sehr komplexen Wechselspiels zwischen Umweltfaktoren und Pflanzen. Die Umweltfaktoren beeinflussen die Vegetation, die Vegetation ihrerseits kann Einfluß auf die Umweltbedingungen nehmen. Die Analyse der kausalen Zusammenhänge in diesem System und die Wertung der Einzelfaktoren wird durch diese Komplexität von Wirkung und Wechselwirkung der Faktoren außerordentlich erschwert.

In Geländearbeiten wurde versucht, eine Anzahl von Standortfaktoren zu registrieren, um Rückschlüsse auf ihre mögliche Bedeutung für die Verbreitung bzw. den Ausfall bestimmter Makrophyten oder einer gesamten Biozönose zu ziehen. Für die Klärung der Zusammenhänge sind jedoch experimentelle Untersuchungen unter kontrollierten, aber variablen Bedingungen unumgänglich.

Ökologische Untersuchungen an Characeen, den dominanten Submersen in der Boddenkette, sind bisher nicht häufig. Die erste umfassende Studie stammt von STROEDE (1931, 1933). Seine Befunde zeigen eine Abhängigkeit der Arten vom Chlorid- und Kalkgehalt des Wassers. OLSEN (1944) findet Zusammenhänge zwischen pH-Wert, Wasserhärte, Chloridgehalt und Characeen-Verbreitung. IMAHORI (1954) ermittelt, daß die meisten Characeen Wasser mit einem $KMnO_4$-Verbrauch von weniger als 20 mg/l bevorzugen. FORSBERG (1964, 1965) mißt dem Phosphorgehalt des Wassers eine entscheidende Bedeutung zu und stellt fest, daß reine Characeen-Bestände nur unter oligotrophen Bedingungen bei einem Gesamt-P-Gehalt unter 20 µg/l gedeihen. Weitere Angaben über die Beziehung zwischen Wasserchemismus und Verbreitung der Characeen können bei CEDERKREUTZ (1934), ZANEVELD (1940), BJÖRKMANN (1947), LUTHER (1951), WOOD (1952), KASHIMURA (1960), WILLÉN (1954), CORILLION (1957), PETTERSSON (1964), GILLET (1960), IMAHORI & SUGA (1960), B. & C. FORSBERG (1961), GOLUBIĆ (1961), KRAUSCH (1964), DAMBSKA (1964), KRAUSE (1969) nachgelesen werden.

Die Korrelation zwischen Characeen-Beständen und Sediment wurde bisher kaum untersucht, zumal die Erforschung der Unterwasserböden fast nur vom Standpunkt des Chemikers oder Geologen betrieben wurde (NAUMANN 1930, ZÜLLIG 1956, UNGEMACH 1960, KOLP 1966 u. a.). Eine Beziehung zur Litoralflora fand wohl deshalb dabei nur selten Berücksichtigung, weil die Ionenaufnahme der Submersen über Wurzeln bzw. Rhizoiden lange Zeit umstritten blieb.

In die Diskussion um die Bedeutung der Rhizoiden wurden auch die Characeen einbezogen. Während CORILLION (1957) bemerkt, daß die Bindungen zwischen den Characeen und ihrem Substrat sehr oberflächlicher Art seien und es im Grunde genüge, wenn die Keimung der Oospore und die Befestigung durch Rhizoiden gewährleistet sei, werden sie von VOUK (1929) und VOUK & BENZINGER (1929) als Hauptnährstoffresorbenten angesehen. BULJAN (1949) beweist in Kulturversuchen die Bedeutung der Rhizoiden sowohl für die Befestigung als auch für die Mineralstoffaufnahme. Auch COLLANDER (1936), ANDERSON (1960) und KASHIMURA (1960) befassen sich mit dem Problem der Ionenaufnahme bei Characeen.

FORSBERG (1964) zeigt an sterilen *Chara*-Kulturen, daß markierter Phosphor von Rhizoiden und vom Thallus gleichermaßen aufgenommen wird und daß die Kulturen, in denen die Characeen im Sediment verankert waren, begünstigtes Wachstum zeigen. Dies konnten wir auch feststellen. Nach unseren Beobachtungen scheint die Nährstoffaufnahme über Rhizoide in den ersten Entwicklungsstadien von Bedeutung zu sein, später sterben die unteren Teile der Alge durch Licht- und O_2-Mangel in der sedimentnahen Schicht ab. Von diesem Zeitpunkt an ist eine Nährstoffaufnahme über Rhizoide unwahrscheinlich.

Die Standortfaktoren werden in der Literatur unter verschiedenen Gesichtspunkten zu Gruppen zusammengefaßt (biotische—abiotische, klimatische—edaphische, chemische—physikalische). Hier sollen sie in edaphische und aquatische getrennt werden. Da die Wasserpflanzen der Boddenkette ausnahmslos submerse Rhizophyten sind, wird den edaphischen Faktoren eine besondere Bedeutung zugemessen.

6.1. Edaphische Faktoren

6.1.1. Bemerkungen zur Nomenklatur der Sedimente

Zum Verständnis der folgenden Kapitel sind einige Bemerkungen zur Nomenklatur der Sedimente notwendig. Trotz vielfältiger Bemühungen liegt bis heute keine einheitliche Auffassung über die Nomenklatur der Unterwasserböden vor. Während die Begriffe Gyttja und Dy einigermaßen einheitlich verwendet werden und sich gut durch den Anteil an Humusstoffen trennen lassen (nach UNGEMACH 1960: Grenzwert 10%), sind die Übergänge zwischen Gyttja und Sapropel sehr fließend.[9]) GAMS (1930) schlägt deshalb vor, den so oft falsch interpretierten Begriff Sapropel fallen zu lassen und die im maritimen Gebiet vorwiegend aus pflanzlichen Substanzen entstehenden Sedimente als Schlick zu bezeichnen (siehe auch UNGEMACH 1960 und KOLP 1966).

Bei den organogenen humusarmen Sedimenten der Flachwassergebiete im USG handelt es sich um fast schwarzes, gelartiges, stark reduktives Material (hoher Anteil an H_2S), das keine deutliche Grenze zum Wasser ekennen läßt. Es entsteht im wesentlichen aus Characeen-Detritus, der das ganze Jahr reichlich vorhanden ist, sich aber besonders im Herbst aus der zusammenbrechenden Vegetation bildet, die außerordentlich schnell anaerob zersetzt wird. Daneben konnten kleinflächig schlammige Sedimente festgestellt werden, die kaum H_2S enthalten und dem Gyttja-Typ zuzurechnen sind. Beide Sedimenttypen sind durch Übergänge miteinander verbunden. Für die vorliegende Arbeit wird deshalb folgende Festlegung getroffen:

- Alle Sedimente mit mehr als 40% Anteilen unter 0,063 mm werden unter der Bezeichnung Schlick zusammengefaßt.
- Die Grenze zwischen sandigem Schlick und schlickigem Sand wird nach KOLP (1966) bei 25% der Anteile unter 0,063% festgelegt.
- Stark reduktives Material wird als Sapropel im Sinne der Definition von POTONIÉ (1938) besonders gekennzeichnet.

In der Nomenklatur der mineralischen Sedimente macht noch immer die Zuordnung der verschiedenen Korngrößen Schwierigkeiten und wird unterschiedlich gehandhabt.

6.1.2. Wertung der Sedimentanalysen

Die Pflanzengemeinschaften des Litorals sind eng mit den Sedimenttypen der Flachwassergebiete korreliert und lassen sich zu zwei Gruppen zusammenfassen, dem Mineralbodenkomplex und dem Schlickkomplex. Zwischen beiden Gruppen bestehen analog zum Detritusanteil im Sediment alle möglichen Übergänge.

Da die Vegetationsstruktur der beiden Komplexe sowohl quantitativ als auch qualitativ deutlich voneinander abweicht, stand bei unseren sedimentanalytischen Untersuchungen vor allem die Frage im Mittelpunkt, inwieweit unterschiedliche Nährsalzangebote die Vegetations- und Produktionsunterschiede erklären und ob die von

[9]) Über die unterschiedliche Definition der Begriffe gibt GROSSE-BRAUCKMANN (1961) eine zusammenfassende Übersicht.

OVERBECK (1964) festgestellte Relation zwischen Fe/P-Quotient und Planktonproduktion auch auf das Makrobenthos übertragen werden kann.

Die Sedimentanalysen umfassen neben der Untersuchung der Korngrößenverhältnisse, des pH-Wertes und des Glühverlustes die Analysen einiger Nährstoffe: Eisen, Gesamtphosphor, Gesamtstickstoff und Kalzium (vgl. Methoden). Die im Rahmen dieser Arbeit möglichen Untersuchungen können lediglich als Anfang der sedimentologischen Arbeiten gewertet werden.

6.1.2.1. Korngrößenverhältnisse

Die Korngrößenrelationen sind für die Verbreitung der Vegetation von Bedeutung, weil mit dem Anteil der Bodenfeinteile Glühverlust, Wassergehalt und Nährstoffhaushalt korreliert sind.

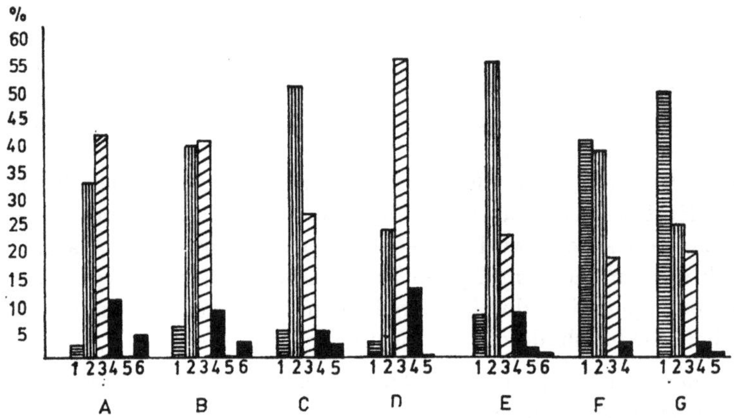

Abb. 13. Korngrößenanteile

A – Charetum asperae, typische Subass.; B – Charetum asperae, Subass. von *Chara canescens*; C – Charetum canescentis; D – Ruppietum spiralis; E – *Chara-baltica*-Gesellschaft; F – Charetum tomentosae; G – Najadetum marinae; 1 – < 0,063 mm; 2 – 0,063 – 0,1 mm; 3 – 0,1 – 0,2 mm; 4 – 0,2 – 0,5 mm; 5 – 0,5 bis 1,0 mm; 6 – > 1 mm

In den Mittelwerten der Korngrößenanalysen der Sedimente der Leitgesellschaften zeichnet sich deutlich die Trennung der beiden Vegetationskomplexe ab. Als differenzierende Korngrößenfraktion sind die Anteile unter 0,063 mm anzusehen. Im Schlickkomplex machen sie mehr als 40% aus. In den Sedimenten des Mineralbodenkomplexes überwiegen die feinen Sande (0,063–0,2 mm). Bemerkenswert sind die hohen Anteile der Fraktion 0,063–0,1 mm im Charetum canescentis und in der *Chara-baltica*-Gesellschaft, die sich in analogen höheren Nährstoffwerten widerspiegeln (s. Abb. 14) und diesen Gesellschaften eine Übergangsstellung einräumen.

6.1.2.2. Wassergehalt

In allen sedimentologischen Arbeiten wird die Beziehung zwischen Glühverlust und Wassergehalt postuliert (UNGEMACH 1960, OVERBECK 1964, RÜHLE 1971 u. a.). Auch im USG entspricht der niedrigste Glühverlust dem niedrigsten Wassergehalt. In den schlickigen Sedimenten des USG steigt der Wassergehalt im ∅ auf 50–60% an, er-

Tabelle 17. Mittelwerte der Sedimentanalysen der submersen Pflanzengesellschaften in der Boddenkette südlich des Darß und des Zingst und Vergleichswerte von Brackwassersedimenten nach OVERBECK (1964) und UNGEMACH (1960)

	pH	H_2O	$CaCO_3$	Glüh-verl.	Fe	Fe%	Ges.-N	N%	Ges.-P	P%	Fe:P	Anzahl der Analysen
	1	2	3	4	5	6	7	8	9	10	11	
Mineralbodenkomplex												
Ruppietum spiralis	6,80	15,21	0,34	1,953	26,95	0,150	91,053	0,127	3,894	0,012	12	11
Charetum asperae T*)	6,95	14,95	0,828	1,040	15,25	0,085	25,260	0,035	2,580	0,008	10	11
Charetum asperae C	6,95	21,67	0,887	1,690	22,03	0,123	79,590	0,111	2,850	0,009	13	14
Charetum canescentis	6,90	19,81	0,186	1,743	37,89	0,212	90,470	0,126	3,020	0,009	22	6
Tolypelletum nidificae**)	6,40	35,10	0,043	12,360	100,18	0,561	152,470	0,213	8,920	0,027	20	1
Chara-baltica-Gesellschaft	6,75	23,93	2,192	3,055	59,13	0,331	118,250	0,165	5,650	0,017	19	4
Schlickkomplex												
Charetum tomentosae H	7,20	53,58	1,820	10,200	87,96	0,492	250,700	0,350	6,520	0,020	24	11
Najadetum marinae	7,20	58,58	1,850	15,190	119,07	0,667	415,950	0,582	7,670	0,023	28	4
Charetum tomentosae F	7,00	55,65	1,740	20,820	132,46	0,741	453,780	0,650	16,400	0,508	14	3
Charetum intermediae H	7,80	66,90	14,990	24,130	120,83	0,676	406,030	0,568	17,720	0,549	12	8
OVERBECK/UNGEMACH												
Breeger Bodden	—	31,00	—	4,50	—	0,370	—	0,080	—	0,026	14	
Gr. Jasmunder Bodden	—	78,00	—	20,20	—	1,560	—	0,080	—	0,056	28	
Windebyer Noor	—	80,00	—	18,00	—	1,900	—	0,800	—	0,120	22	
Waterneverstorfer Binnensee	—	84,00	—	22,00	—	1,800	—	1,400	—	0,087	15	

2 – % Frischsubstanz; 3, 4 – % wf. Subst.; 5, 7, 9 – µg-at/g wf. Subst.; 8, 6, 10, 11 – zum Literaturvergleich auf µg/g wf. Subst. umgerechnet

*) T – typische Subassoziation; C – Subass. von *Chara canescens*; H – Subass. von *Chara hispida* f. *fastigiata*; F – Fazies von *Chara hispida* f. *fastigiata*

**) Von dieser Gesellschaft liegen die Analysenwerte von nur einer Bodenprobe vor, die Ergebnisse wurden deshalb nicht in die Diskussion einbezogen, ebenso wurde die *Chara-baltica*-Gesellschaft nicht mit zur Berechnung der Mittelwerte berücksichtigt, da sie eine Zwischenstellung zwischen den Komplexen einnimmt.

reicht aber nicht die Werte, die in der Literatur für organogene Sedimente angegeben werden. Entweder ist die Ursache in unterschiedlichen methodologischen Verfahren zu suchen oder darin, daß die Schlicke im USG sehr humusarm sind und deshalb nur wenig Wasser zu binden vermögen. Für letzteres spricht, daß im Faulschlamm des Ribnitzer Sees Wasserwerte von über 80% ermittelt wurden.

6.1.2.3. pH-Wert und Kalziumkarbonat-Gehalt

Beide Parameter unterscheiden sich in den genannten Gesellschaftskomplexen kaum. Der pH-Wert des Sedimentes liegt etwas unter dem des Wasserkörpers. Der

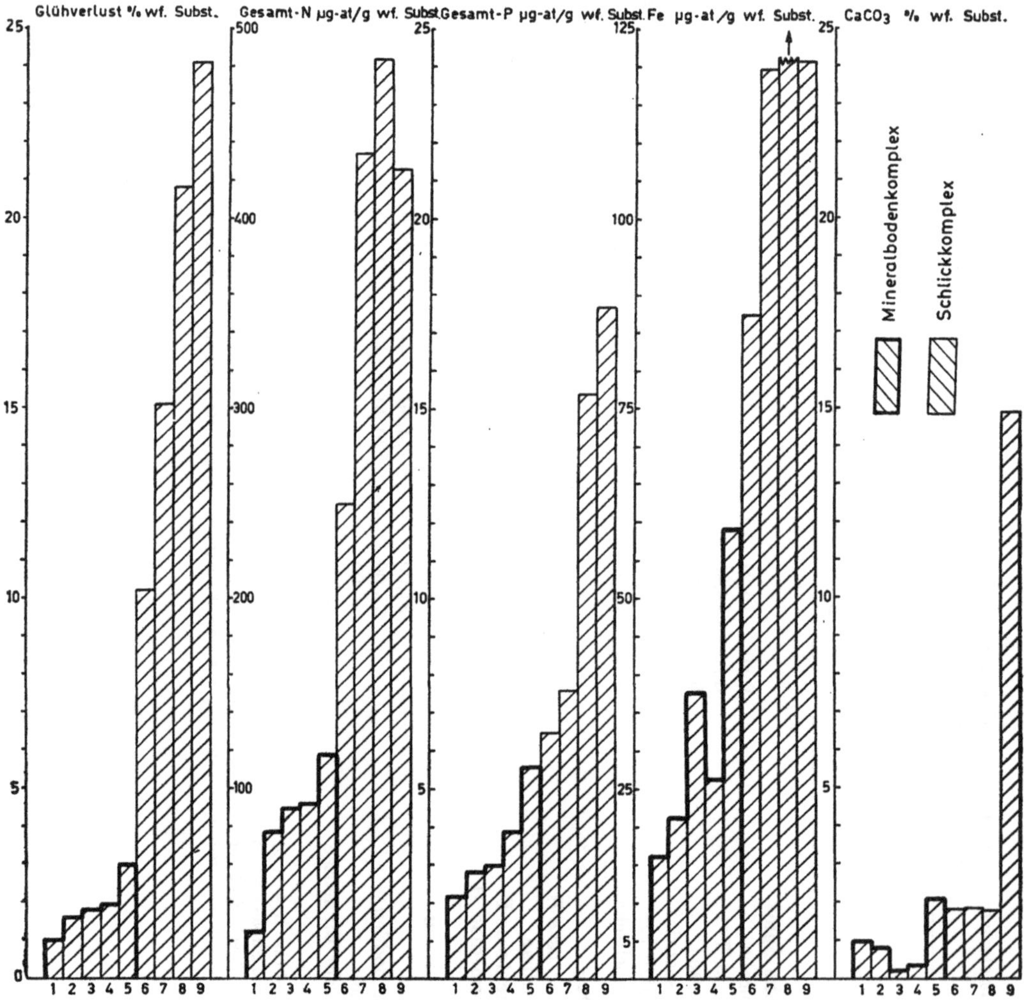

Abb. 14. Sedimentanalysen einiger Pflanzengesellschaften der Boddenkette

1 – Charetum asperae, typ. Subassoziation; 2 – Charetum asperae, Subass. von *Chara canescens*; 3 – Charetum canescens; 4 – Ruppietum spiralis; 5 – *Chara-baltica*-Gesellschaft; 6 – Charetum tomentosae, Subass. von *Chara hispida* f. *fastigiata*; 7 – Najadetum marinae; 8 – Fazies von *Chara hispida* f. *fastigiata*; 9 – Charetum intermediae, Subass. von *Chara hispida* f. *fastigiata*

Kalziumkarbonatgehalt ist ebenfalls gering (vgl. Kolp 1966) und schwankt zwischen 0,22% und 2,19% der wf. Subst. Insgesamt nimmt er von E nach W zu und erreicht im Saaler Bodden stellenweise Maximalwerte von 29,60% der wf. Subst. Dieser kalkreiche Schlick wird von dem Charetum intermediae, Subass. von *Chara hispida* var. *baltica* f. *fastigiata*, besiedelt.

6.1.2.4. Organische Substanz

Der Anteil der organischen Substanz im Sediment wurde pauschal als Glühverlust erfaßt. In den Sedimenten der Assoziation des Mineralbodenkomplexes liegt er unter 5% der wf. Substanz. Die niedrigsten Werte wurden im Charetum asperae, typische Subassoziation ermittelt, das die exponierten schmalen Uferbänke besiedelt (∅ 1,04%, Min. 0,28%, Max. 1,88%). Auf den breiten Sandscharen wächst das Charetum asperae, Subass. von *Chara canescens*, dort steigt der Glühverlust auf ∅ 1,69% an (Min. 0,58%, Max. 3,40%). Der etwas höhere organische Anteil im Sediment der *Chara-baltica*-Gesellschaft (∅ 3,05%, Min. 1,41%, Max. 7,20%) erklärt sich aus der größeren Tiefe, in der diese Gesellschaft wächst.

In den Sedimenten des Schlickkomplexes konnten Glühverluste über 5% der wf. Subst. ermittelt werden (∅ 17,58%, Min. 4,02%, Max. 45,63%). Die Minimum—Maximum-Werte des Schlickkomplexes zeigen eine breite Amplitude an und differieren auch in den einzelnen Komponenten des Komplexes erheblich. Die niedrigsten Werte um 5% wurden in den Kontaktzonen zum Charetum asperae gemessen. Es sind Assoziationen, die sowohl vom Sediment her als auch im Vegetationsaufbau Übergangscharakter tragen. Glühverluste von 32,97% der wf. Subst. wurden in Sedimenten der Fazies von *Chara hispida* var. *baltica* f. *fastigiata* festgestellt. Der höchste Wert (45,63%) wurde in der Nähe der Versuchsstation, VEB Fischwirtschaft, in Born ermittelt, ein Standort, der mit einem hochproduktiven Charetum intermediae besiedelt ist.

6.1.2.5. Eisen-, Phosphor- und Schwefelwasserstoff-Gehalt

In enger Beziehung zu den Glühverlusten sind die Eisen- und Phosphorwerte zu sehen, die insgesamt etwas unter den Befunden von Overbeck (1964) liegen, aber analoge Relationen widerspiegeln. Sie unterscheiden sich, wie nicht anders zu erwarten, in den beiden Vegetationskomplexen deutlich.

In den Sedimenten des Sandkomplexes betragen die Durchschnittswerte für Eisen 25,53 µg-at/g der wf. Subst. und für Gesamt-P 3,08 µg-at/g der wf. Subst. Das ergibt einen Fe/P-Quotient von 8,51 (Atombasis) bzw. 14 (Massenverhältnis).

Im Schlickkomplex entsprechen den höheren Glühverlusten höhere Eisen- und Phosphorwerte. Die Phosphorwerte im Sediment des Charetum tomentosae und im Najadetum marinae liegen etwa doppelt so hoch wie in den Sedimenten des Sandkomplexes, während die Eisenwerte ein Vier- bis Fünffaches erreichen. Dadurch verschiebt sich der Fe/P-Quotient zu Gunsten des Eisens auf 14,7 (Atombasis) bzw. 26 (Massenverhältnis). Die Ursache dieser Quotient-Veränderung sieht Overbeck (1964) in der verschiedentlich diskutierten Verkettung des Phosphor—Eisen-Haushaltes (Einsele 1936, Ohle 1938), den Ohle (1955) unter Brackwasserbedingungen untersucht. Dieser Mechanismus scheint für das mit Characeen bestandene Sapropel besonders signifikant zu sein, denn neben dem hohen Sulfatgehalt des Wassers stehen dort ständig große Mengen abbaufähigen Materials zur Verfügung (Characeen-Detritus). Die reduktiven Sedimentbedingungen führen zu anaeroben Abbauprozessen und damit zur Bildung von H_2S. Der entstehende Schwefelwasserstoff bedingt eine Ausfällung des Eisens als Sulfid, dadurch wird die Phosphorfestlegung durch Ferrihydroxid aufgehoben und die Phosphationen gelangen aus dem Sediment in das Wasser, während das Eisen gespeichert bleibt. Es wird vermutet, daß die hohe Phosphatmobilisierung eine wesentliche Ursache für die außerordentliche Produktivität der Characeen-Bestände des Schlickkomplexes darstellt (950 dt/ha) und der Fe/P-Quotient somit auch als Indikator für die Produktivität des Makrobenthos angesehen werden kann. In stark belasteten Gewässerabschnitten scheint dieser Mechanismus jedoch gestört zu sein. In der abwasserbelasteten Wiecker Bucht und in der Nähe der Versuchsstation in Born zeigen die Sedimente der dort wachsenden Fazies von *Chara hispida* var. *baltica* f. *fastigiata* und die des Charetum intermediae einen gleichermaßen hohen Anstieg der beiden Nährstoffe (Abb. 14). Für eine Phosphatmobilisierung sprechen die hohen Phosphorwerte des über Sapropel stehenden Wasserkörpers der Stillwasserbuchten. So wurden im Charetum tomentosae in der Vegetationsperiode 1971 ein Mittelwert von 9,38 μg-at/l nachgewiesen (Min. 3,13 μg-at/l, Max. 20,85 μg-at/l), dieser Wert liegt erheblich über den Phosphormengen der ca. 200 m entfernten Meßstelle im freien Wasser.

Daß diese hohen Phosphatmengen von den Characeen des Schlickkomplexes nicht nur gut toleriert werden, sondern u. E. entscheidend die Produktivität beeinflussen, steht im Widerspruch zu den Befunden von FORSBERG (1964, 1965), der einen Gesamt-Phosphorgehalt von ca. 20 μg/l = 0,64 μg-at/l als limitierenden Maximumwert für das Wachstum der Characeen im Süßwasser angibt. Ganz sicher differieren die Toleranzgrenzen für Phosphor bei den einzelnen Arten erheblich. FORSBERG (1965) stellte seine Versuche bei *Chara globularis* und *Ch. zylanica* an, während unsere Beoachtungen *Ch. tomentosa, Ch. hispida* var. *major* f. *intermedia, Ch. hispida* var. *major* f. *major* und *Ch. hispida* var. *baltica* f. *liljebladii* betreffen.

Außerdem ist es sicher nicht sinnvoll, Angaben der Gesamt-Phosphormengen zu vergleichen, da der Anteil der einzelnen Phosphorkomponenten völlig unterschiedlich sein kann. Welche Bedeutung sie für das Wachstum der Characeen haben, ist bisher kaum untersucht, deshalb scheint es notwendig, in Kulturversuchen die Amplituden dieser bedeutsamen Eutrophierungskomponente für produktionsbiologisch wichtige Characeen zu ermitteln.

Trotz der hohen Phosphorwerte in den Stillwassergebieten fehlt im USG ein nennenswerter Aufwuchs, der nach HYNES (1963) und KRAUSCH (1964) im eutrophen Milieu als Ergebnis des hohen Phosphatgehaltes das Wachstum der Characeen im Süßwasser begrenzt.

Wie bereits erwähnt, spielt der H_2S-Gehalt des Sediments im Phosphor-Eisenhaushalt eine gewichtige Rolle. Mit der Tatsache, daß Characeen hohe H_2S-Werte im Schlamm gut zu ertragen vermögen, befaßten sich schon STROEDE (1931, 1933a, b) und KRAUSE (1969). Beide kommen zu der Feststellung, daß im Gegensatz zu einigen Blütenpflanzen H_2S im Schlamm von einigen Characeen gut toleriert wird, nicht aber eine Notwendigkeit darstellt, sondern umgekehrt als Ergebnis der Zersetzung der Characeen frei wird. Die Untersuchungen von STROEDE (1931) und KRAUSE (1969) reichen jedoch nicht aus, um endgültige Aussagen über den H_2S-Einfluß zu machen bzw. graduelle Unterschiede in der Verträglichkeit zwischen den einzelnen Arten festzustellen. Nach unseren Beobachtungen ist die Produktivität der Characeen über H_2S-haltigem Sediment besonders hoch, ein Grund mehr, die Katalysator-Wirkung des Schwefelwasserstoffs in der Eisen-Phosphorbeziehung zu postulieren (vgl. OHLE 1954).

Wasseranalysen (FESTERLING 1973) zeigen, daß im Wasserkörper über dem Sapropel das O_2-Angebot ein Vorhandensein von H_2S ausschließt, jedoch läßt eine deutliche Sauerstoffschichtung den hohen Sauerstoffverbrauch durch das Sediment erkennen. Auch WETZEL (1929), STROEDE (1931) und KRAUSE (1969) kommen zu ähnlichen Befunden.

Nachfolgende Ergebnisse wurden in der Fazies von *Chara hispida* var. *baltica* f. *fastigiata* gewonnen:

80 cm über dem Sediment (Produktionszone der Characeen)	18,00 mg O_2/l = 12,6 ml/l
10 cm über dem Sediment	6,26 mg O_2/l = 4,38 ml/l
3 cm über dem Sediment	0,00 mg O_2/l = 0,00 ml/l

6.1.2.6. Gesamt-Stickstoff

Der Gesamtstickstoff einer Bodenprobe stellt den gesamten ammonisierbaren Stickstoff dar. Neben dem Ammonium-Stickstoff gehört dazu der größte Teil des organisch gebundenen Stickstoffs (vgl. SCHLUNGBAUM 1970). Aus der Tatsache, daß Stickstoff im Sediment zu mindestens 85% organisch gebunden ist (KONSIN 1939, EL-WAKEEL & WAHBY 1970), erklärt sich die positive Korrelation zum Glühverlust, die sich in den untersuchten Sedimenten zwar deutlich abzeichnet, aber keine Proportion erkennen läßt.

Im Mineralbodenkomplex wurde ein Durchschnittswert von 71,59 µg-at/g wf. Subst. errechnet (Min. 0,00, Max. 157,29 µg-at/g wf. Subst.). Die Werte im Schlickkomplex belaufen sich auf das Fünffache und betragen im ∅ 381,61 µg-at/g wf. Subst. (Min. 85,34, Max. 562,20 µg-at/g wf. Subst.), wobei der höchste Wert wieder in der Nähe der Versuchsstation Born gemessen wurde.

6.2. Aquatische Faktoren

6.2.1. Lichtklima

Von den physikalischen Faktoren des Wasserkörpers kommt dem Lichtklima große Bedeutung zu. Es muß im USG als limitierender Faktor für die Tiefenverbreitung der submersen Vegetation angesehen werden (nähere Angaben bei SCHLUNGBAUM & LINDNER 1976). Maßgebend für die Bestrahlung der Wasserfläche ist die Summe von Sonnen- und Himmelsstrahlung (= Globalstrahlung), die im Wasser qualitative und quantitative Veränderungen erfährt. Während für die quantitative Veränderung des Lichtes u. a. Wasserbewegung und Wassertrübung entscheidend sind (vgl. ZÜLLIG 1956), spielt für die qualitative Transmission des Lichtes die Wasserfarbe eine wichtige Rolle. Sie wird im USG vor allem durch die autochthon entstehenden Gelbstoffe, zum anderen durch allochthone Huminstoffe verursacht. Letztere werden durch die Entwässerungsgräben der über Moor stehenden Salzwiesen in beträchtlichen Mengen eingetragen. Zur Beurteilung der Lichtverhältnisse dienten Sichttiefenbestimmungen und photoelektrische Lichtmessungen.

Die regelmäßig durchgeführten Sichttiefenbestimmungen zeigen eine Verschlechterung des Lichtklimas von E nach W. In Abb. 15 sind die Monatsmittelwerte der Sichttiefen für die einzelnen Bodden aufgetragen. Durch den direkten Einfluß des Ostseewassers werden im Grabow die größten Sichttiefen erreicht (Monatsmittel

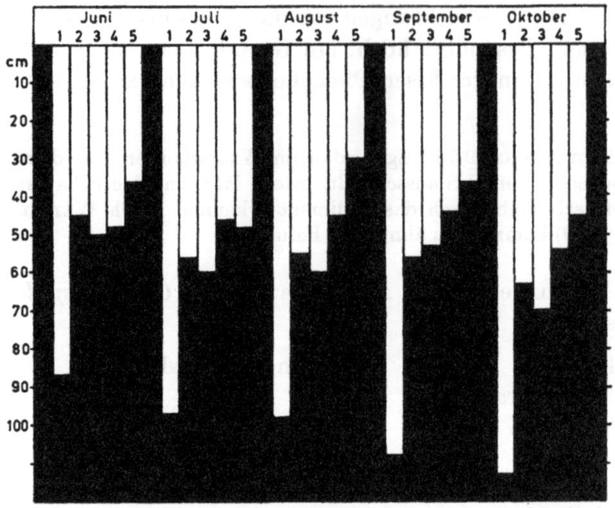

Abb. 15. Monatsmittel der Sichttiefen 1970/71

ca. 100 cm). In allen übrigen Bodden liegen die Werte zwischen 30 und 70 m. Bemerkenswert ist, daß die Abstufung von Bodden zu Bodden in den einzelnen Monaten annähernd gleich ist. In der Kontaktzone von Ostsee- und Boddenwasser sind die Sichttiefen beträchtlichen Schwankungen unterworfen. Stündliche Messungen ergaben an Station 1 (s. Abb. 4) Sichttiefen zwischen 40 und 340 cm. Mit zunehmender Entfernung von der Ostsee nimmt die Amplitude der Sichttiefenwerte ab.

Analog zur oben dargestellten Veränderung des Lichtklimas von E nach W erreichen im östlichen Grabow die Unterwasserpflanzen die maximale Wassertiefe von ca. 4 m. In den übrigen Bodden überschreitet der Pflanzenbewuchs kaum die 1-m-Stufe. Lediglich *Chara hispida* var. *baltica* f. *baltica* (öf. typica) toleriert ungünstigere Lichtbedingungen und bildet als breites Band die Bewuchsgrenze der Bodden, die im westlichen Grabow bei ca. 2 m liegt und sich westwärts um ca. 40 cm nach oben verschiebt.

Die photoelektrischen Lichtmessungen geben Aufschluß über die spektralen Lichtverhältnisse im Wasser, dabei wurden die Absorptionsfilter BG 12 (blau), VG 9 (grün) und RG 2 (rot) verwendet. In Tab. 18 sind die Mittelwerte der Lichtmessungen über einem Bestand von *Chara hispida* var. *baltica* f. *baltica* mitgeteilt. Trotz des völligen Fehlens des blauen Wellenbereichs handelt es sich um sehr vitale, fertile Algen-Bestände. Vereinzelt vorkommende Vertreter anderer Arten (*Ch. aspera*, *Ch. canescens*) wurden dagegen unter diesen Lichtbedingungen nur als sterile, extrem gestreckte Formen beobachtet. Insgesamt ist die Wirkung der Lichtverhältnisse so komplex, daß sie nur durch regelmäßige Messungen und im Zusammenhang mit dem übrigen Faktorenkomplex geklärt werden kann.

6.2.2. Wasserbewegung

Die Wasserbewegung wird einmal als windabhängige Brandung, zum andern durch wechselnde Aus- und Einstromlagen auf die Litoralflora wirksam und ist ursächlicher Faktor für die Gliederung der Vegetation.

Tab. 18. Lichtmenge in % des Oberflächenlichtes*)

Wassertiefe cm	ohne Filter	RG 2	VG 9	BG 12
0	100	100	100	100
50	48,80	26,0	40,60	18,20
100	10,10	7,3	10,00	0,40
150	3,66	1,8	3,10	0,00
200	1,22	0,5	1,25	0,00

*) Die Werte sind Mittelwerte, die aus täglichen, im Juli/August 1971 durchgeführten Messungen gewonnen wurden (Zeit: 12,00; Ort: unweit Station 8.)

Nach THIENEMANN (1925) müssen lotische und lenitische Gebiete getrennt werden, die sich vor allem in der Verteilung der Sedimente unterscheiden. Sie stellen für die Pflanzen unterschiedliche edaphische Nährstoffreservoire dar und führen zur Ausbildung unterschiedlicher Vegetationskomplexe. Die im Vergleich zu Binnenseen stets stärkere Wellenwirkung bedingt weiterhin, daß sich im Boddengebiet ausschließlich Elodeiden (Unterwasserpflanzen) entwickeln, während Nympheiden (Schwimmblattpflanzen) und Lemniden (Wasserschweber) nur die windgeschützten Endzipfel des Ribnitzer Sees und den südlichen Teil des Barther Stroms besiedeln.

ULVINEN (1937) hat die Wasserpflanzen nach ihrem Verhalten zum Wellenschlag in drei Gruppen eingeteilt: in Wellenschlag bevorzugende, vertragende und meidende. Im USG sind zur ersten Gruppe *Ruppia spiralis*, *Chara aspera*, *Ch. hispida* var. *baltica* f. *baltica* (öf. simplex) und *Potamogeton pectinatus* zu rechnen. Der zweiten Gruppe gehören an: *Ch. hispida* var. *baltica* f. *baltica* (öf. typica), *Tolypella nidifica*, *Zannichellia palustris* ssp. *pedicellata*, *Ruppia maritima* und *Myriophyllum spicatum*. Wellenschlag meidend sind: *Chara tomentosa*, *Ch. hispida* var. *baltica* f. *fastigiata*, *Ch. hispida* var. *baltica* f. *liljebladii*, *Ch. hispida* var. *major* f. *intermedia*, *Ch. canescens* (in Reinbeständen) und *Najas marina* var. *intermedia*. Die hier nicht angeführten Arten lassen keine deutliche Beziehung zur Exposition erkennen.

Schließlich bewirkt die windbedingte Wellenbewegung im Spätherbst eine ziemlich rasche Säuberung der flachen Uferschare von der Vegetation. Das abgerissene Pflanzenmaterial wird meist an der Uferlinie zusammengetrieben und bildet dort den sehr nährstoffreichen Spülsaum der Boddenrandschwelle (FUKAREK 1961). In den Stillwasserzonen dagegen erfolgt kaum ein Transport des postmortalen Materials. Es wird dort sehr schnell zersetzt und fördert Verlandung und Eutrophierung.

Neben dem windabhängigen Wellengang wird die Entwicklung und Differenzierung bestimmter Pflanzenbestände von den Strömungsverhältnissen im Gebiet beeinflußt (Abb. bei BROSIN 1965a). Diese wechselnden Ein- und Ausstromlagen erfassen nicht die gesamte Uferbank, sondern steuern die Entwicklung der Makrophyten an der vertikalen Bewuchsgrenze. Nach unseren Beobachtungen ist die *Chara-baltica*-Gesellschaft als geschlossenes Band nur in den Bereichen ausgebildet, die nicht unmittelbar vom Aus- und Einstrom erfaßt werden, aber doch noch im Bereich der Strömungssphäre liegen (vgl. Abb. 9–12). — Nach Literaturbefunden (z. B. LUTHER 1951) verlangt *Ch. hispida* var. *baltica* f. *baltica* zirkulierendes Wasser.

6.2.3. Temperatur

Die Wassertemperaturen ändern sich in Abhängigkeit von den Lufttemperaturen im Jahresrhythmus (Abb. 2). Sie sind Voraussetzung für den Beginn und das Ende der Vegetationsperiode. Die Entwicklung der Wasserpflanzen in der Boddenkette beginnt Anfang Mai, wenn die Wassertemperaturen etwa 8 °C erreicht haben und endet im Oktober.

Wenngleich die Wasservegetation nicht so deutlich temperaturabhängige Aspekte erkennen läßt wie die terrestrische, stellen die einzelnen Arten doch recht unterschiedliche Wärmeansprüche, die sich in ihrem Entwicklungsrhythmus widerspiegeln. Im Brackwasser des USG entwickeln sich zuerst *Potamogeton pectinatus, Myriophyllum spicatum* und *Zannichellia palustris*. Das Wachstum der Characeen setzt sichtbar ein, wenn die Wassertemperatur etwa 12 °C erreicht hat, wobei *Ch. canescens* als letzte Art in den Characeen-Gesellschaften erscheint. Am spätesten findet sich *Najas marina* ein, erst dann, wenn die Wassertemperaturen auf mindestens 15 °C angestiegen sind (vgl. Lang 1967). Diese unterschiedliche Entwicklung hängt sicher auch mit der Überwinterung zusammen. *Potamogeton pectinatus, Myriophyllum spicatum, Ruppia spiralis, Ruppia maritima* überdauern als Winterknospen, vgl. Glück (1905—1924). *Najas marina, Chara canescens, Ch. vulgaris* var. *vulgaris* f. *contraria* und *Tolypella nidifica* sind dagegen einjährig (vgl. Lang 1967). Die Überbrückung der Winterperiode erfolgt bei den übrigen Characeen unterschiedlich und ist wesentlich von den Eisverhältnissen abhängig. Von den großen Schlammbewohnern *Ch. tomentosa, Ch. hispida* var. *baltica* f. *fastigiata* und *Ch. hispida* var. *major* f. *intermedia* sterben die oberirdischen Teile ab, die Stengelknoten überwintern im Schlamm und regenerieren sich ab Mai zu neuen Pflanzen, *Ch. hispida* var. *baltica* f. *baltica* (öf. typica) besiedelt die tieferen Boddenteile, hat also kaum Eisberührung und überwintert als vollständige Pflanze. Auch die Überwinterung von *Ch. aspera* ist von den Eisverhältnissen abhängig. In den sehr flachen Sandscharen stirbt die Art völlig ab und regeneriert sich entweder aus Oogonien oder aus den einzelligen Stärkekörnchen, die sich im Herbst an den Rhizoiden ausbilden.

Für die horizontale und vertikale Verbreitung der Pflanzen spielt im USG die Temperatur keine begrenzende Rolle. Als Folge der nur geringen Wassertiefe sind die Boddengewässer gut durchmischt, so daß keine Temperaturschichtung ausgebildet wird, wie sie Krausch (1964) als wesentlichen Faktor für die Zonierung der Characeen im Stechlinsee gefunden hat. Infolge der geringen E—W-Ausdehnung des USG können auch die horizontalen Temperaturverhältnisse als einheitlich angesehen werden. Etwas abgewandelt wird der Temperaturverlauf in den sehr flachen Boddengebieten. Nach unseren Befunden liegen dort die Temperaturen während der Vegetationsperiode 2—4 °C über den Werten des freien Wasserkörpers. Die Hitzeresistenz der Characeen scheint recht hoch zu sein, im stagnierenden Wasser einer Rinne, die mit *Ch. canescens* besiedelt war, konnten Temperaturen von 32 °C gemessen werden. Krause (1969) gibt aus einer Wagenspur, in der Characeen wuchsen, eine Temperatur von 36 °C an.

6.2.4. Salzhaushalt

Wie die Abb. 16 und 17 deutlich werden lassen, beeinflußt der Salzgehalt des Wassers in erster Linie die horizontale Differenzierung der Pflanzen und Pflanzengesell-

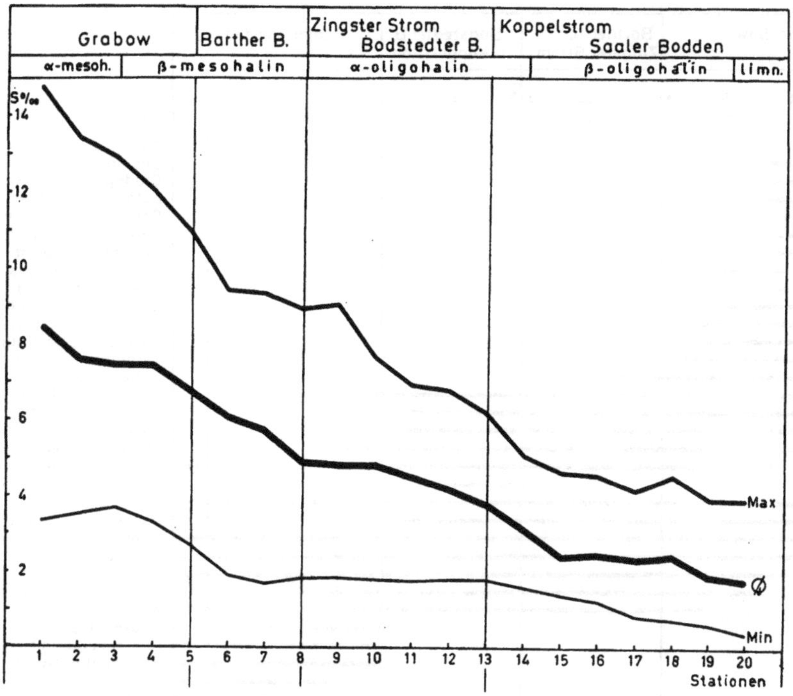

Abb. 16. Die Salzwerte im Untersuchungszeitraum 1970/1971

schaften. Über den Salzhaushalt der Darßer Boddenkette sind wir durch die Arbeiten von Hupfer (1959/60), Brosin, Hupfer & Petersson (1964), Brosin (1965a, 1965b) und Petersson (1968) sowie durch die Ergebnisse der seit 1969 regelmäßig durchgeführten Meßfahrten gut unterrichtet.

Die Boddenkette ist ein Brackwassergebiet, das durch den Zustrom salzhaltigen Ostseewassers einerseits und die Süßwasserzuflüsse andererseits ein deutliches E—W-Salz-Gefälle von ca. 10‰ auf unter 1‰ erkennen läßt und eine, wenn auch lokal sehr instabile, Horizontalzonierung in einen limnischen, einen oligohalinen und einen mesohalinen Bereich ausweist.

Im Gegensatz zu Gessner (1957), der die Ansicht vertrat, daß in der Darßer Boddenkette die Salinitätsverhältnisse als ziemlich konstant angesehen werden können und weitgehend der Meeresströmung entzogen sind, zeigen die neueren Untersuchungen eine beachtliche, von Jahreszeit, Windrichtung und -stärke, Strömung, Innen- und Außenwasserständen abhängige Schwankungsbreite, die im Grabow über 8‰ beträgt. Erst im Saaler Bodden wirken sich die Austauschprozesse nicht mehr so gravierend aus, und die Schwankung beträgt nur noch ca. 2‰. In der Jahresrhythmik zeigen sich die Maxima im November, während die Minima, bedingt durch Eisschmelze und Schmelzwasserzuflüsse, im Frühjahr liegen. Von einer vertikalen halinen Schichtung kann in den flachen Boddengebieten nicht gesprochen werden.

Abb. 17 gibt eine Übersicht über die Salinitätsamplituden der Submersen in der Darßer Boddenkette. Die Zuordnung erfolgte nach der Mittelwertkurve des dreijähri-

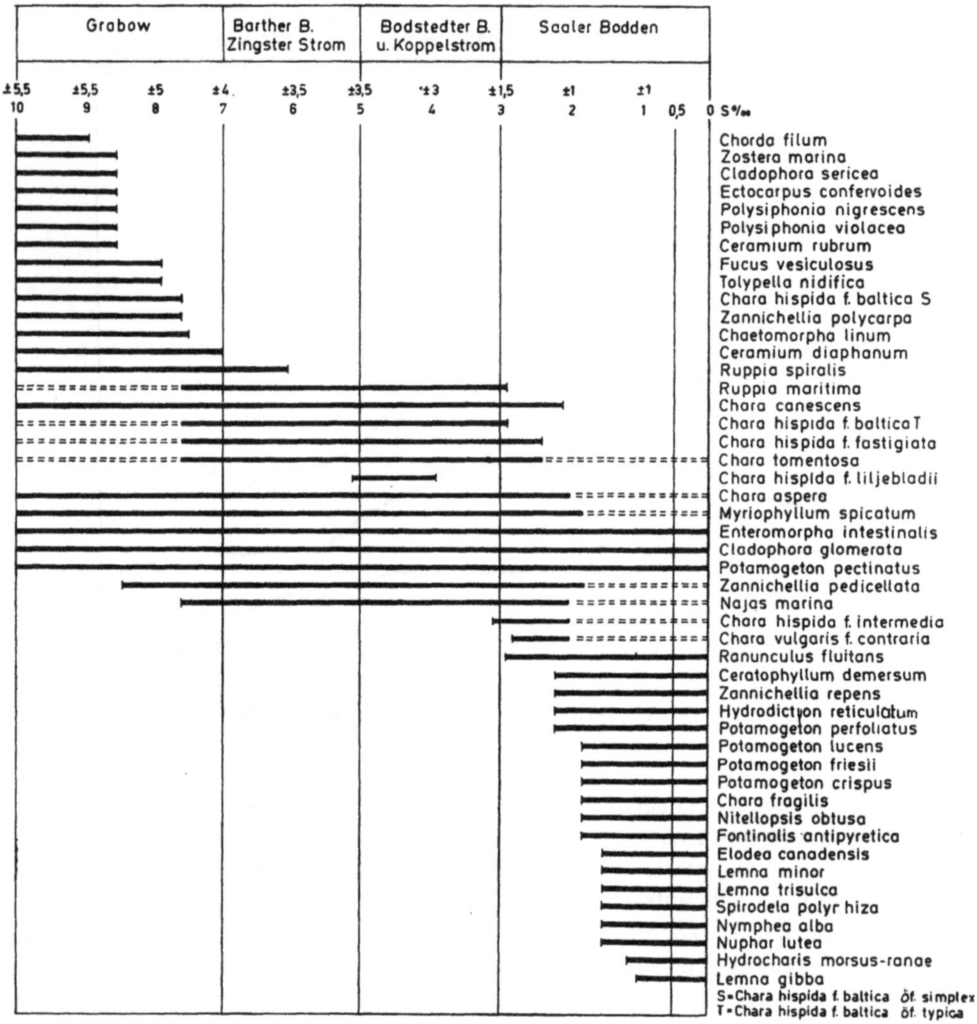

Abb. 17. Die Salzamplituden der submersen Pflanzen im Untersuchungsgebiet

[1]) Die in der Abb. nicht vermerkten Arten wurden so selten gefunden, daß keine Salzamplituden ermittelt werden konnten.

[2]) Die Art kommt im Süßwasser vor, im Gebiet werden die limnischen Areale aufgrund der hypotrophen Bedingungen nicht besiedelt, bzw. die E-Grenze im Gebiet hat edaphische Ursachen.

[3]) Die Arten sind nach der Salinitätsamplitude geordnet, nicht in systematischer Folge.

gen Untersuchungsprogramms 1969/1971[10]). Obwohl die Isohalinen außerordentlich instabil sind, wird in Abb. 17 eine deutliche von E nach W verlaufende Horizontalzonierung sichtbar. Über die gesamte Kette verbreitet sind *Myriophyllum spicatum* und *Potamogeton pectinatus*, beide Ubiquisten lassen keine wasserchemisch bedingten Grenzen erkennen. Auch *Enteromorpha intestinalis* und *Cladophora glomerata* wachsen

[10]) Die Mittelwerte stimmen mit den Salzwerten *während* der Vegetationsperiode überein und können deshalb zur Beurteilung der Salzamplitude der Pflanzen dienen.

vom Limneticum bis zur α-mesohalinen Zone. Wenngleich Abb. 17 eine salzabhängige Horizontalzonierung erkennen läßt, darf nicht übersehen werden, daß einige Verbreitungsgrenzen keine echten Salzgrenzen sind. So wurden die im Gebiet vorkommenden Ostseealgen in Schweden bei wesentlich niedrigeren Salzwerten gefunden. Im USG fehlen aber geeignete Hartböden, um bei niedrigeren Salzwerten eine Ansiedlung zu ermöglichen. Für die Arten *Najas marina*, *Chara tomentosa* und *Ch. hispida* var. *baltica* f. *fastigiata* gilt Ähnliches für die Außengrenze. Die genannten Arten benötigen zur optimalen Entwicklung schlickigen Untergrund in windstiller Lage. Beide Bedingungen sind in den östlichen Boddenteilen nicht gegeben, obwohl nach BACKMANN (1941) für *Najas marina* die obere Salzgrenze erst bei 10,8‰ erreicht wird.

Zwischen der β-mesohalinen und der α-oligohalinen Zone ist kein salinitätsbedingter Vegetationsunterschied erkennbar. Dagegen bildet sich im Saaler Bodden wieder eine deutliche Front aus. Bei ca. 2‰, etwa in der Linie Dändorf—Körchow, finden die meisten limnischen Arten ihre Verbreitungsgrenze. Interessant ist, daß die Außengrenze der Süßwasserarten gleichzeitig die Innengrenze der Characeen darstellt. Obwohl die meisten Characeen Süßwasserpflanzen sind, dringen sie nirgends im USG in die limnischen Bereiche vor. Da das Limneticum des USG stark abwasserbelastet ist, kann das Fehlen dieser Arten nur in der veränderten Wasserchemie dieser Gebiete zu suchen sein. Auch hier müssen gezielte experimentell-ökologische Arbeiten einsetzen, um Ursachen und Toleranzgrenzen zu ermitteln.

Neben der Salzamplitude wird aus Abb. 17 die konträre Einwanderungstendenz sichtbar, durch die das Brackwasser nach REMANE & SCHLIEPER (1958) zum Siedlungsraum von 4 Organismentypen wird, denen die im USG gefundenen Pflanzen zugeordnet werden:

1. Holeuryhaline Arten, das sind Lebewesen, die die volle Salzgehaltsbreite vom Seewasser bis zum Süßwasser bewohnen. Dazu gehören im USG *Enteromorpha intestinalis*, *Cladophora glomerata* und *Potamogeton pectonatus*.
2. Euryhalin-limnische Arten erreichen vom Süßwasser aus mehr oder weniger weit die Bereiche des Brackwassers.

Im USG sind hier zwei Gruppen zu unterscheiden:

— Pflanzen, die sich das Brackwasser als Lebensraum erobert haben und dort optimale Lebensbedingungen finden: *Chara aspera*, *Chara tomentosa*, *Myriophyllum spicatum*, *Zannichellia palustris* sp. *pedicellata*, *Najas marina*, *Ranunculus baudotii*.

— Pflanzen, die den Brackwasser-Biotop nur tangieren und ihre salinitätsbedingte Verbreitungsgrenze bereits zwischen 1 und 2‰ erreichen: *Potamogeton friesii*, *P. crispus*, *P. perfoliatus*, *P. lucens*, *Hydrocharis morsus-ranae*, *Stratiodes aloides*, *Elodea canadensis*, *Lemna trisulca*, *L. minor*, *L. gibba*, *Spirodela polyrhiza*, *Nymphaea alba*, *Nuphar lutea*, *Ceratophyllum demersum*, *Fontinalis antipyretica*, *Nitellopsis obtusa*, *Chara globularis* var. *globularis* f. *globularis*, *Ch. hispida var. major* f. *intermedia*, *Ch. vulgaris* var. *vulgaris* f. *contraria*, *Hydrodictyon reticulatum*.

3. Euryhalin—marine Arten dringen von der marinen Seite in das Brackwasser vor. Im Gebiet sind es: *Zostera marina*, *Ruppia spiralis* und die im Artenkatalog angeführten Meeresalgen.
4. Brackwasser-Organismen, deren Vorkommen sich auf das Brackwasser beschränkt. Aus dem USG müssen *Chara canescens*, *Ch. hispida* var. *baltica* f. *baltica*, *Ch. hispida* var. *baltica* f. *fastigiata* und *Tolypella nidifica* dieser Gruppe zugerechnet werden.

Außer der Salzamplitude wird aus Abb. 17 die vielfach erörterte Artenarmut des Brackwassers sichtbar, die sich gleichermaßen bei Pflanzen und Tieren bestätigt und ihren Grund darin hat, daß die Abnahme mariner Arten bei fallendem Salzgehalt

	H	J	G	Ba	B	S*)
	9‰	6‰	8‰	6‰	5‰	4—0,5‰
Chlorophyceen	18	3	7	6	5	3
Characeen	6	6	6	5	6	6
Phaeophyceen	13	1	3	—	—	—
Rhodophyceen	10	3	4	1	—	—
Spermatophyten	5	5	7	7	7	22

*) H – Hiddensee; J – Jasmunder Bodden; G – Grabow; Ba – Barther Bodden; B – Bodstedter Bodden; S – Saaler Bodden

nicht durch eine entsprechende Zunahme der Süßwasserarten kompensiert wird. Verglichen mit den von Künzenbach (1955/56) auf Hiddensee gefundenen Arten nimmt die Artenzahl, abgesehen von den Characeen, zum Inneren der Boddenkette stark ab.

Wie schon Gessner (1957) feststellte, kann die Abnahme des Salzgehaltes zwischen Hiddensee und dem Grabow um etwa 1‰ jedoch nicht die alleinige Ursache für das Zurückbleiben der marinen Arten sein. Wir sehen die Ursachen, die boddeneinwärts diese Artenarmut bedingen,

— im Fehlen des geeigneten Substrates,
— in den starken Schwankungen des Salzgehaltes und
— in der westwärts zunehmenden Eutrophierung.

7. *Diskussion der soziologisch-ökologischen Ergebnisse*

Obwohl Wasserpflanzengesellschaften meist große Areale unserer Gewässersysteme besiedeln, dienten sie der Praxis als Standortindikatoren bisher weit weniger als terrestrische Phytozönosen. Vielfach wurde angezweifelt, ob sie überhaupt mit terrestrischen Assoziationen vergleichbar sind und nicht vielmehr Zufallsgebilde darstellen (Luther 1951, Gessner 1955, Schwenke 1964 u. a.).

Auch in unseren Untersuchungen wurde die Problematik einer gewissen Instabilität der artenarmen, zur Faziesbildung neigenden Brackwassergemeinschaften sichtbar, die vor allem durch heterogene hydrographische Bedingungen, mobile Substrate, unterschiedlichen Temperaturverlauf und spezifische Eisverhältnisse hervorgerufen wird.

Diese variablen Parameter führen aber weniger zu einer qualitativen Veränderung der Vegetationsstruktur als vielmehr zu beträchtlichen Unterschieden in der Flächenausdehnung der Assoziationen. Besonders große Schwankungen zeigten sich in der Ausbildung des einjährigen Najadetum marinae, das 1970 in geschlossener Decke große Flächen besiedelte, während 1971 nur mosaikartige Flecken ausgebildet waren. Gleiche Feststellungen gelten für die Characeen-Gesellschaften der sehr flachen Litoral-Bezirke, die im Winter meist völlig abgebaut werden und deren Regeneration nach unseren Beobachtungen weitgehendst von den Eisverhältnissen des vorangegangenen Winters abhängig ist. Außerdem kann es durch Sedimentverlagerung dazu kommen, daß in aufeinanderfolgenden Jahren an ein und derselben Stelle unterschiedliche Gesellschaften ausgebildet werden. Durch Übersandung wurde verschiedentlich das Charetum canescentis durch das Charetum asperae ersetzt, und in Stillwasserbuchten führte gelegentlich eine Schlammaufhöhung zur Entwicklung vom Charetum tomentosae über das Najadetum marinae zum Ruppietum maritimae. Ob diese Vegetationsfolge als Sukzession aufzufassen ist, bleibt weiter zu untersuchen. Insgesamt erwiesen sich die Characeen-Gesellschaften des Schlickkomplexes im Untersuchungszeitraum als recht stabil, denn die im Schlick eingebetteten, überwinternden Stengelknoten ermöglichen zumeist eine optimale Erneuerung des Bestandes im Frühjahr.

Die oft kurzfristigen Änderungen im Vegetationsgefüge der Wasserpflanzen machen es weit mehr als in der terrestrischenVegetationskunde erforderlich, kontinuierlich eine Reihe von Vegetationsperioden zu verfolgen, um die Schwankungsbreite der Gesellschaften und deren kausale Ursachen zu erkennen, bevor man zur Fassung, Differenzierung und ökologischen Wertung der Phytozönose kommt. Auch die vorliegenden soziologischen Befunde bedürfen einer weiteren ökologischen Überprüfung, lassen aber deutlich werden, daß die Vegetationsgliederung im USG nicht nur ein Zufallsgebilde darstellt, sondern Ausdruck spezifischer ökologischer Bedingungen ist.

Zur Klärung der systematischen Stellung einiger Brackwassergesellschaften erscheint das Untersuchungsgebiet besonders geeignet, weil durch das E—W-Gefälle des Salzgehalts von ca. 10‰ auf unter 0,5‰ ein „nahtloser" Übergang von α-mesohalinen Bereichen zu limnischen Gebieten erfolgt.

Nach Auswertung der soziologisch-ökologischen Analysen des USG, ergänzt durch Vergleichsuntersuchungen in den benachbarten Boddengebieten, wurde eine deutliche Trennung des Ruppion vom Charion erkannt. Voraussetzung für die Formierung der Gesellschaften des Ruppion sind instabile Umweltbedingungen und ein Salzgehaltsoptimum über 7‰, das zur Ausbildung von Gesellschaften führt, die ausschließlich aus Brackwasserkennarten aufgebaut sind. Zu den Kenntaxa zählen wir neben den von Westhoff et al. (1969) genannten *Ruppia maritima*, *R. spiralis*, *Zannichellia palustris* ssp. *pedicellata* und *Chara hispida* var. *baltica* f. *baltica* (öf. simplex).

Die Gesellschaften des Charion sind im Brackwasser sowohl aus limnischen als auch aus halophilen Arten aufgebaut und wachsen unabhängig von Ruppion-Arten bei einem Salzgehalt unter 7‰. Wir betrachten sie als halophile Ausbildungsformen von Süßwasserassoziationen, die durch halophile Trennarten salinitätsabhängige Subassoziationen darstellen. Von den Befunden in den Bodden der südlichen Ostsee abgeleitet, erscheint nach Abtrennung des Ruppion vom Charion eine Differenzierung des Charion in ein Halo-Charion und ein Limno-Charion (s. Krausch 1968) nicht erforderlich, zumal auch nach den Gesichtspunkten der modernen Characeen-Taxonomie (Wood & Imahori 1964, 1965) die „alten" halophilen Spezies als Formen Süßwasserarten zugeordnet werden (*Ch. baltica* = *Ch. hispida* var. *baltica* f. *baltica*; *Ch. horrida* = *Ch. hispida* var. *baltica* f. *fastigiata*). Eine endgültige Formierung des Charion sollte aber erst dann erfolgen, wenn auch aus den anderen Brackwassergebieten genügend Material zur Wertung vorliegt.

Das Fehlen des Zosterion im USG wird vor allem auf die instabilen Salinitätsbedingungen zurückgeführt, da das Vorkommen in benachbarten Gebieten seine Ansprüche an stabile α-mesohaline—polyhaline Salzverhältnisse beweist.

Die *Zannichellia*-Bestände konnten bisher nicht eindeutig eingegliedert werden. Es zeichnet sich jedoch ab, daß die verschiedenen „Sippen" unterschiedliche Standortbedingungen indizieren.

Für die in der Literatur für abstoffbelastete Gebiete häufig zitierten *Enteromorpha*- und *Cladophora*-Watten wird die Bezeichnung Pleusto-Enteromorphetum und Pleusto-Cladophoretum vorgeschlagen, um sie dadurch von den auf Hartböden ausgebildeten Gesellschaften dieser Arten zu trennen.

Die an Flußmündungen und Abwassereinleitungen wachsenden limnischen Pflanzengesellschaften weisen auf stark gestörte Gewässerabschnitte hin. Der Vegetationsaufbau dieser Phytozönosen sollte weiter verfolgt werden. Es deuten sich floristische Unterschiede in den einzelnen Zuflüssen an, die die von ZÄNGER (1971) festgestellte Heterogenität im Chemismus dieser Wasserkörper beweisen.

Im Rahmen der Felduntersuchungen registrierten und analysierten wir eine Anzahl von Standortfaktoren, aber das Zusammenwirken des hochkomplexen Faktorengefüges erschwert außerordentlich die Wertung der Einzelfaktoren.

Tab. 19. Übersicht über die Gesellschaften der Vegetationskomplexe

	Mineralbodenkomplex		Schlickkomplex
oligotroph	Charetum asperae, typische Subassoziation Ruppietum spiralis, typische Subassoziation Ruppietum spiralis, Subass. von *Chara hispida* var. *baltica* f. *baltica* (öf. simplex) Tolypelletum nidificae	eutroph	Charetum tomentosae, Subass. von *Chara hispida* var. *baltica* f. *fastigiata* Charetum intermediae, Subass. von *Chara hispida* var. *baltica* f. *fastigiata* Najadetum marinae Ruppietum maritimae
mesotroph	Charetum asperae, Subass von *Chara canescens* Charetum asperae, Subass. von *Chara vulgaris* var. *vulgaris* f. *contraria* Charetum canescentis *Chara-baltica*-Gesellschaft		

Die im Bodden wachsenden Pflanzengesellschaften sind ausnahmslos aus submersen Rhizophyten aufgebaut, die eng mit der Art des Sediments korreliert sind. Sie lassen sich zu zwei Gesellschaftskomplexen zusammenfassen: einem oligotrophen Mineralbodenkomplex und einem eutrophen Schlickkomplex, denen die in Tab. 19 aufgeführten Gesellschaften zuzuordnen sind. Die Gesellschaften dieser Komplexe unterscheiden sich signifikant im Chemismus ihrer Sedimente und werden durch folgende „Grenzwerte" charakterisiert:

	Mineralbodenkomplex:	Schlickkomplex:
Glühverlust	$< 5\%$	$> 5\%$
Wassergehalt	$< 10\%$	$> 50\%$
Ges.-N	< 150 µg-at/g	> 150 µg-at/g
Ges.-P	< 5 µg-at/g	> 5 µg-at/g
Fe	< 60 µg-at/g	> 60 µg-at/g
Fe/P	12	28
Teilchen unter 0,063 mm	weniger als 25%	mehr als 40%

Diese Bindung an spezifische Sedimente erklärt die Verbreitung der Characeen-Gesellschaften im USG (Abb. 4).

Unsere sedimentanalytischen Untersuchungen deuten außerdem an, daß der von Overbeck (1964) als Indikator für die Phytoplanktonproduktion ermittelte Fe/P-Quotient unter unseren Bedingungen (sulfatreiche Gewässer mit reduktiven Sedimenten) auch als Indikator für die Produktivität des Phytals gewertet werden kann, und die hohen Phosphatwerte im über Sapropel stehenden Wasser (9,38 μg-at/l) werden nach unseren Beobachtungen von den Characeen-Gesellschaften des Schlickkomplexes nicht nur gut toleriert, sondern stimulieren wahrscheinlich ursächlich die hohe Produktion. Diese Befunde stehen im Widerspruch zu Forsberg (1965), der 20 μg/l (= 0,64 μg-at/l) als Schwellenwert für das ungeschädigte Wachstum dieser Algengruppen angibt. Nach vorliegenden Beobachtungen ist der primäre Faktor, der die Entwicklung der Characeen begrenzt, die Konkurrenz anderer Submersen, die sowohl im oligotrophen Milieu des Süßwassers als auch im Brackwasser ausgeschaltet sind.

An stark belasteten Gewässerabschnitten (Abwassereintrag, Süßwasserzufluß) verschwinden auch im USG die Characeen-Gesellschaften vollständig und werden durch *Enteromorpha*- und *Cladophora*-Bestände bzw. limnische Gesellschaften ersetzt.

Von den chemischen Parametern führt der Salzfaktor zu einer horizontalen Zonierung, wobei gravierende Linien deutlich werden. Die eine verläuft in Höhe des Kattenstart im östlichen Grabow und ist die Einwanderungsgrenze der marinen Arten, die andere begrenzt die Ausbreitung der limnischen Arten im Brackwasser und zeichnet sich zwischen Dändorf und Körchow im südlichen Saaler Bodden ab.

Um allgemeingültige Aussagen über den differenzierenden Einfluß der übrigen chemischen Parameter des Wassers machen zu können, sind gezielte Experimente unter kontrollierbaren Bedingungen erforderlich.

Besondere Aufmerksamkeit sollte in weiterführenden ökologischen Arbeiten dem Lichtklima geschenkt werden. Die von uns ermittelte Bewuchsgrenze liegt bei ca. 2 m. Es ist mit Sicherheit anzunehmen, daß sie vom Lichtfaktor bestimmt wird. Die vorliegenden Lichtmessungen reichen jedoch nicht aus, um Aussagen über qualitative und quantitative Lichtmengen zu treffen, die den einzelnen Gesellschaften während der Vegetationszeit zur Verfügung stehen.

Der Einfluß der übrigen physikalischen Parameter auf die Verbreitung der Vegetation liegt in den in der Literatur diskutierten Grenzen.

Es konnte nicht erwartet werden, daß im Ergebnis dieser Arbeit eine direkt kausale Abhängigkeit zwischen den einzelnen Parametern und der Pflanzenverbreitung sichtbar wird, um der Praxis ein sofort anwendbares Indikatorsystem auf floristischer Basis zu übergeben. Unsere Arbeit gibt Hinweise, wo experimentell weitergearbeitet werden sollte, welche Faktorenkomplexe für die Ausbildung und Verbreitung bestimmter Biozönosen besonders signifikant zu sein scheinen und welche Pflanzengruppen als produktionsbiologisch bedeutsam bei weiteren Untersuchungen besonders beachtet werden sollten.

8. Zusammenfassung

Im Rahmen der komplexen Bearbeitung der Darßer Boddenkette (südliche Ostseeküste) wurden von 1969 bis 1972 die Vegetationsverhältnisse der submersen Makrophyten und deren Abhängigkeit von ökologischen Faktoren untersucht.

Die vorwiegend aus Characeen aufgebaute Vegetation bewächst oberhalb der 2-m-Isobathe die gesamte Boddenkette. Die tieferen Boddenteile sind infolge der geringen Transparenz des Wassers unbewachsen.

Nach Auswertung von über 1000 pflanzensoziologischen Aufnahmen und umfangreichen ökologischen Untersuchungen konnte eine Gliederung der Vegetation in zwei Verbände, das Ruppion und das Charion, vorgenommen werden, ihnen wurden 12 Gesellschaften (einschließlich Subassoziationen) zugeordnet. Die Verbreitung der Pflanzengesellschaften ist in Vegetationskarten dargestellt worden.

Die ökologischen Untersuchungen zeigen eine deutliche Korrelation der Pflanzengesellschaften zum Nährstoffgehalt des Sediments und ermöglichen eine Gliederung der Gesellschaften in einen oligotrophen bis mesotrophen Mineralbodenkomplex und in einen eutrophen Schlickkomplex.

Von den chemischen Parametern des Wassers bewirkt das E-W-Gefälle des Salzgehalts eine sichtbare Veränderung der Artenzusammensetzung. Für die Tiefenverbreitung der Pflanzenbestände ist das Lichtklima von großer Bedeutung und muß als limitierender Faktor angesehen werden, außerdem haben Wasserbewegung und Eisverhältnisse direkten Einfluß auf die Pflanzenverbreitung.

Summary

The submersal macrophyte vegetation and its dependence on ecological factors was studied within the framework of causal ecological investigations undertaken in the chain of boddens south of the Darss-Zingst peninsula (southern Baltic) from 1969 to 1972.

The vegetation, which consists mainly of characeens, populates the whole chain of boddens above the 2 m isobath. The deeper parts of the boddens are nonvegetated due to the slight transparency of the water.

After analysing over 1,000 plant sociological studies and extensive ecological investigations it was possible to distinguish between two associations, viz. the Ruppion and the Charion associations which incorporate 12 societies (including subassociations). The distributions of these plant societies are presented in the form of a vegetation map.

The ecological studies reveal a clear correlation between the plant communities and the nutrient content of the sediment, this permitting assignment of the societies to an oligotrophic—mesotrophic mineral soil complex and an eutrophic mud complex. Of the chemical parameters characterising the water, the diminishing salinity from east to west results in a distinct change in the composition of species.

The light conditions are of particular importance for the depths at which vegetation is encountered and must be regarded as the limiting factor. The water currents and ice conditions also affect the distribution of plants.

Резюме

При комплексном исследовании цепи бодденов на Дарсе (южное побережье Балтийского моря) с 1969 до 1972 годы были изучены вегетационные условия глубинных макрофитов и их зависимость от экологических факторов.

Вегетация, состоящая преимущественно из харовых, покрывает целую цепь бодденов над изобатой 2 м. На более низких участках бодденов уже вегетации нет из-за небольшой прозрачности воды.

После оценки свыше 1000 фитосоциологических определений и подробных экологических исследований было возможно подразделить вегетацию на Ruppion и Charion, и к ним были приписаны 12 ассоциаций (включая субассоциации). Распространение растительных сообществ нанесено на вегетационные карты.

Экологические исследования ясно показывают корреляцию растительных сообществ с содержанием питательных веществ осадка и позволяют расчленение сообществ на олиготрофный до мезотрофного комплекса минеральной почвы и на эвтрофный комплексоф иловатой почвы.

Изх имических параметров воды восточно—западнее падение солёности вызывает заметное изменение видового состава. Большое значение для распространения в глубину растительного состава имеет световой климат и его должен рассмотреть как лимитирующий фактор, и кроме того движение воды и ледовые условия оказывают прямое влияние на распространение растений.

9. *Literatur*

AHREND, K., 1970: Die Wasser- und Sumpfpflanzengesellschaften des Uckerseengebietes in der Uckermark. — Staatsexamensarb. Potsdam.

AHRENS, R., 1958: Zur Frage der Anwendung der Ertragsanteilschätzung bei Weidebestandsuntersuchungen. — Z. Acker- u. Pflanzenbau **105**, 44—49.

ALEEM, A. A., & E. SCHULZ, 1952: Über Zonierung von Algengemeinschaften (Ökologische Untersuchungen im Nord-Ostsee-Kanal I.) — Kieler Meeresforsch. 9, 70—76.

ALMQUIST, E., 1929: Üpplands vegetation och flora. — Acta Phytogeogr. Suecica **1**, 1—624.

ANDERSON, R. G., 1960: The growth and reproduction of *Chara* in a definable nutrient medium. — Diss. Abstr. **20**, 3034, Univ. Nebraska.

BACKMANN, A. L., 1941: *Najas marina* in Finnland während der Postglazialzeit. — Acta Bot. Fenn. **30**, 1—38.

BAUMANN, E., 1911: Die Vegetation des Untersees (Bodensee). — Arch. Hydrobiol. Suppl. **1**, 1—554.

BEEFTINK, W. G., 1962: Conspectus of the phanerogamic saltplant communities in the Netherlands. — Biol. Jaarb. **30**, 325—362.

BERGLUND, B. E., 1963: Vegetationen pa ön senoren III. Havsstrand vegetationen. — Bot. Not. **116**, 305—322.

Berichte des III. internationalen Symposiums für Photointerpretation. Teil I u. II. — Leipzig 1970.

BJÖRKMAN, S. O., 1947: On the distribution of *Chara tomentosa* L. round the Baltic and some remarks on its specific epithet. — Bot. Not. **2**, 157—170.

BOLL, E., 1860: Flora von Mecklenburg. — Archiv Nat. Meckl. **14**, 1—404.

BOWDEN, K. F., 1962: Estuaries and coastal waters. — Proc. Roy. Soc. Ser. A **265**, 320—325.

BRAUN, A., 1876: Characeen. — In: COHN's Krypt. Flora v. Schlesien, 355—411.

BRAUN-BLANQUET, J., 1964: Pflanzensoziologie. — 3. Aufl., Wien.

BROCKMÜLLER, H., 1863: 4. Beiträge zur Kryptogamen-Flora Mecklenburgs. — Archiv Nat. Meckl. **17**, 162—256.

BROSIN, H. J., 1965a: Hydrographie und Wasserhaushalt der Boddenkette südlich des Darß und des Zingst. — Berlin.

— 1965b: Die mittleren Salzgehaltsverhältnisse in der Boddenkette südlich des Darß und des Zingst. —Beitr. Meereskd. **16**, 7—14.

BROSIN, H. J., P. HUPFER & H. v. PETERSSON, 1964: Hydrographie und Wasserhaushalt der Boddenkette südlich des Darß und des Zingst. — Abschlußber., Geophysikal. Inst. Univ. Leipzig.

BULJAN, M., 1949: Quelques investigations physiologiques sur la nutrition de *Chara*. Developpement et fonctions des rhizoides de *Chara*. — Acta Bot. Zagrebensis **12—13**, 239—264.

BYKOW, B. A., 1960—1965: Die Dominanten der Pflanzendecke der Sowjetunion. — Bd. I 1960, Bd. II 1962, Bd. III 1965, Alma-Ata [russ.].

CARSTENSEN, W., 1955: Laichkrautgesellschaften an Kleingewässern Schleswig-Holsteins. — Schr. naturwiss. Ver. Schleswig-Holst. **27**, 144—170.

CARTER, N., 1933: A comparative study of the algal flora of two salt marshes II u. III. — J. Ecol. **21**, 128—208, 385—403.

CEDERCREUTZ, G., 1933: Die Characeen Finnlands. — Mem. Soc. Fauna et Flora Fen. **8**, 241—254.

— 1934: Die Algenflora und Algenvegetation auf Aland. — Acta Bot. Fenn. **15**, 1—120.

COLLANDER, R., 1936: Der Zellsaft der Characeen. — Protoplasma **25**, 201—210.

CORILLION, R., 1957: Les Charophycées de France et d'Europe Occidentale. — Bull. Soc. Sci. Bretagne **32**, 1—499.

DAMBSKA, J., 1961: Roślinne zbiorowiska jeziorne okolic Sierakowa i Miedzychodu. — Pozn. Tow. Przyj. Nauk (Poznań) **33**, 1—120.

— 1964: Charophyta—Ramienice. — Polska Akad. Nauk, Flora Slod. Polski **13**, Warszawa.

— 1966: Zbiorowiska Ramienice Polski. — Pozn. Tow. Przyj. Nauk (Poznań), 1—75.

EICHELSDÖRFER, D., & A. ROSOPULO, 1967: Methoden der Eisenbestimmung in Trink- und Betriebswasser. — Jb. Vom Wasser, **34**, 82—96.

EINSELE, W., 1936: Über die Beziehung des Eisenkreislaufs zum Phosphatkreislauf im eutrophen See. — Arch. Hydrobiol. **29**. 664—686.

EHNHOLM, G., 1937: Bidrag till kännedom om algfloran i Kvarken. — Mem. Soc. Fauna et Flora Fen. **13**, 21—25.

EL-WAKEEL, S. K., & S. D. WAHBY, 1970: Texture and chemistry of Lake Maryut sediments. — Arch. Hydrobiol. **67**, 368—395.

ELLENBERG, H., 1952: Landwirtschaftliche Pflanzensoziologie. Bd. 2, Wiesen und Weiden und ihre standörtliche Bewertung. — Stuttgart-Ludwigsburg.

— 1956: Aufgaben und Methoden der Vegetationskunde. — In: H. Walter: Einführung in die Phytologie IV. — Stuttgart.

FESTERLING, E., 1973: Ökologische und produktionsbiologische Untersuchungen am Phytobenthos der Darßer Boddengewässer. — Diss., Rostock.

FIJATKOWSKI, D., 1962: Die Pflanzengesellschaften des Bartków-Sees [poln. mit dt. Zus.]. — Ann. Univ. Mariae Curie **16**, 77—89.

FORSBERG, C., 1964: Phosphorus, a maximum factor in the growth of Characeae. — Nature **201**, 517—518.

— 1965: Environmental conditions of Swedish Charophytes. — Symbolae Bot. Upsalienses **18**, 1—67.

FORSBERG, B., & C., 1961: The fresh water environment for *Najas marina* L. in Scandinavia. — Sv. Bot. Tidskr. **55**, 604—612.

FREITAG, H., 1962: Einführung in die Biogeographie von Mitteleuropa. — Stuttgart.

FREITAG, H., CHR. M. MARKUS & J. SCHWIPPEL, 1958: Die Wasser- und Sumpfpflanzengesellschaften im Magdeburger Urstromtal südlich des Fläming. — Wiss. Z. Päd. Hochsch. Potsdam, Math.-nat. R. **4**, 65—92.

FROEDE, E. TH., 1957/1958: Die Pflanzengesellschaften der Insel Hiddensee. — Wiss. Z. Univ. Greifswald, Math.-nat. R. **7**, 277—305.

FUKAREK, F., 1961: Die Vegetation des Darß und ihre Geschichte. — Pflanzensoziologie **12**, 1—321, Jena.

GAMS, H., 1930: Zur Schlammnomenklatur. — Arch. Hydrobiol. **21**, 493—495.

GEISSBÜHLER, J., 1938: Beiträge zur Kenntnis der Uferbiozönosen des Bodensees. — Mitt. Thurg. naturforsch. Ges. **31**, 3—38.

GESSNER, F., 1937: Hydrographie und Hydrobiologie der Brackwässer Rügens und des Darß. — Kieler Meeresforsch. **2**, 1—80.

— 1955: Hydrobotanik I. Energiehaushalt. — Berlin.

— 1957: Meer und Strand. — Berlin.

GILLET, C., 1960: Les Charophyceés de l'Ardenne et des régions voisines. — Bull. Soc. Roy. Bot. Belgique **92**, 197—228.

GILLNER, V., 1960: Vegetations- und Standorts-Untersuchungen in den Strandwiesen der schwedischen Westküste. — Acta Phytogeogr. Suecica **43**, 1—198.

GLÜCK, H., 1905—1924: Biologische und morphologische Untersuchungen über Wasser- und Sumpfgewächse. 4 Bde. — Jena.

GOLUBIĆ, S., 1961: Der Vrana-See an der Insel Crês — ein *Chara*-See. — Verh. internat. Ver. Limnol. **14**, 846—849.

GROSSE-BRAUCKMANN, G., 1961: Zur Terminologie organogener Sedimente. — Geol. Jb. **79**, 117 bis **144**.

HARTOG, C. DEN, & S. SEGAL, 1964: A new classification of the waterplant communities. — Acta bot. Neerlandica **13**, 367—393.

HÄYRÉN, E., 1956: Über die Algenvegetation des sandigen Geolitorals am Meere in Schweden und in Finnland. — Sv. Bot. Tidskr. **50**, 257—269.

HASSLOW, O. J., 1931: Sveriges Characeer. — Bot. Not. **1931**, 63—136.

— 1936: Norges Characeer. — Nytt Mag. Naturv. **75**, 163—182.

HEER, A., 1939: Beschickungsmenge und Schüttelzeit bei der Siebanalyse. — Geol. Meere u. Binnengew. **3**, 579—583.

HEGI, G., 1905—1930: Illustrierte Flora von Mitteleuropa. — München.

HEMPEL, W., 1965: Wasser- und Verlandungsvegetation. — In: GUTTE, P., W. HEMPEL, G. MÜLLER & G. WEISE: Vegetationskundlicher Überblick Sachsens. — Ber. Arb.-Gem. sächs. Botaniker N. F. **5/6**, 349—357.

HILBIG, W., 1970: Übersicht über die Pflanzengesellschaften des südlichen Teiles der DDR. I. Wasserpflanzengesellschaften. — Hercynia N.F. 8, 4—33.

HILD, H. J., 1960: Hydrobiologische Untersuchungen an einigen abwasserbelasteten niederrheinischen Gewässern. — Hydrobiologia 16, 203—214.

— 1964: Vegetationskundliche Untersuchungen an einigen niederrheinischen Meeren. — Ber. dt. bot. Ges. 77, 301—312.

HILD, H. J., & K. REHNELT, 1971: Öko-Soziologische Untersuchungen an einigen niederrheinischen Meeren. — Ber. dt. bot. Ges. 84, 19—39.

HOFFMANN, C., 1937/38: Die Pflanzenwelt der Schlei. — Schr. naturwiss. Ver. Schleswig-Holst. 22, 230—248.

HOLTZ, L., 1892: Die Characeen Neu-Vorpommerns mit der Insel Rügen und der Insel Usedom. — Mitt. naturwiss. Ver. Neu-Vorpommern u. Rügen 23, 99—156.

— 1903: Kryptogamenflora der Mark Brandenburg, Characeae. — Leipzig.

HOPPE, E., & H. PANKOW, 1968: Ein Beitrag zur Kenntnis der Vegetation der Boddengewässer südlich der Halbinsel Zingst und der Insel Bock (südliche Ostsee). — Natur u. Naturschutz Meckl. 6, 139—151.

HULTÉN, E., 1950: Atlas of the Distribution of Vascular Plants in NW Europe. — Stockholm.

HUPFER, P., 1959/1960: Zur Hydrographie der Boddengewässer südlich des Darß. — Wiss. Z. Karl-Marx-Univ. Leipzig, Math.-nat. R. 9, 175—186.

— 1960: Beitrag zum Problem des Wasseraustausches in der Boddenkette südlich des Darß. — — Z. Fischerei 9, 447—456.

HURTIG, T., 1957: Physische Geographie von Mecklenburg. — Berlin.

HYLANDER, N., 1955: List of the plants of NW-Europe 1. Vascular plants. — Lund.

HYNES, H. B. N., 1963: The biology of polluted waters. — Univ. Press, Liverpool.

IMAHORI, K., 1954: Ecology, Phytogeography and Taxonomy of the Japanese Charophyta. — Kanazawa.

IMAHORI, K., & H. SUGA, 1960: Characeous vegetation study of Lake Kizaki, Japan. — Sci. Rep. Kanazawa Univ. 7, 85—105.

IVERSEN, I., 1934: Studie over Vegetationen i Ringkøbing Fjord før Hvide Sande-Kanalens Genaabning 1931. — In: Ringkøbing Fjords Naturhistorie i Brakvandsperioden 1915—1931, 18—35.

— 1936: Biologische Pflanzentypen als Hilfsmittel in der Vegetationsforschung. — København.

JESCHKE, L., 1959: Pflanzengesellschaften einiger Seen bei Feldberg in Mecklenburg. — Feddes Rep. Beih. 138, 161—214.

— 1960: Die Vegetation der als Vogelschutzinsel geplanten Insel Oie im Barther Bodden. — Naturschutzarbeit Meckl. 3, 22—27.

— 1963: Die Wasser- und Sumpfvegetation im Naturschutzgebiet „Ostufer der Müritz". — Limnologica 1 (5), 474—545.

— 1968: Die Vegetation der Insel Ruden (Naturschutzgebiet Peenemünder Haken und Struck). — Natur u. Naturschutz Meckl. 6, 111—138.

KASHIMURA, T., 1960: The influence of some ecological factors on the growth of *Nitella flexilis*. — Sci. Rep. Tôhoku Univ. 4th Ser. (Biol.) 26, 111—123.

KLEBAHN, H., & E. LEMMERMANN, 1895: Vorarbeiten zu einer Flora des Plöner Seengebietes. — Forschungsber. Biol. Stat. Plön 3, 1—67.

KLIEWE, H., 1951: Die Klimaregionen Mecklenburgs. — Diss., Greifswald.

KLOSS, K., 1969: Salzvegetation an der Boddenküste Westmecklenburgs (Wismar-Bucht). — Natur u. Naturschutz Meckl. 7, 77—114.

KOCH, W., 1926: Die Vegetationseinheiten der Linthebene. — Jb. St. Gall. Naturw. Ges. 61, 1—144.

KOLKWITZ, R., 1950: Ökologie der Saprobien, über die Beziehungen der Wasserorganismen zur Umwelt. — Schr.-R. Ver. Wasser-Boden- u. Lufthygiene 4, 5—64.

KOLP, O., 1966: Die Sedimente der westlichen und südlichen Ostsee und ihre Darstellung. — Beitr. Meereskd. 17/18, 9—60.

KONSIN, V. D., 1939: Die Formen des Stickstoffs in Seeschlammablagerungen [russ.]. — Arb. limnol. Stat. Kossino 19.

KORNAŚ, J., 1954: *Tetramyxa parasitica* GOEBEL dans le Golfe de Gdańsk. —Fragm. Flor. Geobot. 1, 12—15.

— 1959: Sea Bottom Vegetation of the Bay of Gdańsk off Rewa. — Bull. Acad. Pol. Sci. Cl. II, 7, 5—10.

KORNAŚ, J., & A. MEDWECKA-KORNAŚ, 1949: Les associations végétales sous-marines dans le Golfe de Gdańsk. — Bull. Acad. Pol. Sci. Sér. B I (1948), 71—88.

KORNAŚ, J., E. PANCER & B. BRZYSKI, 1960: Studies on Sea-Bottom Vegetation in the Bay of Gdańsk off Rewa. — Fragm. Florist. Geobot. **6**, 3—92.

KOSTER, J. TH., 1954: Sur la végétation d'algues marines de la Zélande. — Blumea **7**, 558—569.

KRAUSCH, H. D., 1964: Die Pflanzengesellschaften des Stechlinsee-Gebietes. I. Die Gesellschaften des offenen Wassers. — Limnologica **2** (2), 145—203.

— 1968: Zur Gliederung der Characeen-Gesellschaften. — In: TÜXEN, R.: Pflanzensoziol. Systematik. — Bericht über das internationale Symposium in Stolzenau/Weser 1968, 176—180.

KRAUSE, W., 1955: Pflanzensoziologische Luftbildauswertung. — Angew. Pflanzensoziol. (Stolz.) **10**, 1—57.

KÜNZENBACH, R., 1955/56: Über die Algenvegetation der Ostsee und der Boddengewässer um Hiddensee. — Wiss. Z. Univ. Greifswald, Math.-nat. R. **5**, 373—388.

LAKOWITZ, K., 1929: Die Algenflora der gesamten Ostsee. — Danzig.

LANG, G., 1963: Vegetationsänderungen am Bodenseeufer in den letzten hundert Jahren. — Schr. Ver. Gesch. Bodensees **86**, 295—319.

— 1964: Vegetationsforschung am Bodensee. — Umschau **64**, 270—275.

— 1967: Die Ufervegetation des westl. Bodensees. — Arch. Hydrobiol. **32**. 437—574.

— 1969: Farbluftbilder als Hilfsmittel der Vegetationskunde und des Gewässerschutzes. — Umschau **69**, 384—385.

LIBBERT, W., 1932/33: Die Vegetationseinheiten der neumärkischen Staubeckenlandschaft. — Verh. bot. Ver. Prov. Brandenburg **74**, 10—93, 230—384.

— 1940: Die Pflanzengesellschaften der Halbinsel Darß (Vorpommern). — Feddes Rep. Beih. **114**.

LINDNER, A., 1972: Soziologisch-ökologische Untersuchungen an der submersen Vegetation in der Boddenkette südlich des Darß und des Zingst. — Diss., Rostock.

LINDSTEDT, A., 1943: Die Flora der marinen Cyanophyceen der schwedischen Westküste. — Lund.

LOHAMMER, G., 1938: Wasserchemie und höhere Vegetation schwedischer Seen. — Symb. bot. Upsal. **3**, 1—252.

LÜNING, K., 1970: Tauchuntersuchungen zur Vertikalverteilung der sublitoralen Helgoländer Algenvegetation. — Helgol. wiss. Meeresunters. **21**, 271—291.

LUTHER, H., 1950: Beobachtungen über *Tetramyxa parasitica* GOEBEL. — Mem. Soc. Fauna et Flora Fenn. **25**, 25—36.

— 1951: Verbreitung und Ökologie der höheren Wasserpflanzen im Brackwasser der Ekenäs-Gegend in Südfinnland. I. — Acta Bot. Fenn. **49**, 1—231; II. Acta Bot. Fenn. **50**, 1—370.

MARSSON, TH. F., 1869: Flora von Neu-Vorpommern und den Inseln Rügen und Usedom. — Leipzig.

MIGULA, W., 1897: Die Characeen Deutschlands, Österreichs und der Schweiz. — In: RABENHORST, L.: Kryptogamen-Flora von Deutschland, Österreich und der Schweiz. — Leipzig.

MIYAWAKI, A., & J. TÜXEN, 1960: Über Lemnetea-Gesellschaften in Europa und Japan. — Mitt. flor.-soz. Arb.-Gem. N.F. **8**, 127—135.

MÜLLER, F. W., 1932: Die Großalgenflora an den Küsten von Hiddensee in ihrer Beziehung zu Boden, Wassertiefe und Salzgehalt nach eigenen Untersuchungen. — Staatsexamensarb., Greifswald (unveröff.).

MÜLLER, TH., & S. GÖRS, 1960: Pflanzengesellschaften stehender Gewässer in Baden-Württemberg. — Beitr. naturkdl. Forsch. SW-Deutschl. **19**, 60—100.

MÜNTHER, J., 1870: Über die Characeen Pommerns im Allgemeinen. — Greifswald.

MURPHY, J., & J. P. RILEY, 1962: A modified single solution method for the determination of phosphate in natural waters. — Anal. Chim. Acta **27**, 31—36.

NAUMANN, E., 1930: Einführung in die Bodenkunde der Seen. — Die Binnengewässer **9**.

— 1932: Grundzüge der regionalen Limnologie. — Die Binnengewässer **11**.

NIENHUIS, P. H., 1970: The Benthic algal communities of flats and salt marshes in the grevelingen, a sea-arm in the southwestern netherlands. — Neth. J. sea res. **5**, 20—49.

OBERDORFER, E., 1957: Süddeutsche Pflanzengesellschaften. — Pflanzensoziologie **10**, 1—564.

— 1967: Systematische Übersicht der westdeutschen Phanerogamen- und Gefäßkryptogamen-Gesellschaften. — Schr.-R. Vegetationskd. **2**, 7—62.

OHLE, W., 1938: Die Bedeutung der Austauschvorgänge zwischen Schlamm und Wasser für den Stoffkreislauf der Gewässer. — Jb. Vom Wasser 13, 87—97.
— 1954: Sulfat als „Katalysator“ des limnischen Stoffkreislaufes. — Jb. Vom Wasser 21, 13—32.
— 1955: Die Ursachen der rasanten Seeneutrophierung. — Verh. internat. Ver. Limnol. 12, 373—382.
OLSEN, S., 1944: Danish Charophyta. — Kgl. Danske Vid. Selsk., Biol. Skr. 3, 1—240.
— 1945: The vegetation in Praestø Fjord. 1. Spermatophyta and Charophyta. — Folia geogr. Danica 3, 83—130.
OVERBECK, J., 1957: Ein Bodenstecher zur Probenentnahme in flachen Gewässern. — Z. Fisch. N.F. 5, 285—288.
— 1964: Der Fe/P-Quotient des Sediments als Merkmal des Stoffumsatzes in Brackwässern. — Helgol. wiss. Meeresunters. 10, 430—447.
— 1965: Die Meeresalgen und ihre Gesellschaften an den Küsten der Insel Hiddensee (Ostsee). — Bot. marina 8, 218—233.
PANKNIN, W., 1941: Die Vegetation einiger Seen in der Umgebung Joachimsthal in der Uckermark. — Bibl. Bot. 119, 1—162.
PANKOW, H., 1971: Algenflora der Ostsee. — Jena.
PANKOW, H. E., & H. FESTERLING, 1971: Beitrag zur Kenntnis der Algenflora der Ostseeküste der DDR. — Internat. Rev. ges. Hydrobiol. 56, 241—263.
PANKOW, H., P. SPITTLER & W. STÖLZNER, 1967: Beitrag zur Kenntnis der Pflanzengesellschaften vor der Insel Langenwerder (Ostsee, Wismar-Bucht). — Bot. marina 10, 240—251.
PASSARGE, H., 1962: Über Pflanzengesellschaften im nordwestlichen Mecklenburg. — Arch. Nat. Meckl. 8, 91—113.
— 1964: Pflanzengesellschaften des nordostdeutschen Flachlandes I. — Pflanzensoziologie 13, 1—324, Jena.
PETERSSON, H. v., 1968: Zehnjährige Salzgehaltsmessungen im ufernahen Ostseegebiet bei Zingst sowie im boddenseitigen Zingster- und Koppelstrom. — Dt. Fischerei-Ztg. 7, 204—208.
PETTERSSON, B., 1964: Notes on the ecology of *Tolypella glomerata* (DESV.) LEONH. — Bot. Not. 117, 133—140.
POND, R. H., 1905: The biological relation of aquatic plants to the substratum. — Diss., Michigan.
POPDIELKOWSKI, Z., 1968: Roślinność stawów rybnych woj. Warszawskiego. — Monogr. Bot. 27, 3—123.
— 1969: Roślinność glinianek woj. Warszawskiego. — Monogr. Bot. 30, 119—156.
PORTER, H. C., 1894: Abhängigkeit der Breitling- und Unterwarnow-Flora vom Wechsel des Salzgehaltes. — Arch. Nat. Meckl. 48, 79—105.
POTONIÉ, H., 1904: Über Faulschlamm (Sapropel). — Sitz.-Ber. naturforsch. Freunde, 243—245.
POTONIÉ, R., 1938: Die Nomenklatur der Unterwasser-Ablagerungen unter besonderer Berücksichtigung derjenigen vorwiegend organischer Natur. Erläuterungen zur Normung der Terminologie der subaquatischen Sedimente. — Jb. preuß. geol. L.A. 58, 426—438.
PRITCHARD, D. W., 1952: Estuarine hydrography. — Advances in geophysics 1, 243—280.
RATHSACK-KÜNZENBACH, R., 1961: Zur Cyanophyceenflora der Westküste von Rügen I. — Internat. Rev. ges. Hydrobiol. 46, 653—663.
REESE, G., 1963: Über die deutschen *Ruppia*- und *Zannichellia*-Kategorien und ihre Verbreitung in Schleswig-Holstein. — Schr. naturwiss. Ver. Schleswig-Holst. 34, 44—70.
REINKE, J., 1901: Untersuchungen über den Pflanzenwuchs in der östlichen Ostsee. IV. — Wiss. Meeresunters. Abt. Kiel N.F. 5, 1—6.
REMANE, A., & C. SCHLIEPER, 1958: Die Biologie des Brackwassers. In: THIENEMANN, A.: Die Binnengewässer 12, 1—348.
REUTER, G., 1967: Gelände- und Laborpraktikum der Bodenkunde. — Berlin.
ROTHMALER, W.; 1963: Exkursionsflora von Deutschland. Kritischer Ergänzungsband. — Berlin.
— 1972: Exkursionsflora für die Gebiete der DDR und der BRD. Gefäßpflanzen. — Berlin.
RÜHLE, E., 1971: Sedimentuntersuchungen an Trinkwassertalsperren des Erzgebirges. — Diss., Dresden.
SAGI, T., 1966: Determination of ammonia in seawater by the indophenol method and its application to the coastal and offshore waters. — Oceanogr. Mag. (Japan) 18, 43—51.
SAUER, F., 1937: Die Makrophytenvegetation ostholsteinischer Seen und Teiche. — Arch. Hydrobiol. Suppl. 6, 431—592.

SCAMONI, A., 1969: Die Arten- und Gruppenmenge in systematischer und ökologischer Sicht. — Vegetatio **16**, 36—43.

SAMUELSON, G., 1925: Untersuchungen über die höhere Wasserflora von Dalarne. — Svenska Växtsoc. Sällsk. Handl. **9**, 1—31.

— 1934: Die Verbreitung der höheren Wasserpflanzen in Nordeuropa. — Acta Phytogeogr. Suecica **6**, 1—211.

SCHLUNGBAUM, G., 1970: Bericht über die chemischen Analysen von Sedimentproben. Teilbericht: Energie- und Stoffkreislauf küstennaher Gewässer. — Mskr., Rostock.

SCHLUNGBAUM, G., & A. LINDNER 1976: Die Wirkung von Lichtfeldveränderungen durch Wasserinhaltsstoffe auf Produktionsprozesse in den Gewässern der Darß-Zingster Boddenkette. — Abh. Akad. Wiss. DDR **1974** (Umweltbiophysik, Arb.-Tag. 1973 Kühlungsborn), 157—164.

SCHULTZE, G., & D. VENTZ, 1971: Ergebnisbericht über physikalische Untersuchungen der Wasserbeschaffenheit der Boddenkette südlich des Darß und des Zingst (1969—1971). — Mskr., WWD Stralsund.

SCHWENKE, H., 1964: Vegetation und Vegetationsbedingungen in der westlichen Ostsee (Kieler Bucht). — Kieler Meeresforsch. **20**, 157—168.

— 1965: Über die Anwendung des Unterwasserfernsehens in der Meeresbotanik. — Kieler Meeresforsch. **21**, 101—106.

— 1969: Meeresbotanische Untersuchungen in der westlichen Ostsee als Beitrag zu einer marinen Vegetationskunde. — Internat. Rev. ges. Hydrobiol. **54**, 35—94.

— 1970: Untersuchungen über den Aufbau des Phytals auf mobilen Substraten am Beispiel der westlichen Ostsee. — Thalassia Jugoslavica, 169—184.

SCHWIECKERATH, M., 1933: Die Vegetation des Landkreises Aachen und ihre Stellung im nördlichen Westdeutschland. — Aachener Beitr. Heimatkd. **13**, 1—35.

SEGERSTRALE, S., 1959: Brackish-water classification, a historical survey. — Arch. Oceanogr. Limnol. **6**, 62—112.

SONDER, CH., 1890: Die Characeen der Provinz Schleswig-Holstein und Lauenburg nebst eingeschlossenen fremden Gebietsteilen. — Diss., Kiel.

SOÓ, R., 1934: Die Vegetation der Alkalisteppe Hortobagy. — Debr. Szle. Debrecen **8**, 56—77.

— 1947: Conspectus des groupements végétaux dans les Bassins Carpathiques. I. Les associations halophiles. — Éd. Inst. bot. Univ. Debrecen, 1—60.

STEEMANN-NIELSEN, E., 1944: Havets Planteverden i økologist og produktionsbiologisk Belysning. — Medd. Komm. Danm. Fisk.-og Havunders. **13**, 1—108.

— 1951: The marine vegetation of the Isefjord. A study on ecology and production. — Medd. Komm. Danm. Fisk: og Havunders. **5**, 1—114.

STROEDE, W., 1931: Ökologie der Characeen. — Diss., Berlin.

1933a: Über die Beziehungen der Characeen zu den chemischen Faktoren der Wohngewässer und des Schlammes. — Arch. Hydrobiol. **25**, 192—229.

— 1933b: Schwefelwasserstoff und Sauerstoff in unseren natürlichen Gewässern. — Z. Fisch. **31**, 345—351.

SUCCOW, M., 1974: Vorschlag einer systematischen Neugliederung der mineralbodenwasserbeeinflußten wachsenden Moorvegetation Mitteleuropas unter Ausklammerung des Gebirgsraumes. — Feddes Rep. **85** (1—2), 57—113.

THIENEMANN, A. 1921: Biologische Seetypen. — Arch. Hydrobiol. **13**, 347—370.

TRAHMS, O. K., 1940: Beiträge zur Ökologie küstennaher Brackgewässer. 2. Die Bodenfauna und Bodenflora des Großen Jasmunder Boddens. — Arch. Hydrobiol. **36**, 1—35.

TROLL, C., 1939: Luftbildplan und ökologische Bodenforschung. — Z. ges. Erdkd. **7**, 241 — 298.

TÜXEN, R., 1937: Die Pflanzengesellschaften Nordwestdeutschlands. — Mitt. flor.-soziol. Arb.-Gem. Niedersachsen **3**, 1—170.

— 1960: Zur systematischen Stellung des Ruppion-Verbandes. — Mitt. flor.-soziol. Arb.-Gem. N.F. 8, 180.

TÜXEN, R., & E. PREISING, 1942: Grundbegriffe und Methoden zum Studium der Wasser- und Sumpfpflanzengesellschaften. — Dt. Wasserwirtsch. **37**, 10—17, 57—69.

ULVINEN, A., 1937: Untersuchungen über die Strand- und Wasserflora des Schärenhofes am mittleren Mündungsarm des Flusses Kymijoki in Südfinnland. — Ann. Bot. Soc. Vanamo **8**, 1—152.

— 1955: Die Armleuchteralgen (Characeae) an der Meeresküste von Kymenlaakso. — Arch. Soc. Vanamo **9**, 386—395.

UNGEMACH, H., 1960: Sedimentchemismus und seine Beziehung zum Stoffhaushalt in 40 europäischen Seen. — Diss., Kiel.

VOUK, V., 1929: Zur Biologie der Charophyten. — Verh. internat. Ver. Limnol. 4, 634—639.

VOUK, V., & F. BENZINGER, 1929: Some preliminary experiments on physiology of Charophyta. — — Acta Bot. Zagrebensis 4, 1—13.

WALLMANN, J., 1856: Essai d'une exposition systématique de la famille des Characées. — Acta Soc. Linn. Bordeaux 21, 1—90.

WEBER-OLDECOP, D. W., 1970, 1971: Wasserpflanzengesellschaften im östlichen Niedersachsen I u. II. — Internat. Rev. ges. Hydrobiol. 55, 913—967; 56, 79—122.

WESTHOFF, V., & A. J. DEN HELD, 1969: Plantengemeenschappen in Nederland. — Zutphen.

WETZEL, A., 1929: Der Faulschlamm und seine ziliaten Leitformen. — Z. Morphol. Ökol. Tiere 13, 179—328.

WETZEL, R. G., 1960: Marl encrustation on hydrophytes in several Michigan Lakes. — Oikos 11, 223—236.

WILLÉN, T., 1953: *Najas marina* och *Chara tomentosa* fran sötvatten i Uppland. — Sv. Bot. Tidskr. 47, 123—125.

— 1954: Zur regionalen Limnologie von Uppland. — Oikos 5, 25—62.

WOLFF, G., & A. LINDNER, 1974: Zur Luftbildinterpretation bei der Kartierung des Verlandungsgürtels und der submersen Pflanzengesellschaften in Gewässern mit geringer Sichttiefe. — Jenaer Rdsch. 3, 182—186.

WOOD, R. D., 1952: An analysis of ecological factors in the occurrence of Characeae of the Woods Hole regione, Massachusetts. — Ecology 33, 104—109.

WOOD, R. D., & K. IMAHORI, 1964—1965: A revision of the Characeae, I. Monograph of the Characeae. — Weinheim 1965, II. Iconograph of the Characeae. — Weinheim 1964.

ZANEVELD, J. S., 1940: The Charophyta of Malaysia and adjacent countries. — Blumea 4, 1—223.

ZÄNGER, K., 1971: Ergebnisbericht über physikalisch-chemische Untersuchungen der Wasserbeschaffenheit der Einflußgrößen des Einzugsgebietes Boddenkette südl. des Darß und des Zingst. — Mskr. Stralsund.

ZÜLLIG, H., 1956: Sedimente als Ausdruck des Zustandes eines Gewässers. — Schweiz. Z. Hydrol. 18, 5—143.

Eingegangen am 13. 12. 1974.

Anschrift des Verfassers:
Dr. ANNE LINDNER
Wilhelm-Pieck-Universität
Sektion Biologie
DDR-25 Rostock
Doberaner Str. 143

Limnologica (Berlin)	11	2	1978	307–353

LEBRECHT JESCHKE & KLAUS MÜTHER

Die Pflanzengesellschaften der Rheinsberger Seen

Mit 9 Abbildungen, 3 Tafeln und 25 Tabellen

Inhalt

1. Einleitung

Grundlage dieser Arbeit ist die von K. MÜTHER in den Jahren 1964 bis 1966 an der Pädagogischen Hochschule Potsdam (Mathematisch-Naturwissenschaftliche Fakultät) angefertigte Staatsexamensarbeit.[1]) Die vorliegende Textfassung und die Form der Tabellen stammen von L. JESCHKE.

Es kam uns bei dieser Arbeit zunächst auf eine sorgfältige Beschreibung der in den Rheinsberger Seen auftretenden Pflanzengesellschaften an. Außerdem ermöglichte die von L. JESCHKE im Sommer 1974 durchgeführte Kartierung und Aufnahme der Submers- sowie der Ufervegetation bemerkenswerte Einblicke in die Veränderungen der Makrophytenvegetation der Rheinsberger Seen. Auch waren dadurch Aussagen über den Indikatorwert verschiedener Phytozönosen hinsichtlich einer steigenden Umweltbelastung möglich.

Es konnte nicht unsere Aufgabe sein, umfangreiche Gesellschaftsvergleiche an Hand der Literatur vorzunehmen. Die wichtigsten Vegetationseinheiten sind ja von KRAUSCH (1964) und HILBIG (1971) ohnehin ausführlich abgehandelt worden. In syntaxonomischen Fragen der Potametea sei auf die verdienstvolle Bibliographie von TÜXEN (1972) verwiesen.

Für die Geländearbeiten standen ein Boot und eine Krautangel zur Verfügung. Teilweise wurde die Submersvegetation auch mittels einer Harke vom Grunde abgeharkt und die Mengenanteile der einzelnen Arten nach BRAUN-BLANQUET (1951) geschätzt. Ähnlich wurde mit der Krautangel verfahren, durch mehrmaliges Auswerfen der Krautangel auf der ausgewählten Probefläche konnten der jeweilige Artenbestand mit großer Vollständigkeit erfaßt und Schätzwerte über die Mengenanteile gewonnen werden.

Da es uns darauf ankam, die ganze Variationsbreite der Phytozönosen der Rheinsberger Seen zu erfassen, wurden nur verschwindend wenige Aufnahmen weggelassen. Im Gegenteil, es wurden bewußt auch solche Vegetationsaufnahmen, die unschwer als Übergänge zu erkennen sind, in die Tabellen eingegliedert.

Jede Vegetationseinheit läßt sich durch die Kombination von soziologischen (oder ökologischen) Artengruppen definieren (KLÖTZLI 1972). Die von uns zur Abgrenzung und Charakterisierung der Phytozönosen der Rheinsberger Seen verwendeten Artengruppen ergaben sich zwanglos während der Tabellenarbeit. In den Tabellen wurde auf eine Zuordnung der Artengruppen zu bestimmten systematischen Kategorien verzichtet (um die Tabellen zu entlasten). Zudem handelt es sich nur um relativ wenige Arten, deren synsystematischer Wert ohnehin bekannt ist.

Hinsichtlich der systematischen Einordnung und Aufgliederung der Tabellen folgen wir weitgehend KRAUSCH (1964, 1965). Außerdem wurden die neueren Übersichten von OBERDORFER et al. (1967), PASSARGE (1964), WESTHOFF & DEN HELD (1969), KLÖTZLI (1973) und SUCCOW (1974) berücksichtigt.

Die Nomenklatur der Phanerogamen richtet sich nach ROTHMALER (1972), die der Moose folgt GAMS (1950). Die Characeen wurden nach CORILLION (1957) benannt.

---

[1]) Den Kollegen Dr. J. PÖTSCH und Dr. H. SCHEEL ist für mannigfache Unterstützung zu danken, desgleichen dem Hauptamt für Klimatologie Potsdam sowie der WWD Potsdam für die Überlassung von Klimadaten und hydrographischen Angaben.

Es ist mir (L. J.) ein großes Bedürfnis, Herrn Dr. habil. H.-D. KRAUSCH, Potsdam, für die Anregung zu dieser Arbeit und für den während gemeinsamer Exkursionen im Untersuchungsgebiet geführten Gedankenaustausch herzlich zu danken. Besonderen Dank aber schulde ich ihm für die kritische Durchsicht des Manuskriptes, für zahlreiche Verbesserungsvorschläge und Literaturhinweise sowie für mannigfache Unterstützung bei der Drucklegung der Arbeit.

2. Das Untersuchungsgebiet

2.1. Lage, geomorphologische und hydrographische Verhältnisse

Das Untersuchungsgebiet wird durch folgende Koordinaten bestimmt: 53°8′ N und 12°53′ E. Es umfaßt den unmittelbar an der Stadt Rheinsberg (Mark) gelegenen Grienerick-See und den nördlich anschließenden Rheinsberger See. Beide Seen gehören zum W-Teil der Rheinsberger Seenplatte (Abb. 1).

Das Rheinsberger Seengebiet liegt in geomorphologischer Hinsicht nördlich der Hauptendmoräne der Frankfurter Staffel (Weichsel-Glazial), im Inneren des sogenannten Rheinsberger Lobus.

Der W-Teil des Rheinsberger Lobus ist aus Tal- und Beckensanden unterschiedlicher Korngrößen aufgebaut. Nur kleinflächig durchragen Horste der Grundmoräne diese Beckensande, z. B. westlich des Grienerick-Sees im Forstort Boberow. Die Beckensand-Landschaft im Rheinsberger Lobus ist von einem System teilweise vermoorter Rinnen durchzogen, die weitgehend NE—SW orientiert sind. Die heutigen Seen liegen in beckenartigen Erweiterungen (Toteisbildungen) dieser Rinnen. Der größte Teil der Seen besitzt natürliche oberirdische Abflüsse. Alle Seen dieses Bereichs entwässern über den Rheinsberger bzw. den Grienerick-See in den Rhin, der aus dem Grienerick-See entspringt.

Das ursprüngliche Einzugsgebiet der Rheinsberger Seen betrug etwa 60 km². In ihm liegen mehr als 25 Seen. Durch künstliche Gräben und Kanäle wurde das Einzugsgebiet auf 164 km² erweitert. So wurde z. B. eine Reihe ursprünglich abflußloser Seen der östlich angrenzenden Sander-Landschaft an die Rheinsberger Seen angeschlossen. Im N wurde 1878—1887 durch den Prebelowkanal die Verbindung zu den von der oberen Havel durchflossenen Seen hergestellt, vgl. Krausch et al. (1974).

Durch den Aufstau am Austritt des Rhins aus dem Grienerick-See wurde im 12.—13. Jahrhundert der Wasserspiegel der Rheinsberger Seen um etwa 2 m angehoben. Dadurch erfolgte eine tiefgreifende Veränderung der hydrographischen Verhältnisse. Der Rückstau wirkte sich auf den größten Teil der im Einzugsgebiet der Rheinsberger Seen liegenden Gewässer aus. So sucht man hier vergeblich spätglaziale Seeterrassen, denn sie liegen meist unter dem Niveau der heutigen Seespiegel (55,6—55,7 m ü. NN).

Die Seen sind größtenteils von sandigen Steilufern umgeben. Nur in einigen Buchten treten junge Flachmoortorfe auf. Seekreideablagerungen zwischen dem Grienerick- und dem Rheinsberger See wurden im vergangenen Jahrhundert abgebaut. Der zwischen Grienerick- und Rheinsberger See gelegene Märchensee (volkstümlicher Lokalname) stellt das Restloch dieses Wiesenkalkabbaus dar.

Die Größe des Rheinsberger Sees beträgt 269 ha, seine maximale Tiefe 29 m. Der Grienerick-See nimmt nur eine Fläche von 96 ha mit einer maximalen Tiefe von 14 m ein. Die Sichttiefen in beiden Seen sind gering, sie bewegen sich während der Vegetationsperiode bei 1—1,5 m, wobei erhebliche Schwankungen beobachtet werden können, 1971 z. B. betrugen sie nur etwa 0,8 m, 1972 dagegen mehr als 1,5 m.

Die durch Zufluß, Niederschläge und Verdunstung bewirkten jährlichen Wasserspielgeschwankungen können durch den Stau am Ausfluß des Grienerick-Sees weitgehend ausgeglichen werden, so daß die Amplitude kaum mehr als 0,2 m beträgt. Die stärksten Schwankungen traten 1963 auf, während 1965 nahezu während des ganzen Sommers Hochwasserstände vorherrschten, bedingt durch hohe Niederschläge und eine herabgesetzte Verdunstung.

Über den Stoffhaushalt der Rheinsberger Seen existieren bisher keine zusammenfassenden Darstellungen, hier können deshalb nur einige allgemeine Angaben zur Situation im Einzugsgebiet gemacht werden, die durch einige neuere Analysendaten ergänzt werden sollen.

Das Einzugsgebiet der Rheinsberger Seen ist zu mehr als 75% bewaldet. Eine einschneidende Intensivierung der Nutzung auf den landwirtschaftlichen Produktionsflächen ist nur in sehr begrenztem Umfang erfolgt. An den Rheinsberger See grenzen nur im Bereich der Siedlung Schlaborn landwirtschaftliche Nutzflächen unmittelbar an das Seeufer, am Grienerick-See handelt es sich um Gärten. Schwerwiegender ist jedoch die direkte Einleitung von Abwässern. So nahm der Rheinsberger See bis 1972 die gesamten Abwässer der Siedlung Hohenelse auf. Auch aus den anderen festen Siedlungen am Rheinsberger See, Schlaborn und Warrenthin, ist mit einem erhöhten Nährstoffeintrag zu rechnen. Ebenso dürften in den Grienerick-See aus den unmittelbar am Seeufer gelegenen Grundstücken in beträchtlichem Umfang Abwässer unkontrolliert in den See gelangen.

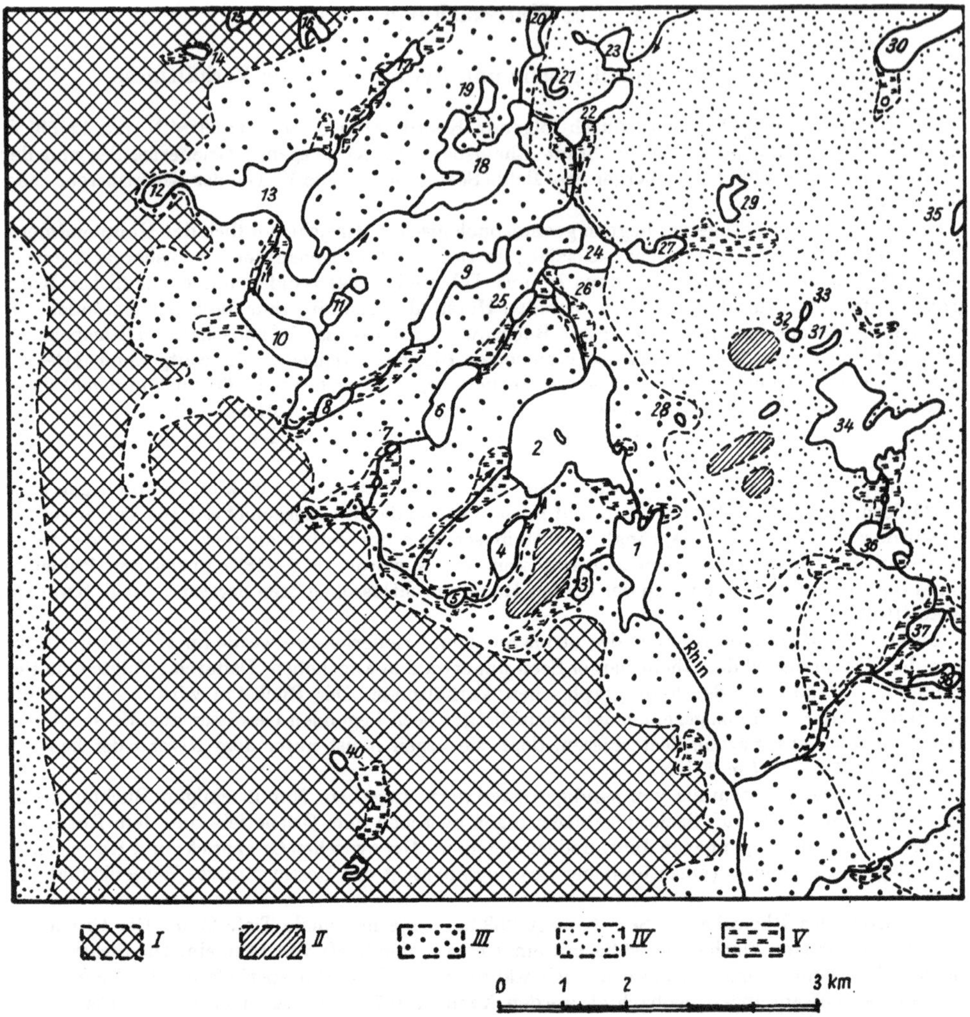

Abb. 1. Geologische Übersichtskarte des Einzugsgebiets der Rheinsberger Seen (nach K. KEILHACK, Geologische Übersichtskarte von Deutschland, Blatt Neustrelitz, Berlin 1924)

I – Endmoräne; II – Grundmoränen-Reste; III – Becken- und Talsand; IV – Sander; V – Flachmoor; 1 – Grienerick-See; 2 – Rheinsberger See; 3 – Böberecken-See; 4 – Gr. Linow-See; 5 – Kl. Linow-See; 6 – Gr. Pätsch-See; 7 – Kl. Pätsch-See; 8 – Kagar-See; 9 – Dolgow-See; 10 – Bramin-See; 11 – Gr. u. Kl. Zermitten-See; 12 – Schwarzer See; 13 – Gr. Zechliner-See; 14 – Plötzen-See; 15 – Wumm-See; 16 – Kapellen-See; 17 – Gr. Heese-See; 18 – Zootzen-See; 19 – Ziems-See; 20 – Krumme-See; 21 – Pactsch-See; 22 – Tietzow-See; 23 – Gr. u. Kl. Prebelow-See; 24 – Schlaborn-See; 25 – Sabinen-See; 26 – Mehlitz-See; 27 – Bikow-See; 28 – Viehtrift-See; 29 – Kamper See; 30 – Gr. Pählitz-See; 31 – Krummer See; 32 – Bartels-Pfuhl; 33 – Haus-See; 34 – Wittwe-See; 35 – Krukow-See; 36 – Kölpin-See; 37 – Zechow-See; 38 – Wotzen-See; 39 – Barsch-See (zwischen 28 und 34); 40 – Schulzen-See

Nach den Unterlagen der Wasserwirtschaftsdirektion Potsdam, Sektor Wasserbeschaffenheit, betrug der Gesamtsalzgehalt 1973 für den Rheinsberger See 2,95–3,66 mval/l. Für den Grienerick-See sind die Werte mit 2,85–3,10 mval/l etwas günstiger. Die pH-Werte beider Seen schwanken jahreszeitlich bedingt zwischen 7,0 und 8,2. Schon kurz nach Beginn der Sommerstagnation ist das Hypolimnion sauerstofffrei, ab 7 m ist Schwefelwasserstoff nachweisbar.

Bei beiden Seen handelt es sich also um mehr oder weniger getrübte, eutrophe, geschichtete Seen, die in fischereilicher Hinsicht als Aal—Hecht—Zander-Seen einzustufen sind. Die fischereiliche Nutzung beider Seen wird in extensiver Form betrieben, weiterhin werden die Seen als Wasserstraßen genutzt. Die Hauptnutzung erfolgt jedoch durch das Erholungswesen. Am Grienerick-See liegt ein Zeltplatz, am Rheinsberger See sind es mindestens vier Camping-Plätze mit mehreren Tausend Zelturlaubern in der Saison. Die Seen werden im Sommer von einigen Hundert Sportbooten (viele davon mit Verbrennungsmotoren) befahren. An den Ufern sind in den letzten Jahren zahlreiche Bootsschuppen errichtet worden. Hier wurde nicht nur die Ufervegetation zerstört, sondern diese Bauten sind in der Regel eine Quelle des Nährstoffeintrags, zumal wenn sie, wie gelegentlich beobachtet werden kann, auch als Wochenendhäuser genutzt werden. Die Erholungsnutzung stellt bereits eine erhebliche Belastung der Seen dar.

Ein den Trophiegrad der Rheinsberger Seen entscheidend beeinflussender Faktor ist der Durchfluß von 1 m^3/s, der bei einer schrittweisen Sanierung des Einzugsgebietes zu einer verhältnismäßig raschen Verbesserung der Wasserbeschaffenheit der Seen führen kann.

2.2. Klima

Das Untersuchungsgebiet gehört zum Bereich des Mecklenburgisch-Brandenburgischen Übergangsklimas, dabei macht sich auf Grund der größeren Entfernung zur Ostseeküste eine Abschwächung des ozeanischen Einflusses bemerkbar. Das betrifft sowohl den Temperaturgang als auch die Niederschlagshöhe. In der folgenden Übersicht sind die Temperaturmittel und die Mittel der Niederschlagssummen der Stationen Rheinsberg, Neuruppin (20 km südl. Rheinsberg), Neuglobsow (12 km nordöstl. Rheinsberg) und Neustrelitz (32 km nördl. Rheinsberg) zusammengestellt. Die Zahlen vermitteln einen Eindruck vom Verhalten einiger wichtiger Klimaelemente im Untersuchungsgebiet.

Die Niederschlagssumme lag 1965 nicht unerheblich unter dem langjährigen Mittle. Der hohe Wasserstand in den Seen 1965 resultiert einmal aus einer verstärkten Wasserrückhaltung und zum anderen aus der herabgesetzten Verdunstung auf Grund der vorwiegend kühlen Witterung während der Vegetationsperiode.

Die für die Ausbildung der Ufervegetation bedeutungsvollen Hauptwindrichtungen sind W und SW.

Klimadaten

	Temperatur-Mittel				Mittlere Niederschlagssummen				
	°C (1901 ... 1950)			1965	mm (1901 ... 1950)				1965
	Np	Ns	Ng	Np	Np	Rb	Ng	Ns	Rb
Jan.	−0,8	−0,7	−1,0	−1,4	45	48	51	48	48,4
Feb.	−0,2	−0,2	−0,7	−1,6	32	33	36	37	20,1
März	3,4	3,0	2,6	0,9	33	33	41	39	22,0
Apr.	7,7	7,2	6,9	6,8	40	41	41	48	75,1
Mai	13,3	12,5	12,4	11,4	43	41	47	50	52,9
Juni	16,1	15,7	15,5	16,3	51	52	58	86	18,1
Juli	18,2	17,7	17,4	15,2	73	78	82	74	85,3
Aug.	17,0	16,6	16,5	15,4	64	67	68	50	22,1
Sept.	13,7	13,3	13,0	13,9	44	47	47	50	39,3
Okt.	8,3	8,2	8,1	8,3	44	48	48	45	11,0
Nov.	3,3	3,4	3,2	0,4	40	41	44	45	44,7
Dez.	0,2	0,5	0,3	2,1	44	46	52	50	65,7
	8,3	8,1	7,9	7,3	553	575	615	635	504,7

Np — Neuruppin, 38 m + NN; Ns — Neustrelitz, 71 m + NN; Ng — Neuglobsow, 65 m + NN; Rb — Rheinsberg, 60 m + NN

3. Pflanzengesellschaften

3.1. Charetea (FUKAREK 1961 n.n.) KRAUSCH 1964

Die für die klaren, nährstoffarmen Seen der Sanderlandschaft charakteristischen Characeen-Gesellschaften konnten in den Rheinsberger Seen mit ihren ungünstigen Lichtverhältnissen nicht erwartet werden. Umso größer war die Überraschung, als im Sommer 1974 im Rheinsberger See *Nitellopsis obtusa* in schönen Beständen gefunden wurde. Daraufhin wurden der Grienerick- und der Rheinsberger See systematisch nach Characeen abgesucht und die angetroffenen Bestände phytozönologisch erfaßt.

3.1.1. Charetum tomentosae (SAUER 1937) CORILLION 1957

Das Charetum tomentosae besiedelt im Grienerick- und Rheinsberger See stille Buchten in Wassertiefen von 1,0—1,5 m. Das Substrat ist ein stark mit organogenen Anteilen durchsetzter Kalkschlamm.

Tab. 1. Charetum tomentosae (SAUER 1937) CORILLON 1947

	Chara-filiformis-Subass.					Typische Subass.				*Ceratophyllum*-Subass.				
Aufnahme-Nr.	1	2	3	4	5	6	7	8	9	10	11	12	13	14
Artenzahl	5	5	3	7	6	2	6	4	8	4	2	4	4	6
Chara tomentosa	5	5	1	1	3	5	5	5	5	4	5	3	5	1
Nitellopsis obtusa	1	+	.	+	+	+	+	.	+	.	.	+	+	+
Chara fragilis	1	.	.	+	2	.	1	+	+	.	.	.	+	1
Chara filiformis	+	1	2	2	1	.	.	.	.	.	.	.	.	.
Ceratophyllum demersum	.	.	.	1	+	.	.	.	.	+	1	2	2	3
Potamogeton pectinatus	.	.	2	+	r	.	+	.	+	+	.	r	.	.
Fontinalis antipyretica	+	1	.	.	.	.	+	+	+	.	.	.	.	.
Myriophyllum spicatum	.	.	.	+	.	.	1	+	+	.	.	.	.	+
Ranunculus circinatus	.	.	.	.	.	.	.	.	+	+	.	.	.	.
Lemna trisulca	.	.	.	.	.	.	.	.	+	.	.	.	.	+
Elodea canadensis	.	+	.	.	.	.	.	.	.	.	.	.	.	.

Fundortsnachweis[2]): 1 — RS, E-Ufer der Warrenthiner Bucht, 1,5 m. 19. 8. 1974; 2 — RS, NE-Bucht, 1,5 m. 18. 8. 1974; 3 — RS, SE-Bucht, 1,5 m. 14. 8. 1974; 4 — RS, SE-Bucht, 1,2 m. 14. 8. 1974; 5 — RS, SE-Bucht, 1,0 m. 14. 8. 1974; 6 — RS, SE-Bucht, 1,5 m. 14. 8. 1974; 7 — G-S, N-Teil, E-Ufer südl. Seglerhafen, 1,0. 18. 8. 1974; 8 — G-S, S-Teil, S-Ufer am Ausfluß, 1,5 m. 18. 8. 1974; 9 — G-S, S-Teil, S-Ufer, 1,5 m. 18. 8. 1974; 10 — G-S, N-Teil, E-Ufer, südl. Segler-Hafen. 18. 8. 1974; 11 — RS, NE-Bucht, 1,5 m. 16. 8. 1974; 12—14 RS, SE-Bucht, 1,5 m. 14. 8. 1974

Es konnten drei Untergesellschaften, die vermutlich im Range von Subassoziationen stehen, unterschieden werden. Die *Chara-filiformis*-Subass. wurde nur im Rheinsberger See gefunden. Sie vertritt offensichtlich das Charetum filiformis, zu dessen Ausbildung es hier auf Grund des hohen Eutrophierungsgrades nicht mehr kommt.

[2]) In den Tabellen werden die Begriffe Rheinsberger See zu RS und Grienerick-See zu G-S gekürzt.

Die typische Subass. repräsentiert die nahezu dicht geschlossenen *Chara-tomentosa*-Wiesen mit nur wenigen Begleitern. Das stete Auftreten von *Nitellopsis obtusa* findet in der unmittelbaren Nachbarschaft des Nitellopsidetum obtusae seine Erklärung. Die *Ceratophyllum-demersum*-Subass. charakterisiert Standorte mit stärkerer organischer Sedimentation. Die Bestände gehen gleitend in das Ceratophylletum demersi über, vgl. Tab. 1, Aufn. 14. Das Charetum tomentosae kann auch in stärker eutrophierten Seen auftreten. Optimal entwickelt ist es aber in mesotrophen bis schwach eutrophen Seen, in denen auch das Potametum lucentis gute Wachstumsbedingungen hat, und das ist in den Rheinsberger Seen 1974 nicht mehr der Fall.

Bezüglich des Gesellschaftsvergleiches siehe Krausch (1964, S. 163). Lindner (1967) befaßt sich eingehender mit den *Chara-tomentosa*-Gesellschaften der Boddengewässer.

3.1.2. Nitellopsidetum obtusae (Sauer 1937) Dambska 1961

Das Nitellopsidetum obtusae ist in den Rheinsberger Seen weiter verbreitet als das Charetum tomentosae. Es besiedelt einen stellenweise recht schmalen Gürtel vor dem Röhricht oder grenzt unmittelbar an das Charetum tomentosae in einem Tiefenbereich von 1,5—2,2 m. Es tritt sowohl an mäßig windexponierten als auch an ge-

Tab. 2. Nitellopsidetum obtusae (Sauer 1937) Dambska 1961

	Typische Subass.							*Ceratophyllum*-Subass.								
Aufnahme-Nr.	1	2	3	4	5	6	7	8	9	10	11	12	13	14	15	16
Artenzahl	2	2	3	3	4	3	7	4	4	5	4	4	5	6	5	6
Nitellopsis obtusa	5	5	5	5	4	5	5	5	5	5	5	5	5	5	5	5
Chara fragilis	.	.	.	.	1	.	.	.	.	.	.	.	1	.	.	1
Chara tomentosa	.	.	.	.	.	.	.	.	.	.	.	.	.	2	+	1
Ceratophyllum demersum	.	.	.	.	.	.	.	1	+	+	+	+	+	1	+	+
Vaucheria dichotoma	.	.	.	.	1	1	1	1	+	+	1	+	1	.	.	.
Fontinalis antipyretica	.	+	1	+	3	1	1	1	+	1	.	.	.	+	1	+
Ranunculus circinatus	.	.	+	.	.	.	+	.	.	+	1	+	.	+	+	+
Myriophyllum spicatum	.	.	.	+	.	.	.	.	.	.	.	.	1	+	.	.
Potamogeton crispus	+	.	.	.	.	.	.	.	.	.	.	.	.	.	.	.
Utricularia vulgaris	.	.	.	.	.	.	1	.	.	.	.	.	.	.	.	.
Lemna trisulca	.	.	.	.	.	.	1	.	.	.	.	.	.	.	.	.
Elodea canadensis	.	.	.	.	.	.	+	.	.	.	.	.	.	.	.	.

Fundortsnachweis[2]): 1 — RS, NE-Bucht, 2,0 m. 16. 8. 1974; 2 — RS, SE-Bucht, 2,0 m. 14. 8. 1974; 3 — G-S, N-Teil, E-Ufer, südl. Seglerhafen, 2,0 m. 18. 8. 1974; 4 — G-S, S-Teil, S-Ufer, 2,0 m. 18. 8. 1974; 5 — RS, Warrenthiner Bucht, S-Ufer, 2,0 m. 19. 8. 1974; 6 — RS, NE-Bucht, 2,1 m. 16. 8. 1974; 7 — RS, E-Ufer, südl. Hohenelse, 2,0 m. 16. 8. 1974; 8 — RS, Warrenthiner Bucht, E-Ufer, 2,0 m. 19. 8. 1974; 9 — RS, S-Ufer der Warrenthiner Bucht 2,2 m. 19. 8. 1974; 10 — G-S, N-Teil, E-Ufer südl. Seglerhafen, 2,0 m. 19. 8. 1974; 11 — RS, NW-Ufer, 2,0 m. 19. 8. 1974; 12 — G-S, N-Ufer östl. Kanaleinfahrt, 1,8 m. 15. 8. 1974; 13 — RS, W-Ufer nördl. Warrenthin, 1,9 m. 19. 8. 1974; 14 — G-S, N-Teil, E-Ufer südl. Seglerhafen, 1,8 m. 18. 8. 1974; 15 — G-S, N-Teil, E-Ufer, südl. Seglerhafen, 1,5 m. 18. 8. 1974; 16 — RS, SE-Bucht, 1,8 m. 19. 8. 1974.

schützten Uferstrecken mit stärkerer organogener Sedimentation auf. Stellenweise gewinnt man den Eindruck, daß die *Nitellopsis*-Pflanzen nicht mehr ihre volle Vitalität besitzen. Es ist mit Sicherheit anzunehmen, daß das Nitellopsidetum obtusae noch vor einigen Jahren wesentlich verbreiteter war als heute.

Die Untergliederung der Phytozönose in zwei Subassoziationen ist ziemlich eindeutig. Der typischen Subass. mit nur einem verschwindend geringen Anteil von Potametea-Arten steht die *Ceratophyllum-demersum*-Subass. gegenüber, die auf nährstoffreichere Standortverhältnisse schließen läßt.

In beiden Untergesellschaften differenziert *Vaucheria* Varianten, die als Tiefen-Ausbildungen aufzufassen sind. In der *Ceratophyllum*-Subass. vermittelt eine *Chara-tomentosa*-Variante zum Charetum tomentosae. *Vaucheria* dagegen stellt die Verbindung zur *Vaucheria—Fontinalis*-Gesellschaft der größeren Wassertiefen her. Insbesondere Aufnahme 5 (Tab. 2) steht bereits an der Grenze zu diesem Vegetationstyp.

Die hier gefundene Untergliederung des Nitellopsidetum obtusae weicht beträchtlich von der von Krausch (1964) aus dem Stechlingebiet beschriebenen ab. So fehlt hier die *Chara-filiformis*-Subass. vollständig und *Vaucheria* kennzeichnet keine Subass., sondern nur Varianten. Diese Befunde unterstreichen, daß das Nitellopsidetum obtusae in den Rheinsberger Seen unter suboptimalen Bedingungen existiert.

Das Nitellopsidetum obtusae gehört zu den Characeen-Gesellschaften des Süßwassers, die am weitesten in den eutrophen Bereich vordringen. So trat diese Gesellschaft vor 15 Jahren noch im Galenbecker See, einem stark windexponierten, ausgesprochen eutrophen Flachsee in Massenbeständen auf. Infolge Intensivierung der fischereiwirtschaftlichen Nutzung dieses Gewässers ist sie dort verschwunden. Das unterstreicht, daß das Nitellopsidetum obtusae, wie auch die übrigen Characeen-Gesellschaften, in unseren intensiv genutzten Landschaften zu den vom Aussterben bedrohten Phytozönosen gehört. Bezüglich weiterer soziologischer Vergleiche sei auf Krausch (l. c.) verwiesen.

3.1.3. *Vaucheria—Fontinalis*-Gesellschaft

Die *Vaucheria—Fontinalis*-Gesellschaft ersetzt in den Rheinsberger Seen offenbar das von Krausch (1964) aus dem Stechlingebiet beschriebene Nitello-Vaucherietum. Wie dieses, so ist auch die *Vaucheria—Fontinalis*-Gesellschaft an der unteren Grenze der makrophytischen Vegetation in Tiefen von 1,5—3,5 m entwickelt. Es ist in der Regel kein geschlossener Gürtel, sondern die Gesellschaft tritt in einzelnen mehr oder weniger scharf abgegrenzten Polstern auf, wie dies Krausch (l. c.) bereits für das Nitello-Vaucherietum schilderte.

An den durch Uferwald-Bestände stark beschatteten W-Ufern des Grienerick-Sees kann *Vaucheria* auch fehlen, so daß im Extremfall nur *Fontinalis*-Polster die Gesellschaft repräsentieren. Auf der anderen Seite vermitteln artenreichere Ausbildungen zum Nitellopsidetum obtusae oder zum Ceratophylletum demersi.

Die *Vaucheria—Fontinalis*-Gesellschaft hat einige Gemeinsamkeiten mit der *Platyhypnidium*-Subass. des Nitello-Vaucherietum, die nach Krausch (l. c.) für Standorte mit stärkerer Wasserbewegung charakteristisch ist. So könnte die Tatsache, daß es sich bei den Rheinsberger Seen um Flußseen handelt, für das konstante Auftreten von *Fontinalis antipyretica* verantwortlich sein. Auch in anderen brandenburgischen „Flußseen" sind solche *Fontinalis*-Gesellschaften beobachtet worden.

Bei einer weiteren Verschlechterung der Wasserqualität dürfte der Lebensraum der *Vaucheria—Fontinalis*-Gesellschaft noch mehr eingeschränkt werden.

Tab. 3. *Vaucheria—Fontinalis*-Gesellschaft

	Typische Subass.								*Nitellopsis*-Subass.			
Aufnahme-Nr.	1	2	3	4	5	6	7	8	9	10	11	12
Artenzahl	1	1	4	4	4	4	4	3	4	3	7	5
Fontinalis antipyretica	4	5	3	3	5	4	3	4	2	2	1	1
Vaucheria cf. *dichotoma*	.	.	5	1	2	2	5	1	1	.	3	4
Nitellopsis obtusa	.	.	.	.	.	.	.	.	1	+	+	1
Chara fragilis	.	.	.	.	.	.	.	.	.	.	1	+
Ceratophyllum demersum	.	.	r	+	+	1	1	1	2	3	+	2
Ranunculus circinatus	.	.	.	+	.	+	+	.	.	.	+	.
Myriophyllum spicatum	.	.	1	.	+	.	.	.	.	.	.	.
Elodea canadensis	.	.	.	.	.	.	.	.	.	.	2	.

Fundortsnachweis: 1 — G-S, S-Ufer, 1,8 m. 18. 8. 1974; 2 — G-S, S-Teil, NW-Ufer, 3,5 m. 18. 8. 1974; 3 — G-S, N-Teil, E-Ufer, 2,1 m. 18. 8. 1974; 4 — G-S, N-Teil, E-Ufer, 2,5 m. 18. 8. 1974; 5 — G-S, N-Teil, E-Ufer, 2,1 m. 18. 8. 1974; 6 — G-S, N-Teil, E-Ufer, 2,3 m. 18. 8. 1974; 7 — G-S, N-Teil, E-Ufer, 1,5 m. 18. 8. 1974; 8 — G-S, Mitte zw. N- u. S-Teil, 2,3 m. 18. 8. 1974; 9 — G-S, NE-Bucht, 2,0 m. 14. 8. 1974; 10 — G-S, NE-Bucht, 1,8 m. 14. 8. 1974; 11 RS, E-Ufer d. Warrenthiner Bucht, 1,8 m. 19. 8. 1974; 12 RS, E-Ufer d. Warrenthiner Bucht, 2,0 m. 19. 8. 1974

3.2. Potametea Tx. & Prsg. 1942; Potametalia (W. Koch 1926) Oberd. 1957

3.2.1. Eu-Potamion (W. Koch 1926) Oberd. 1957

3.2.1.1. Potametum lucentis Hueck 1931

Im Jahre 1965 wurden durch K. Müther die in den Tab. 4, 5 zusammengestellten Großlaichkraut-Bestände aufgenommen. Das Potametum lucentis war neben dem Myriophyllo-Nupharetum die für die Rheinsberger Seen bezeichnende Hydrophyten-Gesellschaft. Sie besiedelte im Grienerick-See sowohl die W- als auch die E-Ufer, teilweise in geschlossenen Gürteln in Tiefen von 0,8—2,2 m.

Die Subass. von *Nuphar lutea* schließt an den Schwimmblatt-Gürtel an. Es traten sehr innige Vermischungen mit dem Myriophyllo-Nupharetum auf. Teilweise war *Potamogeton perfoliatus* in diesen Beständen vorhanden und ließ sich hier für die Differenzierung einer Variante ebenso benutzen wie in der typischen Subass. Die typische Subass. wurde hauptsächlich an exponierteren Uferstrecken aufgenommen, wo sich ein Nupharetum nicht halten kann.

Die *Potamogeton-perfoliatus*-Varianten besiedelten offensichtlich „Pionier-Standorte", d. h. Sandgrund mit geringer organogener Schlammauflage. Gelegentlich wurden in den Aufnahmen auch Characeen erfaßt, meist wohl *Nitellopsis obtusa*, die ebenfalls eine Variante kennzeichnen.

Die hier gefundene Gliederung des Potametum lucentis stimmt im wesentlichen mit der von Krausch (1964) aus dem Stechlinsee-Gebiet gegebenen Beschreibung dieser Gesellschaft überein, wobei sich dort die Gesellschaft im Optimalbereich befindet

Tab. 4. Potametum lucentis HUECK 1931

	Nuphar-Subass.					Typische Subass.									
Aufnahme-Nr.	1	2	3	4	5	6	7	8	9	10	11	12	13	14	15
Artenzahl	7	4	5	7	8	4	2	6	6	2	3	5	6	7	8
Potamogeton lucens	4	4	3	4	5	1	4	2	4	3	4	1	4	3	3
Nuphar lutea	+	2	1	+	2	.	.	.	.	.	.	.	.	.	.
Nymphaea alba	+	.	.	.	.	.	.	.	.	.	.	.	.	.	.
Potamogeton perfoliatus	.	.	.	.	1	2	1	+	r	.	.	.	.	.	.
Nitellopsis obtusa	.	.	.	1	.	.	.	.	.	.	.	.	+	1	1
Elodea canadensis	+	.	1	2	.	+	.	.	1	.	.	1	1	3	1
Myriophyllum spicatum	.	r	.	.	+	.	.	r	+	.	.	+	2	1	.
Potamogeton natans	2	.	3	.	1	.	.	2	2	.	.	+	.	.	.
Ranunculus circinatus	.	.	.	.	.	.	.	.	.	.	.	.	.	+	r
Potamogeton compressus	.	.	.	+	.	.	.	.	.	.	.	.	.	.	+
Ceratophyllum demersum	+	+	.	2	+	.	.	+	+	1	+	1	1	+	+
Fontinalis antipyretica	.	.	.	+	.	+	.	.	.	.	r	.	.	.	+
Stratiotes aloides	1	.	.	.	.	.	.	.	.	.	.	.	.	.	.
Utricularia vulgaris	.	.	.	.	.	.	.	.	.	.	.	.	.	.	+
Schoenoplectus lacustris	.	.	r	.	.	.	.	.	.	.	.	.	.	1	.
Eleocharis palustris	.	.	.	.	1	.	.	.	.	.	.	.	.	.	.
Carex rostrata	.	.	.	.	r	.	.	.	.	.	.	.	.	.	.
Typha angustifolia	.	.	.	.	.	.	.	.	.	.	.	.	r	.	.
Equisetum fluviatile	.	.	.	.	.	.	.	r	.	.	.	.	.	.	.

Fundortsnachweis: 1 — G-S, S-Ufer, 1,0—1,2 m. 12. 9. 1965; 2 — G-S, S-Ufer, 0,8 m. 25. 8. 1965; 3 — G-S, SW-Ufer, am Obelisk, 1,1—1,2 m. 25. 8. 1965; 4 — G-S, N-Ufer, 300 m östl. Forsthaus Boberow, 1,2—1,5 m. 27. 8. 1965; 5 — RS, SE-Ufer, 0,9 bis 1,0 m, 12. 9. 1965; 6 — RS, E-Ufer der Warrenthiner Bucht, 1,2 bis 1,5 m. 13. 9. 1964; 7 — G-S, S-Ufer, Bucht am Park, 1,2 m. 13. 7. 1965; 8 — G-S, NW-Ufer, gegenüber der Dampferanlegestelle, 1,0 m. 7. 8. 1965; 9 — G-S, W-Ufer, gegenüber d. Dampferanlegestelle, 1,3 m. 9. 8. 1965; 10 — G-S, E-Ufer, südl. Ablage, 1,7 m. 19. 8. 1965; 11 — G-S, NW-Ufer des Südteils, 2,3 m. 7. 8. 1965; 12 — RS, SW-Ufer, 500 m westl. Prinzenstrand, 1,5 bis 2 m. 17. 8. 1965; 13 — G-S, W-Ufer, 1,5 m, 19. 8. 1965; 14 — RS, S-Ufer, 200 m westl. Prinzenstrand, 1,0 m. 3. 9. 1965; 15 — RS, S-Ufer, 200 m westl. Prinzenstrand 2,2 m 3. 9. 1965.

und deshalb auch eine reichere Gliederung aufweist. Die *Potamogeton-lucens*-Bestände in den Rheinsberger Seen befanden sich bereits Mitte der 60er Jahre an der Grenze ihres Existenzminimums.

Heute ist das Potametum lucentis im Grienerick-See und im Rheinsberger See ausgestorben. Im August 1974 wurden nur an der Einmündung des Schlaborner Kanals einige Exemplare von *Potamogeton lucens* gefunden. Verantwortlich dafür ist sicherlich nicht nur der stark angewachsene Verkehr von Sportbooten, sondern auch eine allgemeine Verschlechterung der Wasserqualität der Seen.

3.2.1.2. Potametum perfoliati W. KOCH 1926 em. PASS. 1964

Das Potametum perfoliati ist die zweite Großlaichkraut-Gesellschaft, die von MÜTHER 1965 in den Rheinsberger Seen aufgenommen wurde. *Potamogeton perfoliatus*

Tab. 5. Potametum perfoliati W. Koch 1926 em. Pass. 1964

Aufnahme-Nr.	1	2	3	4	5	6
Artenzahl	2	2	3	4	4	6
Potamogeton perfoliatus	3	3	3	3	2	3
Myriophyllum spicatum	.	.	.	+	.	+
Elodea canadensis	.	.	.	.	1	2
Potamogeton natans	.	.	.	.	1	.
Ranunculus circinatus	.	.	.	.	.	+
Fontinalis antipyretica	.	+	+	3	.	+
Ceratophyllum demersum	.	.	4	2	+	+
Equisetum fluviatile	r	.	.	.	.	.

Fundortsnachweis: 1 — RS, S-Ufer, 200 m westl. Prinzenstrand, 0,2 m. 3. 9. 1965; 2 — RS, „Koppelberg" zwischen Remus-Insel und E-Ufer, 1,8—2,0 m. 3. 9. 1965; 3 — G-S, E-Ufer an der Ablage, 2,3—2,5 m. 19. 8. 1965; 4 — G-S, E-Ufer am ehemaligen Sägewerk, 2,0 m. 19. 8. 1965; 5 — RS, N-Ufer, westl. Schlaborn-Kanal, 1,5 m. 12. 9. 1965; 6 — RS, Prinzenstrand, 30 m vom Ufer entfernt, 1,5—1,7 m. 12. 9. 1965

trat zwar auch im Potametum lucentis variantenbildend auf, war jedoch außerdem in räumlich vom Potametum lucentis klar getrennten lockeren Beständen vorhanden. Solche artenarmen *perfoliatus*-Bestände besiedelten z. B. öfter Untiefen mitten in den Seen. Die Wassertiefen betrugen 2—3 m. Daneben kann *Potamogeton perfoliatus* auch im flachen Wasser an exponierten Uferstrecken anstelle des Röhrichts wachsen. In diesen Beständen treten gewöhnlich Arten aus dem Phragmition auf und könnten eine Flachwasser-Subass. differenzieren, während die Tiefen-Ausbildung durch *Fontinalis* und weitere Potamion-Arten zu trennen ist.

Aus diesen Befunden ist abzuleiten, daß das Potametum perfoliati den Charakter einer Pionier-Gesellschaft hat. Hinsichtlich der Trophie-Verhältnisse der Potametum-perfoliati-Standorte ist in Übereinstimmung mit Krausch 1964, Jeschke 1963 und Konczak 1968 ein größerer Eutrophierungsgrad festzustellen. So konnte 1974 in den Rheinsberger Seen zwar kein Potametum lucentis mehr gefunden werden, *Potamogeton-perfoliatus*-Bestände waren jedoch — wenn auch bereits sehr selten und in Auflösung begriffen — an verschiedenen Stellen vorhanden.

Die von Passarge (1964) für das Potametum perfoliati angegebenen ungünstigeren Nährstoffverhältnisse scheinen für die Fließwasser-Ausbildung charakteristisch zu sein.

Bisher ist nur sehr wenig Aufnahme-Material von dieser Gesellschaft bekannt geworden. Das ursprüngliche „Potameto perfoliati—Ranunculetum fluitantis" W. Kochs war eindeutig eine Gesellschaft der Fließgewässer, die von Oberdorfer (1957) aus dem Süden der BRD auch in dieser Form beschrieben wurde. Sauer (1937) versuchte, dieser Gesellschaft als „Potameto perfoliati—Ranunculetum circinati" eine Stillwasserausbildung gegenüberzustellen, was sich aber als überflüssig erwies, da das Potametum lucentis Hueck 1931 alle Großlaichkraut-Bestände zu umfassen schien. Passarges Potametum perfoliati knüpfte an die Auffassung W. Kochs an, als er diese Gesellschaft als Fließgewässer-Phytozönose beschrieb. Möglicherweise hat die Durchströmung der Rheinsberger Seen das Potametum perfoliati gefördert. Nach Mitteilung alteingesessener Angler soll das Potametum perfoliati in den Rheinsberger

Seen vor einigen Jahrzehnten wesentlich häufiger gewesen sein und größere Flächen besiedelt haben. Durch den zunehmenden Bootsverkehr wurden die Bestände mehr und mehr zurückgedrängt.

3.2.1.3. *Potamogeton-pectinatus*-Gesellschaft

Im Rheinsberger See wurden 1974 an den verschiedensten Uferabschnitten *Potamogeton-pectinatus*-Bestände angetroffen, die 1965 offensichtlich in dieser Ausdehnung und Zusammensetzung noch nicht vorhanden waren. Besonders dichte Kammlaichkraut-Rasen wuchsen am E-Ufer des Rheinsberger Sees nördlich und südlich von Hohenelse. Weitere Potamion-Arten (*Myriophyllum spicatum*, *Ranunculus circinatus* und *Potamogeton perfoliatus*) waren in diesen Beständen mit geringer Artmächtigkeit, jedoch verhältnismäßig regelmäßig vorhanden.

Tab. 6. *Potamogeton-pectinatus*-Gesellschaft

Aufnahme-Nr.	1	2	3	4	5	6	7	8
Artenzahl	3	4	7	7	5	4	5	5
Potamogeton pectinatus	3	3	3	5	3	5	5	2
Myriophyllum spicatum	.	.	+	+	.	+	+	.
Potamogeton perfoliatus	.	.	1	+	r	.	.	1
Ranunculus circinatus	.	.	.	1	.	+	1	+
Ceratophyllum demersum	.	.	1	2	.	1	1	.
Elodea canadensis	.	.	.	+	2	.	.	1
Potamogeton crispus	.	.	.	.	.	.	+	.
Vaucheria cf. *dichotoma*	1	1	2	.	.	.	.	.
Nitellopsis obtusa	3	3	.	.	.	.	.	.
Chara filiformis	.	1	+	.	1	.	.	.
Chara tomentosa	.	.	1	+	.	.	.	.
Fontinalis antipyretica	.	.	.	.	1	.	.	1

Fundortsnachweis: 1 — RS, W-Ufer d. Warrenthiner Bucht, 1,5—2,0 m. 18. 8. 1974; 2 — RS, E-Ufer d. Warrenthiner Bucht, 2,0 m. 18. 8. 1974; 3 — RS, E-Ufer nördl. Hohenelse, 2,1 m. 14. 8. 1974; 4 — RS, E-Ufer südl. Hohenelse, 1,6 m. 14. 8. 1974; 5 — RS, W-Ufer südl. Warrenthin, 1,7 m. 18. 8. 1974; 6 — RS, E-Ufer nördl. Hohenelse, 1,5—2,0 m. 14. 8. 1974; 7 — RS, E-Ufer vor Hohenelse, 1,5 m. 14. 8. 1974; 8 — RS, E-Ufer d. Schlaborner Bucht, 2,3 m. 16. 8. 1974

Das Bodensubstrat der *pectinatus*-Gesellschaft ist ein organogener, stark H_2S enthaltender Schlamm. Stellenweise, so vor der ehemaligen Abwassereinleitung bei Hohenelse, ließ *Potamogeton pectinatus* eine deutlich herabgesetzte Vitalität erkennen. Hier fehlten auch Characeen, die an weniger stark eutrophierten Stellen mit erheblicher Artmächtigkeit auftreten können und dort den Kontakt zu Charetea-Phytozönosen verdeutlichen.

Die *Potamogeton-pectinatus*-Gesellschaft des Rheinsberger Sees ersetzt hier das Potametum lucentis und das Potametum perfoliati. Das Kammlaichkraut zeichnet sich offensichtlich durch eine geringere Empfindlichkeit gegenüber der Verschlechterung der Wasserqualität aus. Das gleiche Verhalten des Kammlaichkrautes konnte auch in abwasserbelasteten Fließgewässern beobachtet werden (HILBIG 1971).

KRAUSCH (unveröff.) fand in der Binnenmüritz bei Waren ebenfalls, daß *Potamogeton pectinatus* noch an abwasserbelasteten Stellen recht üppig gedeiht. Ähnliche Verhältnisse liegen nach KRAUSCH (1976) in der Saale vor.

3.2.1.4. *Myriophyllum-spicatum*-Bestände

Sowohl im Grienerick-See als auch im Rheinsberger See wurden in stillen Buchten ausgedehnte Bestände des Ährigen Tausendblattes aufgenommen, deren Einordnung in das Myriophyllo-Nupharetum uns nicht angängig erscheint, so daß sie hier als eigene Vegetationseinheit herausgestellt werden.

Tab. 7. *Myriophyllum-spicatum*-Bestände

Aufnahme-Nr.	1	2	3	4	5	6	7	8
Artenzahl	6	4	2	3	4	3	6	5
Myriophyllum spicatum	3	4	5	4	3	4	5	+
Nitellopsis obtusa	+	+	.	.	.	.	.	.
Vaucheria dichotoma	3	.	.	.	.	.	.	.
Fontinalis antipyretica	.	.	.	.	1	1	+	1
Ranunculus circinatus	.	1	.	.	2	.	1	3
Elodea canadensis	.	.	.	.	.	.	1	1
Potamogeton lucens	.	.	.	1	.	.	.	.
Potamogeton crispus	.	.	.	.	.	.	+	.
Ceratophyllum demersum	2	1	1	1	1	3	.	1
Utricularia vulgaris	1	.	.	.	.	.	.	.
Lemna trisulca	1	.	.	.	.	.	.	.
Stratiotes aloides	.	.	.	.	.	.	+	.

Fundortsnachweis: 1 — RS, Bucht südl. Hohenelse, 1,5 m. 14. 8. 1974; 2 — RS, W-Ufer d. Warrenthiner Bucht, 1,8 m. 12. 9. 1965; 3 — G-S, S-Ufer, 1,2 m. 13. 9. 1965; 4 — G-S, E-Ufer am ehemaligen Sägewerk, 1,2 m. 13. 9. 1965; 5 — G-S, SW-Ufer, 1,0 m. 18. 8. 1974; 6 — G-S, N-Ufer d. S.-Teiles, 2,0 m. 18. 8. 1974; 7 — G-S, S-Ufer, 1,5 m. 18. 8. 1974; 8 — G-S, S-Teil, W-Ufer, 1,5 m. 18. 8. 1974.

Einige Beobachtungen deuten darauf hin, daß die *Myriophyllum-spicatum*-Bestände aus dem Potametum lucentis hervorgegangen sind und gewissermaßen eine Ersatzgesellschaft darstellen. Sie können auch als Vorstufe des Myriophyllo-Nupharetum gedeutet werden, das gilt jedoch nur für weniger windexponierte Ufer. An den anderen Ufern tragen sie den Charakter einer Dauergesellschaft. Vergleichbare Beschreibungen sind aus der Literatur nicht bekannt.

Lediglich die *Myriophyllum-alterniflorum*-Gesellschaft von KRAUSCH (1964) läßt mit ihrer *Stratiotes*-Ausbildungsform auffallende Ähnlichkeiten erkennen, vgl. auch die *Myriophyllum-verticillatum*-Subass. des Hydrocharitetum bei CARSTENSEN (1955).

Die *Myriophyllum-spicatum*-Bestände haben in den vergangenen zehn Jahren ebenfalls erheblich an Fläche eingebüßt, sie fielen im Sommer durch ihren herrlichen, weiß schimmernden Blütenteppich auf. Als Ursachen des Rückgangs sind wiederum der Bootsverkehr und die allgemeine Eutrophierung anzusehen.

Tab. 8. Myriophyllo-Nupharetum W. Koch 1926

	Stratiotes-Subass.										Typische Subass.						*Schoenoplectus*-Subass.									
Aufnahme-Nr.	1	2	3	4	5	6	7	8	9	10	11	12	13	14	15	16	17	18	19	20	21	22	23	24	25	26
Artenzahl	8	6	9	9	7	6	6	5	5	4	2	3	3	6	8	9	5	9	4	7	6	5	4	10	7	5
Nuphar lutea	2	2	3	4	2	4	3	4	+	4	4	3	4	2	+	5	2	3	3	3	4	4	3	2	3	2
Nymphaea alba	.	.	.	+	.	.	3	.	5	.	.	.	.	.	5	1	.	.	.	.	.	.	.	2	r	.
Stratiotes aloides	2	1	4	1	1	1	r	+	r	+	.	.	.	.	.	.	.	.	.	.	.	.	.	.	.	.
Schoenoplectus lacustris	.	.	r	.	.	.	.	.	.	.	.	.	.	.	.	.	r	+	.	.	2	r	.	+	2	2
Typha angustifolia	.	.	.	.	.	.	.	.	.	.	.	.	.	.	.	.	.	.	.	2	.	r	1	2	+	.
Glyceria maxima	.	.	.	.	.	.	.	.	.	.	.	.	.	.	.	.	.	.	2	.	.	.	+	.	.	2
Equisetum fluviatile	.	.	.	.	.	.	.	.	.	.	.	.	.	.	.	r	.	1	.	.	.	.	.	.	.	.
Eleocharis palustris	.	.	.	.	.	.	.	.	.	.	.	.	.	.	.	.	.	.	.	.	r	.	.	.	.	.
Potamogeton natans	5	5	2	.	4	2	2	r	+	+	.	2	+	.	r	1	4	.	+	1	.	.	2	3	2	2
Polygonum amphibium natans	.	.	.	.	.	.	.	.	.	.	.	.	.	.	.	.	.	r	.	.	+	.	.	.	.	.
Myriophyllum spicatum	+	.	.	1	+	.	.	3	.	+	.	.	.	2	2	1	.	+	.	+	.	.	.	.	.	.
Potamogeton lucens	.	.	2	.	.	.	1	.	.	.	3	+	.	1	4	2	3	2	2	.	r	3	.	1	2	r
Elodea canadensis	.	.	1	+	.	+	.	.	.	.	.	.	.	1	+	.	r	1	.	.	.	.	.	+	.	.
Potamogeton perfoliatus	.	r	.	.	.	.	.	.	.	.	.	.	+	.	r	2	.	r	.	+	+	.	.	+	.	.
Potamogeton compressus	.	.	+	.	.	+	.	.	.	.	.	.	.	.	.	.	.	.	.	.	.	.	.	.	.	.
Myriophyllum verticillatum	.	.	.	.	.	.	.	.	.	.	.	.	.	.	.	r	.	.	.	.	.	.	.	+	.	.
Ceratophyllum demersum	1	3	1	1	+	2	.	r	.	.	.	.	.	1	2	+	.	r	.	+	.	.	.	+	+	.
Fontinalis antipyretica	.	.	.	3	.	.	+	.	+	.	.	.	.	+	.	.	.	.	.	1	.	+	.	.	.	.
Lemna trisulca	4	.	+	.	.	.	.	.	.	.	.	.	.	.	.	.	.	.	.	.	.	.	.	.	.	.
Utricularia vulgaris	+	.	.	.	.	.	.	.	.	.	.	.	.	.	.	.	.	.	.	.	.	.	.	.	.	.
Hydrocharis morsus-ranae	.	r	.	.	.	.	.	.	.	.	.	.	.	.	.	.	.	.	.	.	.	.	.	.	.	.
Lemna minor	.	.	.	+	.	.	.	.	.	.	.	.	.	.	.	.	.	.	.	.	.	.	.	.	.	.
Nitellopsis obtusa	3	.	.	+	.	.	.	.	.	.	.	.	.	.	.	.	.	.	.	.	.	.	.	.	.	.

Außerdem *Phragmites communis* r (5) und *Sparganium erectum* r (5).

Fundortsnachweis: 1 — G-S, N-Ufer, Durchfahrt z. Körkenpfuhl, 1,0 m. 5. 9. 1965; 2 — G-S, NE-Bucht, an der Kanaleinfahrt, 1,0 m. 18. 8. 1965; 3 — RS, W-Ufer, Warrenthiner Bucht, 1,0 m. 12. 9. 1965; 4 — RS, SE-Bucht, 1,0 m. 5. 9. 1965; 5 — RS, SE-Bucht, Kanalufer, 0,4 m. 26. 8. 1965; 6 — G-S, NE-Bucht, Kanaleinfahrt, 1,0 m. 18. 8. 1965; 7 — RS, SE-Bucht, Kanalufer, 0,4—0,6 m. 26. 8. 1965; 8 — RS, NW-Ufer am Schlabornkanal, 1,2 m. 25. 8. 1965; 9 — RS, SE-Bucht am Kanalufer, 0,8 m. 26. 8. 1965; 10 — RS, SE-Bucht, Kanal, 0,9 m. 26. 8. 1965; 11 — G-S, S-Ufer (Mitte), 0,9—1,2 m. 13. 7. 1965; 12 — G-S, N-Ufer, 1,0—1,2 m. 13. 7. 1965; 13 — G-S, S-Ufer, 0,9—1,2 m. 13. 7. 1965; 14 — G-S, W-Ufer, 1,4 m. 19. 8. 1965; 15 — G-S, W-Ufer, 1,3 m. 19. 8. 1965; 16 — RS, SW-Ufer, zwischen Warrenthin und Steinablage, 1,3 m. 6. 8. 1965; 17 — G-S, W-Ufer, 1,0 m. 4. 9. 1965; 18 — RS, SW-Ufer, 0,9 m. 17. 8. 1965; 19 — G-S, SW-Ufer, am Obelisk, 1,1—1,3 m. 25. 8. 1965; 20 — G-S, SW-Bucht, 1,2 m. 13. 7. 1965; 21 G-S, W-Ufer, 0,9 m. 9. 8. 1965; 22—G-S, W-Ufer, 0,5—1,0 m. 19. 8. 1965; 23 — RS, NW-Ufer, 1,2 m. 25. 8. 1965; 24 — G-S, N-Ufer, 1,0 m. 27. 8. 1965; 25 — G-S, SW-Bucht, 1,2 m. 13. 7. 1965

3.2.2. Nymphaeion OBERD. 1957

3.2.2.1. Myriophyllo-Nupharetum W. KOCH 1926

Das Myriophyllo-Nupharetum ist in den Rheinsberger Seen an den W-Ufern und in geschützten Buchten noch eine häufige Erscheinung. Es besiedelt hier Wassertiefen von 0,4—1,8 m. Die von KRAUSCH im Stechlinsee-Gebiet erstmals vorgenommene Aufgliederung der Assoziation läßt sich hier bestätigen. Neben der typischen Subass. tritt eine *Schoenoplectus-lacustris*-Subass. mit Elementen aus dem Phragmition auf. Schließlich wurden auch Bestände mit *Stratiotes aloides* f. *submersa* gefunden, die sich zur *Stratiotes*-Subass. vereinigen lassen, ohne daß auffällige standörtliche Unterschiede zur typischen Subass. erkennbar sind. Gegenüber den Aufnahmen von 1965 konnte 1974 eindeutig eine Verarmung festgestellt werden. So fehlte den Beständen *Potamogeton lucens*; *Potamogeton perfoliatus* und vermutlich auch *Potamogeton natans* sind wesentlich seltener geworden oder treten mit geringerer Artmächtigkeit auf. Insgesamt dürfte das Myriophyllo-Nupharetum jedoch zu den stabilsten Hydrophyten-Biozönosen der stehenden Gewässer Mitteleuropas gehören.

3.2.2.2. Potamo-Nupharetum MÜLLER & GÖRS 1961

1965 wurden durch MÜTHER in den Rheinsberger Seen sechs Vegetationsaufnahmen von stärker verarmten *Potamogeton-natans*-Beständen gewonnen, die in Tab. 9 zum Potamo-Nupharetum vereinigt wurden. Die Bestände wurden alle an durch Waldbestände beschatteten Uferabschnitten aufgenommen. Die Wassertiefe war sehr unterschiedlich, ebenso das Bodensubstrat.

Tab. 9. Potamo-Nupharetum MÜLLER & GÖRS 1961

Aufnahme-Nr.	1	2	3	4	5	6
Artenzahl	6	6	5	7	2	1
Potamogeton natans	5	4	4	4	4	3
Nuphar lutea	+	r	r	.	.	.
Potamogeton perfoliatus	+	r	.	.	1	.
Potamogeton lucens	+	+	.	.	.	.
Myriophyllum spicatum	.	+	r	.	.	.
Potamogeton compressus	r	.	.	.	.	.
Ceratophyllum demersum	.	+	+	r	.	.
Stratiotes aloides	.	.	.	+	.	.
Hydrocharis morsus-ranae	.	.	.	+	.	.
Spirodela polyrhiza	.	.	.	r	.	.
Lemna minor	.	.	.	+	.	.
Fontinalis antipyretica	.	.	.	r	.	.
Equisetum fluviatile	2	.	.	.	.	.
Typha angustifolia	.	.	2	.	.	.

Fundortsnachweis: 1 — RS, 200 m westl. Prinzenstrand, 0,3 m. 3. 9. 1965; 2, 3 — G-S, NW-Ufer d. S-Teiles, 0,9 m. 7. 8. 1965; 4 — G-S, S-Teil, W-Ufer, 1,2 m. 25. 8. 1965; 5 — G-S, Bucht nordöstl. d. Kanaleinfahrt, 1,0 m. 25. 8. 1965; 6 — G-S, N-Ufer d. S-Teiles, 1,3 m. 13. 7. 1965

Es dürfte sich hier somit um einen Sonderfall der für kühle, mesotrophe stehende Gewässer charakteristischen Schwimmblatt-Gesellschaft handeln, bedingt durch ungünstige Wärme- und Lichtverhältnisse.

Auf Grund der starken Frequentierung dieser Uferstrecken durch Badende und Sportboote war 1974 von den Beständen nur noch wenig vorhanden, abgesehen davon, daß *Potamogeton lucens* gänzlich fehlt und *Potamogeton perfoliatus* ebenfalls zurückgegangen ist.

Ungeachtet dessen ist diese durch Beschattung entstandene Ausbildungsform in meso- bis eutrophen Waldseen im Gebiet der Mecklenburgisch-Brandenburgischen Seenplatte nicht selten. Die typische Ausbildungsform wurde bisher nur aus dem Müritz-Gebiet bekannt (Jeschke 1963), ihr fehlen anspruchsvollere Arten, wie *Ceratophyllum demersum*, gänzlich, während das Potamo-Nupharetum des Stechlinseegebietes schwach durch *Potamogeton filiformis* und *Utricularia vulgaris* als Ausbildung der sekundär-oligotrophen Seen charakterisiert ist, vgl. Krausch (1964).

3.2.2.3. Potamo-Polygonetum natantis Knapp & Stoffers 1962

Oft in engem Kontakt zum Potamo-Nupharetum wurden im Rheinsberger und im Grienerick-See *Polygonum-amphibium*-Bestände angetroffen, die ohne Zweifel einer eigenen Artengruppierung angehören, die besser nicht als Variante oder Fazies zum Myriophyllo- oder Potamo-Nupharetum gestellt werden sollte. Diese durch den Schwimmenden Knöterich und das Schwimmende Laichkraut als Schwimmblatt-Phytozönose ausgewiesene Gesellschaft besiedelt sandige und auch leicht schlammige Uferstrecken, die, ähnlich wie die Wuchsorte des Potamo-Nupharetum, infolge Beschattung durch Uferwald-Bestände oder extrem hohes und dichtes Röhricht einem verminderten Licht- und Wärmegenuß ausgesetzt sind. Dabei ist möglicherweise eine geringere Empfindlichkeit gegen Windeinwirkung festzustellen.

Tab. 10. Potamo-Polygonetum natantis
Knapp & Stoffers 1962

Aufnahme-Nr.	1	2	3	4	5
Artenzahl	1	2	6	6	8
Polygonum amphibium f. *natans*	4	3	3	4	3
Potamogeton natans	.	.	.	+	+
Potamogeton lucens	.	3	2	.	+
Potamogeton perfoliatus	.	.	1	.	2
Nuphar lutea	.	.	.	2	2
Ceratophyllum demersum	.	.	.	+	+
Elodea canadensis	.	.	.	.	1
Schoenoplectus lacustris	.	.	3	r	.
Equisetum fluviatile	.	.	2	2	.
Eleocharis palustris	.	.	+	.	+

Fundortsnachweis: 1 — RS, S-Ufer (Prinzenstrand), 0,4—0,7 m. 3. 9. 1965; 2 — G-S, W-Ufer, 1,4 m. 14. 7. 1965; 3 — RS, SW-Ufer, 500 m westl. Prinzenstrand, 0,5—0,9 m. 16. 8. 1965; 4 — RS, S-Ufer, 200 m westl. Prinzenstrand, 0,8 m. 3. 9. 1965; 5 — G-S, W-Ufer, 0,7—1,0 m. 24. 8. 1965

Das Potamo-Polygonetum kann sehr unterschiedliche Wassertiefen ertragen, es ist in besonderem Maße befähigt, Gewässer mit stark schwankendem Wasserspiegel zu besiedeln.

Es läßt sich eine *Myriophyllum-alterniflorum*-Subass. der oligotrophen Gewässer-Ufer, vgl. JESCHKE (1959, Tab. VII, Aufn. 9 u. 10), eine typische Subass. der meso- bis eutrophen Gewässer, vgl. JESCHKE (1963, S. 490) und KRAUSCH (1964, S. 186), und eine *Ceratophyllum*-Subass. der ausgesprochen nährstoffreichen Seen unterscheiden. Unsere Aufnahmen würden zu dieser Untergesellschaft zu stellen sein. Insgesamt ist das aus unserem Gebiet vorliegende Aufnahme-Material jedoch völlig unzureichend, um gesicherte Untergliederungen vorzunehmen.

Die an sich schon recht artenarmen Bestände der Rheinsberger Seen vom Potamo-Polygonetum sind inzwischen durch das Ausfallen der breitblättrigen Laichkraut-Arten (*P. lucens* u. *perfoliatus*) weiter verarmt, jedoch konnten 1974 noch einige schöne Bestände am W-Ufer des Rheinsberger Sees und am W-Ufer des Grienerick-Sees kartiert werden.

Bezüglich der Verbreitung des Potamo-Polygonetum vgl. KRAUSCH (1964, S. 186 bis 187).

3.3. Hydrocharito-Lemnetea (W. KOCH & TX. 54) OBERD. et al. 1967; Hydrocharitetalia RÜBEL 1933

3.3.1. Hydrocharitetum morsus-ranae VAN LANGENDONCK 1935

Das Hydrocharitetum morsus-ranae ist in den Rheinsberger Seen eine auffällige Erscheinung. Beide kennzeichnenden Arten, *Hydrocharis morsus-ranae* und *Stratiotes aloides*, treten in den meisten Beständen gemeinsam auf, so daß eine Trennung in Hydrocharitetum und Stratiotetum nicht möglich ist. Die Gesellschaft besiedelt hier flache geschützte Buchten mit mächtigen Schlammablagerungen.

Die Untergliederung der Gesellschaft im Untersuchungsgebiet ergibt sich zwanglos aus dem Vorhandensein oder Fehlen von Nymphaeion-Elementen bzw. von *Utricularia vulgaris*. So charakterisiert *Nuphar lutea* die in syngenetischer Hinsicht zum Myriophyllo-Nupharetum vermittelnde *Nuphar*-Variante. Schließlich ist neben der typischen Variante die Abtrennung einer durch das Auftreten von *Utricularia* gekennzeichneten Variante möglich.

Alle hiesigen Varianten möchten wir zur *Ceratophyllum-demersum*-Subassoziation stellen, die für ausgesprochen eutrophe Gewässer charakteristisch ist. Die aus dem Müritzgebiet (JESCHKE 1963) publizierte Tabelle gehört zu der von KRAUSCH (1964) aufgestellten typischen Subass. nährstoffärmerer Gewässer. Die *Sparganium-minimum*-Subass. (KRAUSCH 1964) würde dann den armen Flügel der Gesellschaft umfassen.

Die hier vorgeschlagene Untergliederung scheint uns die standörtlich bedingte Differenzierung der Gesellschaft klarer widerzuspiegeln als die von CARSTENSEN (1955). Von seinen 135 Aufnahmen gehören u. E. bei weitem nicht alle zum Hydrocharitetum morsus-ranae.

Gegenüber 1965 ist auf den Rheinsberger Seen ein deutlicher Rückgang des Stratiotetum festzustellen. Besonders in der NE-Bucht des Grienerick-Sees, wo die Gesellschaft 1965 große Flächen einnahm, ist sie nur noch in einigen Resten vorhanden.

Tab. 11. Hydrocharitetum morsus-ranae VAN LANGENDONCK 1935

	Nuphar-Var.						Typ. Var.			*Utricularia*-Var.					
Aufnahme-Nr.	1	2	3	4	5	6	7	8	9	10	11	12	13	14	15
Artenzahl	6	5	8	10	9	9	9	6	4	9	6	10	14	8	16
Stratiotes aloides	5	3	4	4	5	3	4	4	.	4	5	4	4	3	+
Hydrocharis morsus-ranae	.	.	r	2	2	3	2	1	5	4	.	3	2	1	4
Ceratophyllum demersum	1	1	+	r	1	3	.	+	.	4	3	r	.	.	.
Lemna minor	.	.	r	1	3	1	1	.	+	3	.	2	3	1	2
Lemna trisulca	.	.	2	1	1	+	1	.	.	3	1	2	+	+	2
Spirodela polyrhiza	.	.	.	+	3	1	1	.	+	2	.	1	+	.	1
Lemna gibba	.	.	.	.	.	.	.	.	.	1	.	.	.	.	r
Nuphar lutea	4	3	2	1	1	1	.	.	.	.	.	.	.	.	.
Utricularia vulgaris	.	.	.	.	.	.	.	.	.	r	+	+	1	2	4
Potamogeton natans	+	.	2	.	.	.	.	3	.	.	.	.	.	2	.
Myriophyllum spicatum	.	r	.	.	.	.	.	.	.	.	+	.	.	.	.
Elodea canadensis	1	.	.	.	.	.	.	.	.	.	.	.	.	.	.
Nitellopsis obtusa	.	.	.	.	.	.	.	.	.	.	1	.	.	.	.
Cicuta virosa	.	.	.	r	r	.	+	.	.	r	.	r	2	.	+
Phragmites communis	.	2	r	.	.	r	.	.	.	.	.	.	.	1	.
Sparganium erectum	.	.	.	.	.	3	+	.	.	.	.	r	3	.	.
Typha latifolia	.	.	.	r	.	.	3	.	.	.	.	r	.	.	.
Typha angustifolia	.	.	.	.	r	.	.	r	.	.	.	.	.	1	.
Sium erectum	.	.	.	.	.	.	+	.	.	.	.	.	+	.	r
Myosotis palustris	.	.	.	.	.	.	.	+	+	.	.	.	1	.	r
Stachys palustris	.	.	.	r	.	.	.	.	.	.	.	.	.	.	r
Agrostis stolonifera	.	.	.	.	.	.	.	.	.	.	.	.	+	.	r
Rumex hydrolapathum	.	.	.	.	.	.	.	.	.	.	.	.	r	.	r

Außerdem: Grünalgen-Kolonien in den Aufn. 3, 4, 9 u. 11; *Bidens tripartita* 15 (r), *Glyceria maxima* 15 (1), *Lycopus europaeus* 15 (r), *Bidens cernuus* 13 (r), *Lythrum salicaria* 13 (+), *Potamogeton compressus* 1 (+).

Fundortsnachweis: 1 — G-S, NE-Bucht a. d. Kanaleinfahrt, 1,3 m. 18. 8. 1965; 2 — RS, Bucht südl. Hohenelse, 1,0 m. 26. 8. 1965; 3 — G-S, NE-Ufer an der Durchfahrt z. Körkenpfuhl, 1,0 m. 5. 9. 1965; 4 — RS, Bucht südl. Hohenelse, 0,8 m. 8. 6. 1965; 5 — G-S, NE-Bucht a. d. Kanaleinfahrt, 0,9 m. 18. 8. 1965; 6 — G-S, NE-Bucht a. d. Kanaleinfahrt, 1,1 m. 18. 8. 1965; 7 — RS, Bucht südl. Hohenelse, 0,2 m. 18. 8. 1965; 8 — G-S, S-Ufer, 0,8 m. 25. 8. 1965; 9 — G-S, S-Ufer, 0,1 m. 25. 8. 1965; 10 — G-S, N-Ufer, Durchfahrt z. Körkenpfuhl, 1,2 m. 5. 9. 1965; 11 — G-S, N-Ufer, Durchfahrt z. Körkenpfuhl, 0,3 m. 20. 8. 1965; 12 — RS, SE-Bucht a. Kanal, 0,7 m. 26. 8. 1965; 13 — RS, SE-Bucht a. Kanal, 0,6 m. 26. 8. 1965; 14 — RS, SE-Bucht a. Kanal, 0,3 m. 4. 9. 1965; 15 — G-S, W-Ufer, 0,7 m. 23. 8. 1965.

Hauptursache dieses Rückganges ist der Bau von Bootsschuppen an diesen Stellen und die Zunahme des Bootsverkehrs. Teilweise stocken auf den Flächen, die das Hydrocharitetum 1965 einnahm, auch bereits Cicuto-Caricetum-Bestände.

3.3.2. Ceratophylletum demersi HILD 1956

Ceratophyllum demersum bildet in den Rheinsberger Seen, hauptsächlich im Grienerick-See, in den Buchten vor dem Myriophyllo-Nupharetum bzw. Hydrocharitetum ausgedehnte Bestände. Die wurzellosen Sprosse überziehen den Schlamm mit einem dichten Gewirr und können im Flachwasser bis an die Oberfläche reichen.

Tab. 12. Ceratophylletum demersi HILD 1956

	Nuphar-Subass.				Typische Subass.					*Nitellopsis*-Subass.					
Aufnahme-Nr.	1	2	3	4	5	6	7	8	9	10	11	12	13	14	15
Artenzahl	4	9	5	5	6	4	4	3	2	5	3	5	3	3	5
Ceratophyllum demersum	5	5	5	5	4	4	4	5	4	5	4	3	3	4	4
Nuphar lutea	4	3	2	r	.	.	.	.	.	.	.	.	.	.	.
Potamogeton natans	+	2	1	.	.	.	.	.	.	.	.	.	.	.	.
Nitellopsis obtusa	.	.	.	.	.	.	.	.	.	+	.	+	+	2	+
Vaucheria dichotoma	.	.	.	.	.	.	.	.	.	+	3	1	3	.	.
Fontinalis antipyretica	.	.	.	.	.	.	1	1	1	+	.	+	.	.	1
Stratiotes aloides subm.	1	1	+	r	+	3	3	.	.	.	.	.	.	.	.
Utricularia vulgaris	.	+	r	+	4	.	.	.	.	.	.	.	.	.	.
Lemna minor	.	r	.	.	+	.	.	.	.	.	.	.	.	.	.
Spirodela polyrhiza	.	r	.	.	+	.	.	.	.	.	.	.	.	.	.
Hydrocharis morsus-ranae	.	r	.	.	.	.	.	.	.	.	.	.	.	.	.
Lemna trisulca	.	r	.	.	.	.	.	.	.	.	.	.	.	.	.
Lemna gibba	.	.	.	.	+	.	.	.	.	.	.	.	.	.	.
Ranunculus circinatus	.	.	.	.	.	.	.	+	.	1	+	.	.	1	.
Potamogeton lucens	.	.	.	r	.	r	.	.	.	.	.	.	.	.	r
Potamogeton compressus	.	.	.	.	.	+	+	.	.	.	.	.	.	.	.
Potamogeton pectinatus	.	.	.	.	.	.	.	.	.	.	.	1	.	.	.
Elodea canadensis	.	.	.	.	.	.	.	.	.	.	.	.	.	.	2

Fundortsnachweis: 1 — RS, Bucht südl. Hohenelse, 1,1 m. 18. 8. 1965; 2 — G-S, NE-Bucht an der Kanaleinfahrt, 0,8 m. 16. 8. 1965; 3 — G-S, an der Kanaleinfahrt, 1,2 m. 18. 8. 1965; 4 — RS, SE-Bucht, 0,4—0,6 m. 26. 8. 1965; 5 — G-S, Körkenpfuhl, 0,4 m. 20. 8. 1965; 6 — G-S, W-Ufer, 1,4 m. 5. 9. 1965; 7 — G-S, W-Ufer, 1,4 m. 5. 9. 1965; 8 — G-S, W-Ufer (N-Teil), 2,5 m. 15. 8. 1974; 9 — G-S, W-Ufer (N-Teil), 2,0 m. 15. 8. 1974; 10 — G-S, NW-Bucht, 1,8 m. 16. 8. 1974; 11 — G-S, NE-Bucht, 2,6 m. 18. 8. 1974; 12 — RS, Bucht südl. Hohenelse, 14. 8. 1974; 13 — RS, Bucht südl. Hohenelse, 1,5 m. 14. 8. 1974; 14 — RS, W-Ufer d. Warrenthiner Bucht, 1,7 m. 12. 9. 1965; 15 — G-S, N-Ufer westl. Kanaleinfahrt, 1,8 m. 27. 8. 1965

Wir können neben der typischen Subass. eine *Nuphar*-Subass., die die Verbindung zum Myriophyllo-Nupharetum herstellt, und eine *Nitellopsis-obtusa*-Subass. der größeren Wassertiefen unterscheiden. Die syngenetischen Beziehungen sind damit einigermaßen klar umrissen. Besonders große Flächen nehmen die relativ einförmigen Ausbildungen ohne Characeen in mittleren Wassertiefen im Grienerick-See ein. Bemerkenswert ist, daß *Elodea canadensis* sich in Jahren mit günstigerer Wasserdurchlichtung (z. B. 1972) in dieser Gesellschaft sprunghaft ausbreiten kann. Ähnliches beobachtete 1968 HEJNÝ in Fischteichen der Tschechoslowakei.

Das Ceratophylletum wird von HILD & REHNELT (1971) als Folgegesellschaft des Potametum lucentis und Myriophyllo-Nupharetum an verschlammten Ufern charakterisiert. Zu ähnlichen Feststellungen sind wir in den Rheinsberger Seen gelangt. Auf Grund ihrer relativen Unempfindlichkeit dürfte diese Gesellschaft in den stärker belasteten eutrophen Seen die Eu-Potamion- und Charetea-Gesellschaften ablösen, vgl. HILBIG (1971).

Da die *Ceratophyllum-demersum*-Bestände bisher wenig beachtet oder als Verarmung des Myriophyllo-Nupharetum aufgefaßt wurden (vgl. KONCZAK 1968), ist die syngeographische Gliederung noch ungeklärt.

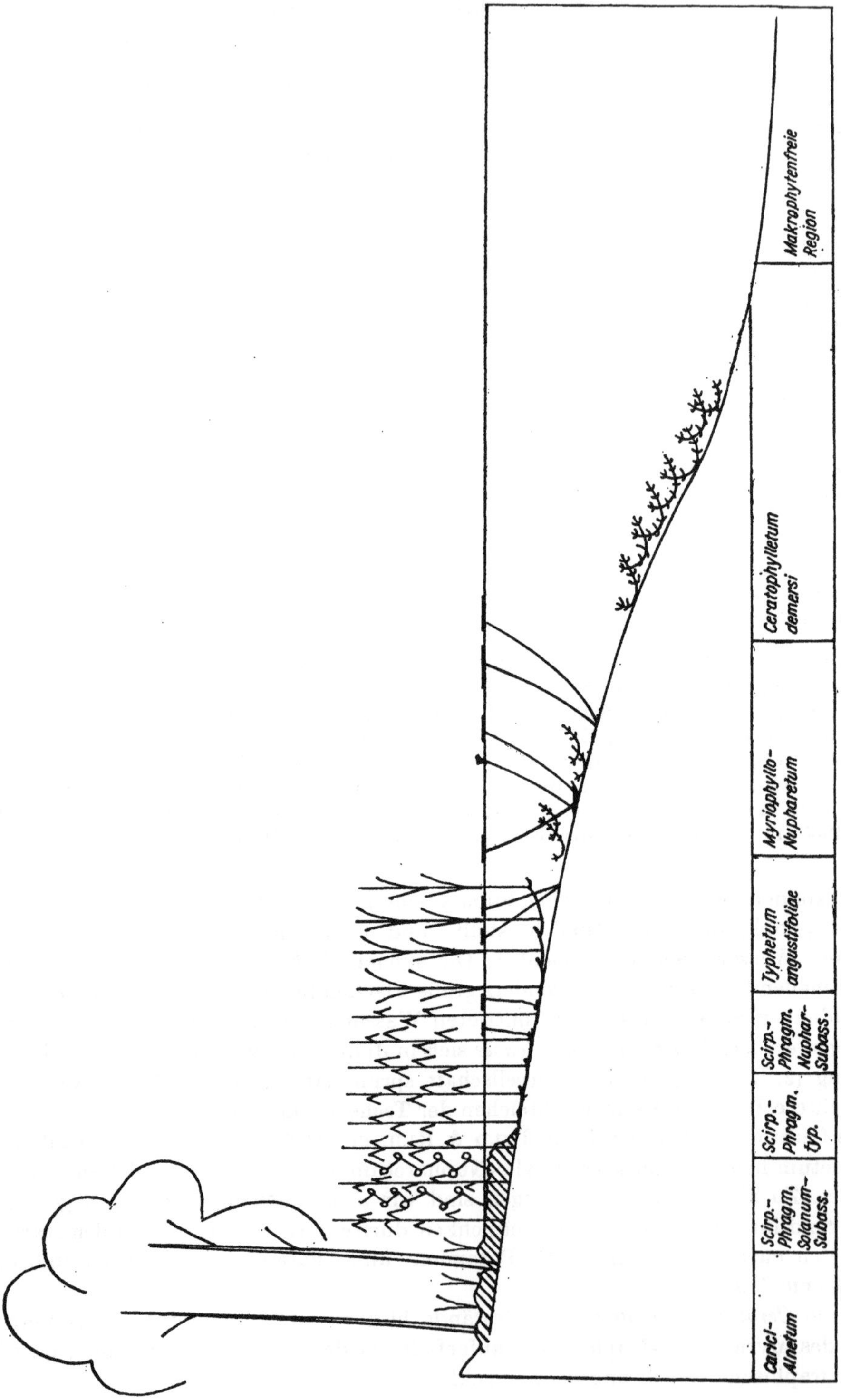

Abb. 2. Schematisches Vegetationsprofil vom W-Ufer des Grienerick-Sees (N-Teil), (Zustand 1974)

3.4. Phragmitetea Tx. & Prsg. 1942; Phragmitetalia W. Koch 1926 em. Pignatti 1953

3.4.1. Phragmition communis W. Koch 1926 em. Balátová-Tulačková 1963

3.4.1.1. Scirpetum lacustris Chouard 1924

Es hat sich als zweckmäßig erwiesen, daß durch die Flechtbinse *Schoenoplectus lacustris* gebildete Pionierstadium des Röhrichts als eigenständige Gesellschaft vom Scirpo-Phragmitetum abzutrennen. Dafür sprechen nicht nur floristische Unterschiede, sondern auch die Standortverhältnisse der beiden Gesellschaften weichen erheblich voneinander ab, so daß wir uns dem Vorschlag von Westhoff & den Held (1969) anschließen.

Tab. 13. Scirpetum lacustris Chouard 1924

Aufnahme-Nr.	1	2	3	4	5	6	7	8
Artenzahl	7	6	5	3	4	9	6	2
Schoenoplectus lacustris	4	4	4	4	4	2	4	4
Sparganium erectum	.	.	.	.	3	4	2	.
Typha angustifolia	.	.	.	.	.	1	3	.
Eleocharis palustris	r	.	.	.	.	.	.	+
Phragmites communis	.	.	.	.	.	+	.	.
Potamogeton natans	.	+	+	1	3	1	3	.
Nuphar lutea	2	2	.	.	+	+	+	.
Nymphaea alba	.	.	2	.	.	2	.	.
Polygonum amphibium	+	.	.	.	.	.	.	.
Potamogeton lucens	r	2	2	.	.	2	1	.
Potamogeton perfoliatus	+	.	.	.	.	.	.	.
Ceratophyllum demersum	.	1	1	1	.	+	.	.
Stratiotes aloides	+	1	.	.	.	.	.	.

Fundortsnachweis: 1 — G-S, W-Ufer, 0,5—0,8 m. 19. 8. 1965; 2 — RS, W-Ufer d. Warrenthiner Bucht, 1,0 m. 12. 9. 1965; 3 — RS, W-Ufer d. Warrenthiner Bucht, 1,1 m. 12. 9. 1965; 4 — RS, 200 m südl. Steinablage, 1,6 m. 12. 9. 1965; 5 — RS, SE-Bucht am Kanal, 0,5 m. 26. 8. 1965; 6 — G-S, N-Ufer östl. Forsthaus, 1,1 m. 27. 8. 1965; 7 — G-S, S-Ufer am Obelisk, 1,1 m. 25. 8. 1965; 8 — RS, 200 m westl. Prinzenstrand, 0,4 m. 3. 9. 1965.

Schoenoplectus lacustris kann an nicht extrem windexponierten Ufern bis in größere Wassertiefen vordringen und relativ geschlossene Bestände bilden, die von zahlreichen Potametea-Elementen durchsetzt sind, nur an stärker dem Wind ausgesetzten Ufern können sie fehlen (Aufn. 8), so daß *Sch. lacustris* als einzige Art übrig bleibt. An den Uferabschnitten mit stärkerer organischer Sedimentation erscheinen mit *Sparganium erectum* und *Typha angustifolia* weitere Phragmition-Arten und stellen die Verbindung zum Typhetum angustifoliae her. Besonders der Igelkolben kann an solchen Stellen gelegentlich zur Dominanz gelangen.

Das Scirpetum lacustris wurde bisher aus unserem Gebiet entweder als Fazies des Scirpo-Phragmitetum beschrieben (Jeschke 1959, 1963) oder es wurde ihm keinerlei soziologischer Wert zuerkannt, z. B. Krausch (1964), Konczak (1968). Jedoch schon

Schmale (1939) behandelte es, dem Vorbild der Altmeister der geobotanischen Seenforschung Schröter & Kirchner (1902) und Baumann (1911) folgend, als selbständige Gesellschaft, ebenso wie neuerdings auch Lang (1973).

Es ist festzustellen, daß das Scirpetum lacustris seine optimale Entfaltung in größeren eutrophen Seen erreicht. So wären unsere Bestände mit *Ceratophyllum demersum* als typische Subass. aufzufassen, während jene aus dem Müritzgebiet bzw. in den Feldberger Seen zu einer *Myriophyllum-verticillatum*-Subass. gestellt werden können, die für mesotrophe Gewässer charakteristisch ist. In oligotrophen Seen scheint diese Gesellschaft zu fehlen oder nur fragmentarisch entwickelt zu sein.

Eine weitere Untergliederung der Gesellschaft ergibt sich aus dem Auftreten oder Fehlen der Lemnetea-Arten bzw. von *Sparganium erectum* (*Stratiotes*-Variante, *Sparganium*-Variante).

Tab. 14. Typhetum angustifolia (Allorge 1922) Soó 1924

	Nuphar-Subass.											Typ. Subass.			
Aufnahme-Nr.	1	2	3	4	5	6	7	8	9	10	11	12	13	14	15
Artenzahl	10	7	10	8	8	5	5	7	4	4	3	3	2	3	3
Typha angustifolia	+	4	3	3	4	4	3	3	3	4	3	4	3	3	3
Phragmites communis	r	.	r	2	+	.	+	.	1	.	.	1	.	1	1
Schoenoplectus lacustris	.	3	.	1	2	2	2	2	.	.	.	.	.	.	.
Sparganium erectum	5	2	3	2	.	.	.	.	.	.	.	.	.	.	.
Potamogeton natans	3	+	2	+	3	1	2	.	3	1	2	.	.	.	.
Nuphar lutea	2	1	2	1	1	2	2	+	.	3	.	.	.	.	.
Nymphaea alba	.	.	+	2	+	.	.	.	.	.	.	.	.	.	.
Potamogeton lucens	.	+	2	2	2	1	.	.	r	.	.	.	.	.	.
Myriophyllum spicatum	+	.	.	.	.	.	.	.	.	.	.	.	.	.	.
Potamogeton perfoliatus	.	.	.	.	1	.	.	.	.	.	.	.	.	.	.
Ceratophyllum demersum	+	+	.	.	.	.	.	.	.	.	.	.	.	.	.
Stratiotes aloides	+	.	+	.	.	.	.	.	.	r	.	.	.	.	.
Lemna trisulca	2	.	+	.	.	.	.	.	.	.	.	.	.	.	.
Lemna minor	.	.	+	.	.	.	.	.	.	.	.	.	.	.	.
Glyceria maxima	.	.	.	.	.	.	.	1	.	.	.	.	.	.	+
Acorus calamus	.	.	.	.	.	.	.	1	.	.	.	.	.	.	.
Carex rostrata	.	.	.	.	.	.	.	1	.	.	.	.	.	1	.
Epilobium hirsutum	r	.	.	.	.	.	.	.	.	.	.	.	.	.	.
Rumex hydrolapathum	.	.	.	.	.	.	.	+	.	.	.	.	.	.	.
Fontinalis antipyretica	.	.	.	.	.	.	.	.	.	.	+	+	+	.	.

Fundortsnachweis: 1 — G-S, N-Ufer, Durchfahrt z. Körkenpfuhl, 1,0 m. 5. 5. 1965; 2 — G-S, N-Ufer, 50 m westl. Kanal, 1,0 m. 27. 8. 1965; 3 — RS, SE-Bucht am Kanal, 0,4 m. 4. 9. 1965; 4 — G-S, W-Ufer, 1,0 m. 4. 9. 1965; 5 — G-S, S-Ufer, Bucht am Park, 1,2 m. 13. 7. 1965; 6 — RS, N-Ufer b. Schlaborn, 0,8 m. 11. 9. 1965; 7 — G-S, W-Rand d. Bucht a. S-Ufer, 1,3 m. 25. 8. 1965; 8 — G-S, S-Ufer, Bucht a. Park, 1,2 m. 13. 7. 1965; 9 — RS, NW-Rand der Halbinsel, 1,2 m. 3. 9. 1965; 10 — G-S, Bucht a. S-Ufer, Mitte, 1,1 m. 25. 8. 1965; 11 — RS, SW-Ufer d. Halbinsel, 1,5 m. 3. 9. 1965; 12 — RS, NE-Spitze d. Halbinsel, 1,3 m. 3. 9. 1965; 13 — RS, SW-Ufer d. Halbinsel, 1,5 m. 3. 9. 1965; 14 — G-S, N-Ufer d. SW-Bucht, 0,7 m. 8. 6. 1965; 15 — G-S, N-Ufer d. SW-Bucht, 0,6 m. 13. 9. 1965

3.4.1.2. Typhetum angustifoliae (ALLORGE 1922) Soó 1924

Das Typhetum angustifoliae folgt in windgeschützten Buchten öfter auf das Scirpetum lacustris. Die Wassertiefe ist im Durchschnitt geringer als im Scirpetum lacustris. Jedoch kann *Typha angustifolia* als Röhricht-Pionier an der Vorderkante des Schilfgürtels auftreten, und dann unterscheidet sich die Wassertiefe nicht von der des Scirpetum.

Auch beim Typhetum angustifoliae deutet sich eine *Sparganium-erectum*-Variante an, die Standorte mit erhöhter anorganischer Sedimentation bevorzugt. Eine Gruppe von Potametea-Arten charakterisiert weniger windexponierte Bestände, während die stärker den Windwirkungen ausgesetzten Bestände kaum eloide oder nymphaeoide Arten enthalten, teilweise spielt hier auch die Beschattung durch den Uferwald eine Rolle, keineswegs ist in diesen Fällen etwa eine geringere Wassertiefe ausschlaggebend.

Die Bestände windgeschützter Buchten können als *Nuphar*-Subass. einer typischen Subass. ohne *Nuphar* gegenübergestellt werden. Es lassen sich weiter *Sparganium*-(*Nymphaea*-) bzw. *Glyceria*-Varianten unterscheiden.

Das Typhetum angustifoliae hat eine weite ökologische Amplitude. Es läßt sich zwar eine Bevorzugung eutropher Seen erkennen, doch ist es an den entsprechenden Standorten auch in meso- und selbst oligotrophen Seen noch optimal entwickelt, vgl. KRAUSCH (1964).

Das Typhetum angustifoliae wurde bisher ebenfalls nur als Fazies des Scirpo-Phragmitetum s. l. gewertet. Uns scheint jedoch die soziologische Struktur dieser Bestände eine so große Eigenständigkeit zu besitzen, daß, dem Vorgehen von WESTHOFF & DEN HELD (1969) folgend, das Typhetum angustifoliae vom Scirpo-Phragmitetum s. str. abgetrennt wird. Das Typhetum angustifoliae sollte auch nicht mit dem Typhetum latifoliae (Typhetum angustifoliae-latifoliae SCHMALE 1939) vereinigt werden, vgl. HILBIG (1971), PHILIPPI (1973) und LANG (1973).

Das Typhetum angustifoliae ist durch mannigfache Übergänge mit der *Nuphar*-Subass. des Scirpo-Phragmitetum verbunden.

3.4.1.3. Scirpo-Phragmitetum W. KOCH 1926 em. WESTHOFF & SEGAL in WESTHOFF & DEN HELD 1969

Das Scirpo-Phragmitetum in unserer Fassung stellt den Kern des klassischen Röhrichts dar. Es handelt sich durchweg um Bestände, in denen *Phragmites* mehr oder weniger deutlich vorherrschend ist. Die Gesellschaft ist in meso- bis eutrophen Gewässern am besten entwickelt. Von den anderen hochwüchsigen Röhricht-Arten ist *Typha angustifolia* meist mit geringerer Artmächtigkeit nur in der für Stillwasserbereiche charakteristischen *Nuphar*-Subass. vertreten, während *Schoenoplectus lacustris* auch in den anderen Subass. auftritt und es daher gerechtfertigt ist, diese Art weiter zur Charakterisierung der Gesellschaft zu benutzen.

Die Wassertiefen der *Nuphar*-Subass. bewegen sich zwischen 0,5 und 1,1 m. Die gleichen Wassertiefen besiedelt die typische Subass. ohne *Nuphar*. Auch die Dichte der *Phragmites*-Bestände läßt in beiden Subass. keine Unterschiede erkennen. In der *Solanum*-Subass. ist die Schilftorfbildung soweit fortgeschritten, daß Wassertiefen um 0,1 m vorherrschen. In Trockenjahren machen diese Bestände bereits den Eindruck eines Landröhrichts.

Tab. 15. Scirpo-Phragmitetum W. Koch 1926 em. Westhoff & Segal in Westhoff & den Held 1969

	Nuphar-Subass.								typische Subass.					*Solanum*-Subass.				
Aufnahme-Nr.	1	2	3	4	5	6	7	8	9	10	11	12	13	14	15	16	17	18
Artenzahl	9	10	7	7	5	5	6	4	3	2	2	2	3	6	7	5	10	15
Phragmites communis	4	4	3	4	4	5	5	5	4	4	5	5	5	4	5	5	4	5
Typha angustifolia	+	+	2	.	1	+	1	1	.	.	.	.	.	.	.	r	.	.
Schoenoplectus lacustris	2	.	r	.	.	+	.	.	2	2	.	.	r	1	.	.	.	.
Sparganium erectum	.	.	.	+	.	.	+	.	.	.	.	.	.	.	.	.	.	+
Typha latifolia	+	.	.	.	.	.	.	.	.	.	.	.	.	.	.	.	.	+
Nuphar lutea	1	1	.	r	.	r	+	2	.	.	.	.	.	.	.	.	.	.
Potamogeton natans	r	2	r	2	1	1	.	.	.	.	.	r	r	.	.	.	.	.
Nymphaea alba	.	1	.	.	.	.	2	1	.	.	.	.	.	.	.	.	.	.
Polygonum amphibium	.	.	1	.	.	.	.	.	.	.	.	.	.	.	.	.	.	.
Solanum dulcamara	.	.	.	.	.	.	.	.	.	.	.	.	.	.	2	.	2	1
Carex acutiformis	.	+	.	.	.	.	.	.	.	.	.	.	.	.	.	2	1	r
Sium erectum	.	.	.	.	.	.	.	.	.	.	.	.	.	.	.	r	+	r
Lycopus europaeus	.	.	.	.	.	.	.	.	.	.	.	.	.	.	+	.	2	+
Calystegia sepium	.	.	.	.	.	.	.	.	.	.	.	.	.	+	+	.	.	.
Epilobium hirsutum	.	.	.	.	.	.	.	.	.	.	.	.	.	r	.	.	.	r
Urtica dioica	.	.	.	.	.	.	.	.	.	.	.	.	.	2	+	.	+	.
Myosotis palustris	.	.	.	.	.	.	.	.	.	.	.	.	.	2	r	.	+	.
Stachys palustris	.	.	.	.	.	.	.	.	.	.	.	.	.	.	2	1	.	.
Epilobium palustre	.	.	.	.	.	.	.	.	.	.	.	.	.	.	.	.	r	r
Rumex hydrolapathum	.	.	.	.	.	.	.	.	.	.	.	.	.	.	.	.	.	r
Cicuta virosa	.	.	.	.	.	.	.	.	.	.	.	.	.	.	.	.	.	r
Glyceria maxima	+	1	.	.	.	.	.	.	.	.	.	.	.	.	.	.	.	.
Acorus calamus	2	.	.	.	.	.	.	.	.	.	.	.	.	.	.	.	.	.
Thelypteris palustris	.	.	.	.	.	.	.	.	.	.	.	.	.	.	.	.	.	2
Acrocladium cuspidatum	.	.	.	.	.	.	.	.	.	.	.	.	.	.	.	.	.	2
Potamogeton lucens	.	.	r	.	1	.	.	.	.	.	.	.	.	.	.	.	.	.
Myriophyllum spicatum	.	.	.	+	.	.	.	.	.	.	.	.	.	.	.	.	.	.
Potamogeton perfoliatus	.	.	.	.	.	.	.	.	.	.	+	.	.	.	.	.	.	.
Lemna trisulca	r	+	.	.	.	.	.	.	.	.	.	.	.	.	.	.	.	.
Stratiotes aloides	.	.	.	+	.	.	.	.	.	.	.	.	.	.	.	.	+	r
Lemna minor	.	+	.	.	.	.	+	.	.	.	.	.	.	.	.	.	.	.
Hydrocharis morsus-ranae	.	.	.	.	.	.	.	.	.	.	.	.	.	.	.	.	1	2
Fontinalis antipyretica	.	.	.	.	r	.	.	.	1	.	.	.	.	.	.	.	.	.
Elodea canadensis	.	.	+	.	.	.	.	.	.	.	.	.	.	.	.	.	.	.

Folgende Arten wurden außerdem notiert: *Ceratophyllum demersum* r (Aufn. 4) und *Ranunculus lingua* r (Aufn. 2).

Fundortsnachweis: 1 — G-S, N-Ufer, 300 m östl. Forsth., 0,5—0,8 m. 27. 8. 1965; 2 — G-S, W-Ufer, 0,5 m. 4. 9. 1965; 3 — RS, 300 m westl. Utpotablage, 0,9—1,0 m. 20. 8. 1965; 4 — RS, SE-Bucht, am Kanal, 0,4 m. 26. 8. 1965; 5 — RS, E-Spitze d. Halbinsel, 1,1 m. 3. 9. 1965; 6 — G-S, S-Ufer, 0,7 m. 25. 8. 1965; 7 — G-S, W-Ufer, 0,6—0,8 m. 4. 9. 1965; 8 — G-S, W-Ufer, 0,9 m. 4. 9. 1965; 9 — RS, 150 m westl. Schlaborn-Kanal, 1,1 m. 30. 8. 1964; 10 —RS, N-Spitze d. Remus-Insel, 0,8—1,0 m. 12. 9. 1965; 11 — G-S, W-Ufer, 0,5—0,8 m. 24. 8. 1965; 12 — RS, 150 m südl. Hohenelse, 0,8 m. 30. 8. 1965; 13 — G-S, SW-Ufer a. Obelisk, 0,6 m. 25. 8. 1965; 14 — RS, S-Ufer d. Remus-Insel, 0,8—1,0 m. 12. 9. 1965; 15 — G-S, NE-Bucht am Kanal, 0,1 m. 12. 9. 1965; 16 — G-S, Bucht am S-Ufer, 0,2 m. 25. 8. 1965; 17 — RS, SE-Bucht am Kanal, 0,05 m. 12. 9. 1965; 18 — RS, NE-Ufer am Schlaborn-Kanal, 0,1 m. 6. 9. 1965

Auch im Scirpo-Phragmitetum ist in der *Nuphar*-Subass. eine *Glyceria*-Variante zu erkennen. Damit konnte hier im wesentlichen die von KRAUSCH (1964) im Stechlinsee-Gebiet aufgestellte Untergliederung des Scirpo-Phragmitetum bestätigt werden. Eine *Carex-rostrata*-Variante scheint dagegen an den Rheinsberger Seen zu fehlen. Auch die *Thelypteris*-Variante, die im nährstoffärmeren Stechlinsee-Gebiet recht verbreitet ist, ist mit einer Aufnahme in der *Solanum*-Subass. nur schwach vertreten.

Das Scirpo-Phragmitetum ist nur dort als Dauergesellschaft von Bestand, wo die Bestände mehr oder weniger regelmäßig zur Rohrgewinnung genutzt werden. Die Stoffproduktion des Röhrichts ist verhältnismäßig hoch und der Abbau der organischen Substanz ist stark verzögert, so daß die Anhäufung toter Pflanzenmassen bei Ausbleiben der Schilfmahd schnell fortschreitet und der Boden für die Folgegesellschaft bereitet wird. Als Folgegesellschaft können sowohl Großseggen-Gesellschaften als auch Cicution-Ges. in Frage kommen.

3.4.1.4. Acoretum calami SCHULZ 1941

Nur in wenigen Beständen wurde das Acoretum calami am Grienerick-See und am Rheinsberger See an der Ortslage Schlaborn gefunden. Es handelt sich um stärker sekundär eutrophierte Standorte, an denen der Kalmus dichtere Bestände zu bilden vermag. Sie seien hier — gewissermaßen als eutrophe Sondergesellschaft — innerhalb des Phragmition-Verbandes erwähnt. Das Acoretum calami tritt in Mecklenburg bevorzugt an Dorfteichen auf. Beschreibungen liegen bisher jedoch kaum vor.

Tab. 16. Acoretum calami SCHULZ 1941

Aufnahme-Nr.	1	2	3
Artenzahl	6	8	9
Acorus calamus	3	3	3
Glyceria maxima	2	2	1
Typha angustifolia	2	1	+
Phragmites communis	1	.	.
Ranunculus lingua	.	1	.
Cicuta virosa	.	.	r
Carex acutiformis	.	r	.
Mentha aquatica	.	.	1
Lycopus europaeus	.	.	+
Stachys palustris	.	.	4
Bidens tripartitus	.	.	2
Convolvulus sepium	.	.	1
Potamogeton lucens	1	1	.
Ceratophyllum demersum	+	.	.
Potamogeton natans	.	2	.
Nuphar lutea	.	+	.

Fundortsnachweis: 1 — G-S, NW-Ufer d. SW-Bucht, 0,8—1,0 m, 7. 8. 1965; 2 — G-S, N-Ufer d. SW-Bucht, 0,4—0,6 m. 28. 8. 1965; 3 — G-S, E-Ufer a. ehem. Sägewerk, 0,2 m. 19. 8. 1965

3.4.1.5. Glycerietum maximae HUECK 1931

Der große Wasserschwaden ist an den Rheinsberger Seen ebenfalls an Standorten, die sich offenbar durch deutliche Eutrophierungen auszeichnen, als gesellschafts-

Tab. 17. Glycerietum maximae Hueck 1931

	Typha-Subass.			Typische Subass.									*Cicuta*-Subass.		
Aufnahme-Nr.	1	2	3	4	5	6	7	8	9	10	11	12	13	14	15
Artenzahl	7	7	6	2	5	3	3	6	3	2	2	1	5	6	17
Glyceria maxima	3	4	5	4	5	5	4	3	3	3	5	5	5	4	5
Phragmites communis	r	.	r	.	.	.	.	.	+	.	+	.	.	.	1
Eleocharis palustris	.	.	.	.	1	.	.	2	.	.	.	.	.	.	+
Schoenoplectus lacustris	.	.	.	.	+	.	.	.	+	1	.	.	.	.	.
Rorippa amphibia	.	.	1	.	.	.	.	.	.	.	.	.	.	.	r
Typha angustifolia	r	+	+	.	.	.	.	.	.	.	.	.	.	.	.
Sparganium erectum	r	.	+	.	.	.	.	.	.	.	.	.	.	.	.
Typha latifolia	.	+	+												
Cicuta virosa	.	.	.	.	.	.	.	.	.	.	.	.	r	2	+
Stachys palustris	.	.	.	.	.	.	.	.	.	.	.	.	r	2	r
Bidens tripartita	.	.	.	.	.	.	.	.	.	.	.	.	+	r	1
Lycopus europaeus	.	.	.	.	.	.	.	.	.	.	.	.	.	+	+
Urtica dioica	.	.	.	.	.	.	.	.	.	.	.	.	.	r	+
Rumex hydrolapathum	.	.	.	.	.	.	.	.	.	.	.	.	r	.	r
Potamogeton natans	+	2	.	.	.	.	1	1	.	.	.	.	.	.	.
Potamogeton lucens	.	.	.	2	+	1	.	+	.	.	.	.	.	.	.
Potamogeton perfoliatus	.	.	.	.	r	+	.	1	.	.	.	.	.	.	.
Nuphar lutea	.	1	.	.	.	.	1	.	.	.	.	.	.	.	.
Ceratophyllum demersum	.	+	.	.	.	.	.	.	.	.	.	.	.	.	.

Außerdem: Aufn.-Nr. 1 — *Lemna minor* +, *Hydrocharis morsus-ranae* 1; Aufn.-Nr. 2 — *Lemna trisulca* 1; Aufn.-Nr. 8 — *Equisetum fluviatile* 1; Aufn.-Nr. 15 — *Eupatorium cannabinum* 1, *Peucedanum palustre* +, *Stellaria palustris* r, *Carex acutiformis* r, *Mentha aquatica* r, *Agrostis stolonifera* +, *Sium erectum* r.

Fundortsnachweis: 1 — G-S, W-Ufer a. Obelisk, 0.6 m. 25. 8. 1965; 2 — G-S, W-Ufer, 0,7 m. 23. 8. 1965; 3 — RS, NW-Ufer a. Schlaborn-Kanal, 0,4 m. 6. 9. 1965; 4 — G-S, W-Ufer, 0,5—0,9 m. 14. 7. 1965; 5 — RS, SE-Bucht a. Kanal, 0,3 m 20. 7. 1965; 6 — G-S, E-Ufer a. ehem. Sägewerk, 0,6 m. 6. 8. 1965; 7 — G-S, SW-Bucht (N-Ufer), 1,3 m. 14. 7. 1965; 8 — RS, 300 m südl. Steinablage, 0,5—0,8 m 12. 9. 1965; 9 — RS, SW-Ufer d. Halbinsel, 0,5 m. 3. 9. 1965; 10 — G-S, W-Ufer, 1,0—1,1 m. 14. 7. 1965; 11 — G-S, N-Ufer (Badeanstalt), 0,3 m. 13. 9. 1965; 12 — GS, E-Ufer (Ablage), 0,0—0,1 m. 13. 9. 1965; 13, 14 — G-S, E-Ufer am ehem. Sägewerk, 0,3 m. 19. 8. 1965; 15 — G-S, N-Ufer, Koppel am Kanal, 0,0 m. 6. 9. 1965

bildende Röhrichtart nicht selten. Hinsichtlich der Struktur vermittelt das Glycerietum maximae zwischen den beiden Röhrichten des Phragmition und den Kleinröhrichten des Eleocharido-Sparganion bzw. zu den Wasserriedern des Cicution.

Diese Stellung läßt sich auch aus der floristischen Zusammensetzung ablesen. Die *Typha-angustifolia*-Untergesellschaft entspricht der *Sparganium-erectum*-Subass. von Krausch (1964). Sowohl hier wie auch in der typischen Untergesellschaft ohne die *Typha*-Arten lassen sich *Potamogeton-natans*-Varianten und typische Varianten unterscheiden. Die *Cicuta*-Untergesellschaft steht gewöhnlich an Schwingsaumkanten in der Nähe von typischen Cicution-Gesellschaften. Bei Vorliegen eines größeren Aufnahme-Materials wäre die Abtrennung der Cicuta-Untergesellschaft als Cicuto-Glycerietum maximae zweckmäßig, wie es Succow (1970) vorschlägt. Das in unserer Tabelle vereinigte Glycerietum enthält sowohl Optimal- bzw. Pionier-Stadien als auch Bestände mit 17 Arten. Die Heterogenität ist nicht zu übersehen.

3.4.2. Eleocharido-Sagittarion Passarge 1964

Trotz einiger Gliederungsversuche ist die Stellung der Kleinröhrichte noch ziemlich unklar. Ein Grund ist ihre Artenarmut und vielleicht auch die Tatsache, daß ihre Aufnahme oft vernachlässigt wurde. Wir möchten im Eleocharido-Sagittarion nicht wie Passarge nur Flußkleinröhrichte, sondern auch die kleinen Röhricht-Gesellschaften an den Seeufern vereinigen und dabei jedoch den Verband bei den Phragmitetalia belassen, vgl. Oberdorfer et al. (1967).

3.4.2.1. Sagittario-Sparganietum emersi Tüxen 1953

Nur drei Bestände, die zu dieser Gesellschaft zu stellen sind, wurden an den Rheinsberger Seen gefunden. Es handelt sich zweifellos um Pionier-Stadien des Röhrichts im Bereich der Potametea. Sie bevorzugen nährstoffreicheres Bodensubstrat und können — wie auch das Glycerietum maximae — als Eutrophierungszeiger gelten.

Tab. 18. Sagittario-Sparganietum emersi Tüxen 1953

Aufnahme-Nr.	1	2	3
Artenzahl	5	3	8
Sagittaria sagittifolia	2	2	.
Sparganium simplex emersum	.	.	2
Sparganium erectum	.	.	3
Alisma plantago-aquatica	r	.	.
Phragmites communis	.	r	r
Carex acutiformis	.	.	+
Potamogeton natans	+	+	.
Nuphar lutea	+	.	+
Potamogeton lucens	r	.	.
Myriophyllum spicatum	.	.	+
Stratiotes aloides	.	.	+
Elodea canadensis	.	.	r

Fundortsnachweis: 1 — G-S, S-Bucht am Schloßpark, 0,5—0,8 m. 12. 9. 1965; 2 — G-S, E-Ufer am ehem. Sägewerk, 0,2—0,3 m. 13. 9. 1965; 3 — RS, SE-Bucht am Kanal, 0,4 m, 26. 8. 1965

3.4.2.2. Eleocharitetum palustris (Schennikow 1919) Jeschke 1959

Wir möchten die sich scharf von den übrigen Gesellschaften in der Röhrichtzone abhebenden, gelegentlich recht ausgedehnten Bestände von *Eleocharis palustris* nicht mit dem Hippuridetum vulgaris Passarge 1955 vereinigen, sondern als eigene Gesellschaft betrachten.

Unsere Aufnahmen lassen sich in eine *Nuphar*-Subass. und eine typische Subass. gliedern, wobei Bodensubstrat und Windexposition wichtige differenzierende Faktoren sein dürften. Innerhalb dieser Untergesellschaften ist die Untergliederung in Varianten von *Potamogeton* möglich.

Die 1959 aus dem Feldberger Seengebiet beschriebene Ausbildung, die damals noch zum Littorellion gestellt wurde, ist als *Littorella*-Subass. zu fassen. Sie charakterisiert oligotrophe Seen im stärker ozeanisch beeinflußten Gebiet. Die aus dem Müritz-

Tab. 19. Eleocharitetum palustris (Schennikow 1919) Jeschke 1959

	Typische Subass.							*Nuphar*-Subass.		
Aufnahme-Nr.	1	2	3	4	5	6	7	8	9	10
Artenzahl	4	3	4	5	10	5	4	4	10	11
Eleocharis palustris	4	3	4	3	4	5	3	3	4	4
Nuphar lutea	.	.	.	.	.	.	.	+	2	3
Nymphaea alba	.	.	.	.	.	.	.	.	1	+
Phragmites communis	+	.	.	.	r	r	.	.	.	r
Schoenoplectus lacustris	.	.	.	2	+	.	.	3	r	.
Equisetum fluviatile	.	.	.	.	2	1	.	.	.	.
Carex rostrata	.	.	.	.	.	.	.	.	+	+
Sparganium erectum	.	.	.	.	.	.	.	.	.	1
Potamogeton natans	1	2	2	2	+	+	.	2	2	2
Polygonum amphibium natans	.	.	.	.	+	2	1	.	.	.
Potamogeton lucens	.	.	1	+	1	.	2	.	1	.
Potamogeton perfoliatus	.	.	r	.	r	.	r	.	+	.
Elodea canadensis	.	.	.	.	+	.	.	.	.	r
Myriophyllum spicatum	.	.	.	.	.	.	.	.	+	.
Potamogeton compressus	.	.	.	r	.	.	.	.	.	.
Stratiotes aloides	+	+	.	.	.	.	.	.	.	1
Ceratophyllum demersum	.	.	.	.	+	.	.	.	+	+
Utricularia vulgaris	.	.	.	.	.	.	.	.	.	1

Fundortsnachweis: 1 — G-S, N-Ufer westl. Badestelle, 0,5 m. 16. 8. 1974; 2 — RS, SE-Ufer, an der Wiese, 0,2—0,4 m. 20. 7. 1965; 3 — RS, S-Ufer, 200 m westl. Prinzenstrand, 0,8 m. 3. 9. 1965; 4 — RS, S-Ufer westl. Prinzenstrand 0,8 m. 3. 9. 1965; 5 — RS, E-Ufer d. Schlaborner Bucht, 0,3—0,5 m. 20. 7. 1965; 6 — G-S, N-Ufer, a. Camping-Platz, 0,4—0,7 m. 6. 9. 1965; 7 — RS, S-Ufer am Prinzenstrand, 0,4—0,6 m. 3. 9. 1965; 8 — RS, SE-Ufer am Kanal, 0,2—0,5 m. 20. 7. 1965; 9 — G-S, W-Ufer, 0,7 m. 6. 9. 1965; 10 — RS, SE-Ufer, 0,7 m. 20. 7. 1965

gebiet mitgeteilten Aufnahmen mit *Schoenoplectus tabernaemontani* und *Apium repens* wären als Subass. schwach halischer Standorte einzustufen. Die von Krausch (1964) im Stechlinsee-Gebiet erfaßten Bestände mit *Potamogeton nitens* und *filiformis* vermitteln zur *Littorella*-Subass.

Als Kontakt-Gesellschaften des Eleocharitetum treten im Rheinsberger Gebiet das Scirpetum lacustris, das Scirpo-Phragmitetum und gelegentlich sogar das Hydrocharitetum auf. Auch dürfte unter ungestörten Verhältnissen ein Kontakt zum Charetum tomentosae gegeben sein.

3.4.2.3. Equisetetum fluviatilis Steffen 1931

An geschützten, nach E bis NE exponierten Uferabschnitten tritt am Rheinsberger See das Schachtelhalm-Röhricht auf. Die Zugehörigkeit zum Eleocharido-Sparganion ist vorwiegend strukturell begründet. Bei den wenigen Arten, die diese Bestände bilden, sind die soziologischen Zusammenhänge nicht so offensichtlich.

Die Wassertiefe an den Fundorten der Bestände schwankt zwischen 0,2 und 0,6 m. Von ausschlaggebender Bedeutung für das Standortklima ist die Beschattung durch

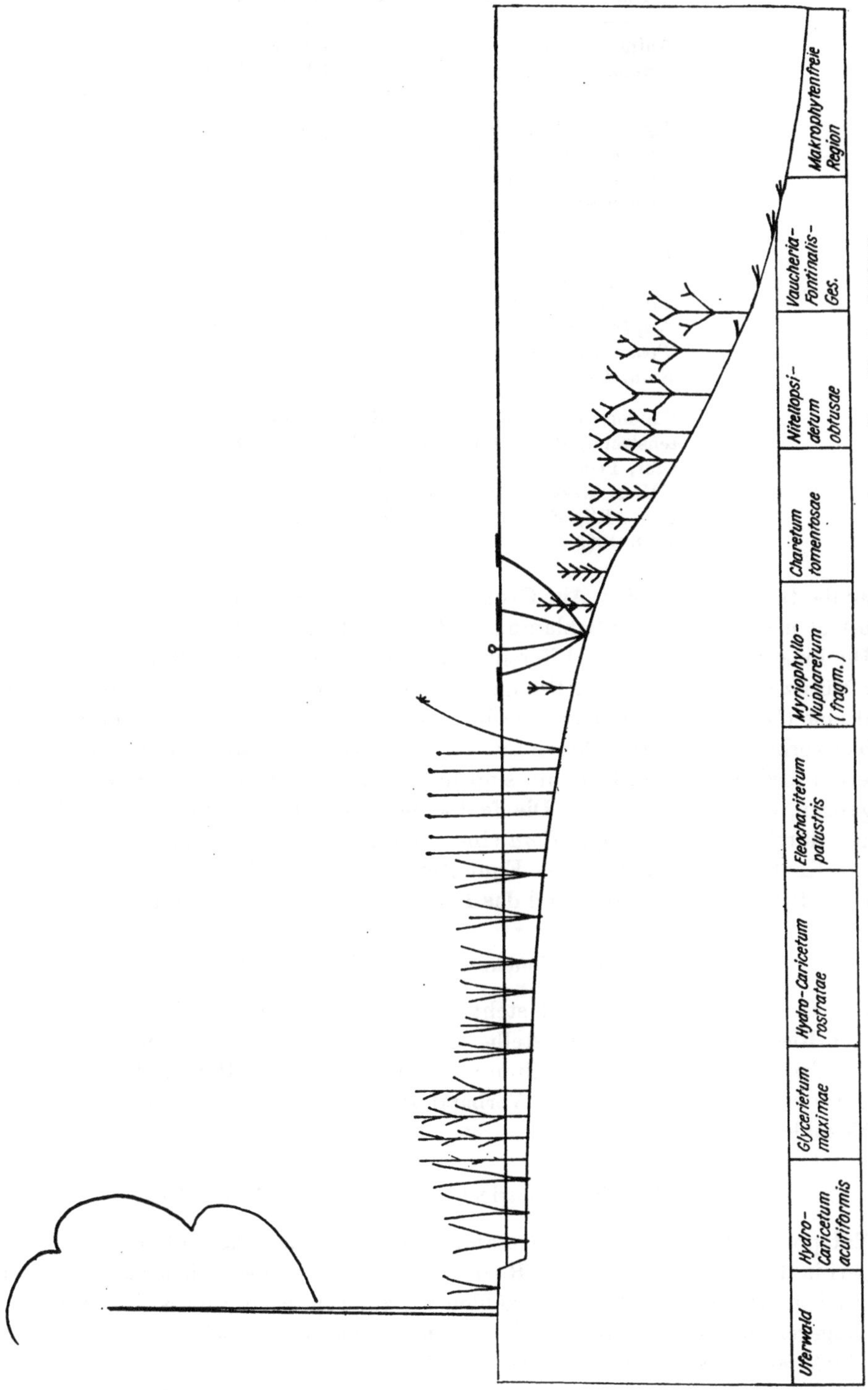

Abb. 3. Schematisches Vegetationsprofil vom SE-Ufer des Rheinsberger Sees (Zustand 1974)

Tab. 20. Equisetetum fluviatilis Steffen 1931

Aufnahme-Nr.	1	2	3	4
Artenzahl	2	5	4	9
Equisetum fluviatile	5	3	4	3
Schoenoplectus lacustris	.	.	r	3
Eleocharis palustris	.	.	+	.
Potamogeton lucens	1	2	.	1
Potamogeton perfoliatus	.	1	.	1
Elodea canadensis	.	+	.	r
Myriophyllum spicatum	.	r	.	.
Polygonum amphibium natans	.	.	r	2
Nuphar lutea	.	.	.	2
Potamogeton natans	.	.	.	1
Stratiotes aloides	.	.	.	r

Fundortsnachweis: 1 — RS, S-Ufer, westl. Prinzenstrand, 0,2—0,6 m. 17. 8. 1965; 2 — RS, S-Ufer, Prinzenstrand, 0,4 m. 24. 8. 1965; 3 — RS, S-Ufer, westl. Prinzenstrand, 0,3 m. 16. 8. 1965; 4 — RS, S-Ufer, westl. Prinzenstrand, 0,6 m. 17. 8. 1965

Baumbestände am Seeufer. Auf Grund der geringen Stoffproduktion ist das Bodensubstrat meist eine dünne Schlammschicht über dem anstehenden Sand.

Die innergesellschaftliche Differenzierung ergibt eine *Nuphar*-Subass., die auch an der Müritz und im Feldberger Seengebiet aufgenommen wurde, eine typische Subass. und eine *Carex-rostrata*-Subass., die im Feldberger Gebiet und auch im Stechlinseegebiet vorkommt. Die Aufnahmen aus den Feldberger Seen wurden seinerzeit dem Caricetum rostratae zugeordnet und sind in die Sammeltabelle dieser Gesellschaft eingegangen, vgl. Jeschke (1959). Die Feldberger Ausbildung des Equisetetum fluviatilis erhält durch *Lysimachia thyrsiflora* einen deutlichen borealen Anstrich.

Als Kontaktgesellschaften des Equisetetum fluviatilis kommen am Rheinsberger See das Potamo-Nupharetum und das Potamo-Polygonetum in Frage.

3.4.3. Cicution virosae Hejný 1960

Der Cicution-virosae-Verband steht an der Grenze der Röhrichte zu den Großseggen-Riedern. Succow (1970) stellt den Cicution-Verband mit einer Reihe anderer neuer Verbände zur neu aufgestellten Ordnung Magnocarici-Phragmitetalia, während Westhoff & den Held diesen Verband zu den Nasturtio-Glycerietalia Pignatti 1953 zählen.

3.4.3.1. Cicuto-Caricetum pseudocyperi Boer 1942

Entsprechend der eutrophen Gesamtsituation ist das Cicuto-Caricetum pseudocyperi in den stillen Buchten des Rheinsberger Sees und des Grienerick-Sees optimal entwickelt. Die hiesigen Bestände zählen wir zur typischen Subass. Im Müritzgebiet ist dagegen die für mesotrophere Verhältnisse charakteristische *Carex-rostrata-* und *Thelypteris*-Subass. verbreitet (Jeschke 1963). Die typische Variante ist die bezeichnende Ausbildung der äußersten Schwingsaumkanten noch im Einflußbereich des

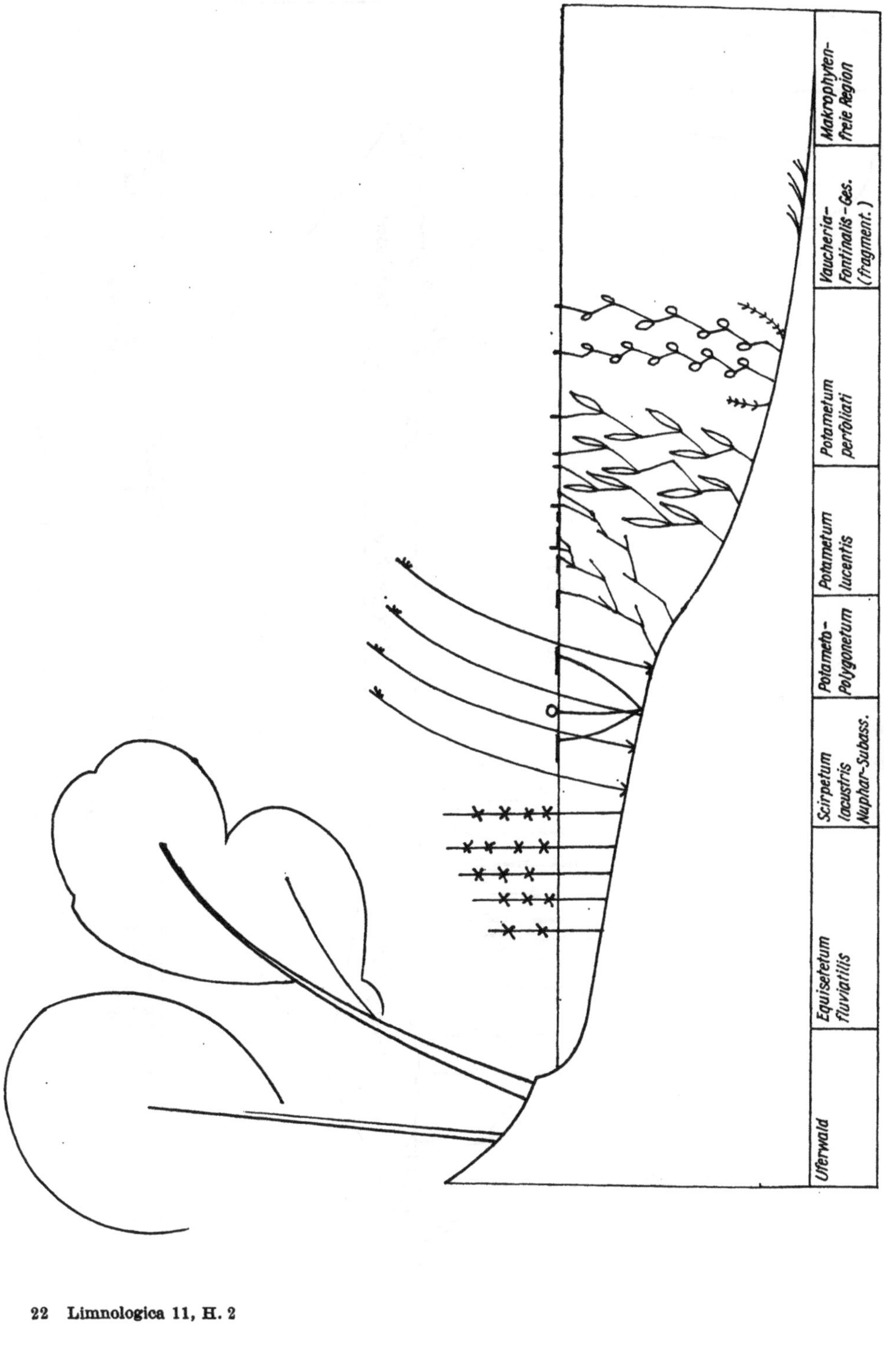

Abb. 4. Schematisches Vegetationsprofil vom S-Ufer des Rheinsberger Sees (Prinzenstrand) (Zustand 1965)

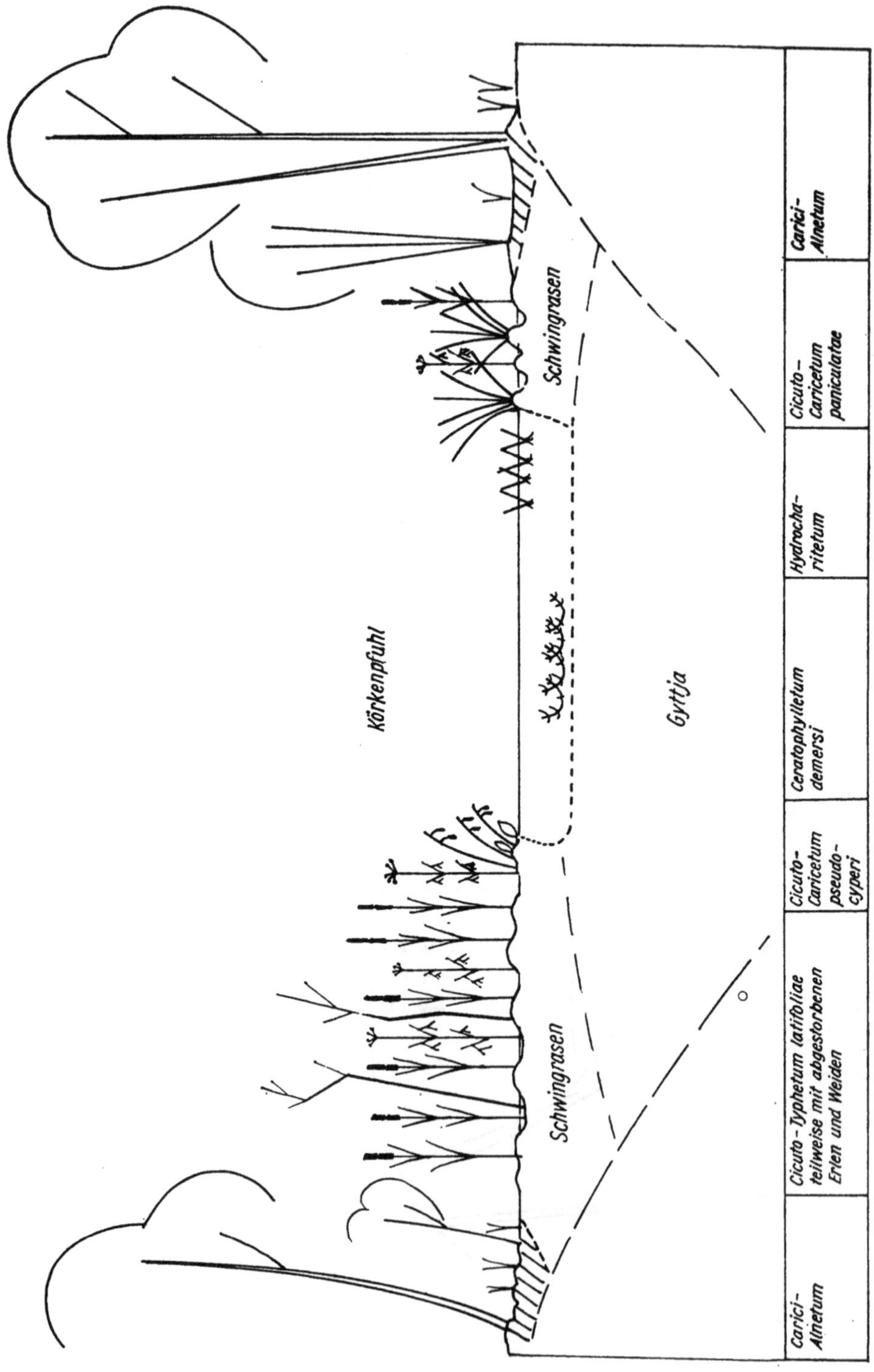

Abb. 5. Schematisches Vegetationsprofil von der NE-Bucht des Grienerick-Sees (Zustand 1974)

Tab. 21. Cicuto-Caricetum pseudocyperi BOER 1942

Aufnahme-Nr. Artenzahl	1 16	2 15	3 20	4 16	5 17	6 11	7 16	8 13
Carex pseudocyperus	2	2	1	1	3	3	3	1
Cicuta virosa	2	2	3	3	3	2	1	r
Calla palustris	.	.	.	.	.	.	.	3
Rumex hydrolapathum	1	2	1	2	2	.	+	+
Sium er ecum	1	+	+	+	2	.	.	.
Agrostis stolonifera	+	.	+	.	+	.	+	.
Myosotis palustris	r	.	+	+	.	.	.	.
Rorippa amphibia	.	.	+	r	.	.	.	r
Lysimachia nummularia	.	r	r	+	.	.	.	.
Thelypteris palustris	.	r	.	.	.	+	+	+
Epilobium palustre	r	+	r	.	+	.	1	+
Carex echinata	.	1	+	1	.	.	.	.
Comarum palustre	.	.	.	.	.	.	1	.
Typha angustifotlia	1	+	+	+	+	.	.	.
Typha latifolia	r	r	+	r	.	.	.	.
Sparganium erectum	r	.	.	.	.	.	.	.
Schoenoplectus lacustris	.	.	+	.	.	.	.	.
Carex paniculata	+	.	.	.	1	2	2	+
Lycopus europaeus	r	+	1	1	+	.	.	.
Galium palustre	.	+	+	.	.	+	.	+
Lythrum salicaria	.	r	+	.	r	.	.	.
Mentha aquatica	.	.	1	r	.	.	1	.
Cardamine pratensis	.	.	.	.	r	.	+	.
Carex vulpina	2	.	.	.	.	.	.	.
Epilobium hirsutum	.	+	.	1	+	.	.	.
Alnus glutinosa Keimpflanzen	.	.	r	r	.	.	.	.
Hydrocharis morsus-ranae	2	+	+	1	3	1	2	r
Lemna minor	1	.	r	r	2	1	2	1
Spirodela polyrhiza	r	.	.	.	+	1	1	+
Lemna trisulca	.	.	.	.	+	1	1	.
Stratiotes aloides	.	.	.	.	1	.	+	1
Lemna gibba	.	.	.	.	.	r	+	.
Ceratophyllum demersum	.	.	.	.	.	+	.	.

Fundortsnachweis: 1 — RS, SE-Bucht (Mitte), 16. 8. 1965; 2—4 — RS, N-Ufer, westl. Kanaleinfahrt, 25. 8. 1965; 5 — G-S, Durchfahrt zum Körkenpfuhl, 27. 8. 1965; 6 — G-S, Körkenpfuhl (S-Rand), 20. 8. 1965; 7 — G-S, Körkenpfuhl (S-Rand), 20. 8. 1965; 8 — G-S, Körkenpfuhl (W-Rand), 5. 9. 1965

Wellenschlages. Die *Typha*-Variante liegt in der Regel immer etwas landeinwärts und vermittelt zum Cicuto-Typhetum latifoliae.

Im Zuge der weiteren Eutrophierung der Rheinsberger Seen seit 1965 hat auch das Cicuto-Caricetum an Fläche gewonnen. Beachtliche Flächen sind inzwischen aus dem Hydrocharitetum hervorgegangen.

3.4.3.2. Cicuto-Typhetum latifoliae (SUCCOW 1970)

In engem Kontakt zum Cicuto-Caricetum tritt an den Rheinsberger Seen ein von *Typha latifolia* gebildetes Röhricht auf, in dem die Phragmition-Arten deutlich zurücktreten und dafür eine größere Zahl von Cicution-Arten die soziologische Struktur bestimmen. Dem Vorschlag SUCCOWS folgend, betrachten wir sie als eigenständige

Tab. 22. Cicuto-Typhetum latifoliae (SUCCOW 1970)

	Typische Subass.				*Thelypteris*-Subass.				
Aufnahme-Nr.	1	2	3	4	5	6	7	8	9
Artenzahl	13	17	11	11	15	17	17	18	10
Typha latifolia	4	3	3	4	3	2	3	2	2
Sparganium erectum	+	.	.	.	.	r	r	2	.
Typha angustifolia	3	.	.	.	.	.	.	.	.
Schoenoplectus lacustris	+	.	.	.	.	.	.	.	.
Phragmites communis	.	.	.	.	.	.	+	.	1
Rumex hydrolapathum	r	+	.	r	1	1	1	1	.
Cicuta virosa	+	1	+	+	.	+	+	.	.
Sium erectum	1	.	.	1	1	1	1	1	.
Carex pseudocyperus	.	1	+	.	+	1	+	1	.
Thelypteris palustris	.	.	.	.	1	+	3	4	4
Calla palustris	.	.	.	.	.	4	2	2	.
Lycopus europaeus	.	+	+	+	+	+	+	+	+
Epilobium palustre	.	r	.	1	.	1	+	+	r
Carex paniculata	.	2	+	.	.	+	+	2	.
Galium palustre	.	+	.	.	2	.	.	+	.
Mentha aquatica	r	.	.	.	2	.	.	.	.
Peucedanum palustre	.	.	.	.	.	.	.	+	r
Carex rostrata	.	.	.	.	2	.	.	.	.
Carex echinata	.	.	.	.	.	1	.	.	.
Carex acutiformis	.	.	.	.	.	.	.	.	1
Acrocladium cuspidatum	.	+	.	.	+	+	.	2	3
Alnus glutinosa Keimpfl.	.	r	+	.	r	.	r	1	.
Urtica dioica	.	r	r	.	.	.	.	r	.
Bidens tripartitus	.	.	.	.	.	r	.	.	.
Solanum dulcamara	.	.	.	.	.	.	r	1	.
Lemna minor	2	2	1	2	.	1	+	+	.
Spirodela polyrhiza	+	1	1	2	r	1	r	.	.
Stratiotes aloides	.	2	2	r	1	.	.	.	+
Hydrocharis morsus-ranae	.	.	.	1	.	1	.	1	+
Lemna trisulca	+	+	.	+	.	.	.	.	.
Potamogeton natans	r	.	.	.	.	.	.	.	.
Ceratophyllum demersum	.	r	.	.	.	.	.	.	.
Alisma plantago-aquatica	+	.	.	.	+	.	.	.	.
Agrostis stolonifera	.	1	+	.	.	.	.	.	.
Ranunculus lingua	.	.	.	.	r	.	.	.	.
Epilobium hirsutum	.	.	.	.	.	.	r	.	.

Fundortsnachweis: 1 — RS, N-Ufer b. Schlaborn, 0,1 m. 11. 9. 1965; 2 — G-S, E-Rand d. Körkenpfuhls, 0,3 m. 5. 9. 1965; 3 — G-S, NE-Rand d. Körkenpfuhls, 0,1 m. 5. 9. 1965; 4 — RS, E-Ufer südl. Hohenelse, 0,1 m. 18. 8. 1965; 5 — RS, N-Ufer b. Schlaborn, (0,8 m). 11. 9. 1965; 6 — G-S, W-Rand d. Körkenpfuhls, (0,2 m). 20. 8. 1965; 7 — G-S, W-Rand d. Körkenpfuhls, (0,3 m). 20. 8. 1965; 8 — G-S, SW-Rand d. Körkenpfuhls, (0,1 m). 5. 9. 1965; 9 — RS, NW-Ufer, am Schlaborn-Kanal, 0,0. 6. 9. 1965

Cicution-Phytozönose. Neben diesem Cicuto-Typhetum latifoliae gibt es an den Rheinsberger Seen nach unserem Material kein (Eu-)Typhetum latifolae (als Phragmition-Gesellschaft).

Unsere Aufnahmen ermöglichen die Unterscheidung einer *Thelypteris*-Subass. und einer durch *Agrostis stolonifera* schwach differenzierten typischen Subass.

Bisher wurden die zu dieser Gesellschaft zählenden Bestände in der Regel in das Cicuto-Caricetum pseudocyperi einbezogen, vgl. FREITAG et al. (1958) und JESCHKE (1963).

Die nahezu regelmäßig anzutreffenden Keimlinge von *Alnus glutinosa* zeigen die Weiterentwicklung zu einem Erlensumpf an; diese Entwicklung wird besonders in Jahren mit tieferen Wasserständen begünstigt. So können sich in zehn Jahren auf diesen Standorten stubenhohe Erlen-Bestände entwickeln, die dann in nassen Jahren schlagartig wieder absterben. Solche Vorgänge waren sehr schön in der NE-Bucht des Grienerick-Sees (Körkenpfuhl) zu beobachten.

3.4.3.3. Cicuto-Caricetum paniculatae (WANGERIN 1916) SUCCOW 1970

Neben dem Cicuto-Caricetum pseudocyperi und dem Cicuto-Typhetum latifoliae wachsen in einigen Buchten der Rheinsberger Seen über mächtigen Schlammablagerungen große Horste von *Carex paniculata* und bilden eine charakteristische Schwingsaum-Gesellschaft. Teilweise dringen die *Carex-paniculata*-Horste bis an die Schwingsaumkante vor und verdrängen hier das Cicuto-Caricetum pseudocyperi. Da das Cicuto-Caricetum paniculatae eine leichte Beschattung eher verträgt als die anderen Cicution-Gesellschaften, ersetzt es diese an solchen Stellen.

Die im Gebiet aufgenommenen Bestände sind recht einheitlich. Vermutlich läßt sich jedoch auch hier eine typische Subass. von einer *Thelypteris*-Subass. abgrenzen (Aufn. 4 u. 5). In den Aufnahmen von KRAUSCH (1964) aus dem nährstoffärmeren Stechlinsee-Gebiet ist die *Thelypteris*-Subass. nahezu allein enthalten. Schließlich können die Potametea-Arten zur Kennzeichnung weiterer Varianten benutzt werden.

In dieser Abgrenzung ist das Cicuto-Caricetum paniculatae ein recht einheitlicher und klar definierter Vegetationstyp, der nicht mit jenen *Carex-paniculata*-Gesellschaften auf mehr oder weniger quelligen Standorten, vgl. JESCHKE (1964), bzw. Feuchtwiesen-Standorten, z. B. Subass. von *Myosotis palustris* KRAUSCH (1964), zusammengefaßt werden sollte, dann wäre eher die Einordnung als Subass. in das Cicuta-Caricetum pseudocyperi denkbar, vgl. WESTHOFF & DEN HELD (1969).

In der Verlandungsserie steht das Cicuto-Caricetum paniculatae zwischen den Potametea-Gesellschaften und den Uferwäldern.

3.4.4. Hydro-Magnocaricion all. nov. (SUCCOW 1970)

Wir möchten die echten Wasserrieder, die in standörtlicher Hinsicht deutlich von den Schwingsümpfen des Cicution geschieden sind, aus dem Komplex der Magnocaricion-Gesellschaften klassischer Prägung herauslösen. Das Bodensubstrat der Hydro-Magnocaricion-Gesellschaften kann ein kiesiger Sand mit dünner Schlammauflage oder — in kalkoligotrophen Seen — auch eine Kalkmudde sein. Als Trennarten sind die Röhricht-Arten (*Phragmites*, *Schoenoplectus lacustris*, die *Typha*-Arten, *Sparganium erectum* und *Rumex hydrolapathum*) und eine Reihe von Potametea-Arten zur floristischen Abgrenzung gegenüber den Magnocaricion-Gesellschaften im engeren Sinne zu verwenden. Auf der anderen Seite sind die Beziehungen zum Cicution-Verband bei den zu besprechenden Gesellschaften nicht zu übersehen. Jedoch möchten wir diese „*Cicuta*-Varianten" der Rheinsberger Seen noch nicht als eigene Assoziationen des Cicution auffassen.

Tab. 23. Cicuto-Caricetum paniculatae (Wangerin 1916) Succow 1970

Aufnahme-Nr.	1	2	3	4	5
Artenzahl	16	21	14	15	21
Carex paniculata	4	3	5	3	3
Cicuta virosa	1	+	.	+	+
Carex pseudocyperus	2	r	1	.	+
Sium erectum	.	+	r	.	+
Rorippa amphibia	.	r	.	.	.
Rumex hydrolapathum	r	+	+	+	+
Typha angustifolia	.	2	+	.	r
Schoenoplectus lacustris	r	+	.	r	.
Sparganium erectum	.	r	r	.	+
Typha latifolia	+	.	.	r	.
Phragmites communis	.	.	.	.	+
Lycopus europaeus	r	.	r	1	r
Carex rostrata	r	+	.	.	.
Galium palustre	.	+	.	.	+
Cardamine pratensis	.	+	.	.	+
Lythrum salicaria	.	1	r	.	.
Carex vulpina	.	r	.	.	.
Lysimachia vulgaris	.	.	r	.	.
Epilobium palustre	2	r	+	+	+
Thelypteris palustris	.	.	.	1	4
Comarum palustre	.	.	.	.	+
Hydrocharis morsus-ranae	+	3	3	2	1
Lemna minor	3	1	1	1	1
Spirodela polyrhiza	2	+	+	1	1
Lemna trisulca	+	+	+	+	1
Stratiotes aloides	+	+	.	r	.
Ceratophyllum demersum	1	.	.	.	.
Utricularia vulgaris	+	.	.	.	.
Stachys palustris	.	r	.	.	.
Bidens cernua	.	.	.	1	.
Bidens tripartitus	.	.	.	.	+
Solanum dulcamara	.	.	.	1	.
Epilobium hirsutum	.	.	.	.	+
Alnus glutinosa juv.	.	.	.	.	+

Fundortsnachweis: 1 — G-S, Körkenpfuhl, S-Rand, 5. 9. 1965; 2 — RS, SE-Bucht, 26. 8. 1965; 3 — RS, SE-Bucht, 26. 8. 1965; 4 — G-S, Körkenpfuhl, N-Rand, 13. 9. 1965; 5 — G-S, NE-Ufer, 28. 8. 1965

In dieser Umgrenzung entspricht das Hydro-Magnocaricion z. T. dem Carici-Rumicion hydrolapathi Passarge 1964 (dieses enthält jedoch auch die Cicution-Gesellschaften) bzw. dem „nassen Flügel" des Caricion rostratae Balátová-Tulačková 1963. Es deckt sich weitgehend mit dem von Succow (1970) vorgeschlagenen Meso-Phragmition. Wir möchten zu diesem Verband jedoch nicht nur die mesotraphenten, sondern auch die eutraphenten Ausbildungen der Wasserrieder zählen.

3.4.4.1. Hydro-Caricetum rostratae (Rübel 1912) em.

Hauptsächlich am flachen SE-Ufer des Rheinsberger Sees wachsen recht ausgedehnte Bestände der Schnabelsegge in Wassertiefen von 0,2—0,8 m. Als Kontaktgesellschaften treten hier auf: das Eleocharitetum palustris und das Scirpeto-Phragmitetum,

Tab. 24. Hydro-Caricetum rostratae (RÜBEL 1912) em.

Aufnahme-Nr.	1	2	3	4	5	6	7	8	9
Artenzahl	5	8	9	9	7	13	11	10	12
Carex rostrata	3	4	3	4	5	4	4	5	4
Nymphaea alba	1	3	.	.	.	.	.	.	.
Schoenoplectus lacustris	2	r	.	.	.	.	.	.	.
Cicuta virosa	.	.	.	.	.	r	+	1	3
Sium erectum	.	.	.	.	.	.	+	2	1
Calla palustris	.	.	.	.	.	.	2	.	.
Potamogeton natans	1	.	r	.	r	.	.	r	.
Nuphar lutea	.	.	r	.	.	2	.	.	.
Potamogeton lucens	.	1	r	.	.	.	.	.	.
Myriophyllum spicatum	.	r	.	.	.	.	.	.	.
Polygonum amphibium natans	.	.	.	.	.	.	r	.	.
Hydrocharis morsus-ranae	.	.	.	3	+	3	2	3	2
Stratiotes aloides	.	+	.	1	+	2	.	.	.
Lemna minor	.	.	.	1	.	2	.	1	2
Spirodela polyrhiza	.	.	.	.	.	1	r	1	2
Lemna trisulca	.	.	.	+	.	1	.	.	1
Ceratophyllum demersum	.	+	.	.	.	.	.	.	.
Phragmites communis	.	.	.	1	1	r	+	.	+
Sparganium erectum	.	.	.	.	+	+	+	r	r
Eleocharis palustris	+	1	1	.	.	.	.	.	.
Glyceria maxima	.	.	2	.	.	.	1	.	+
Typha angustifolia	.	.	.	+	.	+	.	.	+
Typha latifolia	.	.	.	r	.	.	+	+	.
Rumex hydrolapathum	.	.	.	.	.	+	.	r	+
Acorus calamus	.	.	1	.	.	.	.	.	.
Carex acutiformis	.	.	r	.	r	.	.	.	.
Stachys palustris	.	.	+	.	.	.	.	.	.

Außerdem *Utricularia vulgaris* + in den Aufn. Nr. 4 u. 6.
Fundortsnachweis: 1 — RS, SE-Bucht, E-Ufer, 0,8 m. 26. 6. 1965; 2 — RS, SE-Bucht, (W-Ufer), 0,6 m. 20. 7. 1965; 3 — G-S, N-Ufer an der Koppel, 0,3—0,4 m. 6. 9. 1965; 4 — RS, SE-Bucht, E-Ufer, 0,3 m. 4. 9. 1965; 5 — RS, SE-Bucht, a. Kanalufer, 0,3 m. 26. 8. 1965; 6 — RS, SE-Bucht, S-Rand, 0,2 m. 4. 9. 1965; 7 — G-S, N-Ufer, westl. Kanal, 0,3 m. 27. 8. 1965; 8 — RS, SE-Bucht, SW-Teil, 0,2 m. 26. 8. 1965; 9 — G-S, E-Seite d. Durchfahrt zum Körkenpfuhl, 0,15 m. 28. 8. 1965

Subass. von *Nuphar lutea*. Das Bodensubstrat ist ein feiner Sand mit einer geringen Schlammauflage. Wir betrachten die hiesigen Bestände als typische Subass. Das aus dem Feldberger Gebiet beschriebene „Caricetum rostratae" erhält durch *Lysimachia thyrsiflora* und *Schoenoplectus tabernaemontani* einen eigenen Charakter und wäre als boreale Vikariante (Subass. ?) einzustufen.

Die Untergliederung unseres Hydro-Caricetum rostratae ist auf Grund der wenigen Aufnahmen noch unklar. Es ließe sich eine *Nuphar*-Subass. der weniger dem Wind ausgesetzten Uferbereiche von einer typischen Subass. ohne nymphaeoide Arten abtrennen. Die typische Subass. umfaßt eine typische Variante und die hier provisorisch untergebrachte *Cicuta*-Variante, die zum Cicution vermittelt und vielleicht besser schon zum Cicuto-Caricetum rostratae gerechnet werden sollte.

Unsere Bestände stimmen im wesentlichen mit der *Nymphaea*- und der typischen Variante des Caricetum rostratae, die KRAUSCH (1964) aus dem Stechlinsee-Gebiet beschrieb, überein. Die *Ranunculus-lingua*-Variante KRAUSCHS würden wir mit SUCCOW (1970) zum Cicuto-Caricetum rostratae stellen.

Die Stoffproduktion des Hydro-Caricetum rostratae ist gering, so daß die Sukzession (Anhäufung organischen Materials) langsam verläuft. Möglich erscheint eine Ablösung des Hydro-Caricetum rostratae durch das Scirpo-Phragmitetum.

3.4.4.2. Hydro-Caricetum acutiformis (SAUER 1937)

Das Hydro-Caricetum acutiformis umfaßt die primären Verlandungs-Bestände von *Carex acutiformis* im Röhrichtgürtel unserer Seen, nicht dagegen die *Carex-acutiformis*-

Tab. 25. Hydro-Caricetum acutiformis (SAUER 1937)

Aufnahme-Nr.	1	2	3	4	5	6
Artenzahl	11	8	6	6	9	17
Carex acutiformis	5	5	5	5	5	5
Hydrocharis morsus-ranae	3	2	r	.	.	.
Lemna minor	+	1	.	.	.	.
Lemna trisulca	+	.	.	.	.	.
Utricularia vulgaris	+	.	.	.	.	.
Spirodela polyrhiza	.	+	.	.	.	.
Stratiotes aloides submers	.	.	r	.	.	.
Myriophyllum spicatum	.	.	+	.	.	.
Phragmites communis	1	r	+	1	.	.
Glyceria maxima	.	.	.	+	+	.
Typha latifolia	.	+	.	.	.	+
Rumex hydrolapathum	.	.	.	.	r	+
Ranunculus lingua	+	.	.	.	.	.
Sparganium erectum	.	r	.	.	.	.
Schoenoplectus lacustris	.	.	.	r	.	.
Typha angustifolia	.	.	.	+	.	.
Sium erectum	+	.	.	.	.	1
Cicuta virosa	.	.	.	.	r	+
Rorippa amphibia	.	.	.	.	.	r
Epilobium palustre	.	.	.	.	.	r
Cirsium palustre	.	.	.	.	.	+
Eupatorium cannabinum	.	.	.	.	.	1
Carex rostrata	.	r	.	+	.	2
Carex gracilis	+	.	.	.	.	+
Lycopus europaeus	.	.	.	.	+	+
Scutellaria galericulata	.	.	.	.	+	.
Mentha aquatica	.	.	.	.	r	.
Lythrum salicaria	.	.	.	.	.	+
Myosotis palustris	.	.	.	.	.	+
Carex paniculata	.	.	.	.	.	+
Stachys palustris	+	.	.	.	.	.
Solanum dulcamara	r	.	.	.	+	+
Alnus glutinosa juv.	.	.	r	.	.	r
Carex riparia	.	.	.	.	+	.

Fundortsnachweis: 1 — G-S, W-Ufer an der Wiese, 0,3 m. 4. 9. 1965; 2 — G-S, N-Ufer westl. Kanal, 0,2 m. 27. 8. 1965; 3 — RS, SE-Bucht am Kanal-Ufer, 0,3 m. 26. 8. 1965; 4 — G-S, SW-Bucht (N-Ufer), 0,2 m. 8. 6. 1965; 5 — G-S, SW-Bucht (N-Ufer), 0,1 m. 28. 8. 1965; 6 — RS, N-Ufer östl. Schlaborn-Kanal, 0,1 m. 11. 9. 1965

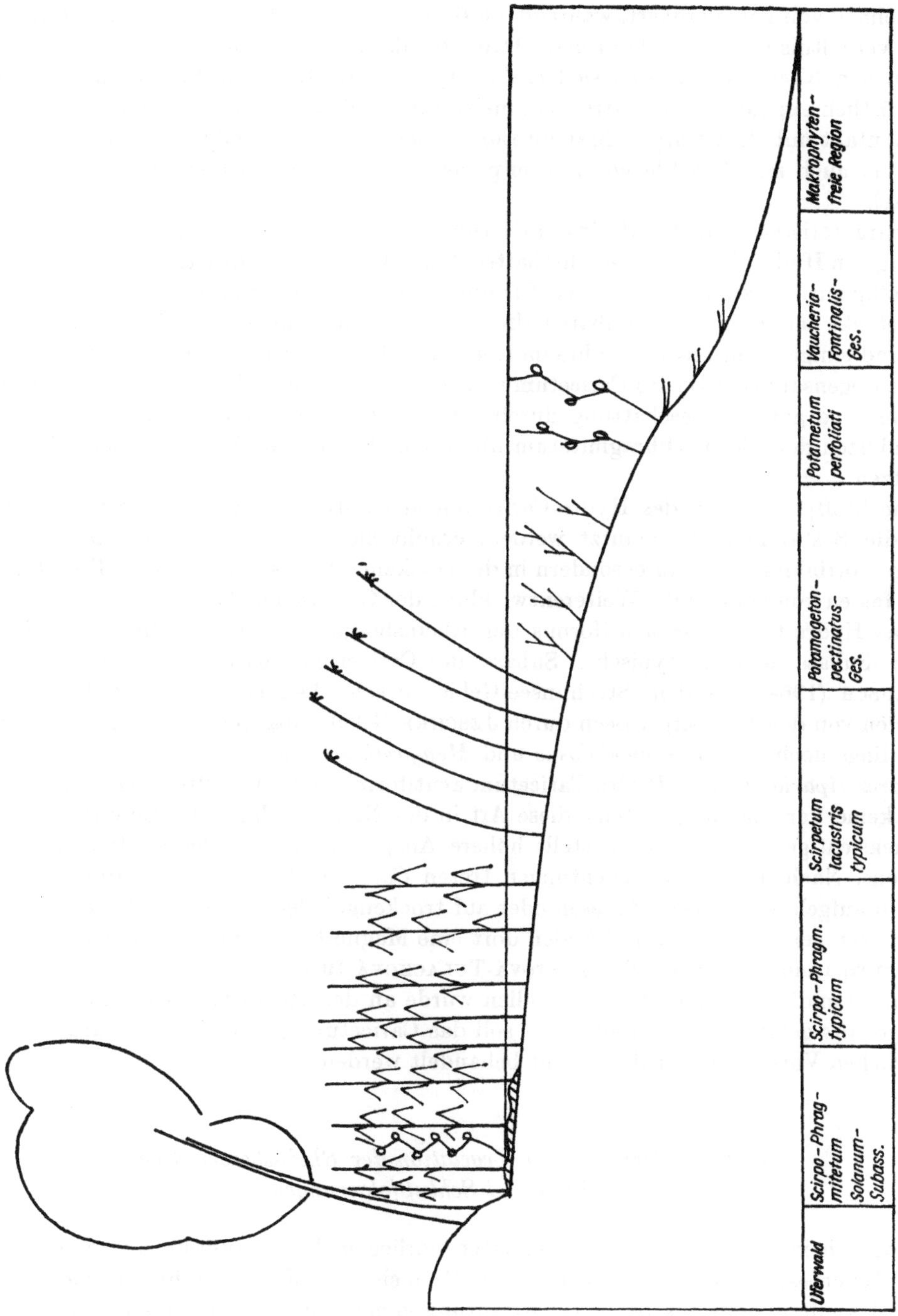

Abb. 6. Schematisches Vegetationsprofil vom E-Ufer des Rheinsberger Sees nördl. Hohenelse (Zustand 1974)

Bestände, die als Ersatzgesellschaften von Alneten in unseren Feuchtwiesen, öfter an leicht quelligen Standorten, auftreten. Nach Aufhören der Mahd werden diese relativ schnell von Erlen erobert, während die Bestände des Hydro-Caricetum acutiformis eine verhältnismäßig stabile primäre Dauergesellschaft darstellen.

An den Rheinsberger Seen siedelt das Hydro-Caricetum acutiformis an nördlich und östlich exponierten Uferstrecken, meist auf ziemlich festem Sandgrund. Es steht in Kontakt mit dem Scirpo-Phragmitetum typicum oder dem Glycerietum maximae, seltener auch mit dem Eleocharitetum palustris und bildet einen meist nur schmalen Gürtel.

Charakteristisch für das Hydro-Caricetum acutiformis ist die relativ starke Beteiligung von Hydrophyten am Gesellschaftsaufbau. Magnocaricion-Arten treten dagegen auffällig zurück, zumindest gilt das für die typische Subassoziation. Die *Cicuta*-Subass. stockt bereits im unmittelbaren Uferbereich, so daß die Wasserpflanzen hier fehlen und einige Cicution- bzw. Phragmition- und Magnocaricion-Arten hinzutreten.

Im Gegensatz zum Hydro-Caricetum rostratae verträgt das Hydro-Caricetum acutiformis eine gewisse Beschattung durch die Uferwald-Bestände und ist an solchen Standorten dem Scirpo-Phragmitetum überlegen. Es vermag dieses hier teilweise zu ersetzen.

Die Stoffproduktion des Hydro-Caricetum acutiformis ist verhältnismäßig hoch. Da die Bestände nicht genutzt werden, erhöht sich der Boden allmählich durch Seggentorfbildung, so daß besondern in der trockeneren Ausbildung *Alnus*-Keimlinge Fuß fassen können und die Weiterentwicklung der Gesellschaft bestimmen.

Das Hydro-Caricetum acutiformis der Rheinsberger Seen entspricht der *Hydrocharis*-Subass. und der typischen Subass. des Caricetum ripario-acutiformis, wie es Krausch (1964) aus dem Stechlinsee-Gebiet beschrieben hat. Ähnliche Bestände wurden von den Feldberger Seen durch Jeschke (1959) mitgeteilt, sie enthalten dort allerdings noch *Juncus subnodulosus* und *Menyanthes trifoliata*.

Carex riparia tritt im Hydro-Caricetum acutiformis nahezu vollständig zurück, so daß keine Veranlassung besteht, diese Art in der Namensgebung der Gesellschaft zu berücksichtigen. *Carex riparia* stellt höhere Ansprüche an den Nährstoffgehalt des Bodens. Nach unseren Beobachtungen treten *Carex acutiformis* und *Carex riparia* nur in aufgelassenen Feuchtwiesen oder auf trockengefallenen Uferstandorten eutropher Seen gemeinsam auf und bilden dort eine Magno-Caricetalia-Gesellschaft (Caricetum ripariae Soó 1928, vgl. Balátová-Tulacková 1963).

An sekundär eutrophierten Uferstellen wurde an den Rheinsberger Seen auch *Carex gracilis* gefunden, als Gesellschaft soll das Caricetum gracilis hier auf Grund des spärlichen Vorkommens jedoch nicht behandelt werden.

4. Veränderungen der Vegetation der Rheinsberger Seen seit 1965 und Schlußfolgerungen

Obgleich keine konkreten Analysendaten vorliegen, kann festgestellt werden, daß die Wasserbeschaffenheit der Rheinsberger Seen sich von Jahr zu Jahr verschlechtert hat, das gilt mindestens bis 1972. Erfahrungsgemäß ist die untergetaucht lebende Wasservegetation von einer Verschlechterung der Wasserqualität in höherem Maße betroffen als Schwimmblatt- und Röhricht-Phytozönosen.

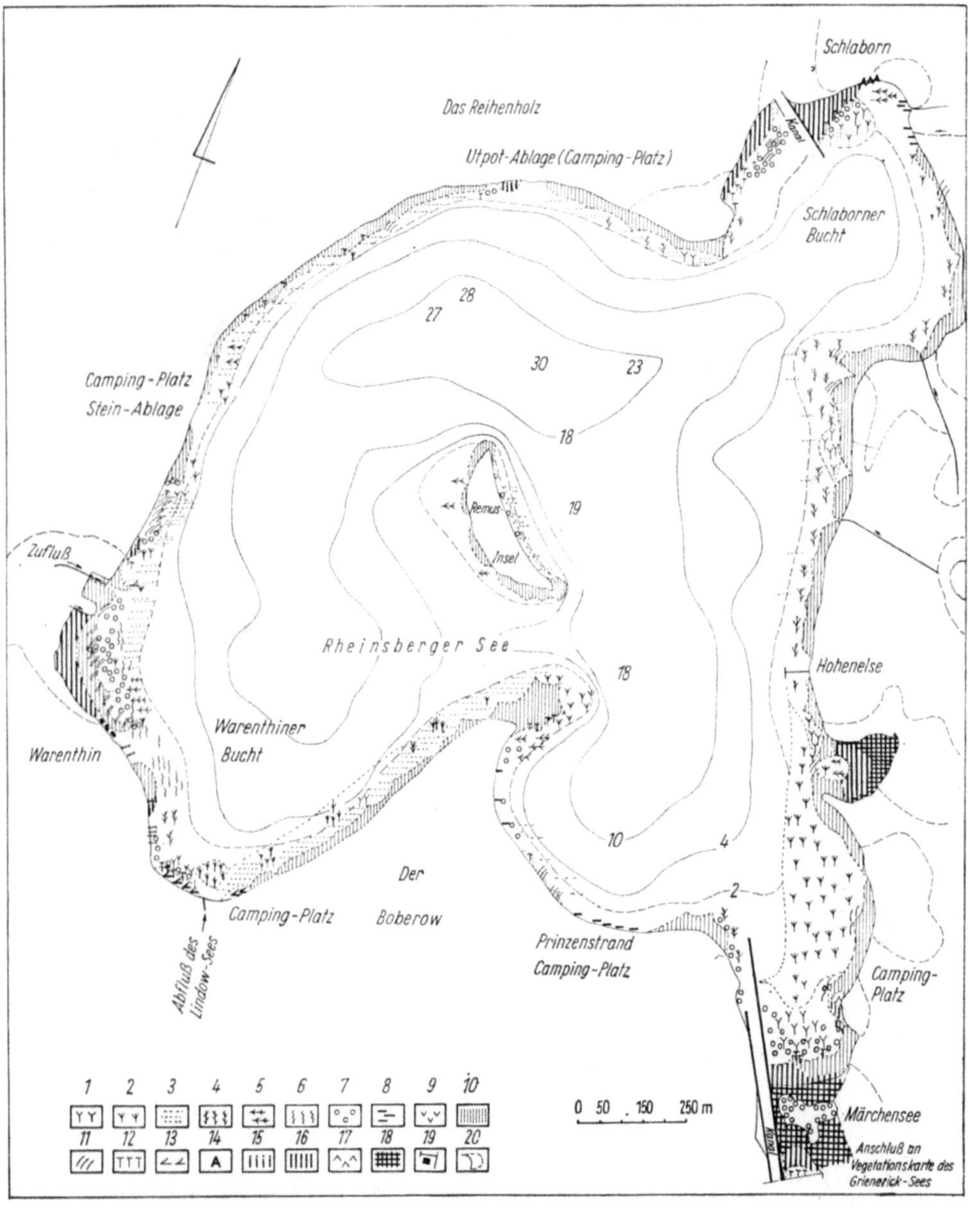

Abb. 7. Vegetationskarte des Rheinsberger Sees (aufgenommen Aug. 1974)
1 — Charetum tomentosae; 2 — Nitellopsidetum obtusae; 3 — *Vaucheria* — *Fontinalis*-Gesellschaft; 4 — *Potamogeton-pectinatus*-Gesellschaft; 5 — Ceratophylletum demersi; 6 — *Myriophyllum-spicatum*-Bestände; 7 — Myriophyllo- u. Potamo-Nupharetum; 8 — Potamo-Polygonetum; 9 — Hydrocharitetum; 10 — Scirpo-Phragmitetum; 11 — Scirpetum lacustris; 12 — Typhetum angustifoliae; 13 — Glycerietum maximae; 14 — *Acorus calamus*; 15 — Eleocharitetum palustris; 16 — Cicution-Ges.; 17 — Hydro-Magnocaricion; 18 — *Alnus-glutinosa*-Bestände; 19 — Bootshäuser bzw. Bootsstege; 20 — an die Seen grenzende Flachmoore (meist bewaldet)

Korrekt muß es heißen: Warrenthin, Warrenthiner Bucht und Reiherholz

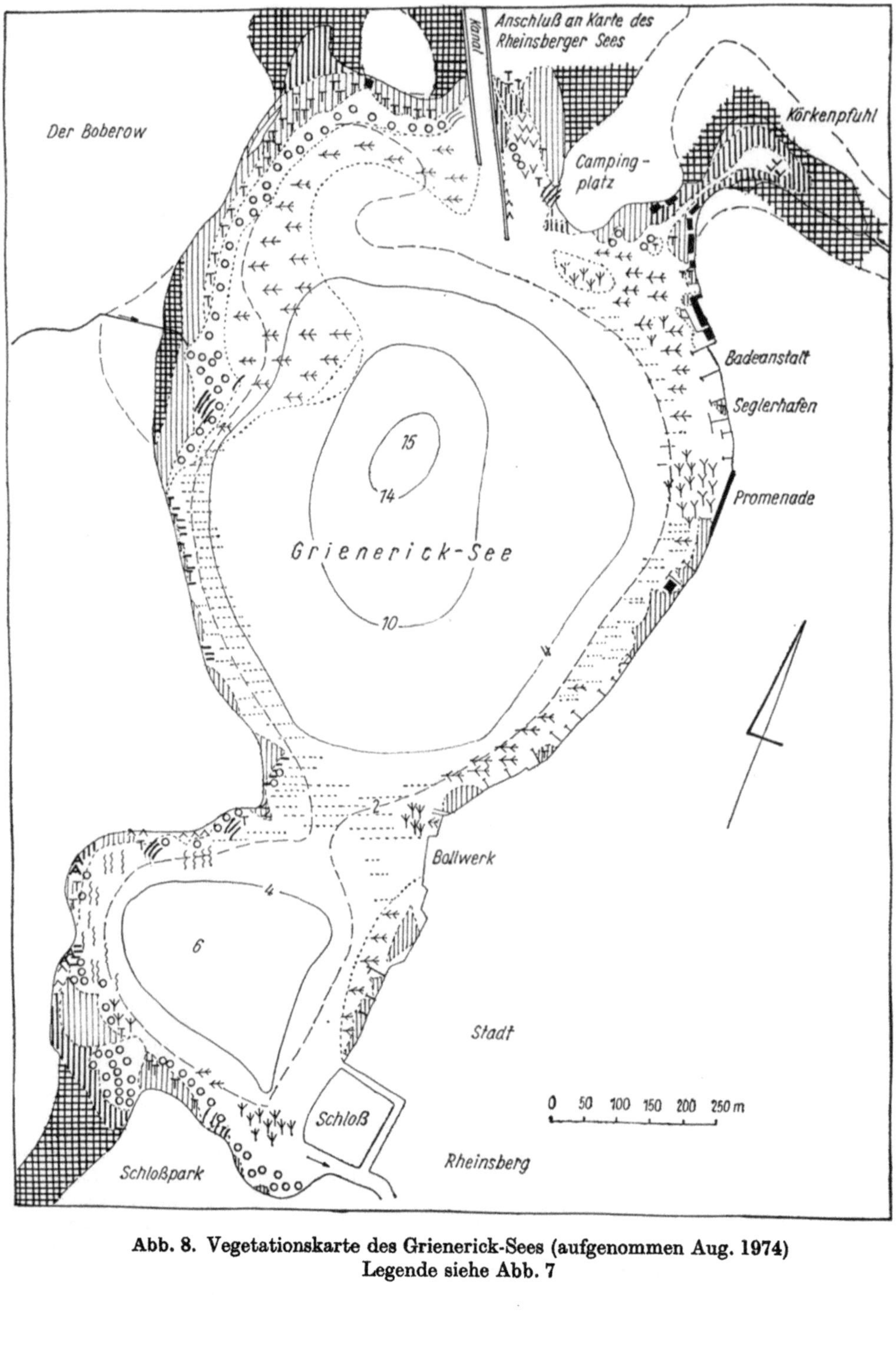

Abb. 8. Vegetationskarte des Grienerick-Sees (aufgenommen Aug. 1974)
Legende siehe Abb. 7

Leider liegen über die Verbreitung der Characeen-Phytozönosen im Jahre 1965 keine Beobachtungen vor, so daß die Rolle des Charetum tomentosae und des Nitellopsidetum obtusae als Indikator-Phytozönosen in den Rheinsberger Seen nicht bewertet werden kann. Das gleiche gilt für die *Vaucheria—Fontinalis*-Gesellschaft.

Umso auffallender sind dagegen die seit 1965 eingetretenen Veränderungen im Bereich der Potametea-Phytozönosen. So ist das Potametum lucentis, das 1965 noch eine Fläche von etwa 5—10 ha einnahm, heute ausgestorben, und das Potametum perfoliati ist bis auf wenige Reste verschwunden. Dafür haben sich am E-Ufer des Rheinsberger Sees, das von Hohenelse aus besonders durch Abwässer belastet war, Bestände des Kammlaichkrauts ausgebreitet. Auch an einigen Stellen des Warrenthiner Ufers konnten 1974 fast Reinbestände dieser Art festgestellt werden. Am Grienerick-See wird das Potametum lucentis durch ziemlich dichte *Myriophyllum-spicatum*-Bestände bzw. durch das Ceratophylletum demersi ersetzt. Wo früher das Potametum perfoliati gedieh, findet man heute nur lückige Teppiche der *Vaucheria—Fontinalis*-Gesellschaft.

Auch der Rückgang bestimmter Teile des Myriophyllo-Nupharetum konnte festgestellt werden. Das gleiche gilt für das Potamo-Nupharetum und das Potamo-Polygonetum natantis. Als Ursachen des Rückgangs dieser Phytozönosen müssen der stark angewachsene Verkehr der Sportboote auf dem See und teilweise auch die Zunahme halb-zahmen Wassergeflügels genannt werden. So konnte im Sommer 1974 kaum eine nicht durch Bleßrallen abgefressene Blüte von *Nuphar lutea* gefunden werden.

Auch auf die Rolle der Höckerschwäne als Konsumenten der höheren Wasservegetation muß verwiesen werden. Der Höckerschwan-Bestand hatte sich in den vergangenen Jahren auffällig vergrößert. Besonders häufig hielten sich die Schwäne Futter suchend im Hydrocharitetum auf.

Selbst an beschatteten Uferabschnitten (Prinzenstrand) haben sich ausgedehnte und frequentierte Badestellen entwickelt, die heute so gut wie frei von höherer Vegetation sind.

Einen starken Rückgang läßt auch das Hydrocharitetum erkennen. Teilweise sind die Bestände im Verlaufe der Sukzession in Cicution-Gesellschaften übergegangen und teilweise wurden an ihren Standorten Bootsschuppen errichtet und durch den damit verbundenen Bootsverkehr weitere Bestände zurückgedrängt.

Selbst im Röhrichtgürtel scheinen sich einige Veränderungen anzudeuten. Hauptsächlich betroffen ist das typische Scirpo-Phragmitetum, das seit Jahren kaum noch zur Rohrgewinnung geschnitten wird und demzufolge allmählich degeneriert. Dadurch wird offensichtlich die *Solanum*-Subass. gefördert. Für einen allgemeinen Röhrichtschwund, wie er an anderen Orten auffällig in Erscheinung tritt, vgl. Klötzli & Züst (1973) und Klötzli (1971), liegen keine konkreten Anhaltspunkte vor.

In Abb. 9 ist versucht worden, die Beziehungen der wichtigsten Phytozönosen der Rheinsberger Seen durch Sukzession und Gewässerbelastung darzustellen.

Es kann gesagt werden, daß die *Vaucheria—Fontinalis*-Gesellschaft an beschatteten oder stärker den Windwirkungen ausgesetzten Uferstrecken und das Ceratophylletum demersi in ruhigeren Buchten die submersen Phytozönosen sind, die gegen die genannten Umweltbelastungen von allen untersuchten Gesellschaften die höchste Stabilität aufweisen. Wahrscheinlich ist die *Potamogeton-pectinatus*-Gesellschaft an windexponierten Ufern mit breiterer Uferbank ebenfalls eine stabile Dauergesellschaft belasteter Seen.

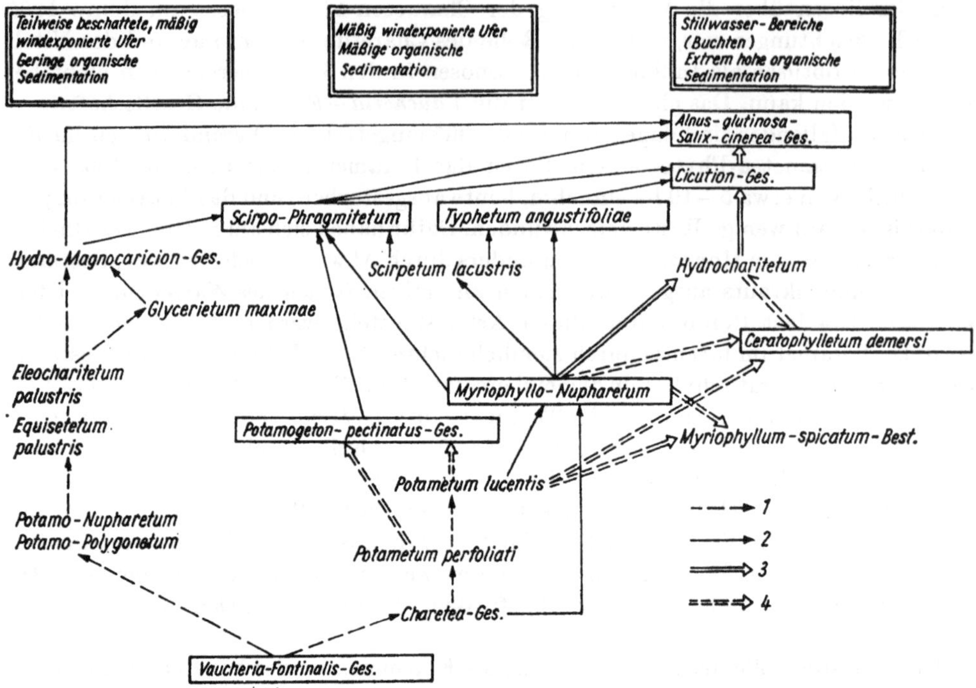

Abb. 9. Sukzessionsschema der wichtigsten Makrophyten-Gesellschaften der Rheinsberger Seen 1—3 — Sukzessionen infolge organischer Sedimentation: 1 — progressive Sukzession mit sehr geringer Geschwindigkeit; 2 — progressive Sukzession mit geringer Geschwindigkeit; 3 — Sukzession infolge starker organischer Sedimentation; 4 — Sukzessionen infolge Milieuverschlechterung (teilweise umkehrbar)

Das festgestellte Verschwinden des Potametum lucentis ermöglicht es, diese Gesellschaft als empfindlichen Indikator gegenüber Gewässerbelastungen (Verschmutzung, Bootsverkehr) zu werten. In etwas abgeschwächter Form trifft das auch für das Potametum perfoliati zu.

Die Veränderung des Röhrichtgürtels (Phragmition, Cicution, Hydro-Magnocaricion) bedürfen weiterer eingehender Beobachtungen, sie sind nicht in erster Linie durch Gewässerverunreinigungen, sondern durch mechanische Einwirkungen auf den Standort (Bootsverkehr, Badestellen, vgl. SUKOPP 1968) ausgelöst.

Aus den genannten Gründen ist in stark besuchten Erholungsgebieten der Pflege der Gewässer und der Gewässerufer erhöhte Aufmerksamkeit zu schenken, da allein die Erholungsnutzung eine erhebliche Belastung der Gewässer darstellt, vgl. SCHLÄFLI (1972). Diesem Umstand sollten die im Landeskulturgesetz der DDR geforderten Landschaftspflegepläne für Landschaftsschutz- und Erholungsgebiete in ganz besonderem Maße Rechnung tragen.

Schließlich erlauben unsere Befunde auch eine grobe Einschätzung der durch zivilisatorische Einflüsse ausgelösten Gefährdung verschiedener Makrophyten-Gesellschaften stehender Gewässer, vgl. HEJNÝ (1973). So gehören heute offenbar nicht nur die Characeen-Phytozönosen, sondern auch die Gesellschaften der großblättrigen *Potamogeton*-Arten zu den im Rückgang befindlichen Vegetationstypen.

5. *Zusammenfassung*

Die Arbeit basiert auf einer geobotanischen Untersuchung des Rheinsberger Sees (269 ha) und des Grienerick-Sees (96 ha) durch MÜTHER in den Jahren 1964—1966. Im Jahre 1974 erfolgte durch JESCHKE eine erneute Aufnahme der Submersvegetation und eine Kartierung der Vegetation. Die in Nordbrandenburg gelegenen Seen besitzen ein Einzugsgebiet von etwa 100 km², bereits im Mittelalter wurden die Seen um etwa 2 m aufgestaut. Nach der Methode BRAUN-BLANQUETS wurden mehr als 250 Vegetationsaufnahmen zu 25 Phytozönosen vereinigt und tabellarisch belegt.

Neben dem Nitellopsidetum obtusae und dem Charetum tomentosae wird eine *Vaucheria—Fontinalis*-Gesellschaft als Charetea-Phytozönose beschrieben, diese Gesellschaft scheint für eutrophe Flußseen charakteristisch zu sein.

Aus der Klasse der Potametea werden *Myriophyllum-spicatum*- und *Potamogeton-pectinatus*-Bestände als gegen Gewässerbelastung widerstandsfähigste Gesellschaften genannt, die sich seit 1966 ausbreiten konnten. Dagegen sind die Bestände der großblättrigen *Potamogeton*-Arten aus beiden Seen vollständig verschwunden. Stark zurückgegangen ist auch das Hydrocharitetum morsus-ranae, dagegen spielt das Ceratophylletum demersi als natante Submers-Gesellschaft in den Buchten mit stärkerer organogener Sedimentation eine große Rolle.

Die Phragmitetalia-Gesellschaften werden folgenden Verbänden zugeordnet: Phragmition, Eleocharido-Sagittarion, Cicution virosae und Hydro-Magnocaricion all. nov. Der Verband Hydro-Magnocaricion entspricht z. T. dem von SUCCOW vorgeschlagenen Meso-Phragmition. Bei den dazugehörigen Assoziationen Hydro-Caricetum rostratae und Hydro-Caricetum acutiformis handelt es sich um primäre Seggen-Riede, deren mineralisches Bodensubstrat ganzjährig überflutet ist.

Schließlich wird auf die Veränderungen der Vegetation der Rheinsberger Seen seit 1966 eingegangen, und es werden als mögliche Ursachen genannt: Abwasserbelastung, stark angewachsene Erholungsnutzung, Wasservögel als Konsumenten von Makrophyten. Es wird auf die Notwendigkeit einer verstärkten Pflege der Gewässer in intensiv genutzten Erholungsgebieten hingewiesen

Summary

During the period of 1964—1966 MÜTHER investigated the vegetation of the two Northbrandenburgian lakes: The Rheinsberger See (269 ha) and the Grienerick-See (69 ha). In 1974 JESCHKE again investigated the submerged vegetation of these two lakes and made vegetation maps of them. The cachment of these lakes is about 100 km². During the 13th century the waterlevel of these lakes was raised about two meters by building a dam at the outflow of the Rhin from the Grienerick-See.

On the basis of 250 vegetation analyses by the BRAUN-BLANQUET method 25 phytocoenoses have been described. Their subdivision, sociological relationships and ecological conditions have been discussed. Special attention was paid to the changes of the submerged vegetation. A complete loss of the large leaved *Potamogeton*-communities was stated. Instead of them *Potamogeton-pectinatus*-, *Myriophyllum-spicatum*-, and *Ceratophyllum*-communities largely extended. The possible causes for this development are water pollution, the increasing use for purposes of recreation, and the influence of waterfowl as consumers of waterplants.

Резюме

С 1964 до 1968 г. была изучена Мютером водная растительность Рейнсбергского озера (269 га) и озера Гринерик (96 га). Приточный ареал этих озер около 100 км². В 1974 г. Ешке вновь определил и картировал подводную растительность этих находящихся в северном Бранденбурге озер.

На основе более 250 определений растительности по методу Браун-Бланкет описаны 25 фитоценоз. Их расчленение, социологическое средство и их экологические условия дискутируются. Особое внимание было направлено на изменения состава подводной растительности. Так было установлено полное исчезновение сообществ крупнолистных потамогетонов. В отличие от этого, сообщества *Potamogeton pectinatus, Myriophyllum spicatum* и *Ceratophyllum demersum* умножились. Как возможные причины этих изменений рассматриваются загрузка отводной водой, повышенная интенсивность использования этих озер для отдыха и водные птицы как консументы макрофитов.

6. *Literatur*

BALÁTOVÁ-TULACKOVÁ, E., 1963: Zur Systematik der europäischen Phragmitetea. — Preslia (Prag) 35, 118—122.

BAUMANN, E., 1911: Die Vegetation des Untersees (Bodensee). — Arch. Hydrobiol. Suppl. 1, 1—554.

BRAUN-BLANQUET, J., 1951: Pflanzensoziologie. — 2. Aufl., Wien.

CARSTENSEN, U., 1955: Laichkrautgesellschaften an Kleingewässern Schleswig-Holsteins. — Schr. naturwiss. Ver. Schleswig-Holsteins 27, 144—189.

CORILLION, R., 1957: Les Charophycees des France et d'Europe Occidentale. — Bull. Soc. sci. Bretagne 32, hors ser. 1, 1—259; 2, 260—499.

ELLENBERG, H., 1963: Vegetation Mitteleuropas mit den Alpen. — Stuttgart.

FREITAG, H., CH. MARKUS, & J. SCHWIPPEL, 1958: Die Wasser- und Sumpfpflanzengesellschaften im Magdeburger Urstromtal südlich des Fläming. — Wiss. Z. Päd. Hochsch. Potsdam, Math.-nat. R. 4 (1), 65—92.

GAMS, H., 1950: Kleine Kryptogamenflora von Mitteleuropa. I. Moos- und Farnpflanzen. — Jena.

GÖRS, S., 1968: Der Wandel der Vegetation im Schwemminger Moos unter dem Einfluß des Menschen in zwei Jahrhunderten. — In: Das Schwenninger Moos. — Natur- u. Landschaftsschutzgebiete Baden-Württ. 5, 190—284.

— 1969: Die Vegetation des Landschaftsschutzgebietes Kreuzweiher im Württembergischen Allgäu. — Naturschutz u. Landschaftspflege Baden-Württ. 37, 7—61.

HILBIG, W., 1971a: Die Wasserpflanzengesellschaften Mitteldeutschlands. — Hercynia N.F. 8, 4—33.

— 1971b: Übersicht über die Pflanzengesellschaften des südlichen Teiles der DDR. II Röhrichtgesellschaften. — Hercynia N.F. 8, 256—258.

HEJNÝ, S., 1964: Bemerkungen zu der Klassifikation einiger Makrophytengesellschaften der stehenden Gewässer. — In: R. TÜXEN (ed.) Pflanzensoziologische Systematik. — Ber. int. Symp. Stolzenau, S. 230—238 (Den Haag).

— 1973: Makrophyte communities of the fishponds. Their conservation and management. Ecosystem study on wetland biome in Czechoslovakia. — PT-PP/IBP Report No. 3, Třeboň.

HILD, J., & K. REHNELT, 1971: Ökosoziologische Untersuchungen an einigen niederrheinischen Meeren. — Ber. dtsch. bot. Ges. 84, 19—39.

HUECK, K., 1931: Erläuterungen zur vegetationskundlichen Karte des Endmoränengebietes von Chorin (Uckermark). — Beitr. Naturdenkmalpflege 14, 105—214.

JESCHKE, L., 1959: Die Pflanzengesellschaften einiger Seen bei Feldberg in Mecklenburg. — Feddes Repert. Beih. 138, 161—214.

— 1963: Die Wasser- und Sumpfvegetation im Naturschutzgebiet „Ostufer der Müritz". — Limnologica (Berlin) 1 (5), 474—545.

— 1964: Die Vegetation der Stubnitz. — Natur u. Naturschutz Mecklenburg (Stralsund-Greifswald) 2, 1—135.

KLÖTZLI, F., 1971: Biogenous influence on aquatic Makrophytes, especially *Phragmites communis.* — Hidrobiologia (Bucuresti) 12, 107—111.

— 1972: Grundsätzliches zur Systematik von Pflanzengesellschaften. — Ber. geobot. Inst. ETH, Stiftung Rübel, Zürich 41, 35—47.

— 1973: Waldfreie Naßstandorte der Schweiz. — Ber. geobot. Inst. ETH, Stiftung Rübel, Zürich 51, 15—39.

KLÖTZLI, F., & S. ZÜST, 1973: Conservation of Reed Beds in Switzerland. — Pol. Arch. Hydrobiol. 20, 229—235.

KNAPP, R., & A. L. STOFFERS, 1962: Über die Vegetation von Gewässern und Ufern im mittleren Hessen. — Ber. oberhess. Ges. Natur- u. Heilkd. N.F. naturw. Abt. 32, 90—141.

KOCH, W., 1926: Die Vegetationseinheiten der Linthebene. — Jb. St. Gallische naturwiss. Ges. 61 1—146.
KONCZAK, P., 1968: Die Wasser- und Sumpfgesellschaften der Havelseen um Potsdam. — Limnologica (Berlin) 6 (1), 147—201.
KRAUSCH, H.-D., 1964: Die Pflanzengesellschaften des Stechlinsee-Gebietes. — Limnologica (Berlin) 2 (2), 145—203 u. 2 (4), 423—482.
— 1965: Zur Gliederung des Scirpo-Phragmitetum medioeuropaeum W. KOCH 1926. — Limnologica (Berlin) 3 (1), 17—22.
KRAUSCH, H.-D., et al., 1974: Das Rheinsberg-Fürstenberger Seengebiet. — Werte unserer Heimat 25, Berlin.
LANG, G., 1967: Die Ufervegetation des westlichen Bodensees. — Arch. Hydrobiol. Suppl. 32 (4), 437—574.
— 1973: Die Vegetation des westlichen Bodenseegebietes. — Pflanzensoziologie 17, Jena.
LINDNER, A., 1972: Soziologisch-ökologische Untersuchungen an der submersen Vegetation der Darßer Boddenkette. — Diss., Rostock. [vgl. Limnologica (Berlin) 11 (2), 225—305].
OBERDORFER, E., 1957: Süddeutsche Pflanzengesellschaften. — Pflanzensoziologie 10, Jena.
OBERDORFER, E., et al., 1967: Systematische Übersicht der westdeutschen Phanerogamen- und Gefäßkryptogamen-Gesellschaften. — Schr.-R. Vegetationskd. 2, 7—62.
PASSARGE, H., 1964: Die Pflanzengesellschaften des Norddeutschen Flachlandes I. — Pflanzensoziologie 13, Jena.
PHILIPPI, G., 1973: Zur Kenntnis einiger Röhrichtgesellschaften des Oberrhein-Gebietes. — Beitr. naturkd. Forsch. Südw.-Dtl. 32, 53—95.
ROTHMALER, W., 1973: Exkursionsflora für die Gebiete der DDR und der BRD. Gefäßpflanzen. — Berlin, 612 S.
SAUER, F., 1937: Die Makrophytenvegetation ostholsteinischer Seen und Teiche. — Arch. Hydrobiol. Suppl. 6, 431—592.
SCHLÄFLI, A., 1972: Vegetationskundliche Untersuchungen am Barchetsee und weiteren Toteisseen der Umgebung Andelfingens. — Mitt. Thurg. naturforsch. Ges. 40, 19—84.
SCHMALE, F., 1939: Das Naturschutzgebiet Golmer Luch. — Verh. bot. Ver. Prov. Brandenburg 79, 59—152.
SCHRÖTER, C., & O. KIRCHNER, 1902: Die Vegetation des Bodensees. — Schr. Ver. Gesch. Bodensees 31, 1—86.
STEFFEN, H., 1931: Vegetationskunde von Ostpreußen. — Pflanzensoziologie 1, Jena.
SUCCOW, M., 1970: Die Vegetation nordmecklenburgischer Flußtalmoore und ihre anthropogene Umwandlung. — Diss. Greifswald, (ungedr. Masch.-Ms.).
— 1974: Vorschlag einer systematischen Neugliederung der mineralwasserbeeinflußten wachsenden Moorvegetation Mitteleuropas unter Ausklammerung des Gebirgsraumes. — Feddes Rep. 85, 57—113.
SUKOPP, H., 1968: Veränderungen des Röhrichtbestandes der Berliner Havel 1962—1967. — 66 S., Berlin.
TÜXEN, R., 1937: Pflanzengesellschaften Nordwestdeutschlands. — Mitt. flor.-soziol. Arbeitsgem. Niedersachsen 3, 1—170.
— 1972: Potamogetonetea Tx. et PREISG. 1942. — Bibliographia Phytosoziologica Syntaxonomica, Lehre.
WESTHOFF, V., & A. J. DEN HELD, 1969: Plantengemeenschappen in Nederland. — Zutphen.
WOLFF, G., & A. LINDNER, 1974: Zur Luftbildinterpretation bei der Kartierung des Verlandungsgürtels und der submersen Pflanzengesellschaften in Gewässern mit geringer Sichttiefe. — Jenaer Rdsch. 19, 182—186.

Eingegangen am 14. 3. 1975.

Anschrift des Verfassers:
Dr. LEBRECHT JESCHKE
DDR-22 Greifswald
Goethestraße 11

| Limnologica (Berlin) | 11 | 2 | 1978 | 355—377 |

MICHAEL SUCCOW & ARTUR REINHOLD

Das Vegetationsgefüge eines jungpleistozänen Klarwassersees und seine Belastbarkeit — eine Studie mit Hilfe von Farbluftbildern[1])

Mit 6 Abbildungen und Tafel 4—12

Inhalt

1. Aufgabenstellung

Der Parsteiner See als Teil des Landschaftsschutzgebietes Choriner Endmoränenbogen wurde durch Beschluß Nr. 38 des Bezirkstages Frankfurt (Oder) vom 13. November 1972 als Erholungsgebiet mit regionaler Bedeutung ausgeschieden. Im Rahmen der Mehrfachnutzung der Landschaft nimmt damit die Erholungsfunktion des Sees eine Vorrangstellung ein. Die Nutzung ist so abzustimmen, daß der Erholungswert der Landschaft in vollem Umfang erhalten bleibt bzw. erhöht wird.

Grundlage für eine planmäßige Erschließung, Pflege und Entwicklung von Erholungslandschaften bilden Flächennutzungskonzeptionen. Im Zusammenhang mit der Erarbeitung der Flächennutzungskonzeption für den Parsteiner See wurde es für notwendig erachtet, eine Karte der aktuellen Vegetation des Sees zu erstellen. Die Erfassung des Vegetationsgefüges in qualitativer und quantitativer Sicht erlaubt

[1]) Diese Arbeit wurde ermöglicht durch die großzügige Unterstützung des Rates des Kreises Eberswalde, Abt. Verkehrswesen, Energie, Umweltschutz und Wasserwirtschaft. Unser Dank gilt dem Rat des Kreises und den Herren Dr. habil. H.-D. KRAUSCH (Potsdam), Dr. L. JESCHKE (Greifswald) und D. SCHMIDT (Havelberg) für die kritische Durchsicht des Manuskriptes.

neben der flächenhaften Darstellung der für die Erholungsplanung bedeutsamen Vegetationsverteilung und -zonierung eine Aussage im Hinblick auf die Beurteilung der Belastbarkeit und zukünftigen Veränderung der Vegetation und damit des Wertes des Gewässers. Die Untersuchung stellt weiterhin ein bedeutsames Archivmaterial dar, das die biologische Situation des Sees zu einem Zeitpunkt mäßiger Belastung festhält. Am See finden sich derzeitig in der Sommerperiode täglich maximal ca. 5000 Erholungssuchende ein; für die nächsten Jahre wird durch die Erschließung weiterer Erholungskomplexe mit bis zu 15000 Besuchern gerechnet.

2. *Methodik der Luftbildanwendung*

Für die Erfassung der Gewässervegetation unter dem Gesichtspunkt landeskultureller Fragestellungen hat sich die Verwendung von Luftbildern als eine modene Arbeitsmethode bewährt (vgl. LANG 1969, 1973, SUKOPP 1969, KARPATI et al. 1971 und WOLFF & LINDNER 1974). Sie fand auch Anwendung bei der Erarbeitung der Vegetationskarte des Parsteiner Sees.

Von der Abt. Photogrammetrie des Instituts für Forstwissenschaften Eberswalde wurden an einem sonnigen Wochenende im August 1974 Farbluftbilder im Maßstab 1:5000 und 1:2500 auf ORWO-Color UT 18 Film als Senkrechtluftbilder des Formats 13 × 18 aufgenommen.

Die Flughöhe bei den Luftaufnahmen betrug ca. 1000 m bzw. 500 m. Während die Luftbilder d. M. 1:5000 die gesamte Fläche des Sees und seiner näheren Umgebung decken, beschränkte sich die Aufnahme der Luftbilder d. M. 1:2500 auf den S-Teil des Sees. Am Tage der Luftaufnahme herrschte leichter bis mäßiger E-Wind, der in Windböen einen leichten Wellenschlag bis ca. 10 cm verursachte. Diese Luftbilder sollten neben der Erfassung der Gewässer- und Ufervegetation gleichzeitig auch dem Zweck dienen, aktuelleInformationen über die Anzahl der Badegäste und ihre Verteilung, über Umfang und Verteilung der parkenden Kraftfahrzeuge, über Lage und Belastung durch Campingplätze und die Bebauung der Uferzone mit Wochenendhäusern zu erhalten.

Um den Zustand der in den Luftbildern identifizierbaren Unterwasservegetation zu definieren, wurde die Luftbild-Interpretationsarbeit durch stichprobenartige Unterwasseraufnahmen ergänzt.

Durch die Sporttauchergruppe Dr. ALSCHER/KRAUSE (Berlin) wurden dankenswerterweise an mehreren Stellen Tieftauchungen bis 20 m vorgenommen. Damit konnten aus tieferen Bereichen Vegetations- und Bodenproben untersucht und somit die Vegetationsverbreitung und -zonierung auch für die tieferen Teile in groben Zügen erfaßt werden. Zur Dokumentation des aktuellen Vegetationsgefüges wurde von den genannten Kollegen ein umfangreiches fotografisches Bildmaterial erarbeitet (Taf. 4—9).

Die Farbluftbilder beider Maßstäbe sind hinsichtlich ihrer Aussagefähigkeit für die Über- und Unterwasservegetation von zwei Auswertern unabhängig voneinander ausgewertet und die Ergebnisse miteinander verglichen worden. Die Luftbilder 1:5000 erlaubten die vor der Interpretationsarbeit festgelegten Hauptstraten der luftsichtbaren Gewässervegetation eindeutig zu identifizieren. In den Luftbildern 1:2500 konnte innerhalb der Hauptstraten die Anzahl der Unterstraten vermehrt werden. Dagegen ließ sich in letzteren die Erweiterung der Eindringtiefe der Lichtstrahlen unter die Wasseroberfläche nicht eindeutig nachweisen. Festgestellte Unterschiede zugunsten des größeren Bildmaßstabes sind wahrscheinlich auch auf den höheren Sonnenstand zum Zeitpunkt der Aufnahmeflüge zurückzuführen (die Aufnahme der Luftbilder d. M. 1:2500 erfolgte zwischen 13.00—13.30 Uhr, während die Luftbilder d. M. 1:5000 im betreffenden Gebiet bis zu 2 Stunden später aufgenommen worden sind, vgl. REINHOLD & SUCCOW (1976).

Die generelle Grundlage für die Vegetationskartierung bildeten die Farbluftbilder d. M. 1:5000. Die Bilder erlauben, neben der terrestrischen und Überwasservegetation, auch Strukturen der Unterwasservegetation bis in ca. 1,5 m Tiefe zu identifizieren. Die Vegetationskarte (Abb. 6) dieses Sees wurde im Maßstab 1:5000 erstellt. Um eine Eichung der im Luftbild erkennbaren Strukturen mit der aktuellen Vegetation vorzunehmen, wurden an 6 über das Gesamtgebiet verstreuten Beispielspunkten in der Zeit vom 10.—19. 9. 74 Geländeuntersuchungen durchgeführt, deren Ergebnis die Aufstellung eines Luftbildinterpretations- und Kartierungsschlüssels war.

3. *Allgemeine Charakteristik des Untersuchungsgebiets*

Der Parsteiner See mit einer Wasserfläche von 1100 ha, einer maximalen Tiefe von 27 m und einer Uferlinie von ca. 30 km liegt im S-Teil der Großlandschaft Uckermärker Lehmhügelland im Norden des Bezirks Frankfurt (Oder). Er stellt ein späteiszeitliches Gletscherzungenbecken in Randlage zur Pommerschen Haupteisrandlage (Endmoräne) der Weichselvereisung dar. Kuppige Grundmoränenflächen mit stark kalkhaltigen Geschiebelehmböden umgeben das E- und S-Ufer. Das N- und W-Ufer liegt in Sanderflächen mit Drumlins in meist stark bewegter Oberfläche (Abflußsander der Angermünder Staffel). Auf Grund seiner Einbettung in jungpleistozäne kalkhaltige Sande bzw. Geschiebemergel hat dieses Großgewässer natürlicherweise den Charakter eines kalkreich-oligotrophen bis mesotrophen Sees. Der See wird überwiegend von Äckern, kleinflächig auch von Waldpartien umgeben. Ortslagen sind in direkter Seenähe nicht vorhanden.

Eine charakteristische Erscheinung des Uferbereichs dieses Sees ist eine einige Dutzend Meter breite, am S-Ufer bis zu einigen hundert Metern breite Absenkungsterrasse. Diese Terrasse geht auf eine ca. 1 m betragende Absenkung der Seeoberfläche durch die von Mönchen im Mittelalter ausgeführte Anlage des Nettelgrabens zurück. Der freigefallene Seeboden trägt, soweit er in den Seebuchten am W-Ufer nicht vermoort ist, heute Wald- oder Grünlandgesellschaften. Auf der Vegetationskarte werden diese terrestrischen Uferstandorte mit dargestellt.

Im Zuge der Wasserentnahme für Beregnungszwecke wurde der künstliche Abfluß in den letzten Jahren unterbunden. Damit erhält der See heute einen relativ ausgeglichenen Wasserstand durch Eigenverdunstung und die Entnahme von Beregnungswasser. Schon geringfügige Seespiegelschwankungen wirken sich für die Gesamtgröße des Gewässers sehr nachteilig aus, da vor allem am S- und E-Ufer ausgedehnte Flachwassergebiete vorhanden sind.

Die natürliche Wassergüte hat sich im Parsteiner See bis heute im wesentlichen erhalten können. Der See kann als ein mesotropher Großsee vom baltischen Typ eingeschätzt werden. Fischereilich ist er als Maränen—Aal—Hecht-See, also als See mit Feinfischbewirtschaftung, einzustufen.

Untersuchungen der Nährstoff- und Sauerstoffverhältnisse der Seen Ostbrandenburgs durch Scharf (1971) ergaben für den Parsteiner See folgende Werte (Zeitraum 1965—1969): Gelöster Gesamtphosphor in g P/l im Mittel 30 (Minimum 2, Maximum 104), der Gehalt an dem leicht löslichen Orthophosphat beträgt dabei 3—7 g P/l. Der Gesamtstickstoffgehalt lag im Mittel bei 1,81 mg N/l (Minimum 0,56, Maximum 3,64). Sichttiefenmessungen durch den gleichen Autor ergaben folgende Werte: 19. 7. 68 = 6 m; 17. 7. 68 = 2,5 m; 26. 8. 68 = 3 m; 28. 1. 69 = 5,5 m; 29. 4. 69 = 4 m. — Eigene Untersuchungen ergaben Mitte September 1974 im mittleren und südlichen Teil des Sees 3—4 m. Allerdings sanken die Sichttiefen im Bereich größerer Badestellen auf 2,5 m ab.

Die Untersuchungen von Scharf ergaben, daß der Parsteiner See der letzte mesotrophe See in Ostbrandenburg ist. Auch wesentlich tiefere Seen (wie Werbellin- und Scharmützelsee) müssen heute schon auf Grund rasanter Eutrophierung als schwach eutrophe Seen gewertet werden. Zahlreiche Seen haben bereits polytrophen Charakter! Nach TGL 27885/01 (Fachbereichstandard Wassergütebewirtschaftung Seen) ist der Parsteiner See einer von den insgesamt 20 namentlich für das Gesamtterritorium der DDR aufgeführten wassergütemäßig wertvollsten Seen. Das Wasser wäre durch geringe Aufbereitung bereits in Trinkwasser überführbar. Neben dem enormen Wert als potentieller Trinkwassersee sowie als Gewässer der Feinfischbewirtschaftung stellt der Parsteiner See ein hochwertiges Erholungsgewässer dar. Nach einem Vorschlag über Bewertungsfaktoren für die Erholungsnutzung von Seenlandschaften (Klapper 1972) erreicht das Parsteiner Seengebiet in fast sämtlichen Positionen Spitzenwerte. Bei Zugrundelegung von derzeitig jährlich ca. 150000 Erholungstagen (mindestens dreistündiger Badeaufenthalt/Person am See) ergibt sich nach dem Berechnungssatz von Klapper ein Jahresgrundwert des Sees für die Erholung von ca. 375 Tausend Mark. Bei der vorgesehenen Verdreifachung der Erholungssuchenden übersteigt der diesbezügliche Wert des Sees die Millionengrenze.

Die dargestellten Verhältnisse treffen aber leider heute nicht mehr für den gesamten Parsteiner See zu. Die Einrichtung des N-Teils des Sees als Fischintensivgewässer (Karpfen, in jüngster Zeit auch Forellenkäfigmast) bedeutet eine gewaltige Beeinträchtigung der Wassergüte des Sees. Zwar ist dieser N-Teil nur durch einen schmalen Zugang mit dem Hauptteil des Sees verbunden, aber infolge der Entnahme von Wasser aus dem S-Teil des Sees zu Beregnungszwecken erfolgt zwangsläufig eine Wasserdurchmischung. Die Sichttiefenwerte des N-Teils lagen nach eigenen Messungen Mitte Sept. 1974 bei 0,8—1,1 m. Der Seeboden weist viele Meter mächtige Faulschlammablagerungen auf. Die submerse Vegetation ist fast gänzlich abgestorben.

4. *Die aktuellen Vegetationsverhältnisse des Parsteiner Sees und seiner direkten Umgebung*

Nachfolgend sollen die einzelnen auf der Vegetationskarte sowie auf den vier Vegetationsprofilen dargestellten Vegetationstypen der Wasser- und Ufervegetation in ihrer Verbreitung, den Standortbedingungen und den zukünftigen Entwicklungstendenzen erläutert werden. Eine spezielle soziologische Bearbeitung wurde nicht vorgenommen. Eingehende Bearbeitungen der Vegetation vergleichbarer Gewässer aus dem Gebiet des Jungpleistozäns der DDR liegen von Jeschke (1959, 1963), Krausch (1964) und Schmidt (1977) vor.

4.1. Unterwasservegetation

Die Unterwasservegetation setzt sich im Parsteiner See aus bis in größere Tiefen vordringende, geschlossene Characeen-Gesellschaften zusammen. In Abhängigkeit von den Untergrundverhältnissen, der Tiefenzone und Windexposition lassen sich drei charakteristische Gesellschaften unterscheiden. Armleuchteralgen-Bestände sind Ausdruck einer nährstoffarmen, dabei aber kalkreichen Gesamtsituation des Gewässers, was sich vor allem durch große Sichttiefen äußert. Samenpflanzen spielen bei der Unterwasservegetation des Parsteiner Sees heute noch eine untergeordnete Rolle.

4.1.1. Nitellopsidetum obtusae — Tiefwasser-Armleuchteralgenwiese

Diese Gesellschaft, die überwiegend aus üppigen Reinbeständen von *Nitellopsis obtusa* besteht, ist die verbreitetste Characeen-Gesellschaft. Abgesehen vom nährstoffreichen N-Teil des Sees bildet sie im allgemeinen die unterste Vegetationszone, die meist bei 6 m Wassertiefe, an wenigen Standorten mit besonders großer Sichttiefe auch bereits bei 7 m einsetzt. Hier wurde vereinzelt an der unteren Vegetationsgrenze die *Vaucheria-dichotoma—Nitella-flexilis*-Ges. beobachtet. Unterhalb dieser Tiefenzone konnte keine Vegetation mehr nachgewiesen werden. Oberhalb 2—3 m wird das Nitellopsidetum dann von den nachfolgend behandelten Gesellschaften abgelöst. Im eutrophierten N-Teil des Sees besitzt lediglich die W-Bucht noch Armleuchteralgen. Es handelt sich hier generell um *Nitellopsis obtusa*, die von allen Arten offenbar die relativ größten Nährstoffanreicherungen und damit geringsten Sichttiefen erträgt. Sie besiedelt hier aber entsprechend der geringen Sichttiefe nur Flachwasserbereiche oberhalb 2 m. Tiefere Seeteile, aber auch größere Bereiche im Flachwasser der W-Bucht sind auch hier schon gänzlich vegetationslos. Es ist zu erwarten, daß die letzten Rasen dieser Unterwasserpflanzen infolge Lichtmangels, fortschreitender Faulschlammablagerung und Überwucherung durch fädige Grünalgen in den nächsten Jahren absterben. Dann besitzt dieser Teil des Sees keine submerse Vegetation mehr. Es wird nur noch eine Überwasservegetation in Form von Seerosengürteln und Röhrichten ausgebildet (Natante und Arundophyten). Aber auch für den derzeitig weit weniger belasteten mittleren und südlichen Teil des Sees ist ein „Hochwandern" dieser Pflanzengesellschaft zu erwarten, als Folge der durch Nährstoffeintrag und damit starker Phytoplanktonentwicklung einsetzenden Sichttrübung, Faulschlammablagerung und stärkerer Entfaltung fädiger Grünalgen, die als Epiphyten die Characeen „erdrücken". Untersuchungen der Bodensedimente in heute vegetationsfreien tiefen Zonen lassen vermuten, daß diese Gesellschaft einst bis in Tiefen von 8 bis 10 m vorgekommen ist. Durch die Eigenschaften, Kalk abzuscheiden, Sauerstoff zu bilden und Nährstoffe zu verbrauchen, tragen die derzeitig noch vorhandenen Armleuchteralgenwiesen ganz wesentlich zur hohen Wassergüte des Sees bei. Die Darstellung der Verbreitung dieser Assoziation auf der Vegetationskarte trägt stark generalisierte Züge, da die tiefere Unterwasservegetation nicht nach dem Luftbild erfaßbar ist. Die Grenzziehungen wurden in Anlehnung an eine grobe Tiefenkarte des Parsteiner Sees, die auf dem Geologischen Meßtischblatt Gr. Ziethen enthalten war, vorgenommen; im SE-Teil mußte sie durch eigene Lotungen ergänzt werden. Mehrfach konnten lokal im *Nitellopsis*-Rasen auch Dominanzbestände von *Chara tomentosa* oder *Chara filiformis* festgestellt werden.

4.1.2. Charetum asperae — Flachwasser-Armleuchteralgenwiese windexponierter Standorte

Die zweithäufigste Characeen-Gesellschaft des Parsteiner Sees ist das Charetum asperae mit den dominierenden Arten *Chara aspera* und *Ch. delicatula*, vereinzelt auch *Ch. filiformis*. Es besiedelt die Flachwasserbereiche bis 2 (—3) m Wassertiefe an freien, windexponierten Uferstandorten. Infolge stärkerer Wasserbewegung kann sich hier auf dem Untergrund kaum Kalkmudde ablagern. Es handelt sich meist um geröllreiche Unterwasser-Hartböden. Das Charetum asperae dringt bis in den direkten Uferrandbereich vor. Characeen-Rasen besiedeln als Bodenvegetation auch die Standorte lichter Wasserröhrichte (*Phragmites australis, Schoenoplectus lacustris*). An Badestellen ist diese Kleinarmleuchteralgen-Gesellschaft durch den starken Bodenbetritt bereits überwiegend zerstört. Eine große Gefahr bilden weiterhin die fädigen Grünalgenwatten (*Cladophora, Enteromorpha, Vaucheria*), die sich als Aufwuchs auf die Characeen lagern und sie damit ersticken. Besonders im Bereich von Badestellen, wo eine deutliche Nährstoffanreicherung erfolgt (Urin usw.), sind derartige Grünalgenbestände schon stark entwickelt, und es ist abzusehen, daß das Charetum asperae hier zuerst abstirbt. Auf der Vegetationskarte wurde diese Gesellschaft mit starker Generalisierung für die entsprechenden ufernahen Standorte eingetragen.

4.1.3. Charetum tomentosae — Flachwasser-Armleuchteralgenwiese ruhiger Buchten

Die dritte im Parsteiner See vorkommende Armleuchteralgen-Gesellschaft, das Charetum tomentosae, besiedelt im See windgeschützte Buchten. Sie kommt somit relativ kleinflächig am W- und S-Ufer an insgesamt 7 Stellen vor. Es sind Flachwasserstandorte (die Gesellschaft reicht maximal bis 3 m Tiefe hinab) mit starker Kalkmuddesedimentation. Auffällig ist das Auftreten zusammen mit der Teichrosen-

Gesellschaft, die ebenfalls ruhige Flachwasserbuchten besiedelt. Im Charetum tomentosae kommen zahlreiche Armleuchteralgen-Arten vor (*Chara tomentosa, Ch. hispida Ch. aculeatula, Ch. fragilis, Ch. filiformis*).

Durch die starken Kalkmuddeablagerungen sowie das Vorkommen im Bereich von Moorbildungen der Uferlinie scheiden derartige Gebiete für die Anlage von Badestellen aus. Die Bestände haben einen bedeutenden Wert im Hinblick auf die Erhaltung einer hohen Wassergüte, da gerade in Buchten mit Vermoorungstendenz sich leicht Faulschlammablagerungen bilden, die dann vegetationsfeindlich werden. Auf Grund der Nährstoffbelastung gerade dieser Buchten ist die Gefahr des Absterbens des Charetum tomentosae bereits akut. Im N-Teil des Sees ist die Gesellschaft bereits abgestorben; in der Bucht am Ausfluß des abwasserbelasteten Grabens aus Brodowin stark geschädigt. Die ungefähre Verbreitung des Charetum tomentosae ist auf der Vegetationskarte dargestellt.

4.2. Überwasservegetation

Die Überwasservegetation wird im Parsteiner See im wesentlichen von drei Gesellschaften gebildet: Einer Schwimmblattgesellschaft in windgeschützten Buchten; einem lichten Wasserröhricht, das im Flachwasserbereich des mittleren und südlichen Teils des Sees ausgedehnte Säume bildet und schließlich aus einem Nährstoffreichtum anzeigenden dichten Wasserröhricht im N-Teil. Dank ihrer guten Kennzeichnung im Luftbild konnte die Verbreitung dieser Gesellschaften auf der Vegetationskarte dargestellt werden.

4.2.1. Potameto-Nupharetum — Laichkraut—Teichrosengesellschaft

Eine charakteristische Erscheinung der Stillwasserbuchten vor allem am W-Ufer (bis 2 m Wassertiefe) ist die Laichkraut—Teichrosengesellschaft. Sie ist meist als breiter Saum den Buchten, die landwärts dichte Röhrichte auf semiterrestrischen Schwingmoorböden tragen, vorgelagert. Den Untergrund (Seeboden) bilden Kalkmudden mit dichtem Aufwuchs des Charetum tomentosae. In eutrophierten Buchten wächst diese Gesellschaft auch auf vegetationslosen Faulschlammböden, so vor allem im N-Teil des Sees. Sie hält bei Nährstoffanreicherung und Zunahme der Saprobitätsstufe des Standortes noch relativ lange aus und dürfte, falls die Bestände nicht durch starken Bootsverkehr geschädigt werden, in Zukunft möglicherweise sogar eine gewisse Förderung erfahren. Es handelt sich dann allerdings nur um Reinbestände der natanten Arten *Nuphar lutea* und etwas seltener *Nymphaea alba*. Das eigentliche Potameto-Nupharetum zeigt dagegen einen mehrschichtigen Aufbau: demerse Arten (Unterwasserblüher) in Form von Characeenbeständen auf dem Seegrund, emergente (Überwasserblüher) in Form von Laichkräutern (vor allem *Potamogeton lucens*, ferner *P. compressus, P. perfoliatus* und *P. pectinatus*) im freien Wasserraum sowie die natanten (speziell radikante Substratwurzler) in Form von See- und Teichrosen sowie *Potamogeton natans* und *Polygonum amphibium* als Schwimmblattpflanzen.[2]) Ein eigentliches Potametum lucentis wurde für den Parsteiner See nicht ausgeschieden. Zwar wurden in Tiefenbereichen von 2—4 m verschiedentlich lockere Herden von *Potamogeton lucens* festgestellt, sie erreichen aber niemals über 20% Deckung. Der Seeboden

[2]) Lebensformengruppen nach Schmidt (1977) in Erweiterung zu Glück (1936).

ist auch an diesen Stellen generell von Characeen bestanden. Zukünftig ist aber mit einer Entwicklung und Ausbreitung dieser Gesellschaft zu rechnen, vgl. KRAUSCH (1974b).

4.2.2. Meso-Phragmitetum — Armleuchteralgen-Wasserröhricht

Das Meso-Phragmitetum besitzt im mittleren und südlichen Teil des Parsteiner Sees eine außerordentlich große Verbreitung, was auf die Nährstoffarmut des Gewässers hinweist. Im eutrophierten N-Teil tritt es nicht mehr auf. Das Meso-Phragmitetum ist im Parsteiner See in Fazies von Schilf (*Phragmites australis*) und Teichsimse (*Schoenoplectus lacustris*) ausgebildet. Teichsimsen finden sich in ausgedehnten Beständen vor allem am S-Ufer, sie dringen bis maximal 2 m Wassertiefe vor. Die Schilfbestände umsäumen den gößten Teil des Sees in teilweise über 100 m Breite. Sie dringen maximal bis 1,5 m Wassertiefe vor. Charakteristisch ist der schüttere und schwache Wuchs der Pflanzen. Infolge der großen Lichtheit der Bestände kann sich auf dem Untergrund ein relativ dichter Rasen von Kleinarmleuchteralgen *Chara aspera* und *Ch. delicatula*) ausbilden. Solche characeenreichen lichten Wasserröhrichte sind in unseren Gewässern bereits äußerst selten geworden, in derartiger Ausdehnung dürften sie in der DDR sonst nicht mehr vorkommen. Aber auch im Parsteiner See hatten sie früher eine größere Ausdehnung. Nicht nur, daß diese Gesellschaft im N-Teil auf Grund der Eutrophierung heute fehlt, auch im mittleren und südlichen Teil des Sees dürfte sie möglicherweise ein Drittel ihres einstigen Areals eingebüßt haben. Abgestorbene Rhizome im Seeboden auf heute schilffreien Flächen deuten darauf hin. In Zukunft ist mit einem weiteren Rückgang des Meso-Phragmitetum und möglicherweise sogar mit seinem völligen Verschwinden zu rechnen. Einerseits werden durch Boots- und Badebetrieb jährlich zahlreiche Halme umgeknickt, wodurch der Nährstoff- und Luftaustausch zum Rhizom unterbunden wird. Die Pflanze hat nicht mehr die Kraft, im nächsten Jahr neu auszutreiben. Andererseits lagern sich um die Röhrichthalme im Unterwasserbereich als Folge der Nährstoffanreicherung fädige Grünalgenmassen, was bei starker Windeinwirkung infolge der Schwere des Aufwuchses ebenfalls zum Abknicken und damit Absterben der Pflanzen führt (KLÖTZLI 1973). Bei stärkerer Eutrophierung dürften sich ufernahe Bestände in ein Eu-Phragmitetum umwandeln.

4.2.3. Eu-Phragmitetum — Wasserröhricht nährstoffreicher Seeuferstandorte

Auf Grund des Nährstoffreichtums kommt im N-Teil des Parsteiner Sees das Meso-Phragmitetum nicht mehr zur Ausbildung. An seine Stelle treten geschlossene Säume konkurrenzstarker, meist einartiger Wasserröhrichte, die entweder in Fazies von Schilf (*Phragmites australis*) oder dem Schmalblättrigen Rohrkolben (*Typha angustifolia*) ausgebildet sind. Der Untergrund ist mit Faulschlamm bedeckt, Characeenarten fehlen. Vereinzelt finden sich hier wasserwurzelnde (errante) Schwimmpflanzen auf der Wasseroberfläche, wie Wasserlinse (*Lemna minor*) und Froschbiß (*Hydrocharis morsus-ranae*). Infolge enormer Biomasseproduktion verfestigen die Rhizome derartiger Bestände rasch und ergeben durch Aufstieg schließlich Schwingmoore mit semiterrestrischem Charakter. Damit sind Grenzlinien zwischen dem Eu-Phragmitetum und den in der Sukzession folgenden Landröhrichten (Solano-Phragmitetum) oft schwer zu ziehen. Bei der Luftbildauswertung konnte dieser Komplex oft nicht klar getrennt werden. Abgesehen vom N-Teil des Sees findet sich das Eu-Phragmitetum auch als Saum im Anschluß an See- und Teichrosengürtel in den eutrophen und vermoorenden Buchten am W- und S-Ufer.

4.3. Röhrichtvegetation semiterrestrischer Uferstandorte

In diesem Komplex sollen röhrichtartige Uferpflanzengesellschaften zusammengefaßt werden, die nicht mehr ständig im Wasser stocken, sondern auf Uferstandorten gedeihen, die zeitweilig trockenfallen bzw. in Buchten mit Moorbildungen auftreten. Es handelt sich dabei um drei Standortkomplexe mit spezifischen Gesellschaften. Die direkten Moorkanten zum offenen Wasser hin werden vom Cicuto-Caricetum pseudocyperi, einer Saumgesellschaft der Schwingmoorsümpfe, gebildet (auf der Vegetationskarte nicht dargestellt). Daran schließen dann landwärts die eigentlichen Landröhrichte (Solano-Phragmitetum) an.

Derartige Röhrichte haben einen dichten Wuchs, sie sind meist extrem artenarm, eigentliche Wasserpflanzen fehlen. Infolge (vor allem anfangs) hoher Biomasseproduktion und damit Selbsterhöhung des Standortes durch Torfbildung, können in diese Bestände Gehölze (*Salix*, *Betula*, *Alnus*) einwandern, so daß sich aus den Landröhrichten meist Bruchgebüsche entwickeln. Die Übergänge sind fließend. In Phasen hoher Grundwasserstände kann es auch wieder zum Absterben der Gehölze und durch verstärkten Nährstoffeintrag zu zeitweilig dichten Landröhrichtbeständen kommen. In den vermoorten Buchten tritt das Solano-Phragmitetum in Fazies von Rohrkolben (*Typha angustifolia*) und Schilf (*Phragmites australis*) auf.

Als weiteren Standort besiedeln Landröhrichte schmale Säume an der direkten Uferkante des S- und E-Ufers des Sees im Anschluß an das Meso-Phragmitetum. Derartige Bestände, die oft reich an Großseggen sind (*Carex acutiformis*, *C. riparia*) wachsen vornehmlich auf Spülsaumstandorten, wo abgestorbene Schilfhalme und Treibsel zusammen mit aufgeschwemmtem Sand kleine Uferwälle bilden. Diese Bestände wurden auf der Vegetationskarte als Solano-Phragmitetum caricetosum ausgewiesen.

Die Landröhrichtsäume auf den mineralischen Böden der bespülten Uferstandorte dürften durch die zunehmende Erschließung derartiger Seeuferabschnitte für den Badebetrieb in Zukunft weiter zurückgehen. An Badeufern im SE-Teil des Sees sind sie derzeitig nur noch kleinflächig und fragmentarisch ausgebildet. Die Landröhrichte in den Moorbuchten, die ja praktisch vom Urlauberverkehr nicht betroffen werden, dürften sich dagegen nach wie vor erhalten und durch zunehmende Verlandung auch weiter ausdehnen. Sie bilden den Lebensraum bzw. die Nistplätze und Schutzzonen für zahlreiche Sumpf- und Wasservogelarten, die ganz wesentlich zur Belebung des Sees beitragen.

4.4. Gehölzvegetation semiterrestrischer Uferstandorte

Im semiterrestrischen Uferbereich des Parsteiner Sees treten auf zwei Standortkomplexen Gebüschgesellschaften auf:

— Auf den ausgedehnten Seeterrassenböden (kalkreiche Sande) des S-Ufers, die der Absenkung des Seespiegels im Mittelalter ihre Entstehung verdanken, haben sich infolge früherer extensiver Weidenutzung im Anschluß an die Röhrichte Laubgehölz-Riedwiesen-Komplexe entwickelt. Diese überaus seltene Phytozönose ist pflanzensoziologisch zum Betulo-Salicetum repentis (Birken-Kriechweidengebüsch) zu stellen. Kleinflächig eingestreut finden sich hier auf Anmoor- und Torfflachsandböden floristisch äußerst reichhaltige Kalksümpfe (Scorpidio-Cladietum in Fazies von *Carex elata*). *Cladium mariscus* wurde am Parsteiner See nicht festgestellt. Derartige Standorte wurden wegen ihrer relativ guten Eignung überwiegend zu Badestränden und Liegewiesen umgewandelt sowie als Standorte für Urlaubersiedlungen genutzt. Zum Teil erfolgten Bodenauftragungen. Dieser naturwissenschaftlich (botanisch-zoologisch) äußerst wertvolle Komplex ist somit stark geschädigt und nur noch kleinflächig und meist fragmentarisch erhalten. Aus dem Gesichtskreis des Naturschutzes ist darauf zu achten, daß die letzten dieser Standorte unbedingt zu erhalten sind. Für eine langfristige Erhaltung scheint allerdings extensive Weidenutzung (Halbkulturformation!) notwendig zu sein, da sonst Bewaldung eintritt. An derzeitig hier vorkommenden Arten seien genannt: *Aldrovanda vesiculosa*, *Utricularia minor*, *intermedia* u. *vulgaris*, *Scorpidium scorpidioides*, *Drepanocladus intermedius*, *Campylium stellatum*, *Epipactis palustris*, *Dactylorhiza incarnata*.

Weit häufiger ist die geringer gefährdete Bruch-Gebüschvegetation der vermoorten Buchten. Vor allem am N- und W-Ufer finden sich zahlreich derartige Standortkomplexe, die sich im allgemeinen aus Landröhrichten (Solano-Phragmitetum) entwickelt haben. Es lassen sich hier zwei Gesellschaften unterscheiden. An uferbzw. seenahen Bereichen, wo der Kontakt zum Mineralbodenwasser bzw. Seewasser noch gegeben ist, hat sich das günstigere Trophie-Verhältnisse anzeigende Erlen-Grauweidengebüsch (Alno-Salicetum cinereae) entwickelt. In den Zentren der Moorbuchten, wo der Mineralstoffreichtum des Wassers aufgebraucht ist bzw. durch Wachstum des Moores der Kontakt zum Grundwasser gemindert ist, kommt es zu einer oberflächlichen Versauerung der Standorte, die in der vornehmlichen Versorgung mit Niederschlagswasser ihre Ursache hat. Diese sekundäre Versauerung wird durch z. T. geschlossene Teppiche von Torfmoosen in der Bodenvegetation, das Zurücktreten der Erle und das verstärkte Einwandern von Birken und auch Kiefern neben zahlreichem Auftreten der Ohrweide gekennzeichnet. Es bildet sich das Torfmoos-Ohrweidengebüsch (Sphagno-Salicetum auritae).

Die Moorgebiete mit ihren Gebüschformationen, die recht seltene, erhaltenswerte Pflanzen- und Tiergemeinschaften beherbergen, dürften auf Grund ihrer Unwegsamkeit kaum durch den Urlauberverkehr beeinträchtigt werden. Auch spielt für ihre Weiterentwicklung die Qualität des Seewassers kaum noch eine Rolle, da sie durch Torfakkumulation zunehmend ein eigenes hydrologisches Regime erhalten. Bei anthropogen verursachten Grundwasserabsenkungen, wie sie z. B. durch das Absenken des Seewasserspiegels hervorgerufen werden können, dürften sich diese Bruchgebüsche allerdings relativ rasch in erlen- und birkenreiche Moorwälder (Carici elongatae-Alnetum bzw. Sphagno-Alnetum) umwandeln. Vereinzelt, so in vermoorten Teilen im N des Seebeckens, finden sich bereits Bruchwälder, die zum Seggen-Erlensumpf gehören. Es sind dies Naturwälder, die auf Grund ihrer Unwegsamkeit kaum zu nutzen sind.

4.5. Gehölzvegetation terrestrischer Uferstandorte

Waldgesellschaften bzw. Vorwaldstadien finden sich im Uferbereich des Parsteiner Sees vornehmlich als Saum auf der Absenkungsterrasse sowie am E-Ufer in stark sonnenexponierter Hanglage. Entsprechend diesen Standortunterschieden handelt es sich um zwei sehr verschiedenartige Typen.

4.5.1. Fraxino-Alnetum tilietosum — Lindenreicher Eschen—Erlenwald

Dieser Waldtyp umsäumt in einem z. T. bis zu 100 m breiten Gürtel den Parsteiner See insbesondere an seinem W- und S-Ufer. Er besiedelt die Absenkungsterrassen mit grundwassernahen (Grundwassermittel 0,3—1 m unter Flur), kalkreichen Sandböden (Halb- und Vollgrundgleye). Im Bereich der vermoorten Buchten tritt er nicht auf. Auf Grund der relativen Nährstoffarmut der ehemaligen Seesande handelt es sich nicht um das typische, üblicherweise für nährstoffreiche grundwassernahe Standorte charakteristische Fraxino-Alnetum. (Der Anschluß der beobachteten Bestände an diese Ass. trägt provisorischen Charakter.) Auffällig ist der Anteil von *Salix alba* an der direkten Uferkante sowie der in einigen Fällen dominierende Anteil von *Tilia cordata* (vor allem in naturnahen Komplexen dieser Wälder).

Die relative Nährstoffarmut der Standorte wird durch das meist völlige Fehlen von *Fraxinus excelsior* und oft auch *Alnus glutinosa* und durch einen hohen Anteil an *Betula, Quercus robur, Populus tremula* sowie z. T. *Pinus silvestris* offensichtlich. Dieser Wald dürfte sich bei Ausbleiben einer Nutzung nach der Seespiegelsenkung aus dem Betulo-Salicetum repentis entwickelt haben. Bei Weide- und Mähnutzung sind derartige Standorte zu Uferwiesen geworden. Da zahlreiche Wiesen in jüngster Zeit nicht mehr genutzt werden, breitet sich dieser Waldtyp aus.

4.5.2. Cynancho-Quercetum ulmetosum — Ulmenreicher Steppen—Eichenwald

Diese lichte, den Charakter eines Vorwaldes tragende Waldgesellschaft ist nur im Bereich der Ufersteilhänge des E-Ufers ausgebildet. Sie siedelt hier auf den stark sonnenexponierten Geschiebelehmhängen mit einer Hanghöhe bis 15 m. Ohne menschlichen Einfluß dürften diese Hänge einen lichten Eichenwald (Cynancho-Quercetum) getragen haben. Durch Holzentnahme und sicher auch Beweidung in früheren Zeiten ist dieser Wald auf großen Teilen der Hänge verschwunden, Wiesensteppen konnten sich entwickeln. Nur zögernd setzt sich auf den Extremstandorten Gehölzwuchs wieder durch, zunächst als *Prunus-spinosa—Rosa-canina—Crataegus-monogyna*-Gebüsch, untermischt von einzelnen *Pirus pyraster*. Daraus entwickelt sich dann als Vorwaldstadium ein *Ulmus-carpinifolia*-reicher Hangwald. Infolge des infektiösen Ulmensterbens sind größere Teile der Ulmenhangwälder bereits abgestorben bzw. befinden sich im Absterben. Es stellt sich hier wieder die Wiesensteppe im Komplex mit thermophilen Gebüsch- und Saumgesellschaften ein (Vicio-Prunetum, Roso-Ulmetum suberosae, Campanulo-Vicietum).

Diese Hangwälder und Gebüsche besitzen gerade wegen der Durchdringung mit Wiesensteppenpflanzen eine enorme Mannigfaltigkeit vor allem an seltenen subkontinentalen Pflanzen. Der Wert dieser Hänge ist aus botanischer und auch entomologischer Sicht außerordentlich hoch einzuschätzen. Sie enthalten Arten, die nur noch wenige Vorkommen im Flachland der DDR aufweisen (*Campanula sibirica, Veronica teucrium, Inula germanica, Campanula bononiensis, Peucedanum cervaria, Geranium sanguineum, Potentilla alba*).

Die Vernichtung bzw. Reduzierung der einst die Hänge bedeckenden Wälder und die Ausbreitung der Wiesensteppen kann somit als Gewinn für die Landschaft angesehen werden. Neben ihrem biologischen Wert besitzen diese Hänge durch ihren Blüten- und Schmetterlingsreichtum einen großen ästhetischen Wert, der gerade im Zuge der Erschließung dieses Gebietes als Erholungslandschaft nicht hoch genug einzuschätzen ist. Die Bebauung der Hänge im Raum Parstein hat allerdings diesem wohl einmaligen Landschaftsausschnitt einen nicht wiedergutzumachenden Schaden zugefügt. Als Folge ist eine Ruderalisierung der Hänge eingetreten, eine stickstoffliebende Unkraut- und Hochstaudenflur hat sich ausgebreitet.

Die Seeuferpartien mit Steilhangcharakter sollten nur durch einen Uferwanderweg sowie einzelne Badestellen erschlossen werden. Die Hänge selbst sollten unbeeinflußt bleiben, lediglich ist zukünftig eine zu starke Gehölzausbreitung zu verhindern, im Sinne der Erhaltung der blumenreichen Wiesensteppen, Saum- und Gebüschgesellschaften.

4.6. Grünlandvegetation

Die Grünlandvegetation besiedelt im Uferbereich des Parsteiner Sees ähnlich der Waldvegetation zwei Standortkomplexe. Die Wiesensteppen (Brachypodietum pinnati) auf den kalkreichen Lehmstandorten der Uferhänge mit ihrem großen floristischen Reichtum wurden bereits bei der Behandlung der entsprechenden Waldvegetation dargestellt. So bleiben als letzter Vegetationstyp die Wiesen der Uferabsenkungsterrasse. Wie bereits angeführt, handelt es sich hier um Ersatzgesellschaften des Fraxino-Alnetum tilietosum. Oft sind es nur wenige dutzend Meter breite Säume, die im Anschluß an Uferröhrichte bzw. Waldsäume auftreten und von den Steilhängen des ehemaligen Seeuferrandes begrenzt werden. Auf Grund ihrer Kleinflächigkeit wird ihre wirtschaftliche Nutzung zunehmend unrentabel und damit aufhören. Diese Wiesen prägen aber ganz wesentlich die Mannigfaltigkeit der Erholungslandschaft des Parsteiner Seegebietes. Träten an ihre Stelle Wälder, so wird der Uferwanderweg infolge des Fehlens offener, sonnenbestrahlter Partien mit Fernsichten erheblich an Erholungswert einbüßen. Die Wiesen stellen ideale Liegewiesen an Badeplätzen dar. Die Erhaltung ihres derzeitigen Bestandes sollte unbedingt angestrebt werden.

Je nach Grundwasserentfernung, Intensität der Nutzung und Düngungseinwirkung lassen sich verschiedene Wiesentypen unterscheiden, die aber auf Grund ihrer Nichtidentifizierbarkeit im Luftbild sowie auch des oft raschen Typenwandels infolge landwirtschaftlicher Maßnahmen hier nur genannt werden sollen, ohne daß eine Unterscheidung in der Vegetationskarte erfolgt.

Grundwassernahe Wiesen, in denen das Grundwasser in Nässephasen bis in Flur stehen kann, sind durch einen starken Anteil an Riedgräsern (*Carex*) und Sumpfpflanzen gekennzeichnet. Am verbreitetsten ist der Typ der Feuchtwiesen (mittlere Sommergrundwasserstände 20 bis 60 cm unter Flur). Bei extensiver Nutzung ohne Düngung bildet sich die Pfeifengraswiese (Eu-Molinietum) mit einem großen Blumenreichtum seltener Arten aus (*Dianthus superbus, Trifolium montanum, Inula salicina, Dactylorhiza majalis*). Dieser Wiesentyp sollte möglichst erhalten bzw. angestrebt werden. Die gedüngten und intensiver genutzten Feuchtwiesen gehören zum Typ der Kohldistelwiesen (Angelico — Cirsietum oleracei). Bei nachlassender Nutzungsintensität dürfte ein Teil dieser Wiesen, falls sie nicht von Gehölzwuchs erobert werden, wieder zu Pfeifengraswiesen werden. Eine mineralische und organische Düngung der Uferwiesen ist im Sinne der möglichst langfristigen Erhaltung der Wassergüte des

Parsteiner Sees generell zu untersagen. Die grundwasserfernen Uferpartien werden von Frisch- und Magerwiesen eingenommen, ihr Flächenanteil ist relativ gering.

5. *Einschätzung der Untersuchungsergebnisse im Hinblick auf die Belastbarkeit des Sees*

5.1. Die Erhaltung der Wassergüte und damit der vollen Erholungsfunktion des Sees

Wie aus der allgemeinen Charakteristik des Untersuchungsgebiets, der Darstellung der Vegetationsverhältnisse und den Abb. 1 und 6 hervorgeht, ist der Parsteiner See

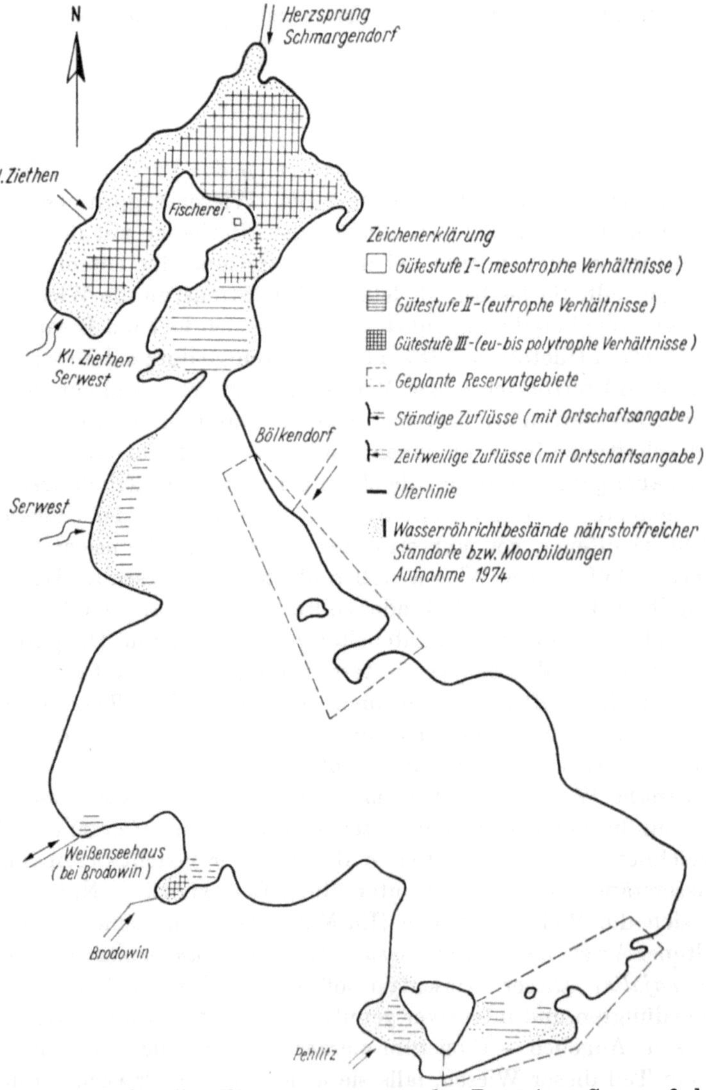

Abb. 1. Übersichtskarte aktueller Wassergütegruppen des Parsteiner Sees auf der Grundlage der Kartierung der Makrophytenvegetation, Maßstab 1:50000. Unter der Insel Pehlitzwerder am unteren Teil des Sees fehlt versehentlich der Punktraster

einer der letzten Klarwassergroßseen im Tiefland der DDR. Abgesehen von seinem N-Teil ist er ein biologisch noch voll intaktes Gewässer. Das wird durch charakteristische natürliche Pflanzenzonierung bis in große Tiefe, hohe Sauerstoffproduktion, große Sichttiefe und relative Nährstoffarmut gekennzeichnet. Der See besitzt damit einen außerordentlich hohen Erholungswert. Es muß aber eingeschätzt werden, daß diese im Vergleich zu den meisten anderen Gewässern in unserer Landschaft noch erfreuliche Situation im Parsteiner See ebenfalls bereits rückläufige Tendenzen zeigt. Die Vegetationsbefunde lassen erkennen, daß auch im mittleren und südlichen Teil des Sees die Sichttiefe abnimmt und daß in einem Teil der Buchten am W-Ufer keine Characeen-Bestände (als Ausdruck einer hohen Wassergüte) mehr entwickelt sind, sondern sich vegetationsfeindliche nährstoffreiche Faulschlammböden ausbreiten. (Stillwasserbuchten sind auf Grund geringen Wasseraustauschs an sich schon Standorte mit Nährstoffakkumulation und damit starker Sauerstoffzehrung; durch belastete Zuflüsse sind derartige Standorte besonders gefährdet.) Weiterhin ist an den frequentierten Badestellen generell ein reicher Aufwuchs an fädigen Grünalgen als Zeichen einer Nährstoffanreicherung festzustellen, was ebenfalls zum Absterben der natürlichen Wasservegetation führt. Schließlich erbrachten die Befunde, daß die Pionierröhrichte der Flachwasserbereiche eine deutliche Reduzierung erfahren; ebenfalls Ausdruck von Aufwuchsbelastung sowie Schädigung durch Baden und Bootsverkehr. Im Sommer 1976 trat erstmals auch im S-Teil des Parsteiner Sees infolge Blaualgenmassenentfaltung eine „Wasserblüte" auf.

Im Parsteiner See lassen sich heute an Hand der Makrophytenvegetation drei Wassergütegruppen unterscheiden, die in Abb. 1 dargestellt und durch die Vegetationsprofile veranschaulicht werden. Im einzelnen sind diese Stufen wie folgt zu charakterisieren:

Gütestufe I: Mesotrophe Verhältnisse (Abb. 2 und 3). Diese noch ca. Dreiviertel des Sees umfassende Stufe charakterisiert Bereiche mit minimalen Sichttiefen über 2,5 m, geschlossener demerser Hydrophytenvegetation (Characeen) bis in Tiefen von 6—7 m und Uferbereiche mit ausgedehnten lichten Wasserröhrichten (Meso-Phragmitetum) bis in Wassertiefen von 1,5—2 m Tiefe. Emergente und natante Hydrophytengesellschaften sind nicht oder nur spärlich ausgebildet.

Gütestufe II: Eutrophe Verhältnisse (Abb. 4). Diese Stufe ist nur in geringer Flächenausdehnung vorhanden, dabei meist noch in Entwicklung aus der mesotrophen Stufe begriffen. Es handelt sich um Standorte mit Sichttiefen von 1—2 m, einem Zerfall der demersen Hydrophytenvegetation und damit einem Aufhören der Kalkmuddesedimentation. Auf Grund hoher organischer Produktion findet Torfmuddesedimentation statt. Emergente und natante Wasserpflanzen zeigen eine starke Entfaltung. Zum Ufer hin gedeihen dichte Wasserröhrichte (Eu-Phragmitetum) bzw. es setzt bereits eine Schwingmoorverlandung ein.

Gütestufe III: Eu- bis polytrophe Verhältnisse (Abb. 5). Diese Stufe ist fast ausschließlich auf den als Fischintensivgewässer genutzten N-Teil des Sees beschränkt. Zur Zeit spiegelt sich eine Umwandlung eutropher in polytrophe Verhältnisse wider. Die Sichttiefe sinkt unter 1 m ab. Es kommt nur noch zur Ausbildung natanter Hydrophytengesellschaften sowie hochproduktiver Arundophytenvegetation im Uferbereich, meist in Verbindung mit Schwingmoorbildung. Es ist neben starker Torfbildung im Röhrichtbereich eine enorme Faulschlammakkumulation im Wasserbecken

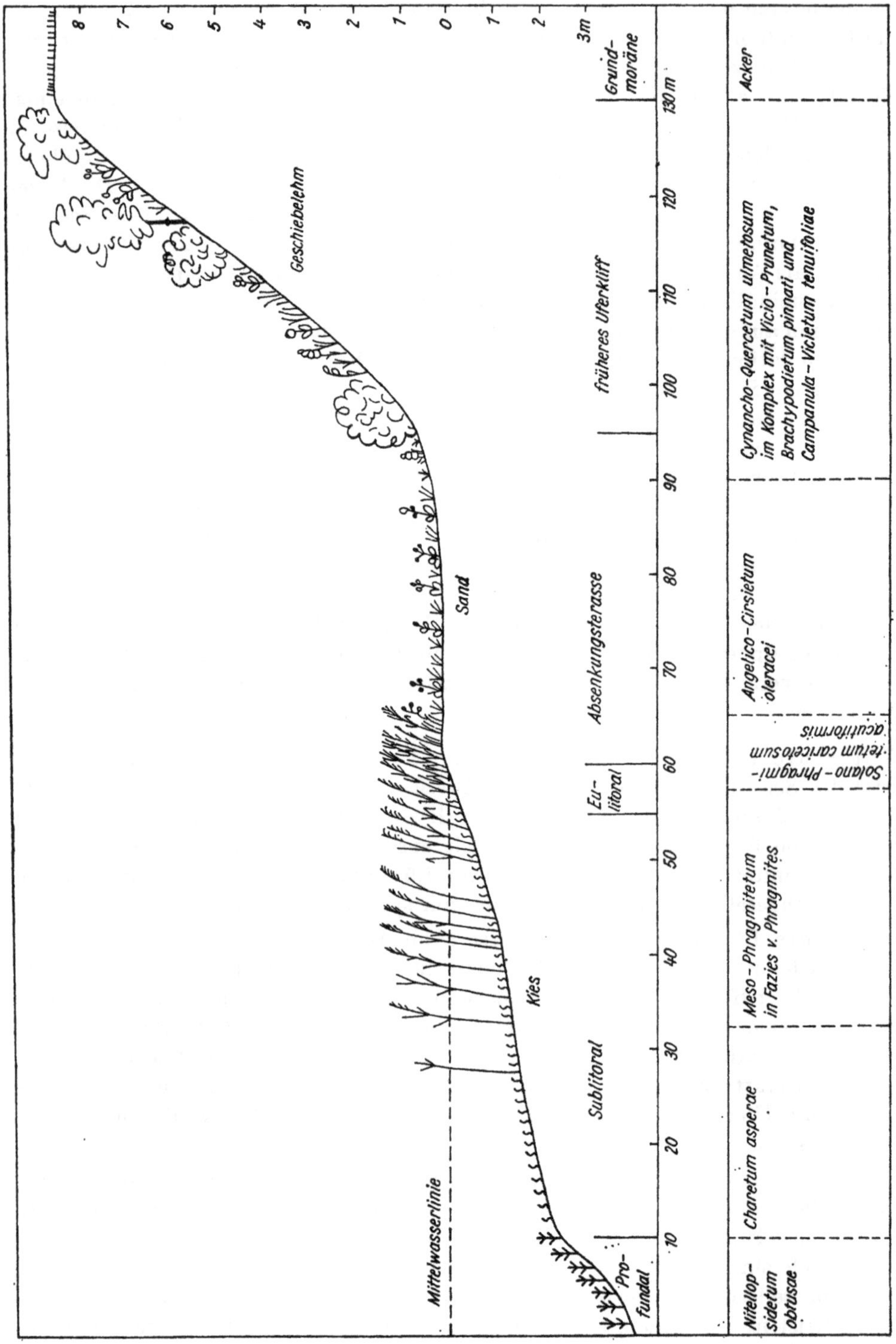

Abb. 2. Vegetationsprofil vom E-Ufer des Parsteiner Sees (mesotrophe Verhältnisse)

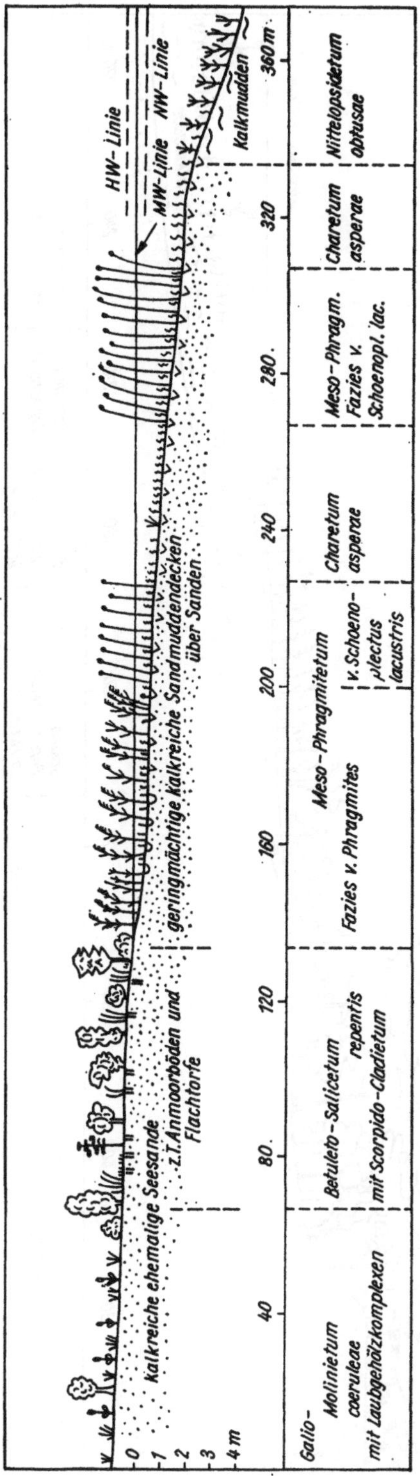

Abb. 3. Vegetationsprofil vom Flachwasserbereich des SE-Ufers des Parsteiner Sees (mesotrophe Verhältnisse)

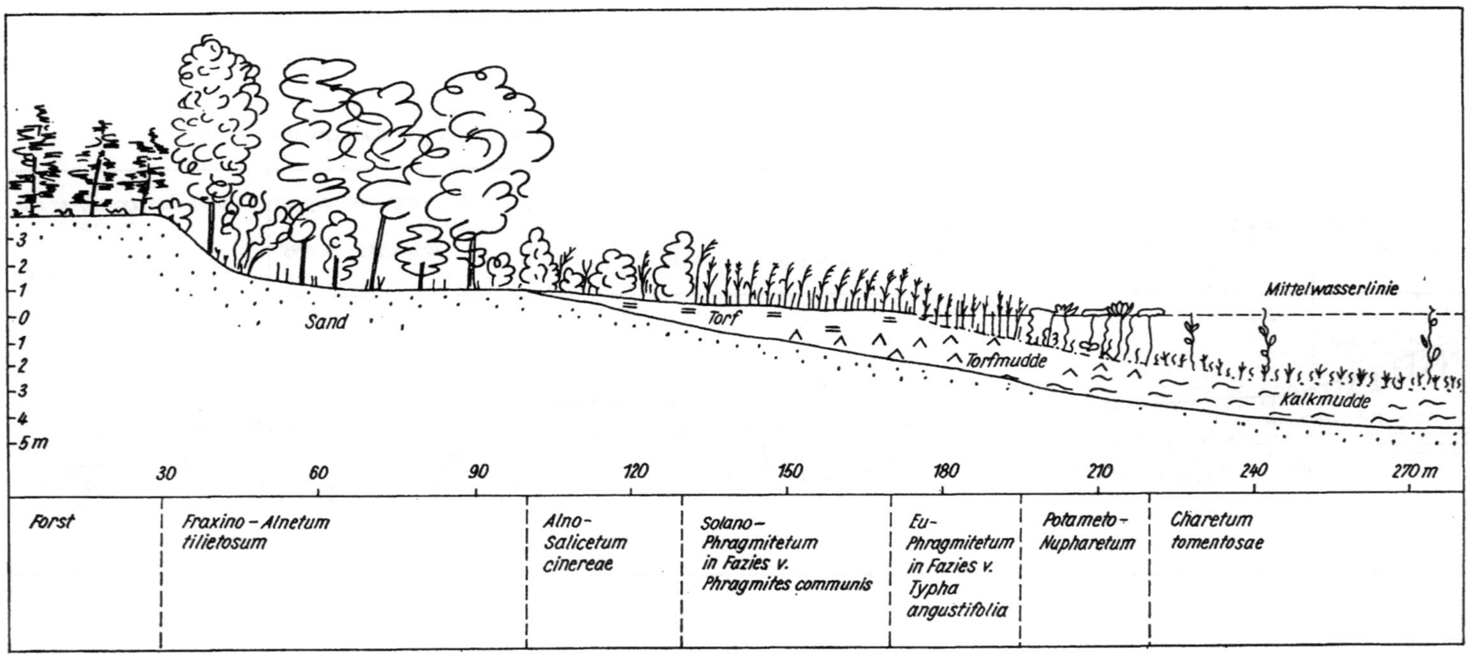

Abb. 4. Vegetationsprofil einer Stillwasserbucht vom W- bzw. SW-Ufer des Parsteiner Sees (meso- bis eutrophe Verhältnisse)

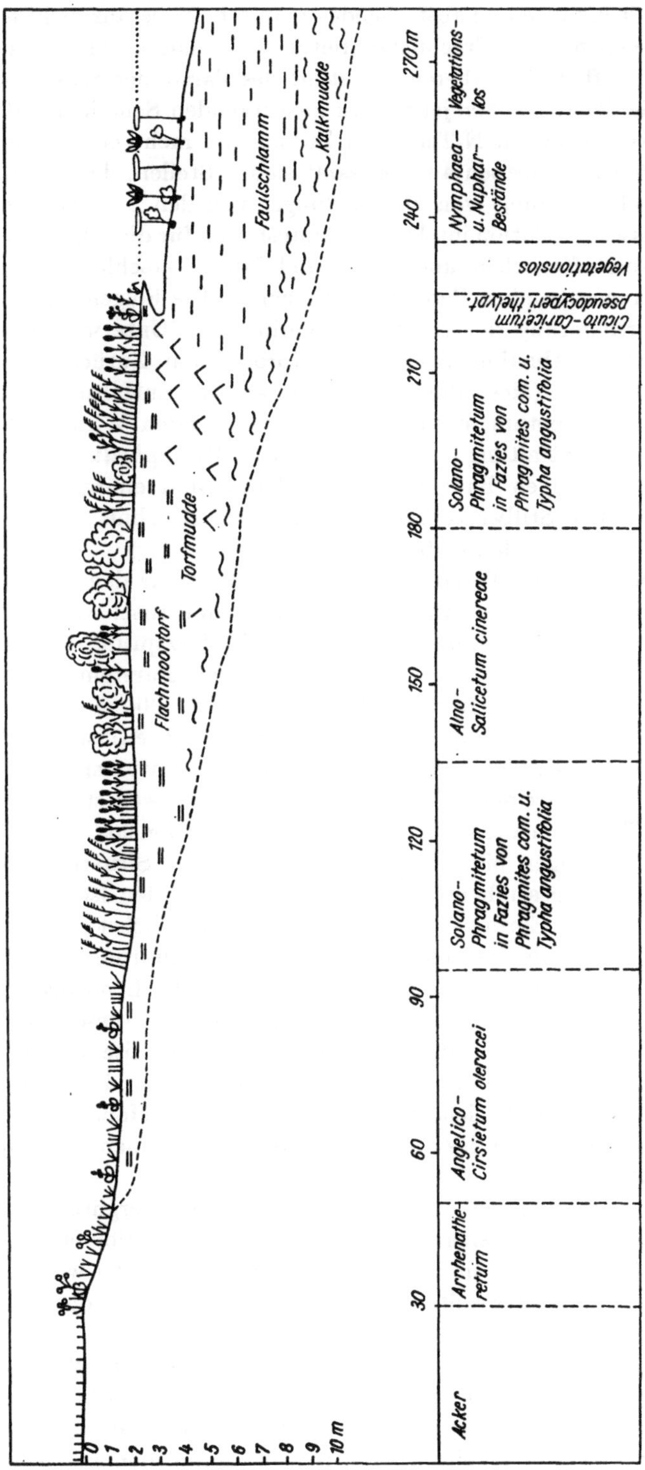

Abb. 5. Vegetationsprofil einer Verlandungsbucht des eutrophierten N-Teils des Parsteiner Sees (eu- bis polytrophe Verhältnisse)

zu verzeichnen, da die tote und absterbende organische Substanz nicht mehr abgebaut wird (Sauerstoffmangel). Im Ergebnis schreitet die Verlandung rasch voran.

Bei der in Zukunft weit stärkeren Belastung des Parsteiner Sees durch den Urlauberverkehr sowie der sich schon jetzt stark auswirkenden Schädigung des Sees durch die Fischintensivhaltung im N-Teil, dem Zufluß von mehr oder weniger abwasserbelasteten Fließen und Gräben an insgesamt sieben Stellen, der zunehmend stärker werdenden Einschwemmung von Mineraldünger von den umgebenden Äckern und letztlich der Wasserzirkulation infolge der Pumpstation für die Klarwasserverregnung, ist mit einer Nährstoffanreicherung im See und damit Verschlechterung der Wassergüte auch in den mesotrophen Bereichen zu rechnen. Die Folgen wären hier ebenfalls zunehmende Verringerung der Sichttiefe, Verlust der Unterwasservegetation (demerse Hydrophyten), Abnahme der Sauerstoffproduktion, Zurückdrängen der schütteren Wasserröhrichte (Meso-Phragmitetum), starke Entfaltung von Großlaichkrautbeständen (Potametum lucentis) mit ihrer störenden Wirkung für den Badebetrieb bzw. starke Entfaltung von Tausendblatt (*Myriophyllum spicatum*), das zu allergischen Erkrankungen Badender führen kann, und enorme Entwicklung der Uferröhrichte in den Stillwasserbuchten mit dem Ergebnis starker Verlandung (Moorbildung) und Faulschlammablagerung.

Die Geschwindigkeit der Verlandungsprozesse belegt für den N-Teil des Sees die Tatsache, daß um 1800 der Parsteinwerder noch eine Insel war und die N-Bucht unter Einbeziehung des Schulzensees bis fast nach Herzsprung reichte (DRIESCHER 1974). Um 1900 war zwischen dem Ufer vor der Siedlung Parsteinwerder und dem gegenüberliegenden Ufer noch eine offene Wasserfläche von 300 m Breite, die heute bis auf einen schmalen Durchlaß von 8 m verlandet (zugewachsen) ist. Würde der Fischer nicht durch Unterwassermahd des Schilfes in der Vegetationsperiode die Schilfbestände reduzieren, so wäre der N-Teil des Sees heute noch weit stärker verlandet. Der Seeboden des N-Teils ist heute schon fast gänzlich vegetationslos, viele Meter mächtige Faulschlammablagerungen bilden den Untergrund. Eine Situation, wie sie für die Mehrzahl unserer Gewässer heute charakteristisch geworden ist. Es muß also alles getan werden, um diese Einflüsse und Entwicklungen möglichst gering zu halten. Die Fischintensivhaltung bedeutet eine enorme Nährstoffzuführung. Durch die Wasserzirkulation infolge der Oberflächenwasserentnahme für die Landwirtschaft durch die Pumpstation Bölkendorf im mittleren Teil des Sees kommt dieser Tatsache eine besonders schwerwiegende Bedeutung zu. Es ist also eine Vermischung des Wassers aus dem N-Teil mit dem aus anderen Teilen des Sees zu erwarten. Zusätzlich wird der N-Teil des Sees durch nährstoffreiche Zuflüsse in besonderem Maße belastet, die mit dazu beitragen, daß dieser Teil des Sees bereits weitgehend einen polytrophen Charakter trägt (vgl. Abb. 1).

Als Mindestforderungen zur Erhaltung der hohen Wassergüte im mittleren und südlichen Teil des Sees bieten sich die Verlegung der Pumpstation in den eutrophierten N-Teil und die Umwandlung in Tiefenwasserentnahme an. Bei weiterer Fischintensivhaltung im N-Teil des Sees sollte dieser durch einen Damm an der schmalsten Stelle abgetrennt werden.

Die Makrophytenvegetation unserer Gewässer ist nur begrenzt belastbar. Neben der indirekten Veränderung der Vegetation durch die Nährstoffbelastung (chemische Belastung) kommt der direkten Beeinträchtigung und Zerstörung der Vegetation durch Badebetrieb, Bootsverkehr, Uferbetritt und durch den Bau von Uferanlagen gerade in Erholungsseen eine wachsende Bedeutung zu (mechanische Belastung, vgl. SUKOPP 1969 und KLÖTZLI 1973).

Die Bereiche mit Submersvegetation und die Uferröhrichte sind die wichtigsten Biotope für die biologische Selbstreinigung des Wassers (Nährstoffabbau). Dieser Prozeß kann nur in großen zusammenhängenden Beständen vor sich gehen. Somit sind Uferbereiche mit Badebetrieb bei relativ großer Nährstoffbelastung (Urin) nach Beseitigung bzw. nach dem Absterben der Ufer- und Seebodenvegetation biologisch inaktiv. Daraus ergibt sich die Notwendigkeit, den Badebetrieb auf begrenzte Standorte zu konzentrieren, dazwischen sollten jeweils ausgedehnte vegetationsbestandene Abschnitte ohne Badebetrieb erhalten bleiben, die als für See-Ökosysteme wesentliche biologische Ausgleichflächen dienen. Zahlreiche kleine Badestellen und auch Bootsanlegestellen, verstreut über den gesamten Uferbereich, führen letztlich zur Zerstörung der Gesamtvegetation. Generell sollten neue Badestellen vornehmlich an exponierten, vegetationsarmen Abschnitten erschlossen werden. Die noch am wenigsten berührten Abschnitte des Sees sind als Schutz- und Ruhezonen zu erhalten, vgl. KAULE (1973).

Von wesentlicher Bedeutung ist weiterhin die Anlage ausreichender sanitärer Einrichtungen für die Urlauber und die Aufklärung der Urlauber über die biologischen Zusammenhänge der Gewässerreinhaltung (Problem der Urinbelastung). Die ufernahen Wiesen sind von einer mineralischen Düngung auszuschließen. Zur Abschirmung der Einflüsse der mineralischen Düngung der angrenzenden Ackerflächen sollten an diesen Stellen generell Gehölzstreifen gepflanzt werden. Eine wesentliche Schädigung ergibt sich durch die Anlage von Mais-Silage-Plätzen in seenahen Bereichen, da Silosickersäfte in den See gelangen können. Weitere Möglichkeiten zur Erhaltung bzw. Sanierung der Wassergüte von Seen enthalten TGL 27885/01 und die Arbeit von VENTZ (1974).

5.2. Die Erhaltung des naturwissenschaftlichen Wertes des Sees

Große Teile des Parsteiner Sees haben heute noch den Charakter eines kalkreich-mesotrophen Gewässers mit intakter naturnaher Vegetationszonierung und biologischem Gleichgewicht, eine Erscheinung, die in unserer intensiv genutzten sowie durch Nähr- und Schadstoffe angereicherten Landschaft selten geworden ist. Auf Grund seiner Größe, der geologisch-hydrologischen Situation, der relativ entfernten Lage zu Siedlungen und der erst beginnenden Erschließung für den Erholungsverkehr hat sich dieser Zustand bisher in großen Zügen erhalten können. Mit der naturnahen Vegetation zeigen in diesem Gewässer auch die sie bewohnenden bzw. sich von ihr ernährenden Tiergemeinschaften eine große Mannigfaltigkeit. So brütete Ende der 60er Jahre als ausgesprochene Sensation, weit vorgeschoben von seinem Brutareal, der Prachttaucher (*Gavia arctica*) mehrmals erfolgreich am See.

Da wir zumindest im Bezirk Frankfurt (Oder) kein Reservat haben, das einen derartigen Seentyp sichert und als Vergleichsobjekt für Lehre und Forschung sowie auch für eine sinnvolle Freizeitgestaltung erhält, zum anderen auch kaum noch ein weiteres derartiges Gewässer besitzen dürften, wird es für notwendig erachtet, zwei Ausschnitte des Sees als Schutzgebiete mit komplexem Charakter auszuscheiden. Es handelt sich dabei um folgende Gebiete, die in Abb. 1 gesondert ausgegrenzt wurden (vgl. Abb. 2—4);

a) Das E-Ufer des Parsteiner Sees von der Halbinsel, die Insel einschließend, bis in Höhe der Ausmündung des Verbindungsgrabens von Krummensee und Dammsee südwestlich Bölkendorfs. Dieses Gebiet mit der derzeitig noch größten Sichttiefe würde die Wasservegetation windexponierter Uferstandorte (Charetum asperae, Meso-Phragmitetum, *Najas-marina*-Bestände mit *Najas minor*) und die entsprechende Ufervegetation einschließlich der Xerothermhänge mit den hier noch am besten erhaltenen Wiesensteppen, sowie thermophilen Saum- und Gebüschgesellschaften repräsentieren.

b) Das S-Ufer des Parsteiner Sees von der Bucht vor Pehlitz bis zum Beginn der Urlaubersiedlungen am SE- Ufer. Dieses Gebiet repräsentiert mit dem Sauwerder den wertvollsten Lindenuferwald, ausgedehnte Buchten mit dem Potameto-Nupharetum sowie ausgedehnte Bestände des seltenen Charetum tomentosae. Außerdem kommen hier vor: letzte Reste des für die Absenkungsterrassen früher charakteristischen Betulo-Salicetum repentis im Komplex mit dem Scorpidio-Cladietum mit einer großen Fülle stark bedrohter Pflanzenarten und schließlich ausgedehnte Moorkomplexe mit beginnender oberflächlicher Versauerung (Sphagno-Salicetum auritae). Hier gedeiht auch *Aldrovanda vesiculosa.*

Diese Gebiete sind durch entsprechend gewählte Wanderwege als Naturlehrpfade für die Erholungssuchenden (im Zuge einer sinnvollen Freizeitgestaltung) zu erschließen. Jede Form einer Gestaltung für den direkten Erholungsbetrieb muß aber unterbleiben. Auch die Anlage von Badestellen und das Befahren mit Booten muß hier ausgeschaltet werden. Gerade wegen des zunehmenden Ruder- und Segelbetriebs auf dem See ist unbedingt zu erreichen, daß für den See zumindest zwei Ruhezonen als Brut- und Rastgebiete für die Wasservögel sowie als Laichgebiet für die Fische erhalten bleiben.

6. Systematische Übersicht der Vegetation des Parsteiner Sees und seiner direkten Umgebung

Klasse Charetea (Fukarek 61) Krausch 64 — Armleuchteralgen-Ges.
  Ord.: Charetalia Sauer 37
    Verb.: Charion fragilis (Sauer 37) Krausch 64 (Limno-Charion)
      Ass.: Charetum asperae (Klebahn 1895) Corillion 57
        Charetum tomentosae (Sauer 37) Corillion 57
        Nitellopsidetum obtusae (Sauer 37) Dambska 61

Klasse: Potamogetea Tx. & Prsg. 42 — Laichkraut- u. Schwimmblatt-Ges.
  Ord.: Potametalia W. Koch 26
    Verb.: Eu-Potamion (W. Koch 26) Oberd. 57
      Ass.: Potametum lucentis Hueck 31
    Verb.: Nymphaeion Oberd. 57
      Ass.: Potameto-Nupharetum Müller & Görs 60

Klasse: Phragmitetea Tx. & Prsg. 42 — Röhricht- u. Großseggenried-Ges.
  Ord.: Hydro-Phragmitetalia (Pign. 53) Succow 74
    Verb.: Meso-Phragmition Succow 74
      Ass.: Meso-Phragmitetum Succow 74
        Fazies von *Phragmites communis*
        Fazies von *Schoenoplectus lacustris*

Verb.: Eu-Phragmition (W. Koch 26) Succow 74
Ass.: Eu-Phragmitetum communis Succow 74
Fazies von *Phragmites australis*
Fazies von *Typha angustifolia*
Ord.: Magnocarici-Phragmitetalia (Pign. 53) Succow 74
Verb.: Stachyo-Phragmition Succow 74
Ass.: Solano-Phragmitetum communis (Krausch 64) Succow 74
Fazies von *Phragmites australis*
Fazies von *Typha angustifolia*
Verb.: Cicution virosae (Hejný 62) Succow 74
Ass.: Cicuto-Caricetum pseudocyperi (Boer & Sissing 42) Succow 74
Fazies von *Typha angustifolia*

Klasse: Alnetea glutinosae Br.-Bl. & Tx. 43 — Bruchgebüsch- u. Erlenbruchwald-Ges.
Ord.: Salicetalia auritae Doing 62
Verb.: Alno-Salicion cinereae (Doing 62) Pass. 68
Ass.: Alno-Salicetum cinereae Pass. 56
Verb.: Betulo-Salicion repentis Succow 74
Ass.: Betulo-Salicetum repentis (Kloss 62) Oberd. 64
Verb.: Sphagno-Salicion auritae (Doing 62) Succow 74
Ass.: Sphagno-Salicetum auritae Succow 74
Ord.: Alnetalia glutinosae Tx. 37
Verb.: Alnion glutinosae (Malc. 29) Meijer Dr. 36
Ass.: Carici elongatae-Alnetum W. Koch 26

Klasse: Querco-Fagetea Br.-Bl. & Vlieg. 37 — Laubmischwald-Ges.
Ord.: Fagetalia silvaticae Paw. 28
Verb.: Alno-Padion Knapp 42
Ass.: Fraxino-Alnetum glutinosae Matysz. 52 (tilietosum)
Ord.: Quercetalia pubescentis Br.-Bl. 31
Verb.: Quercion pubescenti-petreae Br.-Bl. 31
Ass.: Potentillo-Quercetum Libb. 33 = Cynancho-Quercetum Mráz 55 (ulmetosum)
Ord.: Prunetalia Tx. 52 — Schlehenreiche Hecken und Gebüsche
Verb.: Berberidion Br.-Bl. 50
Ass.: Vicio-Prunetum (Hueck 31) Krausch 61
Ass.: Roso-Umeltum suberosae (Schubert & Mahn (59) 62

Klasse: Trifolio-Geranietea sanguinei Th. Müller 61 — Wärmeliebende Saumgesellschaften
Ord.: Origanetalia Th. Müller 61
Verb.: Geranion sanguinei Tx. ap. Th. Müller 61
Ass.: Campanulo-Vicietum tenuifoliae Krausch 61

Klasse: Sphagno-Drepanocladetea Du Rietz 54 — Moosreiche Seggenried-Ges.
Ord.: Drepanoclado-Caricetalia Succow 74
Unter-Ord.: Tofieldietalia (Prsg. ap. Oberd. 49) Succow 74
Verb.: Scorpidio-Cladion (Braun 68) Succow 74
Ass.: Scorpidio-Cladietum Succow 74 (in Fazies von *Carex elata*)

Klasse: Molinio-Arrhenatheretea Tx. 37 — Wiesen-Ges.
Ord.: Molinietalia W. Koch 26
Verb.: Eu-Molinion W. Koch 26
Ass.: Galio-Molinietum coeruleae W. Koch 26 em. Philippi 60
Verb.: Calthion palustris Tx. 37 em. Obd. 57
Ass.: Angelico-Cirsietum oleracei Tx. 37 em. Pass. 64
Ord.: Arrhenatheretalia Pawl. 28
Verb.: Arrhenatherion Br.-Bl. 25
Ass.: Festucetum rubrae (Scam. 55) Oberd. 57
Dauco-Arrhenatheretum (Br.-Bl. 19) Görs 60

Klasse: Festuco-Brometea BR.-BL. & TX. 43 — Trocken- u. Steppenrasen-Ges.
Ord.: Festucetalia vallesiacae BR.-BL. & TX. 43
Verb.: Cirsio-Brachypodion pinnati HADAC & KLIKA 44
Ass.: Brachypodietum pinnati (LIBB. 30) KRAUSCH 59

7. *Zusammenfassung*

Die qualitative und quantitative Erfassung der Makrophytenvegetation des Parsteiner Sees, (Bezirk Frankfurt/Oder), die durch die Kombination von Luftbildinterpretation und Geländeerkundung in einer — gegenüber der bisher üblichen rein terrestrischen Erkundungsmethode — weit höheren Genauigkeit bei wesentlich geringerem Zeitaufwand erfolgte, gestattet eine Einschätzung des aktuellen Gewässerzustandes und der zu erwartenden Entwicklungstendenzen bei zunehmender Belastung. Es lassen sich an Hand der Makrophytenvegetation drei Wassergütestufen ermitteln. Die Untersuchungsergebnisse ermöglichen spezifische Aussagen für die Planung und Nutzung des Sees als Erholungsgewässer.

Summary

The qualitative and quantitative registration of the macrophytic vegetation of the lake Parstein (Eastern Brandenburg) was carried out as a combination of the interpretation of aerial photos and a ground survey. Its precision by far exceeded that of the traditional, merely terrestrial method with less time used. It enabled an assessment of the actual state of waters and expected development trends with growing impact. According to the macrophytic vegetation three degrees of water quality could be ascertained. The investigation results allow specific assertions as to planning and use of the lake as a recreational area.

Резюме

Качественное и количественное картирования вегетации макрофитов в Парштейнском озере в районе франкфурта-на-Одере, которые комбинацией интерпретации аэроснимков с разведкой местности были проведены с гораздо болшьей точностью при значительно меньшей затрате времени — по сравнению с использованным до сих пор чисто земным методом разведки, позволяют оценить актуальное состоянис вод и ожидаемы тенденции развития при возрастающей нагрузке. Можно найти на основе вегетации макрофитов три степени качества воды. Результаты исследований позвоялют дать специфические показания относительно планирования и использования озера в качестве центра отдыха.

8. *Literatur*

DRIESCHER, E., 1974: Veränderungen an Gewässern in historischer Zeit. Eine Untersuchung in Teilgebieten der Bezirke Potsdam, Frankfurt und Neubrandenburg. — Diss. B, Humboldt-Univ., Berlin.

GLÜCK, H., 1936: Die Süßwasser-Flora Mitteleuropas. H. 15: Pteridophyten und Phanerogamen. — Gustav-Fischer-Verlag Jena.

JESCHKE, L., 1959: Pflanzengesellschaften einiger Seen bei Feldberg in Mecklenburg. — Feddes Repert. Beih. 138, 161—214.

— 1963: Die Wasser- und Sumpfvegetation im Naturschutzgebiet „Ostufer der Müritz". — Limnologica (Berlin) 1 (5), 475—545.

KARPATI, I., V. KARPATI & T. NOVOTNY, 1971: Photointerpretation bei der Kartierung der Vegetation in der Wasserlandschaft. — Ber. III. internat. Symp. Photointerpretation Dresden 1970, 321—327, Markkleeberg.

KAULE, G., 1973: Die Seen und Moore zwischen Inn und Chiemsee. — Schr.-R. Natursch. u. Landschaftspflege 3, 1—30.
KLAPPER, H., 1972: Vorschlag zur Darstellung des aktuellen Erholungswertes einer Seenlandschaft. — Wasserwirtschaft-Wassertechnik 22 (4), 141—144.
KLÖTZLI, F., 1973: Über Belastbarkeit und Produktion in Schilfröhrichten. — Verh. Ges. Ökol., Saarbrücken, 237—247.
KRAUSCH, H.-D., 1964: Die Pflanzengesellschaften des Stechlinseegebietes. I. Gesellschaften des offenen Wassers. II. Röhrichte und Großseggengesellschaften. — Limnologica (Berlin) 2, 145—203; 423—482.
— 1974a: Stand und Möglichkeiten von Seentypisierung und Gewässerbeurteilung mit Hilfe von Makrophyten. — Mitt. Sekt. Geobotanik u. Phytotaxonomie Biol. Ges. DDR, 2—12.
— 1974b: Die Pflanzenwelt des Großen Stechlin- und des Nehmitzsees. — Naturschutzarb. Berlin u. Brandenburg 10 (2), 43—45.
LANG, G., 1969: Farbluftbilder als Hilfsmittel der Vegetationskunde und des Gewässerschutzes. — Umschau Wiss. u. Technik 1969 (12), 384—385.
— 1973: Die Makrophytenvegetation in der Uferzone des Bodensees unter besonderer Berücksichtigung ihres Zeigerwertes für den Gütezustand. — Internat. Gewässerschutzkommiss. Bodensee, Ber. Nr. 12, 1—67.
REINHOLD, A., & M. SUCCOW: Farbluftbilder als Grundlage der Flächennutzungskonzeption einer Erholungslandschaft. — Jenaer Rdsch. 21 (1976) (2) 77—82.
SCHARF, R., 1971: Nährstoff- und Sauerstoffverhältnisse der Seen Ostbrandenburgs. — Limnologica (Berlin) 8 (2), 393—414.
SCHMIDT, D., 1977: Die Gewässervegetation des Güstrower Beckens. — Diss., Univ. Greifswald (unveröff.).
SUCCOW, M., 1974: Vorschlag einer systematischen Neugliederung der mineralbodenwasserbeeinflußten wachsenden Moorvegetation Mitteleuropas unter Ausklammerung des Gebirgsraumes. — Feddes Repert. 85 (1—2), 57—113.
SUKOPP, H., 1969: Veränderungen des Röhrichtbestandes der Berliner Havel 1962—1967. — Berliner Naturschutzbl. 13, 303—313, 332—344.
VENTZ, D., 1974: Seenschutz — Notwendigkeit und Möglichkeit. — Wasserwirtschaft-Wassertechnik 24 (5), 167—169.
WOLFF, G., & A. LINDNER, 1974: Zur Luftbildinterpretation bei der Kartierung des Verlandungsgürtels und der submersen Pflanzengesellschaften in Gewässern mit geringer Sichttiefe. — Jenaer Rundschau 1974 (3), 183—185.
TGL 27885/01: Fachbereichstandard Wassergütebewirtschaftung Seen. — Minist. Umweltschutz u. Wasserwirtschaft, Berlin 1975 (verbindlich ab 1. 1. 76).

Eingegangen am 12. 11. 1975.

Anschriften der Verfasser:
Dr. MICHAEL SUCCOW
Akademie der Landwirtschaftswissenschaften der DDR
Forschungszentrum für Bodenfruchtbarkeit
Bereich Bodenkunde Eberswalde
DDR-13 Eberswalde-Finow 1
Schicklerstraße 3
Dr. ARTUR REINHOLD
Akademie der Landwirtschaftswissenschaften der DDR
Institut für Pflanzenschutzforschung
Bereich Eberswalde, Abt. Luftbild
DDR-13 Eberswalde-Finow
Schicklerstraße 3

Limnologica (Berlin)	11	2	1978	379—408

REINHARD DOLL

Drei bemerkenswerte Seen im südlichen Mecklenburg und ihre Vegetation

Mit 9 Abbildungen und 10 Tabellen

Inhalt

1. Der Treptow bei Marnitz (Kreis Parchim)[1]

Da der Kreis Parchim arm an Seen ist, erregten die wenigen stehenden Gewässer schon sehr früh die besondere Aufmerksamkeit der Botaniker. So berichtet BOLL (1860) (vgl. DAHNKE 1954, 1955, DAHNKE & ZACHOW 1956) über das Auftreten seltener Pflanzen am und im Treptow, der „botanischen Perle“ des Kreises Parchim. Später wurde dieser See von verschiedenen Botanikern besucht und in neuerer Zeit von WALTER DAHNKE floristisch erforscht, so daß seine botanische Sonderstellung exakt nachgewiesen wurde. Da außerdem der Treptow starken Veränderungen unterworfen ist, erschien uns eine vegetationskundliche Studie angebracht.

1.1. Das Untersuchungsgebiet

Etwa 5 km nordöstlich Marnitz liegt im E des Kreises Parchim der Treptow-See, genannt der Treptow (Abb. 1, 2). Er ist ca. 52 ha groß und bis 5 m tief. Sein Wasserspiegel liegt 57 m über NN. Der See hat eine rundliche Form und allseits flache, sandige Ufer. Ursprünglich abflußlos gewesen, hat man nach S zum Mooster-Bach einen Graben gezogen, damit das überschüssige Wasser ablaufen konnte. Von E erhält der See einen geringen Zufluß aus einem kleinen Moor. Der Treptow stellt nach DAHNKE

[1]) Herrn Dr. W. FISCHER, Potsdam, danke ich für die Durchsicht des Manuskripts.

Abb. 1. E-Seite des Treptow

Abb. 2. Gliederbinsen—Straußgras-Gesellschaft auf der E-Seite des Treptow

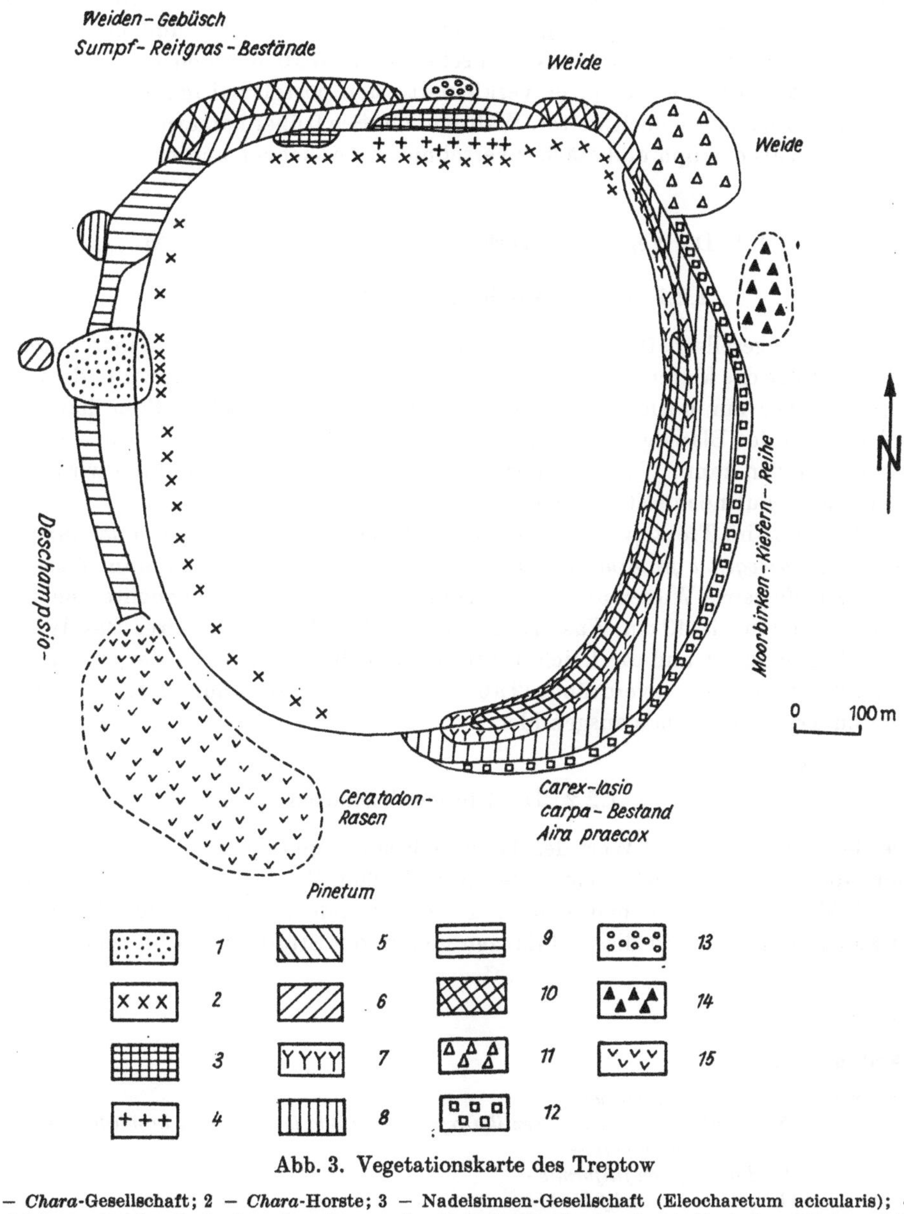

Abb. 3. Vegetationskarte des Treptow

1 – *Chara*-Gesellschaft; 2 – *Chara*-Horste; 3 – Nadelsimsen-Gesellschaft (Eleocharetum acicularis); 4 – Nadelsimsen-Reinbestände; 5 – Sumpfsimsen-Gesellschaft (*Eleocharis-palustris*-Ges.); 6 – Teich- und Blausimsen-Röhrichte (*Schoenoplectus-lacustris*- und *Sch.-tabernaemontani*-Ges.); 7 – Schilf – Simsen-Röhricht (*Phragmites – Schoenoplectus-Juncus*-Ges.); 8 – Strandlingswiesen (Littorelletum uniflorae); 9 – Gliederbinsen – Straußgras-Gesellschaft (*Juncus-articulatus – Agrostis-stolonifera*-Ges.); 10 – Sonnentau-Pioniergesellschaft (*Preissia – Drosera-rotundifolia*-Ges.); 11 – Wasserried (Caricetum pseudocyperi); 12 – Gliederbinsen – Gelbseggen-Gesellschaft (*Juncus-articulatus – Carex-demissa*-Ges.); 13 – Borstbinsen-Gesellschaft (Scirpetum setacei)

(1954) einen Überrest des Mooster-Stausees dar, in dem sich die Wassermassen der abtauenden Gletscher der letzten Eiszeit sammelten und schließlich die Hügel westlich vor Parchim zwischen Sonnenberg und Buchholz durchbrachen und in die Lewitz abflossen. Im Mooster-Becken setzte sich sehr viel Sand ab, der stellenweise zu Dünen aufgeschüttet wurde. Der Treptow verkleinerte sich postglazial immer mehr. Dieser Prozeß läuft auch heute noch weiter. Während der See früher kalkarm-oligotroph war, muß er heute als eutroph und stärker verschmutzt bezeichnet werden.

1.2. Die Vegetationsverhältnisse des Treptow (Abb. 3)

1.2.1. Die Gesellschaften des freien Wassers

Die Pflanzengesellschaften des freien Wassers waren in früheren Jahrzehnten bis um 1960 infolge des klaren Wassers optimal entwickelt. Heute finden wir in dem nährstoffreichen See nur noch Reste dieser Gesellschaften vor. Schon Boll hatte 1860 das Auftreten der Blaualge *Nostoc pruniforme* gemeldet, die hühnereigroße Bälle im Wasser ausbilden kann. Während diese Alge damals häufig war, mußten wir sie jetzt suchen, da sie nur noch selten auftritt.

Um 1960 war im Treptow eine Gesellschaft mit *Chara fragilis*, *Myriophyllum alternifolium*, *Potamogeton gramineus* und *P. polygonifolius* entwickelt, die im Wasser bis etwa 2 m Tiefe ganze Wiesen ausbildete. Heute findet sich die Armleuchteralge nur in lockeren Horsten bis 40 cm Wassertiefe auf der S-, W- und N-Seite. Das Wechselblütige Tausendblatt und die Laichkräuter sind noch seltener geworden und aus dem offenen Wasser praktisch verdrängt (Tab. 1, Aufn. 6—7). Schwimmblattgesellschaften waren im Treptow niemals ausgebildet.

1.2.2. Die Ufergesellschaften

Der besondere Reiz und Wert des Treptow bestand und besteht in seiner Ufervegetation, die Arten aufweist, welche den periodischen Wechsel von Überflutung und „Ebbe" überstehen und denen heute z. T. der rettende Sprung aus dem Wasser aufs Festland gelungen ist. Zu diesen Pflanzen gehört der Strandling (*Littorella uniflora*),

Zu Tabelle 1

Außerdem je einmal in

Aufnahme 2: *Polygonum minus* +
5: *Mentha aquatica* 1, *Potentilla reptans* 1, *Inula britannica* r, *Leontodon nudicaulis* +, *L. autumnale* +
9: *Potamogeton filiformis* +
11: *Drosera rotundifolia* 1

Herkunft der Aufnahmen:
1, 2 — NE-Ufer des Treptow, 29. 8. 1975
3, 4, 6, 7, 14 — E-Ufer des Treptow
5, 8, 11, 12 — SE-Ufer des Treptow
9, 15, 16 — S-Ufer des Treptow
13 — W-Ufer des Treptow
17, 18 — NW-Ufer und W-Ufer des Treptow
10 — N-Ufer des Treptow

Tab. 1. Die Pflanzengesellschaften des Treptow

Laufende Nr.	1	2	3	4	5	6	7	8	9	10	11	12	13	14	15	16	17	18
Deckung in %	50	80	80	60	60	60	50	60	70	80	100	90	60	100	100	90	100	100
Aufnahmefl. in m²	4	4	4	4	44	4	4	2	2	9	9	9	16	16	16	16	16	16
Artenzahl	8	13	17	16	18	6	3	7	9	12	15	20	25	12	20	27	12	28
Kennarten:																		
Juncus articulatus	2	3	3	1	3	+	—	—	—	2	—	1	1	+	1	1	—	3
Carex demissa	—	+	1	+	+	—	—	—	—	—	—	—	1	+	2	2	2	3
Phragmites australis	—	—	+	1	—	—	—	3	r	+	+	+	—	3	—	1	+	—
Agrostis stolonifera	+	+	+	3	+	—	—	—	—	—	—	—	—	+	—	—	—	+
Eleocharis palustris	—	—	+	+	—	—	—	1	3	1	—	+	+	—	+	+	—	—
Schoenoplectus tabernaemontani	—	—	—	—	—	—	—	—	r	+	+	+	+	—	1	1	+	r
Sch. lacustris	—	—	1	1	—	2	—	—	—	—	—	—	—	+	—	—	—	—
Littorella uniflora	—	—	—	—	—	—	—	—	—	+	—	—	—	3	4	4	5	+
Chara fragilis	—	—	—	—	—	2	3	+	+	2	—	—	—	—	—	—	—	—
Potamogeton gramineus	—	—	—	+	—	1	—	+	—	1	—	—	—	—	—	—	—	—
Myriophyllum alterniflorum	—	—	—	—	—	—	1	—	1	+	—	—	—	—	—	—	—	—
Eleocharis acicularis	—	—	—	—	—	—	—	2	2	—	—	—	—	—	—	—	—	—
Begleiter:																		
Juncus effusus	—	+	+	+	+	—	—	—	—	+	+	1	+	—	1	1	+	+
Myosotis palustris	—	+	+	+	+	—	—	—	—	—	—	—	+	+	1	1	+	+
Agrostis canina	+	+	+	+	+	—	—	—	—	—	1	+	2	+	+	+	—	+
Juncus alpinus	—	—	+	1	1	—	—	—	—	1	—	—	+	1	—	+	+	+
Hydrocotyle vulgaris	—	—	1	+	+	—	—	—	—	—	2	3	+	—	1	1	+	+
Juncus bulbosus	—	—	—	1	—	—	—	—	—	+	—	—	1	—	—	+	+	+
J. bulbosus ssp. *kochii*	—	—	—	—	1	—	—	+	r	2	—	1	1	—	1	2	+	+
Bryum ventricosum	—	—	+	—	+	+	—	—	—	—	1	1	+	—	+	1	—	+
Juncus bufonius	+	+	1	+	+	—	—	—	—	—	—	—	—	r	—	—	—	+
J. ambiguus	2	2	r	—	r	—	—	—	—	—	—	—	—	—	—	—	—	—
Poa annua	1	r	—	—	—	—	—	—	—	—	—	—	—	—	—	—	—	—
Triglochin palustre	+	r	—	—	—	—	—	—	—	—	—	—	—	—	—	—	—	—
Taraxacum palustre	+	r	—	—	1	—	—	—	—	—	—	—	—	—	—	—	—	r
Lycopus europaeus	—	+	1	+	+	+	—	—	—	—	—	—	—	+	—	—	—	—
Plantago major ssp. *intermedia*	—	r	+	—	+	—	—	—	—	—	—	—	—	—	—	—	—	+
Veronica scutellata	—	—	+	+	+	—	—	—	—	—	—	—	—	—	—	—	—	—
Bidens tripartitus	—	—	—	—	+	—	—	—	—	—	—	—	2	—	—	—	—	r
Galium palustre	—	—	—	—	—	—	—	—	—	—	1	+	1	+	1	1	+	+
Acrocladium cuspidatum	—	—	—	—	—	—	—	—	—	—	+	1	+	—	+	1	—	r
Campylium stellatum	—	—	—	—	—	—	—	—	—	—	1	1	r	—	+	+	—	—
Leptobryum piriforme	—	—	—	—	—	—	—	—	—	—	+	2	+	—	—	+	—	+
Lotus corniculatus	—	—	—	—	—	—	—	—	—	—	+	+	r	—	+	+	—	+
Gnaphalium uliginosum	—	—	—	—	—	—	—	—	—	—	+	+	2	—	+	+	—	+
Preissia quadrata	—	—	—	—	—	—	—	—	—	—	r	+	r	—	+	+	—	r
Epilobium hirsutum	—	—	—	—	—	—	—	—	—	—	—	—	1	—	r	r	—	+
Ranunculus flammula var. *gracilis*	—	—	—	—	—	—	—	—	—	—	—	—	1	—	+	+	+	+
Equisetum limosum	—	—	—	—	—	—	—	—	—	—	—	—	+	—	+	+	—	r
Gnaphalium luteo-album	—	—	—	—	—	—	—	—	—	—	—	—	1	—	—	—	—	+
Philonotis fontana	—	—	—	—	—	—	—	—	—	—	—	+	—	—	—	+	—	—
Marchantia polymorpha	—	—	—	—	—	—	—	—	—	—	—	+	—	—	—	r	—	—
Leontodon hispidus	—	—	—	—	+	—	—	—	—	—	—	—	—	—	—	—	—	+
Parnassia palustris	—	—	—	—	—	—	—	—	—	—	+	+	r	—	—	—	—	—
Riccardia multifida	—	—	—	—	—	—	—	—	—	—	+	1	—	—	—	+	—	—
Potamogeton polygonifolius	—	—	—	—	—	—	r	—	1	—	—	—	—	—	—	—	—	—
P. pectinatus	—	—	—	—	—	—	—	+	+	—	—	—	—	—	—	—	—	—

der am Treptow die wohl größten Bestände in Mecklenburg bildet. Bis etwa 1960 kam im Treptow bis ca. 2 m Tiefe die Tausendblatt—Strandling-Gesellschaft (*Myriophyllum-alterniflorum—Littorella-uniflora*-Ges.) vor, für die das Wechselblütige Tausendblatt und die Unterwasserform des Strandlings (*L. uniflora* f. *isoetoides*) kennzeichnend sind. Diese Gesellschaft ist artenarm und zählte außer den beiden genannten Arten noch die Nadelsimse (*Eleocharis acicularis*) sowie Armleuchteralgen und Laichkräuter zu ihren Begleitern. Heute tritt diese Gesellschaft im Treptow nicht mehr auf, da sich der Strandling auf die Ufer zurückgezogen hat und hier in den Formen *terrestre* (Landform) und *hirsuta* (behaarte Form) auftritt.

Die Ufer des Treptow waren bis um 1960 fast vegetationslos und wiesen nur kleinflächig schüttere Schilf- und Simsen-Gürtel auf. Heute sind die S-, W- und NW-Ufer fast lückenlos von Schilf-, Rohrkolben- und Simsen-Röhrichten bewachsen, die stellenweise eine Breite von mehreren Metern erreicht haben und weiter wachsen. Unbewachsen sind nur noch das E- und NE-Ufer. Hier wird der weiße Dünen-Strand, der sich in alter Schönheit präsentiert, bis zu 50 m breit. Einige Meter vom Wasser entfernt findet man hier eine Gliederbinsen—Straußgras-Gesellschaft (*Juncus-articulatus—Agrostis-stolonifera*-Gesellschaft, Tab. 1, Aufn. 1—5), in der die seltene Frosch-Binse (*Juncus ambiguus*) stet auftritt. Die Gesellschaft wird von Binsen (*Juncus articulatus, J. bufonius, J. ambiguus*) und Straußgräsern (*Agrostis stolonifera, A. canina*) beherrscht und wurde von uns „Lagunengesellschaft" genannt, da sie an lagunenartigen feuchten Standorten vorkommt, die zeitweilig unter Wasser standen und daher feuchter sind.

Im flachen Wasser bis ca. 10 cm Tiefe kommen auf der S-Seite kleinflächig Reinbestände der Nadelsimse (*Eleocharis acicularis*) vor. Zur Landseite gesellen sich einige Begleiter hinzu und bilden dann die Nadelsimsen-Gesellschaft (Eleocharetum acicularis, Tab. 1, Aufn. 8, 9), die am Treptow in vergangener Zeit wesentlich besser ausgebildet war. Auch diese Nadelsimsen-Gesellschaft hat sich auf das Land „gerettet" und enthält als Besonderheit am Treptow eine seltene Unterart der Zwiebelbinse (*Juncus bulbosus* ssp. *kochii*), die hier einen ihrer wenigen Standorte in Mecklenburg hat. Die Aufnahme 9 tendiert schon zur Sumpfsimsen-Gesellschaft (*Eleocharis-palustris*-Ges., Tab. 1, Aufn. 10), die an wenigen Stellen am Treptow wächst. Die Sumpfsimse beherrscht das Bild. Daneben treten im Wasser einige Wasserpflanzen hinzu, auf dem Land dagegen Vertreter des *Littorella*-Verbandes (Littorellion).

Auf der S-Seite fanden wir landwärts, oft hinter den Röhricht-Gürteln beginnend, eine interessante Gesellschaft des Eleocharition pauciflorae, über die in der Literatur wenig bekannt ist (vgl. Passarge 1964). In unseren Aufnahmen (Tab. 1, Aufn. 11—13) kommen Hundsstraußgras (*Agrostis canina*), Wassernabel (*Hydrocotyle vulgaris*), ein Moos (*Bryum ventricosum*) und das Sumpfruhrkraut (*Gnaphalium uliginosum*) stet und mit höheren Deckungswerten vor. Bemerkenswert hoch ist der Anteil der Moose, unter denen als Besonderheiten *Riccardia multifida* und *Preissia quadrata* vorhanden sind. Beschränkt auf diese Standorte sind auch das Sumpf-Herzblatt (*Parnassia palustris*) und der Rundblättrige Sonnentau (*Drosera rotundifolia*). Vor Jahren wurden in dieser Gesellschaft auch das Fettkraut (*Pinguicula vulgaris*) und der Sumpf-Bärlapp (*Lycopodiella inundata*) gefunden, so daß unsere Gesellschaft Beziehungen zur Fettkraut-Pioniergesellschaft (*Pinguicula—Carex-oederi*-Ges.), der Sonnentau-Pioniergesellschaft (*Preissia—Drosera-rotundifolia*-Ges.) und zur Sumpfbärlapp-Gesellschaft (*Lycopodium-inundatum*-Ges.) aufweist (vgl. Passarge 1964). Diese Pflanzenbestände sind nicht stabil und werden einerseits vom Röhricht überwuchert, andererseits aber auch von *Salix*-Gebüschen. Als Besonderheit tritt in Aufnahme 13 das Gelbweiße Ruhrkraut (*Gnaphalium luteo-album*) verstärkt auf, da hier wohl Arten des Blausimsen-Röhrichts die Assoziation zerstören.

Kleinflächig fanden wir auf der S-Seite an Wegen die subatlantisch verbreitete Borstbinsen-Gesellschaft (Scirpetum setacei), die im Kreis Parchim recht selten ist. Am Treptow enthält sie viel Wassernabel (*Hydrocotyle vulgaris*). Im Kontakt steht sie mit der vorigen Gesellschaft. Sie besiedelt wahrscheinlich infolge Konkurrenzschwäche nur die freien Stellen an den Wegen.

Die große Besonderheit des Treptow aber sind seine Strandlings-Fluren, die ihresgleichen in Mecklenburg suchen und hinsichtlich ihrer Ausdehnung die größten uns bekannten Bestände in Mecklenburg sind. Während sie noch vor wenigen Jahrzehnten im Uferbereich des Sees bis ca. 50 cm Wassertiefe fast rings im und um den Treptow zu finden waren, konnten wir 1975 nicht eine Strandlingspflanze im Wasser mehr finden. Der Strandling (*Littorella uniflora*) hatte sich auf das Land ca. 5—20 m vom Ufer entfernt hinter der Röhrichtzone bzw. hinter die Sumpfsimsen-Gesellschaft zurückgezogen und bildet hier große Strandlingswiesen aus, die u. E. in dieser Zusammensetzung noch nicht aus der Literatur bekannt sind und somit auch neu für Mecklenburg sein dürften (Tab. 1, Aufn. 14—17). Neben dem Strandling, der mit hohen Deckungswerten auftritt, kommt stet und in großer Anzahl die Aufsteigende Gelbsegge (*Carex demissa*) in dieser Strandlings-Flur (Littorelletum uniflorae) vor. Außerdem treten stet, aber mit geringerer Deckung, folgende Arten in dieser Gesellschaft auf, die eine Breite von 10—30 m einnimmt: Sumpf-Vergißmeinnicht (*Myosotis palustris*), Sumpf-Labkraut (*Galium palustre*), Flammender Hahnenfuß (*Ranunculus flammula var. gracilis*), Wassernabel (*Hydrocotyle vulgaris*), Flatterbinse (*Juncus effusus*), Salzsimse (*Schoenoplectus tabernaemontani*), Zwiebel-Binse (*Juncus bulbosus* ssp. *kochii*).

Die Aufnahme 14 nimmt durch das starke Auftreten des Schilfs eine Sonderstellung ein. Als Besonderheiten und botanische Raritäten treten in der Strandlings-Flur die Alpen-Binse (*Juncus alpinus*), eine seltene Unterart der Zwiebel-Binse (*J. bulbosus* ssp. *kochii*) sowie die Moose *Riccardia multifida* und *Philonotis fontana* auf. Landeinwärts auf dem trockner werdenden Sand tritt der Strandling immer mehr zurück. Seine Stelle nimmt die Gliederbinse (*Juncus articulatus*) ein, so daß wir hier eine Gliederbinsen—Gelbseggen-Gesellschaft (*Juncus-articulatus—Carex-demissa*-Ges.) vorfinden (Tab. 1, Aufn. 18). Diese Assoziation erschien uns konkurrenzkräftiger und stabiler als das Littorelletum.

Die Strandlingswiesen werden wahrscheinlich allmählich von Röhricht-Arten durchsetzt, überwachsen und schließlich zerstört und/oder vom Erlen—Birken—Weiden-Bruchwald eingenommen. Anfänge derartiger Sukzessionen sind am Treptow schon sichtbar.

An der SW-Seite befindet sich am Abflußgraben ein Wasserried (Caricetum pseudocyperi), das physiognomisch durch den Wasser-Ampfer (*Rumex hydrolapathum*) und die Zypergrassegge (*Carex pseudocyperus*) bestimmt wird. An mehreren Stellen siedeln das Teichsimsen- und das Blausimsen-Röhricht (Scirpetum lacustris und S. tabernaemontani), in denen neben den Simsen das Schilf und der Breitblättrige Rohrkolben (*Typha latifolia*) dominieren. In NW tritt die Gliederbinse verstärkt hinzu.

Interessant ist eine Gesellschaft im SW des Treptow, der Lungenenzian—Borstgras-Rasen (Nardo-Gentianetum pneumonanthis oder Juncetum squarrosi NORDH. 23). In dieser Gesellschaft herrscht das Borstgras (*Nardus stricta*) vor; daneben treten eine

Reihe für den Kreis Parchim seltenerer, feuchtigkeitsliebender Arten wie Sparrige Binse (*Juncus squarrosus*), Glockenheide (*Erica tetralix*, Kriechweise (*Salix repens*), Wald-Läusekraut (*Pedicularis silvatica*), Lungenenzian (*Gentiana pneumonanthe*) und Berg-Wohlverleih (*Arnica montana*) auf (Tab. 2).

Tab. 2. Juncetum squarrosi des Treptow

Laufende Nr.	1	2
Deckung in %	100	100
Aufnahmefl. in m²	16	16
Artenzahl	14	14
Kennarten:		
Erica tetralix	1	1
Gentiana pneumonanthe	+	+
Juncus squarrosus	1	1
Salix repens	1	+
Pedicularis silvatica	r	r
Arnica montana	—	r
Begleiter:		
Nardus stricta	3	3
Calluna vulgaris	2	1
Molinia coerulea	1	2
Succisa pratensis	1	1
Achillea ptarmica	1	1
Festuca ovina ssp. *capillata*	1	1
Betula pubescens	2	2
Hieracium caespitosum	r	r
Thalictrum flavum	+	—

Herkunft der Aufnahmen:
1 und 2: Am NW-Ufer des Treptow, 29. 8. 1975

Im NE befindet sich eine trockene Flechtenheide (Cladonio-Callunetum), an die sich ein Kiefernwald anschließt. Im S vermitteln *Calamagrostis-canescens*-Bestände zu den *Salix*-Gebüschen.

1.3. Die Schutzwürdigkeit des Treptow

Der Treptow weist eine Anzahl geschützter Pflanzen auf:

Großes Zweiblatt	(*Listera ovata*)
Breitblättriges Knabenkraut	(*Dactylorhiza majalis*)
Geflecktes Knabenkraut	(*D. maculata*)
Weiße Waldhyazinthe	(*Palanthera bifolia*)
Rundblättriger Sonnentau	(*Drosera rotundifolia*)
Mittlerer Sonnentau	(*D. intermedia*)[2])
Lungenenzian	(*Gentiana pneumonanthe*)
Berg-Wohlverleih	(*Arnica montana*)
Sumpf-Bärlapp	(*Lycopodiella indundata*)[2])
Fettkraut	(*Pinguicula vulgaris*)
Sumpf-Porst	(*Ledum palustre*)

[2]) Nicht mehr nachgewiesen

Trunkelbeere	(*Vaccinium uliginosum*)
Gemeine Natternzunge	(*Ophioglossum vulgatum*)

Ihren einzigen Fundort am Treptow im Kreis Parchim haben folgende Pflanzenarten:

Fettkraut	(*Pinguicula vulgaris*)
Zwiebel-Binse	(*Juncus bulbosus* ssp. *kochii*)
Schwimmendes Froschkraut	(*Luronium natans*)
Alpen-Binse	(*Juncus alpinus* ssp. *fuscoater*)
Knöterich-Laichkraut	(*Potamogeton polygonifolius*)
Spitzblättriges Laichkraut	(*P. acutifolius*)
Berchtolds Laichkraut	(*P. berchtoldii* var. *tenuissimus*)
Gras-Laichkraut	(*P. gramineus* mit den var. *lacustris* und var. *terrestre*)
Sumpf-Ampfer	(*Rumex palustris*)
Wechselblütiges Tausendblatt	(*Myriophyllum alterniflorum*)
Gelbweißes Ruhrkraut	(*Gnaphalium luteo-album*)
Öhrchen-Habichtskraut	(*Hieracium auricula*)
Frosch-Binse	(*Juncus ambiguus*)

Die nachstehend aufgeführten für den Kreis Parchim sehr seltenen Pflanzen (2–10 Fundorte) kommen ebenfalls am Treptow vor:

Wenigblütige Sumpfsimse	(*Eleocharis quinqueflora*)
Nadel-Sumpfsimse	(*E. acicularis*)
Salz-Teichsimse	(*Schoenoplectus tabernaemontani*)
Flaches Quellried	(*Blysmus compressus*)
Weißes Schnabelried	(*Rhynchospora alba*)
Faden-Segge	(*Carex lasiocarpa*)
Wald-Läusekraut	(*Pedicularis silvatica*)
Blauer Augentrost	(*Euphrasia curta*)
Kleiner Knöterich	(*Polygonum minus*)
Sumpf-Brenndolde	(*Cnidium dubium*)
Krähenbeere	(*Empetrum nigrum*)

Der Treptow nimmt mit seiner Flora und Vegetation eine Sonderstellung im Kreis Parchim sowie in ganz Mecklenburg ein. Wir empfehlen aus diesem Grunde eine sofortige Unterschutzstellung des Sees, um die seltenen Pflanzen, die am Treptow noch vorhanden sind, für die Wissenschaft zu erhalten. Falls der Treptow nicht in seiner Gesamtheit zum Naturschutzgebiet erklärt werden kann, sollte das SW-Ufer unter strengen Schutz gestellt werden. Geschieht diese Maßnahme nicht, werden in wenigen Jahren die botanischen Raritäten ausgestorben sein.

2. Der Beutow-See bei Thurow (Kreis Neustrelitz)

2.1. Das Untersuchungsgebiet (Abb. 4, 5)

Bei der botanischen Erforschung des Kreises Neustrelitz untersuchten wir auch den Beutow-See. Der Beutow- oder Schulzen-See liegt ca. 1 km nordwestlich des Dorfes Thurow zwischen den Bahnlinien Neustrelitz–Neubrandenburg und Neustrelitz–Feldberg. Der See umfaßt eine Fläche von etwa 3,6 ha.

Geologisch liegt er zwischen zwei kleineren Endmoränen-Bögen des Strelitzer Bogens in der sandigen Thurower Senke. Östlich und nördlich des Sees befinden sich vor-

Abb. 4. Der Beutow-See, Blick auf das E-Ufer

Abb. 5. Blick in das Eriophoro-Sphagnetum recurvi

wiegend lehmige Grundmoränenböden. Der nach N zurückweichende Gletscher wurde an der Rödliner Staffel zu einem Stillstand gezwungen, so daß es zu Sanderbildungen auf Eisunterlage kam und die ausgedehnten Sanderflächen zwischen Beutow-See und Carpin entstanden. Die Schmelzwässer dieser Stillstandslage flossen durch Endmoränendurchbrüche nach SW bzw. S. Nach Abschmelzen des Toteises dieser Sander entstanden die flachwelligen Oberflächenformen der Becken nördlich der Hauptendmoräne. Die Grundmoränenflächen sind z. Z. der Rödliner Staffel wohl nur wenig umgeformt worden. Aus der bei Scamoni et al. (1963) gegebenen geologischen Karte wird u. E. deutlich, daß der Beutow-See durch Abschmelzen von Toteismassen entstand und dem Typ des Beckenstausees zuzuordnen ist.

Der See ist max. 3,5 m tief und mesotroph—eutroph. Die Sichttiefen liegen bei 1 m. Der pH-Wert liegt knapp unter 6. Unseres Erachtens ist ein schwach dystropher Einfluß vorhanden. Die Verlandung des Sees hat sich mit abnehmender Wasserqualität erheblich beschleunigt.

Im N grenzt der Beutow-See an Kohldistelwiesen (Polygono-Cirsietum oleracei), im E an Weiden (Lolio-Cynosuretum), im S an die Bahnlinie nach Feldberg und im W befinden sich junge Kiefernforste und Pfeifengras-Buchenwälder.

2.2. Die Vegetation des Beutow-Sees (Abb. 6)

Im offenen Wasser konnten wir keine Pflanzengesellschaften feststellen. Lediglich Bestände der Gelben Teichrose (*Nuphar luteum*) kommen im NE vor. Auf der N-Seite wachsen im flachen Wasser schüttere Bestände der Gemeinen Sumpfsimse (*Eleocharis palustris*); an einer Stelle ist die Gemeine Teichsimse (*Schoenoplectus lacustris*) vorhanden. Vor diesen Beständen siedelt im tieferen Wasser ein Schilf-Röhricht (Scirpo-Phragmitetum), das physiognomisch durch das Schilf (*Phragmites australis*) bestimmt wird. Es liegt hier in der Variante des Schwimmenden Laichkrautes (*Potamogeton natans*) vor, in der nur wenige Begleiter stet auftreten (vgl. Tab. 3, Aufn. 4). Etwas weiter nördlich fanden wir ein kleinflächig entwickeltes Flutsüßgras-Bachröhricht (Glycerietum fluitantis), das durch den Flutenden Schwaden (*Glyceria fluitans*) bestimmt wird (Tab. 3, Aufn. 5). Die Gesellschaft besiedelt die Ufer und den Flachwasserbereich und steht im Kontakt mit einer Variante des Sumpffarns der Subass. vom Bittersüßen Nachtschatten des Scirpo-Phragmitetum (Tab. 3, Aufn. 3). Bemerkenswert ist in dieser Gesellschaft das Auftreten von *Carex elongata* und *Calla palustris*. Eine charakteristisch ausgebildete Variante des Sumpffarns fanden wir ferner in der S-Bucht des Sees (Tab. 3, Aufn. 1 und 2). Typisch für diese Ausbildung sind *Thelypteris palustris*, *Acrocladium cuspidatum*, *Typha angustifolia* und *Galium palustre*. Diese Arten bilden dichte zusammenhängende Teppiche, die im Sommer betretbar sind. Am Beutow-See dringt dieses Sumpffarn—Schilf-Röhricht bis an die offene Wasserfläche vor. Hier bildet es stark schwankende Schwingdecken, die aus den Rhizomen von *Phragmites* und *Thelypteris* bestehen. Sie wachsen langsam in das freie Wasser hinein und sind so unmittelbar an der Verlandung des Gewässers beteiligt. Im Frühjahr oder bei Hochwasser sind diese Bestände überschwemmt, während im Sommer sich oft in den noch vorhandenen Wasserschlenken Lemnetea-Arten ansiedeln. Die Weiterentwicklung des Sumpffarn—Schilf-Röhrichts verläuft meist über ein Gebüsch-Stadium zum Erlenbruchwald — das Vorkommen der Erle deutet dies an. Das Sumpffarn—Schilf-Röhricht ist floristisch und standörtlich gut umgrenzt und

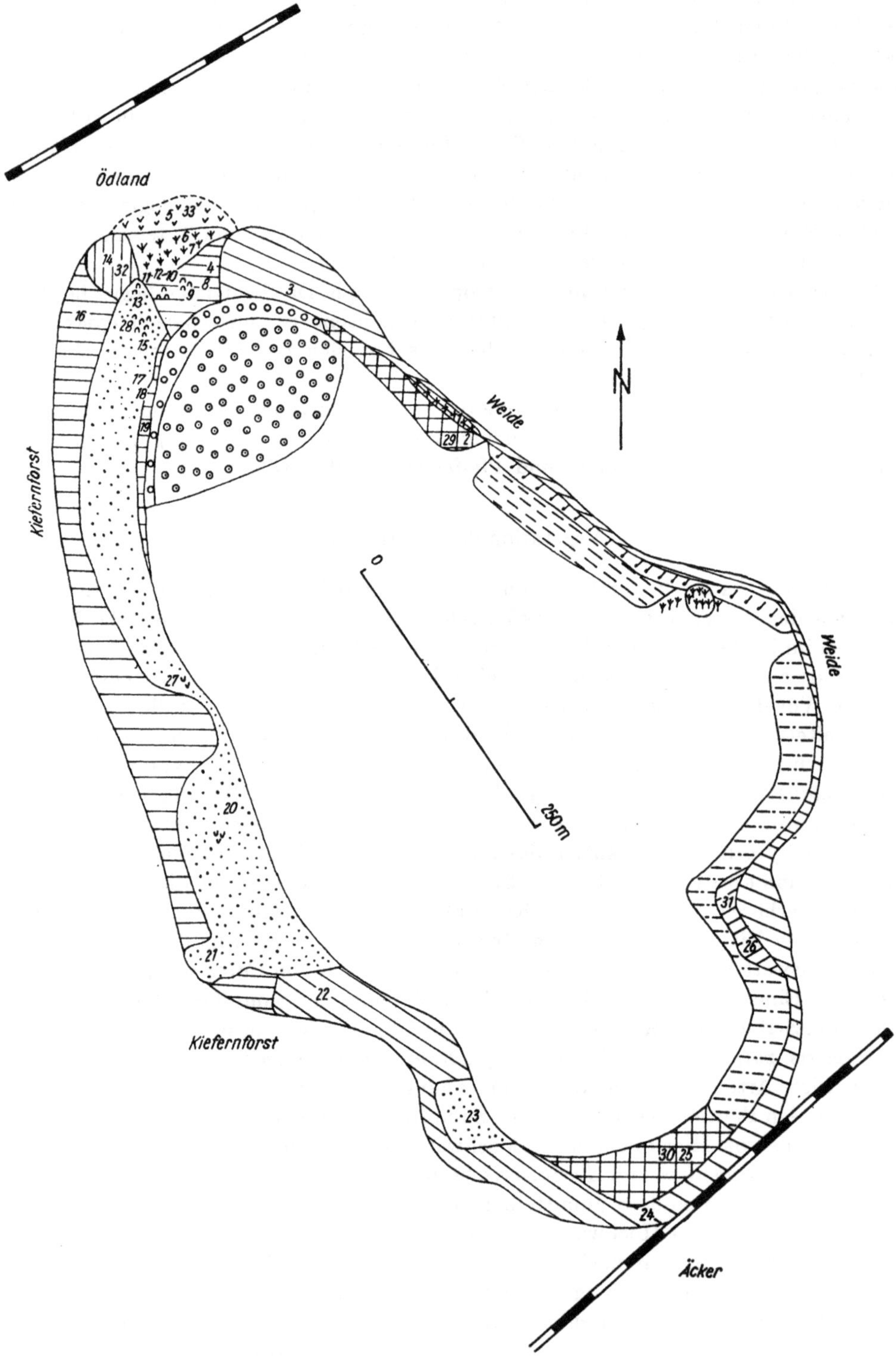
Ödland
Weide
Weide
Kiefernforst
Kiefernforst
Äcker
0
250m
N
1
2
3
4
5
6
7
8
9
10
11
12
13
14
15
16
17
18
19
20
21
22
23
24
25
26
27
28
29
30
31
32
33

stellt wahrscheinlich die Endphase des Scirpo-Phragmitetum dar; u. E. sollte der Gesellschaft ein höherer Rang eingeräumt werden (Thelypterido-Phragmitetum ?). Nach KRAUSCH (1964) ist die Subass. von *Solanum dulcamara* des Scirpo-Phragmitetum schon wiederholt beschrieben worden, allerding meist die reichere Standorte einnehmende Variante von *Glyceria maxima*. Im N tritt das Scirpo-Phragmitetum in der Subass. von *Nuphar luteum* auf.

Am E-Ufer ist kleinflächig ein Schnabelseggen-Ried (*Caricetum rostratae*) entwickelt (Tab. 3, Aufn. 6, 7). Es ist eine Verlandungsgesellschaft mesotropher Gewässer, in der die Schnabelsegge (*Carex rostrata*) dominiert, aber verschiedene Begleiter aufweist. Die Gesellschaft bevorzugt flache Ufer mit lockeren Schlammböden. *Equisetum fluviatile* tritt in unseren Aufnahmen, die zur typischen Variante gehören, nicht auf. Es sind lockere und artenarme Bestände, die meist herdenartig vorkommen und vielfach mit Vertretern des Scirpo-Phragmitetum vermischt sind. Der Untergrund besteht aus Sand oder Gyttja.

Die W-Seite des Sees wird von einer Grünen Torfmoos-Gesellschaft (Eriophoro-Sphagnetum recurvi) eingenommen (Tab. 4, Aufn. 2—6). Die Gesellschaft besitzt nur schwach bultigen Charakter, der hauptsächlich durch die Bulte von *Eriophorum vaginatum* hervorgerufen wird. Die Moosschicht wird von *Sphagnum recurvum* beherrscht. Die Gesellschaft ist arm an Arten und weist außer den beiden genannten im Gebiet vor allem *Vaccinium oxycoccus*, *Eriophorum angustifolium* und *Polytrichum strictum* auf. *Ledum palustre* wächst vorwiegend am westlichen Rand unter *Pinus* und *Betula*. Kiefer und Birke erreichen im Gebiet zuweilen beträchtliche Deckungsgrade, werden aber nicht sehr hoch und sterben z. T. wieder ab. Doch ist am Beutow-See sicher in einigen Jahren ein Moorkiefernwald auf dem Gebiet dieser Gesellschaft entstanden. Die Kiefer kommt sowohl in der langnadeligen f. *uliginosa* als auch in der kurznadeligen f. *turfosa* vor. Das Eriophoro-Sphagnetum recurvi tritt in einer typischen Subass. und in einer Subass. von *Carex rostrata* auf. Letztere ist durch die Schnabelsegge bestimmt, die Deckungswerte von 4 erreichen kann (Tab. 4, Aufn. 1, 3). *Ledum palustre* fehlt in dieser Subass., die noch relativ naß ist, beim Betreten leicht schwankt und an Schwingrasen oder nasse Randsümpfe grenzt. Demgegenüber ist

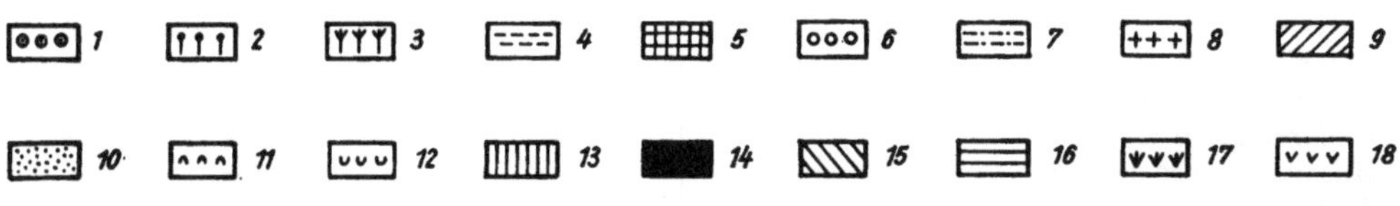

Abb. 6. Vegetationskarte des Beutow-Sees

1 — Bestände der Gelben Teichrose (*Nuphar luteum*); 2 — Bestände der Gemeinen Sumpfsimse (*Eleocharis palustris*); 3 — Bestände der Gemeinen Teichsimse (*Schoenoplectus lacustris*); 4 — Schilf-Röhricht (Scirpo-Phragmitetum, Var. von *Potamogeton natans*); 5 — Sumpffarn-Schilf-Röhricht (Scirpo-Phragmitetum, Var. von *Thelypteris palustris*); 6 — Teichrosen-Schilf-Röhricht (Scirpo-Phragmitetum, Subass. von *Nuphar luteum*); 7 — Schilf-Röhricht (Scirpo-Phragmitetum, Typische Subass.); 8 — Flutsüßgras-Bachröhricht (Glycerieum fluitantis); 9 — Schnabelseggen-Ried (Caricetum rostratae); 10 — Grüne Torfmoos-Gesellschaft (Eriophroo-Sphagnetum recurvi); 11 — *Polytrichum-strictum*-Bulte; 12 — *Polytrichum-commune*-Bulte; 13 — *Sphagnum-recurvum — Phragmites*-Gesellschaft; 14 — Eleocharis-quinqueflora-Gesellschaft; 15 — Schwertlilien-Eschenwald (Irido-Alentum); 16 — Birkenmoorwald (Carici-Betuletum pubescentis); 17 — Kleinseggen-Kriechweidengebüsch (Comaro-Salicetum repentis); 18 — Pfeifengraswiese (Molinietum); Zahlen — Aufnahmenummern

Tab. 3. Ufergesellschaften am Beutow-See

Laufende Nr.	1	2	3	4	5	6	7
Nr. in Abb. 6	25	30	2	29	1	26	31
Deckung in %	100	100	100	80	80	100	100
Aufnahmefl. in m²	25	25	25	25	16	16	16
Artenzahl	16	16	15	4	15	30	28
Kennarten:							
Phragmites australis	1	1	3	3	—	+	+
Typha angustifolia	1	2	1	2	r	+	r
T. latifolia	1	+	—	+	—	r	—
Potamogeton natans	—	—	—	1	—	—	—
Glyceria fluitans	—	—	r	—	3	+	—
Glyceria maxima	—	—	r	—	+	—	—
Thelypteris palustris	3	3	1	—	—	—	—
Solanum dulcamara	1	1	+	—	+	+	+
Acrocladium cuspidatum	3	3	—	—	—	+	+
Carex rostrata	—	—	r	—	1	3	3
Begleiter:							
Galium palustre	3	3	+	—	+	+	+
Rumex hydrolapathum	+	+	+	—	+	+	+
Lythrum salicaria	+	r	+	—	+	+	+
Carex pseudocyperus	+	r	—	—	+	+	+
Ranunculus flammula	—	—	r	—	+	+	+
Lysimachia vulgaris	+	r	—	—	—	+	+
Alnus glutinosa	r	r	—	—	—	+	+
Lycopus europaeus	+	+	—	—	—	+	+
Mentha aquatica	r	+	—	—	—	r	r
Carex elongata	+	1	2	—	—	—	—
Salix cinerea	r	r	—	—	—	—	—
Rorippa amphibia	—	—	—	—	+	+	+
Juncus effusus	—	—	—	—	+	+	+
Eleocharis palustris	—	—	—	—	+	+	+
Myosotis palustris	—	—	+	—	—	+	+
Iris pseudoacorus	—	—	+	—	+	—	—
Sium erectum	—	—	+	—	+	—	—
Nostoc pruniforme	—	—	—	—	—	r	+
Carex nigra	—	—	—	—	—	r	+
C. lasiocarpa	—	—	—	—	—	+	+
Veronica scutellata	—	—	—	—	—	+	+
Stellaria palustris	—	—	—	—	—	+	+
Alisma plantago-aquatica	—	—	—	—	—	+	+
Hydrocotyle vulgaris	—	—	—	—	—	+	+
Cardamine amara	—	—	—	—	—	+	+
Ranunculus sceleratus	—	—	—	—	—	+	+
Lemna minor	—	—	—	—	—	r	+

Außerdem je einmal in Aufnahme:

5: *Carex elata* +, *Poa annua* +.
3: *Calla palustris* 1, *Calamagrostis canescens* +, *Peucedanum palustre* r, *Nuphar luteum* +.
Herkunft der Aufnahmen: vgl. Abb. 6

Tab. 4. Moorgesellschaften am Beutow-See

Laufende Nr.	1	2	3	4	5	6	7	8	9	10	11	12	13
Nr. in Abb. 6	13	17	18	20	21	23	15	27	28	14	32	11	12
Deckung in %	100	100	100	100	100	100	100	100	100	100	100	100	100
Aufnahmefl. in m²	16	16	16	16	16	16	16	2	2	25	25	16	16
Artenzahl	9	14	11	12	4	5	14	7	7	12	12	19	19
Kennarten:													
Eriophorum vaginatum	+	+	+	+	4	3	+	—	—	—	—	—	—
Vaccinium oxycoccus	1	1	1	3	—	3	1	2	2	1	1	—	—
Ledum palustre	—	r	—	+	—	—	+	—	—	—	—	—	—
Cephalozia connivens	—	r	r	+	—	—	+	—	—	—	—	—	—
Sphagnum acutifolium	—	+	r	—	—	—	r	—	—	—	—	—	—
Carex rostrata	4	+	4	—	—	—	1	—	—	r	+	—	—
Polytrichum strictum	—	1	1	1	—	—	—	3	4	—	—	—	—
Sphagnum magellanicum	—	—	—	—	—	—	—	3	2	—	—	—	—
S. rubellum	—	—	—	—	—	—	—	+	1	—	—	—	—
Aulacomnium palustre	—	—	—	—	—	—	—	1	+	—	—	—	—
Eleocharis quinqueflora	—	—	—	—	—	—	—	—	—	—	—	3	3
Triglochin palustre	—	—	—	—	—	—	—	—	—	—	—	+	+
Carex oederi	—	—	—	—	—	—	—	—	—	—	—	r	r
Begleiter:													
Sphagnum recurvum	4	4	4	5	4	5	5	—	—	3	4	3	4
Betula pubescens	1	r	1	+	+	1	1	1	1	+	+	1	1
Pinus silvestris	1	2	2	3	1	—	2	—	—	+	+	r	+
Phragmites australis	2	—	1	+	—	—	1	1	1	4	4	2	1
Eriophorum angustifolium	—	3	+	3	—	1	1	—	—	—	—	+	r
Drosera rotundifolia	r	r	—	r	—	—	+	—	—	—	—	+	+
Comarum palustre	—	—	—	—	—	—	r	—	—	+	+	1	r
Andromeda polifolia	—	+	—	—	—	—	+	—	—	—	—	r	r
Carex canescens	1	—	—	+	—	—	—	—	—	—	—	—	—
C. limosa	—	+	—	—	—	—	—	—	—	—	—	r	r
Peucedanum palustre	—	—	—	—	—	—	—	—	—	+	r	1	+
Salix repens	—	—	—	—	—	—	—	—	—	r	r	1	+
Lysimachia vulgaris	—	—	—	—	—	—	—	—	—	+	+	r	+
Lycopus europaeus	—	—	—	—	—	—	—	—	—	+	+	—	—
Thelypteris palustris	—	—	—	—	—	—	—	—	—	1	+	—	—
Carex nigra	—	—	—	—	—	—	—	—	—	—	—	1	+
C. panicea	—	—	—	—	—	—	—	—	—	—	—	+	r
Drepanocladus uncinatus	—	—	—	—	—	—	—	—	—	—	—	2	+
D. fluitans	—	—	—	—	—	—	—	—	—	—	—	1	+

Außerdem je einmal in Aufnahme:
12: *Carex flacca* +.
5: *Menyanthes trifoliata* +.
Herkunft der Aufnahmen: vgl. Abb. 6

der Boden in der typischen Subass. bereits stärker verfestigt und *Carex rostrata* fehlt. Dafür treten *Eriophorum vaginatum* und/oder *E. angustifolium* stärker auf. Im UG ist die Typische Untergesellschaft auch etwas häufiger als die andere. Im W befindet sich eine Variante (Tab. 4, Aufn. 5), in der *Sphagnum recurvum* und *Eriophorum vaginatum* dominieren und kaum andere Begleiter aufweisen.

Im Eriophoro-Sphagnetum recurvi befinden sich an einigen Stellen Bulte (Tab. 4, Aufn. 8, 9), die durch *Polytrichum strictum* physiognomisch bestimmt werden. Schilf und Moorbirke deuten eine Zerstörung dieser Bulte an. An zwei Stellen fanden wir *Polytrichum-commune*-Bulte, die aber bereits abgestorben waren bzw. Absterbeerscheinungen zeigten.

Im N schließt sich an das Eriophoro-Sphagnetum recurvi eine *Sphagnum-recurvum—Phragmites*-Gesellschaft (Variante von *Phragmites australis* der Subass. von *Sphagnum recurvum* des Carici-Agrostietum caninae) an, die durch das Schilf und in der Moosschicht von *Sphagnum recurvum* bestimmt werden. Kiefer und Birke treten ebenfalls auf und deuten die Entwicklung zum Moorwald an (Tab. 4, Aufn. 10, 11).

Östlich dieser *Sphagnum-Phragmites*-Gesellschaft fanden wir als Besonderheit am Beutow-See eine *Eleocharis-quinqueflora*-Gesellschaft (Tab. 4, Aufn. 12, 13), in der die Wenigblütige Sumpfsimse physiognomisch bestimmend ist. Die Gesellschaft bedeckt eine Fläche von über 50 m^2. Neben der Sumpfsimse treten stet der Sumpfdreizack (*Triglochin palustre*) und Oeders Gelbsegge (*Carex oederi*) sowie Braunmoose auf. Neben Moorpflanzen kommen am Beutow-See in dieser Gesellschaft auch einige Sumpfarten vor. Schilf, Kiefer, Moorbirke und Kriechweide deuten an, daß die Gesellschaft überwachsen und zerstört wird.

Die E-Seite des Sees wird von einem schmalen Erlensaum eingenommen, der sich am N- und S-Ende zum Schwertlilien-Erlenbruchwald (Irido-Alnetum) verbreitert (Tab. 5, Aufn. 1—3). In der Baumschicht dominiert die Erle (*Alnus glutinosa*) ebenso wie in der Strauchschicht. In der Feldschicht herrschen im Gebiet die Walzensegge (*Carex elongata*), Sumpffarn und Sumpf-Reitgras (*Calamagrostis canescens*). In der Moosschicht ist *Mnium hornum* stet vertreten. In der Strauchschicht treten meist auch einige Weiden auf. Als Besonderheit wächst *Taraxacum glabriforme* DOLL in der Gesellschaft. Im N des Sees tritt die Gesellschaft in ihrer typischen Variante auf, während sie im S als Moorbirken—Erlenbruchwald (Sphagno-Alnetum, Subass. von *Betula pubescens*, Variante von *Sphagnum cymbifolium*) ausgebildet ist. Die Moorbirke tritt hier stet auf, in der Feldschicht kommen stet *Carex canescens*, *Lysimachia vulgaris*, *Comarum palustre* vor. Der Faulbaum ist neben der Erle in der Strauchschicht vorherrschend. Im Gebiet finden wir meist die torfmoosreiche Variante, die in der Moosschicht durch das Vorkommen von Torfmoosen gekennzeichnet ist. Diese *Sphagnum*-reichen Erlenbruchwälder gehen fließend in den Kiefern—Moorbirken-Wald über.

Im N und W wachsen im Kontakt mit dem Irido-Alnetum bzw. dem Eriophoro-Sphagnetum recurvi Birkenmoorwälder (Carici-Betuletum pubescentis), in denen in der Baumschicht die Moorbirke (*Betula pubescens*) $\pm$ deutlich dominiert (Tab. 5, Aufn. 4—8). In der Feldschicht treten meist *Phragmites australis*, *Carex canescens*, *C. lasiocarpa*, *Vaccinium oxycoccus*, *Carex nigra*, *Eriophorum*-Arten und *Agrostis canina* auf. Bemerkenswert ist das Vorkommen des Schilfs. Im W tritt diese Gesellschaft großflächiger auf und enthält mehr Kiefern (Tab. 5, Aufn. 8). Der Moorbirkenwald

(Legende zu Tab. 5)

Außerdem je einmal in Aufnahme:

1: *Viburnum lanata* r, *Ranunculus acer* +, *Iris pseudacorus* r, *Cardamine amara* +, *Taraxacum glabriforme* +.
5: *Salix aurita* +, *Betula pendula* 1, *B. pubescens* +.
8: *Ledum palustre* 2, *Carex rostrata* +.
9: *Cirsium palustre* +, *Lotus uliginosus* +, *Carex flacca* r.
11: *Carex limosa* r, *Equisetum palustre* +, *Carex diandra* +, *C. panicea* 1.

Tab. 5. Waldgesellschaften am Beutow-See

Laufende Nr.	1	2	3	4	5	6	7	8	9	10	11
Nr. in Abb. 6	3	22	24	19	4	8	9	16	6	7	10
Deckung in % B.:	80	80	100	60	80	60	60	80	100	10	100
S.:	10	20	10	—	80	5	5	—	50	10	25
F.:	80	70	70	90	60	100	80	80	40	90	100
M.:	5	10	25	100	100	100	100	100	10	80	30
Aufnahmefl. in m²	400	400	400	400	400	400	400	400	100	100	100
Artenzahl	15	22	18	15	17	20	11	11	15	16	15
B.: *Alnus glutinosa*	4	4	4	1	+	1	+	—	r	+	—
Betula pendula	—	1	2	—	3	—	—	—	—	+	—
Salix pentandra	+	—	—	—	+	—	—	—	—	—	—
Betula pubescens	—	—	+	3	+	2	2	3	+	1	1
Salix cinerea	—	—	—	—	1	—	—	+	—	—	—
Pinus silvestris	—	—	—	+	—	—	+	2	—	—	—
Alnus glutinosa	1	2	1	—	r	+	—	—	—	—	—
Rhamnus frangula	+	+	+	—	—	—	—	—	—	—	—
Sorbus aucuparia	r	+	—	—	—	—	—	—	—	—	—
Salix cinerea	—	+	+	—	1	—	—	—	—	—	—
S. caprea	—	1	+	—	+	—	—	—	—	—	—
S. repens	—	—	—	—	1	—	—	—	3	1	2
F.: *Lysimachia vulgaris*	—	+	+	+	2	+	—	—	+	1	1
Calamagrostis canescens	1	+	—	—	3	—	—	—	1	2	—
Phragmites australis	—	—	—	1	r	1	1	—	1	1	1
Vaccinium australis	—	—	—	+	—	1	2	1	—	2	2
Agrostis canina	—	—	—	+	—	+	+	—	1	+	1
Thelypteris palustris	1	+	3	2	—	—	—	—	—	1	—
Carex canescens	—	+	+	2	—	1	1	—	—	—	—
Comarum palustre	—	—	+	1	—	+	+	—	1	+	+
Carex nigra	—	—	—	+	+	1	—	+	—	—	1
Carex lasiocarpa	—	—	r	+	—	2	1	—	—	—	—
C. elongata	3	3	+	—	—	—	—	—	—	—	—
Solanum dulcamara	+	r	—	—	—	—	—	—	—	—	—
Myosotis palustris	r	r	—	—	—	—	—	—	—	—	—
Dryopteris dilatata	1	+	—	—	—	—	—	—	—	—	—
Caltha palustris	1	r	—	—	—	—	—	—	—	—	—
Deschampsia caespitosa	+	r	—	—	—	—	—	—	—	—	—
Carex vesicaria	+	—	—	—	+	+	—	—	—	—	—
Menyanthes trifoliata	—	—	+	+	—	1	—	—	—	—	—
Eriophorum angustifolium	—	—	—	—	+	+	—	+	—	—	—
E. vaginatum	—	—	—	—	—	+	r	+	—	—	—
Drosera rotundifolia	—	—	—	—	1	—	—	+	—	—	+
Hydrocotyle vulgare	—	—	—	—	+	+	—	—	—	—	+
Dactylorhiza majalis	—	—	—	—	—	—	—	—	r	—	r
Andromeda polifolia	—	—	—	—	—	—	—	1	—	—	+
Peucedanum palustre	—	—	—	+	—	—	—	—	—	+	—
Galium palustre	—	—	—	—	—	+	—	—	+	—	+
Viola palustris	—	—	—	—	—	+	—	—	+	r	—
Potentilla erecta	—	—	—	—	—	+	—	—	r	—	—
M.: *Sphagnum squarrosum*	—	+	+	2	—	5	5	5	—	—	—
Acrocladium cuspidatum	—	—	2	—	—	—	—	—	+	2	+
Sphagnum recurvum	—	—	—	—	—	—	—	—	r	3	2
Mnium hornum	1	+	+	—	—	—	—	—	—	—	—
Sphagnum cymbifolium	—	+	+	—	—	—	—	—	—	—	—
Aulacomnium palustre	—	—	—	—	—	—	—	—	+	+	—
Polytrichum strictum	—	—	—	—	—	—	—	1	—	—	—
P. commune	—	1	—	—	—	—	—	—	—	—	—
Pohlia nutans	—	+	—	—	—	—	—	—	—	—	—

rückt gegen das Wasser vor und wirkt u. E. stark entwässernd, so daß die *Polytrichum-strictum*-Bulte sowie *Ledum palustre* bereits Absterbeerscheinungen zeigen.

Am Wasser zieht sich im W auf dem Schwingrasen ebenfalls ein Birkenmoorwald hin (Tab. 5, Aufn. 4), dem aber die Erle reichlicher beigemischt ist. Die Gesellschaft trägt durch Verfestigung des Untergrundes so direkt zur Verlandung bei.

Im N grenzt an den Moorbirkenwald ein Kleinseggen-Kriechweidengebüsch (Comaro-Salicetum repentis), das physiognomisch durch die Kriechweide (*Salix repens*) bestimmt wird (Tab. 5, Aufn. 9—11). In der Baum- bzw. Strauchschicht ist die Moorbirke zu finden, seltener die Erle. In der Feldschicht treten stet *Phragmites australis*, *Agrostis canina*, *Comarum palustre*, *Vaccinium oxycoccus* auf, während die Moosschicht von *Sphagnum recurvum* bestimmt wird, dem *Acrocladium cuspidatum* und *Aulacomnium palustre* beigegeben sind. Die Gesellschaft ist u. E. sehr labil und wird vom Moorbirkenwald überwachsen. Im N vermittelt eine Pfeifengras-Wiese (Molinietum) zwischen dieser Gebüsch-Gesellschaft und dem Ödland (Tab. 6).

Tab. 6. Molinietum am Beutow-See

Laufende Nr.	1	2
Nummer in Abb. 6	5	33
Deckung in %	100	100
Aufnahmefl. in m²	36	36
Artenzahl	20	20
Kennarten:		
Molinia coerulea	4	4
Potentilla erecta	1	1
Begleiter:		
Geum rivale	2	1
Alchemilla glabra	1	+
Festuca ovina sl.	1	1
Poa pratensis	1	1
Viola palustris	1	+
Deschampsia caespitosa	1	1
Lathyrus pratensis	+	+
Carex leporina	+	+
Succisa pratensis	+	+
Centaurea jacea	+	+
Veronica chamaedrys	+	+
Galium palustre	+	+
Carex flacca	+	+
C. panicea	+	r
Luzula campestris	+	+
Briza media	+	+
Salix repens	1	r
Lysimachia vulgaris	1	+

Außerdem je einmal in Aufnahme:
1: *Salix cinerea* +, *S. pentandra* +, *Betula pubescens* +
Herkunft der Aufnahmen: vgl. Abb. 6

3. Der Zwirn-See bei Fürstensee (Kreis Neustrelitz)

Bei der floristischen Bestandsaufnahme des Kreises Neustrelitz entdeckten wir einige mesotrophe Klarwasserseen, die in Mecklenburg schon selten geworden sind.

Ein typischer See dieses Trophiegrades ist der Zwirn-See bei Fürstensee, der durch Beschluß des Bezirkstages am 8. 1. 1975 (Vorlage 61/75) zum NSG erklärt wurde. Die folgende Studie ist der submersen Flora sowie der Ufervegetation dieses interessanten Sees gewidmet (vgl. KRAUSCH 1974, HEMKE 1975).

3.1. Das Untersuchungsgebiet (Abb. 7)

Der Zwirn-See liegt ca. 2 km nordöstlich des Dorfes Fürstensee und im N des Fürstensees, mit dem er durch einen kurzen Kanal verbunden ist. Nordwestlich liegen die „Schäferei-Pöhle", östlich der Hinnensee. Im S grenzt der See an das NSG „Pankower Ort". Der Zwirn-See umfaßt eine Fläche von 45,19 ha. Geologisch ist er als ein Beckenstausee aufzufassen. Die Sichttiefe ist sehr variabel. So beträgt sie im Sommer ca. 4 m (1965 aber ca. 6 m nach mündl. Mitt. von Herrn STEGEMANN), im Frühjahr liegt sie dagegen bei 6 m).[3] Auch die Sprungschicht variiert: So befand sie sich im Juli 1975 im S-Teil des Sees in einer Tiefe von 8 m, im N-Teil lag sie dagegen bei 6 m.

Abb. 7. Der Zwirn-See, Blick nach N

Zwei Wasserproben unterstreichen den mesotophen Charakter des Zwirn-Sees:

NH^{4+}:	n.n.	n.n.
C^-:	—	17,0mg/l
Ca^{++}:	46,5 mg/l	—

[3]) Herrn M. STEGEMANN, Neustrelitz, danke ich für seine wertvolle Hilfe beim Tauchen und Herrn J. KLUG, BHI Neustrelitz, für die Untersuchung der Wasserproben.

NO_2^-: n.n.	n.n.
PO_4^{---}: n.n.	n.n.
Mg^{++}: 3,9 mg/l	—
NO_3^-: n.n.	n.n.
$Fe^{++/+++}$ —	n. n.
Härte, Karbonat: 5,3° d_H	—
Härte, gesamt: 7,4° dH	—
pH-Wert: —	7,0
m-Wert: 1,9	—
gebundenes CO_2: 41,8	—
$KMnO_4$-Verbrauch: —	22,7 mg/l
O_2-Gehalt: 10,5 mg/l	9,7 mg/l
BSB_5: 1,4 mg/l	BSB_2: 1,6 mg/l
24. 11. 75 14.00 Uhr	4. 7. 76 15.00 Uhr
Oberflächenwasser	Oberflächenwasser

3.2. Die Vegetation des NSG „Zwirn-See" (Abb. 8, 9)

Der mesotrophe, klare Zwirn-See enthält gut entwickelte und meist ausgedehnte Characeen-Gesellschaften. An der S- und E-Seite des Sees siedelt in einer Tiefe von 0,2—1,2 m das Charetum asperae. Die Gesellschaft besteht ausschließlich aus *Chara aspera*. Sie wächst an den flachen Sandufern in lockeren Herden vielfach im Schutz von Geröll, Steinen, Holzstücken oder locker stehenden Schilf-Beständen. Die Pflanzen sind stets klein und werden zuweilen nur 2—3 cm hoch. Im Zwirn-See tritt das Charetum asperae selten und nur kleinflächig auf (vgl. Tab. 7, Aufn. 1 + 2).

Nach der Tiefe hin wird es von anderen *Chara*-Gesellschaften abgelöst. Während in oligotrophen Gewässern meist in Tiefen zwischen 1,2 und 5 m sich das Charetum filiformis anschließt, tritt im Zwirn-See zwischen 1 und 6 m Tiefe das Najadetum intermediae, die Gesellschaft des Mittleren Nixkrautes auf (Tab. 7, Aufn. 3—8). Das Nix-

Tab. 7. Characeen-Gesellschaften des Zwirn-Sees

Aufnahme-Nr. in Abb. 9	1	2	3	4	5	6	7	8	9	10
Deckung in %	30	40	80	10	100	100	100	100	90	100
Aufnahmefl. in m²	2	2	2	4	4	4	4	4	4	4
Wassertiefe in m	0,2	1	0,5	8	2	4	2	3	9	12
Artenzahl	3	1	4	4	7	7	5	1	3	4
Kennarten:										
Chara aspera	2	3	+	+	—	—	—	—	—	—
Najas intermedia	—	—	1	3	3	3	2	5	—	—
Chara hispida	—	—	—	3	+	1	4	—	r	—
Nitellopsis obtusa	—	—	—	+	—	—	—	—	4	+
Vaucheria dichotoma	—	—	—	—	—	—	—	—	—	4
Nitella flexilis	—	—	—	—	—	—	—	—	—	2
Begleiter:										
Chara delicatula	+	—	—	—	—	—	—	—	—	—
Phragmites australis	+	—	3	—	—	—	—	—	—	—
Potamogeton gramineus	—	—	2	—	—	—	—	—	—	—
Chara fragilis var. *hedwigii*	—	—	—	—	3	2	+	—	1	+
Potamogeton lucens	—	—	—	—	+	+	—	—	—	—
P. perfoliatus	—	—	—	—	+	1	—	—	—	—
Myriophyllum spicatum	—	—	—	—	1	+	1	—	—	—
Chara tomentosa	—	—	—	+	r	r	—	—	—	—
Schoenoplectus lacustris f. *fluitans*	—	—	—	—	—	—	+	—	—	—

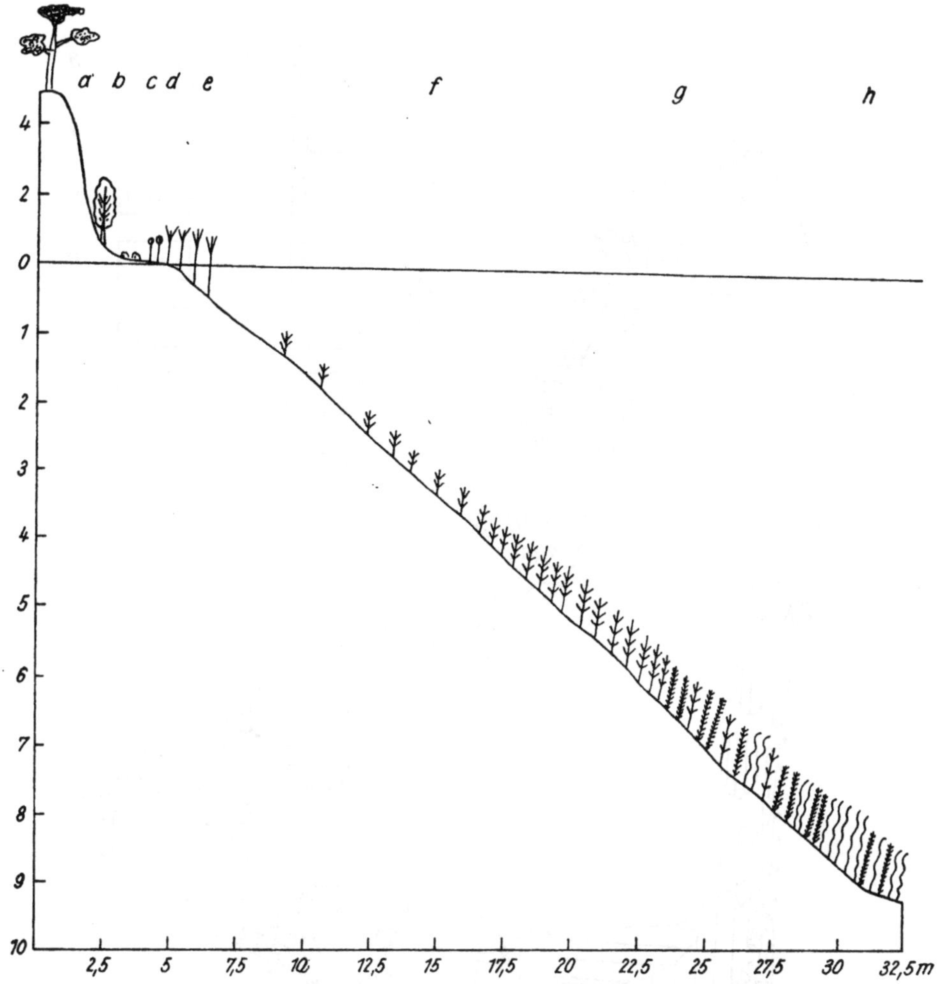

Abb. 8. Vegetationsprofil am Zwirnsee, S-Seite (Entwurf: R. DOLL & M. STEGEMANN)

a – Kiefernhochwald; b – Erlenbruchwald; c – Sonnentau-Pioniergesellschaft; d – Scorpidio-Cladietum; e – Schilf-Rohrkolben-Röhricht; f – Najadetum intermediae; g – Nitellopsidetum obtusae; h – Nitello-Vaucherietum

kraut (*Najas intermedia*) bildet in Tiefen zwischen 3 und 6 m auf der S- bis NE-Seite dichte Wiesen, denen Characeen beigemischt sind. Auf der N-Seite, besonders aber auf dem westlichen Abbruchufer, kommt die Art (wie auch die Characeen) nur in lockeren Beständen vor. Oberhalb 3 m nehmen die Bestände ab und die Pflanzen werden kleiner und robuster, unterhalb 6 m lockern die *Najas*-Wiesen ebenfalls schnell auf Bei ca. 8 m hat die Art ihre absolute Tiefengrenze erreicht. Stet treten *Chara hispida* und *C. fragilis* auf, seltener *C. tomentosa*. An einigen wenigen Stellen (z. B. im N des Sees) überwiegt *C. hispida* deutlich, weist aber immer noch *Najas* auf (Aufn. 7). Hier im nördlichen Teil trat auch das Ährige Tausendblatt (*Myriophyllum spicatum*) in den Aufnahmen hervor.

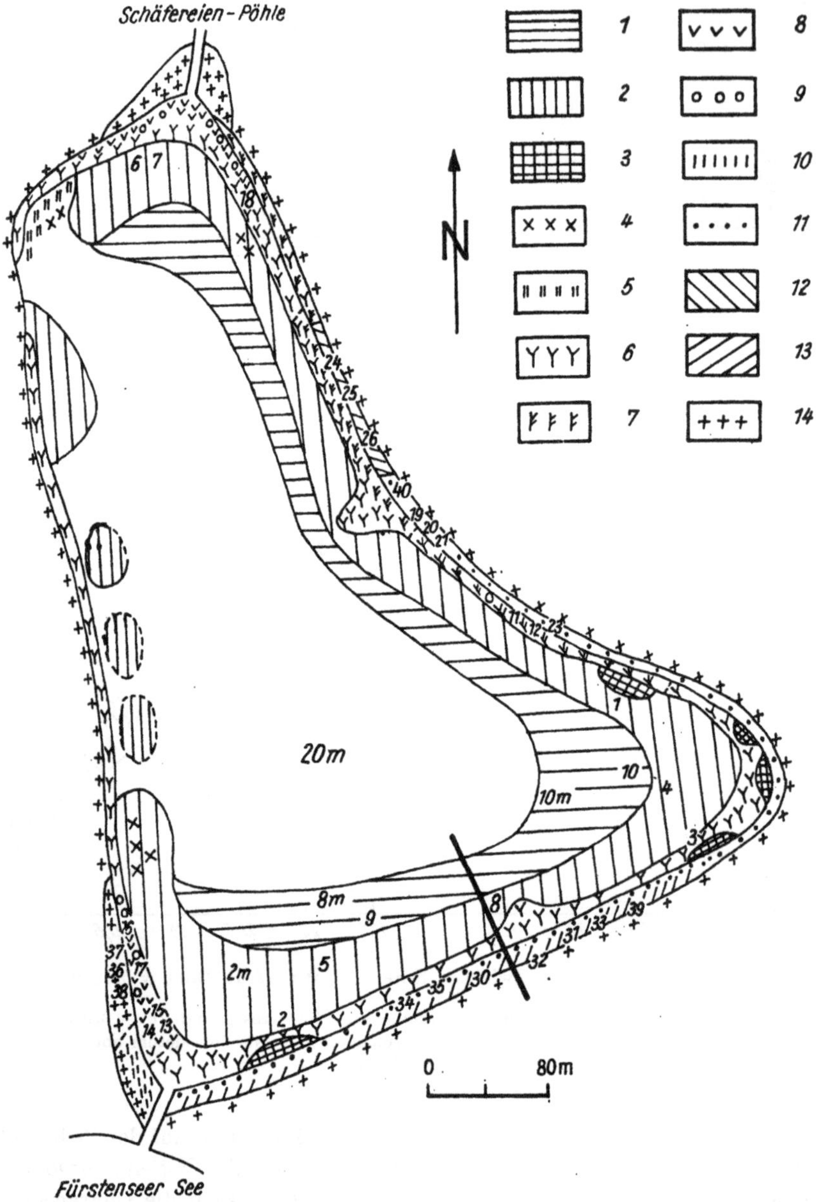

Abb. 9. Vegetationskarte des NSG „Zwirnsee" (Entwurf: R. Doll & M. Stegemann)

1 – Nitellopsidetum obtusae und Nitello-Vaucherietum dichotomae; 2 – Najadetum intermediae; 3 – Charetum asperae; 4 – Bestände der Weißen Teichrose (*Nymphaea alba*); 5 – Bestände der Gemeinen Teichsimse (*Schoenoplectus lacustris*); 6 – Schilf-Rohrkolben-Röhricht; 7 – Schneiden-Ried (Cladietum marisci); 8 – Sumpffarn-Gesellschaft; 9 – Gesellschaft des Mittleren Wasserschlauches; 10 – Schlankseggen-Ried (Caricetum gracilis); 11 – Scorpidio-Cladietum; 12 – *Eleocharis-quinqueflora*-Gesellschaft; 13 – Sonnentau-Pioniergesellschaft; 14 – Erlenbruchwald; 15 – Wassertiefe; 16 – Aufnahmenummern

Das Najadetum konnten wir bisher im Kreis Neustrelitz nur in 6 Seen feststellen. Es sind alles mesotrophe Seen. *Najas* kann u. E. als Charaktergattung derartiger Seen gewertet werden (*Najas*-Seen).

Das Charetum tomentosae, das z. B. im benachbarten Fürstenseer See vorkommt, konnten wir nicht feststellen. *Chara tomentosa* tritt im Zwirn-See nicht bestandsbildend auf.

Mit zunehmender Wassertiefe folgt auf das Najadetum intermediae das Nitellopsidetum obtusae in Tiefen zwischen (4) 5 und 9 (—10) m (Tab. 7, Aufn. 9). Es ist eine artenarme Gesellschaft, in der nur *Nitellopsis obtusa* und *Chara fragilis* var. *hedwigii* stet auftreten. Sie ist aber massereich und lebhaft grün gefärbt. Im Zwirn-See ist sie nicht optimal und großflächig entwickelt. Hauptsächlich kommt sie in den Buchten vor. Nach oben treten Arten aus dem Najadetum intermediae hinzu und es entsteht eine Mischgesellschaft. Zur Tiefe ergeben sich Übergänge zu dem angrenzenden Nitello - Vaucherietum, das im Zwirn-See nicht mehr rein auftritt. Das Nitellopsidetum obtusae kommt sowohl in oligotrophen als auch in mesotrophen Seen vor, vgl. KRAUSCH (1964).

An die vorhergehende Assoziation schließt sich das Nitello-Vaucherietum dichotomae an. Die Gesellschaft geht in oligotrophen Gewässern, z. B. im Stechlinsee nach KRAUSCH (1964) und im Wumm-See nach eigenen Beobachtungen, maximal bis 20 m mit ± geschlossenen Beständen. Sie ist daher nur in tiefen Seen optimal entwickelt. Hauptbestandsbildner sind *Nitella flexilis* und die grünschwärzliche Grünalge *Vaucheria dichotoma*. Zuweilen tritt *Vaucheria* auch in Reinbeständen auf. Als Begleiter findet sich *Chara fragilis* var. *hedwigii* ein (Tab. 7, Aufn. 10). Die Gesellschaft ist im Zwirn-See nicht deutlich vom Nitellopsidetum obtusae abgegrenzt und könnte ebensogut als Subassoziation von *Vaucheria dichotoma* des Nitellopsidetum betrachtet werden, vgl. KRAUSCH (1964).

Characeen-Gesellschaften besiedeln allgemein die klaren oligo- bis mesotrophen Seen, d. h., ihre Vorkommen zeigen eine direkte Abhängigkeit vom Trophiegrad des Gewässers. Je eutropher der See ist, desto fragmentarischer sind sie ausgebildet. Begrenzender Faktor für das Auftreten der Characeen ist nach den Beobachtungen von KRAUSCH (1964) sowie unseren eigenen Untersuchungen neben der Konkurrenz der höheren Pflanze vor allem die starke Entwicklung des Aufwuchses in eutrophen Seen, der die Characeen dort in dichten Bezügen bedeckt, so daß sie stets reduzierte Sprosse und geringe Fruktifikation aufweisen. Die Transparenz sowie die O_2-Zehrung in Bodennähe spielen ebenfalls eine große Rolle. Auch eine gewisse Mindestmenge an gelöstem Kalk im Wasser ist für das Vorkommen der Characeen unerläßlich. Sie treten deshalb in kalkarmen oligotrophen Seen ebenfalls zurück.

Außer den Armleuchteralgen-Gesellschaften sind im Zwirn-See keine Wasserpflanzengesellschaften entwickelt. Auf der NW- und SW-Seite des Sees kommen lockere Bestände der Weißen Teichrose (*Nymphaea alba*) vor, im NW Bestände der Gemeinen Teichsimse (*Schoenoplectus lacustris*). Rings um den See verläuft ein Schilf—Rohrkolben-Gürtel, dem kaum andere Arten beigemischt sind. Dieser *Phragmites—Typha*-Gürtel ist durchschnittlich 2—3 m breit und erreicht mit etwa 8 m Breite sein Maximum. An einigen Stellen ist er ± geschlossen, meist aber sehr schütter. Auf der NE- und S-Seite geht er an zwei Stellen weit in das flache Wasser hinein und beschleunigt die Verlandung. Die größte Ausdehnung erreicht er auf der S-Seite des Sees. Auf der NE-Seite wird der Schilf-Gürtel weitgehend durch dichte Schneiden-Röhrichte (Cla-

Tab. 8. Röhrichte des Zwirn-Sees

Laufende Nr.	1	2	3	4	5	6	7	8
Aufnahme-Nr. in Abb. 9	11	12	13	14	15	16	17	18
Deckung in %	100	100	100	100	100	100	100	100
Aufnahmefl. in m²	16	16	16	16	16	2	2	2
Artenzahl	1	2	6	7	7	4	7	5
Kennarten:								
Cladium mariscus	5	4	—	—	—	—	r	—
Phragmites communis	—	2	2	2	3	—	—	r
Thelypteris palustris	—	—	3	4	3	—	—	—
Chara aspera	—	—	—	—	—	3	+	+
C. vulgaris	—	—	—	—	—	+	2	3
Campylium stellatum	—	—	—	—	—	4	3	2
Utricularia intermedia	—	—	—	—	—	2	2	2
Begleiter:								
Calamagrostis canescens	—	—	3	—	—	—	—	—
Scutellaria galericulata	—	—	+	r	r	—	—	—
Lycopus europaeus	—	—	r	+	r	—	—	—
Acrocladium cuspidatum	—	—	1	1	1	—	r	—
Galium palustre	—	—	—	+	r	—	—	—
Drepanocladus aduncus	—	—	—	r	r	—	r	—

dietum marisci) ersetzt, in denen meist nur die Schneide (*Cladium mariscus*) wächst (Tab. 8, Aufn. 1 + 2). Sie bildet so dichte Röhrichte, daß andere Arten keine Existenz finden. Die Wassertiefe beträgt im Durchschnitt 0,5 m. Stehen die Schneiden-Exemplare etwas lockerer, dringt sofort das Schilf ein. Begleitarten sind am Zwirn-See aber auch dann noch nicht vorhanden. Schilf—Schneiden-Bestände sind auf dem Uferstreifen zu finden. In der NW- und SW-Ecke des Sees hat sich eine Vergesellschaftung herausgebildet, in der der Sumpffarn (*Thelypteris palustris*) dominiert und damit eine zunehmende Versumpfung dieser Standorte anzeigt. Es ist kein Röhricht mehr, sondern eine Randsumpfgesellschaft, die jedoch aus einem Röhricht hervorgegangen ist (vgl. Tab. 8, Aufn. 3—5). Als Kennarten möchten wir das Schilf und den Sumpffarn betrachten, die auch physiognomisch das Bild beherrschen. In NW dringt aus dem umgebenden Wald das Sumpfreitgras (*Calamagrostis canescens*) in die Assoziation ein. Diese Sumpffarn-Gesellschaft ist u. E. typisch für verlandende Buchten mesotropher bis oligotropher Seen, da sie von uns schon mehrfach im Kreis Neustrelitz gefunden wurde. Bemerkenswert ist ferner, daß in diesen Beständen verstärkt eine *Utricularia-intermedia*-Gesellschaft auftritt (Tab. 8, Aufn. 6—8), die aber außerdem in den Schneiden- und Röhricht-Gesellschaften zu finden ist. Es ist eine artenarme Gesellschaft, die in flachen Schlenken und im Gebiet gern in Wildschweinsuhlen siedelt. Gekennzeichnet ist sie durch den Mittleren Wasserschlauch (*Utricularia intermedia*), das Moos *Campylium stellatum* und *Chara aspera* bzw. *C. vulgaris*. *Utricularia minor*, die von Krausch (1964) als wichtigste Art dieser Gesellschaft bezeichnet wird, kommt im Kreis Neustrelitz nur äußerst selten vor und ist im NSG nicht vorhanden. *U. intermedia* dagegen ist neben *U. vulgaris* die häufigste Art im Kreis und ihre Vergesellschaftung nicht selten. Unsere Bestände weichen indessen auch durch das starke Auftreten von *Campylium stellatum* von der von Krausch (1964) beschriebenen Assoziation ab. Da die Gesellschaft oft inmitten der Röhrichte siedelt, greifen deren Arten über und zerstören auch meist wieder die Gesellschaft des Mittleren Wasserschlauches.

Im SW befindet sich ein kleinflächiges Schlankseggen-Ried (Caricetum gracilis). Die interessantesten Gesellschaften aber waren die Ufergesellschaften des Zwirn-Sees. Da der See bis etwa 1955 wegen des Flößens periodisch angestaut wurde, waren seine Ufer wesentlich breiter vegetationsfrei, so daß noch PASSARGE (1963) gut entwickelte Ufergesellschaften vorfand. Heute sind die Ufer bis ans Wasser bewachsen und nur an einigen Stellen ist ihr Bewuchs so dünn, daß sich noch einige Ufergesellschaften fragmentarisch erhalten haben. Eine Borstbinsen-Gesellschaft (Scirpetum setacei konnten wir nicht mehr feststellen, obwohl u. E. diese Gesellschaft früher auf dem sandigen Ufer vorgekommen sein muß, vgl. PASSARGE (1963).

Die flachen sandigen S- und SE-Ufer waren früher vom Scorpidio-Cladietum (= Eleocharido-Juncetum subnodulosi) bewachsen. Die Gesellschaft folgte gleich auf die Röhrichtzone noch im regelmäßigen Überspülungsbereich (Tab. 9, Aufn. 1—6). Den Beständen der Stumpfblütigen Binse (*Juncus subnodulosus*) gesellen sich meist die Glanzfrüchtige Binse (*J. articulatus*) und Oeders Gelbsegge (*Carex oederi*) hinzu. Unter den weiteren Begleitarten finden wir Röhricht- und Sumpfarten. Während PASSARGE (1963) die Bestände der Stumpfblütigen Binse noch in optimaler Ausbildung antraf (Aufn. 5), mußten wir ein starkes Zurückgehen sowohl in der Ausdehnung als auch in der Deckung notieren. Aufnahme 4 verdeutlicht das Eindringen des Waldes in diese Gesellschaft und damit ihr Absterben. Dieser Prozeß setzt sich fort, da die Ufer nicht mehr periodisch überschwemmt werden, die Binsen-Bestände folglich auf trockenem Boden stehen, so daß Waldbäume keimen und der Wald schließlich alles überwächst. Während PASSARGE noch 2 Subassoziationen feststellte, einmal die *Triglochin*-Subass, mit nässeholden Arten (vgl. Aufn. 5) und zum anderen die „seltene *Molinia*-Ausbildung" (Tab. 9, Aufn. 6), konnten wir beide nicht mehr eindeutig trennen, da das Pfeifengras in allen unseren Aufnahmen vorkam. Es belegt damit eine deutlich zunehmende Trockenheit der Uferregion sowie die Zerstörung des Scorpidio-Cladietum. Auch das Sumpfreitgras hat sehr zugenommen. Unseres Erachtens sind alle Aufnahmen zur *Molinia*-Subass. zu stellen.

Auf der NE-Seite fanden wir Bestände der Armblütigen Simse (*Eleocharis quinqueflora*), die wir nicht mehr dem Scorpidio-Cladietum zuordnen möchten (Tab. 9, Aufn. 7—9), da wir gerade die Vergesellschaftung dieser Art im Kreis studierten und dabei feststellten, daß ihre Bindung an die Stumpfblütige Binse nicht sehr eng ist, sondern sie dieser Konkurrenz gern ausweicht und eigene Bestände bildet, wie am Zootzen-See, Kl. Vieler-See, in den Dabelower Kalkflachmoorwiesen oder am „Bullenstall" bei Neustrelitz. Kennzeichnend für diese Gesellschaft sind außer der Armblütigen Simse, die physiognomisch das Bild beherrscht und u. E. die Konkurrenz von Röhrichtarten usw. sowie Beschattung schlecht verträgt, die Gelbsegge, Gliederbinse, Sumpfdreizack, Wassernabel und verschiedene Moose, von denen am Zwirn-See 3 Arten vorkommen. Einige Pilze sind ebenfalls typisch für diese Gesellschaft. Ob die Bestände der Armblütigen Simse am Zwirn-See zur Fettkraut-Gesellschaft (*Pinguicula—Carex-oederi*-Ges.) zu stellen sind, bleibt ungewiß, da das Fettkraut nicht mehr nachgewiesen werden konnte. PASSARGE hatte auch hier eine *Molinia*- und eine *Eleocharis-quinqueflora*-Ausbildung unterschieden. Die erstere beschränkt sich auf die weniger stark durchfeuchteten Standorte, während die letztere näher zum Wasser siedelt, daher einige hygrophile Arten enthält und zum Scorpidio-Cladietum überleitet (Tab. 9, Aufn. 10 und 11).

Tab. 9. Ufergesellschaften am Zwirn-See

Laufende Nr.	1	2	3	4	5	6	7	8	9	10	11	12	13	14	15	16
Aufnahme-Nr. in Abb. 9	40	19	20	21	22	23	24	25	26	27	28	29	30	31	32	33
Deckung in %	100	100	100	100	100	100	100	100	100	100	100	100	100	100	100	100
Aufnahmefl. in m²	16	14	14	14	5	16	2	4	2	2	3	4	4	10	60	90
Artenzahl	11	7	10	15	11	13	16	14	10	17	18	9	12	22	12	10
Kennarten:																
Juncus subnodulosus	1	1	1	1	4	1	+	+	—	—	+	—	+	1	—	—
Molinia coerulea	2	r	+	1	—	3	2	2	—	—	3	—	1	2	3	1
Carex oederi	r	+	+	+	1	r	+	+	1	2	1	1	1	+	+	—
Eleocharis quinqueflora	—	—	—	—	2	—	3	3	4	3	—	—	—	—	—	—
Drosera rotundifolia	—	—	—	—	—	—	1	1	—	—	—	3	2	1	+	+
Pinguicula vulgaris	—	—	—	—	—	—	—	—	—	1	2	—	—	—	—	—
Lycopodium annotinum	—	—	—	—	—	—	—	—	—	—	—	—	—	+	+	3
Begleiter:																
Juncus articulatus	r	+	r	—	2	+	+	+	+	1	+	+	+	+	+	+
Hydrocotyle vulgare	r	—	—	+	—	1	1	1	1	—	+	+	1	+	+	+
Phragmites australis	1	—	1	1	1	+	—	—	—	—	—	—	—	1	—	—
Calamagrostis canescens	2	+	+	2	—	r	—	—	—	—	—	—	—	+	—	—
Cladium mariscus	r	2	—	—	+	+	—	—	+	—	+	—	—	—	—	—
Triglochin palustre	—	—	—	—	+	—	+	+	+	1	—	+	r	—	—	—
Agrostis stolonifera	—	—	—	—	—	—	—	—	—	1	—	1	1	—	+	—
Carex panicea	—	—	—	—	—	—	+	+	+	+	1	2	+	—	—	—
C. lasiocarpa	1	—	+	+	—	r	—	—	—	—	—	—	—	1	—	—
Thelypteris palustris	—	—	+	1	—	+	—	—	—	—	—	—	—	+	—	—
Cirsium palustre	—	—	—	—	—	—	—	—	—	+	+	+	—	—	—	—
Juncus alpinus	—	—	—	—	—	—	—	—	—	—	—	—	—	+	+	—
Carex hostiana	—	—	—	—	—	—	—	—	—	+	+	—	—	—	—	—
Galium palustre	—	—	—	—	—	—	+	+	—	1	—	—	—	—	—	—
Mentha aquatica	—	—	—	—	+	r	—	—	—	—	—	—	—	—	—	—
Epipactis palustris	—	r	—	—	+	—	—	—	—	2	2	—	—	—	—	—
Liparis loeselii	—	—	—	—	+	—	—	—	—	+	—	—	—	—	—	—
Agrostis canina	—	—	+	1	—	+	—	—	—	—	—	—	—	—	—	—
Peucedanum palustre	—	—	+	+	—	—	—	—	—	—	—	—	—	+	—	—
Betula pubescens et *pendula*	+	—	—	+	—	—	—	—	—	—	—	—	—	+	—	—

	1	2	3	4	5	6	7	8	9	10	11	12	13	14	15	16
Alnus glutinosa	2	—	—	+	—	—	—	—	—	—	—	—	—	+	—	—
Pinus silvestris	—	—	—	1	—	—	—	—	—	—	—	—	—	1	—	—
Moose:																
Preissia commutata	—	—	—	—	—	—	+	+	+	1	1	2	1	—	—	—
Campylium stellatum	—	—	—	—	—	—	1	1	1	—	—	—	—	—	—	—
Sphagnum palustre	—	—	—	—	—	—	1	1	1	—	—	—	—	—	—	—
Acrocladium cuspidatum	—	—	—	—	2	+	—	—	—	1	—	—	—	—	—	—
Leucobryum glaucum	—	—	—	—	—	—	+	+	—	—	—	—	—	—	—	—
Dicranum undulatum	—	—	—	+	—	—	—	—	—	—	—	—	—	—	—	2
Pleurozium schreberi	—	—	—	+	—	—	—	—	—	—	—	—	—	—	—	3
Lebermoose	—	—	—	—	—	—	—	—	—	—	—	—	—	+	1	—
Sphagnum acutifolium	—	—	—	—	—	—	—	—	—	—	—	—	+	3	—	—
S. recurvum	—	—	—	—	—	—	—	—	—	—	—	—	2	3	+	—
Pilze:																
Rhodophyllus sphagnorum	—	—	—	—	—	—	—	—	—	—	—	—	—	+	+	—
Hygrocybe coccineocrenata	—	—	—	—	—	—	—	—	—	—	—	—	—	+	+	—

Außerdem je einmal in Aufnahme:

7: *Rhodophyllus serrulatus* +, *Hygrocybe turunda* +
10: *Prunella vulgaris* +, *Cardamine pratensis* +, *Bryum* sp. 3
11: *Mentha arvensis* +, *Potentilla erecta* 1, *Eupatorium cannabinum* +, *Linum catharticum* +, *Centaureum umbellatum* +, *Sagina nodosa* +
14: *Ledum palustre* +
16: *Vaccinium myrtillus* 3, *Polytrichum attenuatum* +, *P. commune* +

Aufnahmen Nr. 5, 10, 11 und 12 aus Passarge (1964), sonst vgl. Abb. 9

Als letzte Zone vor dem Wald trifft man am Zwirn-See eine Sonnentau-Pioniergesellschaft (*Preissia—Drosera-rotundifolia*-Ges.) an, in der neben dem Rundblättrigen Sonnentau der Wassernabel, Gliederbinse, Gelbsegge und Moose vorkommen. Bemerkenswert ist das Auftreten der Alpenbinse (*Juncus alpinus*) in dieser Gesellschaft. Neben einer typischen Variante (Aufn. 12 und 13) lassen sich eine *Molinia*- (Aufn. 14 und 15) sowie eine *Myrtillus*-Variante (Aufn. 16) unterscheiden. Während Passarge (1963) alle 3 Ausbildungsformen optimal vorfand, konnten wir sie nicht mehr deutlich trennen, da Pfeifengras, Torfmoose sowie Erle und Birke die Gesellschaft zerstören. *Lycopodium inundatum* konnten wir nicht mehr auffinden. Die *Myrtillus*-Variante mit den Bärlapp-Beständen leitet zum *Lycopodium*-reichen Erlen-Uferwald über.

Tab. 10. Moos- und Waldgesellschaften am Zwirn-See

Laufende Nr.	1	2	3	4	5	6
in Abb. 9	31	35	36	37	38	39
Deckung in %	60	60	90	100	90	100
Aufnahmefl. in m²	2	2	2	2	4	9
Artenzahl	6	6	9	9	10	10
Kennarten:						
Riccardia multifida	1	1	+	+	—	—
Pellia fabbroniana	1	1	1	+	—	—
Preissia commutata	+	+	+	+	—	—
Lycopodium annotinum	—	—	—	—	2	3
Begleiter:						
Acrocladium cuspidatum	2	2	3	3	—	—
Bryum ventricosum	1	1	—	—	—	—
Campylium stellatum	2	2	—	—	—	—
Fissidens adianthoides	—	—	3	4	—	—
Climacium dendroides	—	—	+	+	—	—
Mnium affine	—	—	+	+	—	—
Pellia epiphylla	—	—	+	+	—	—
Rhamnus frangula	—	—	3	3	3	—
Alnus glutinosa	—	—	—	—	1	1
Molinia coerulea	—	—	—	—	—	—
Sphagnum recurvum	—	—	—	—	+	+
Betula pubescens et *pendula*	—	—	—	—	+	+
Calamagrostis canescens	—	—	—	—	+	+
Pinus silvestris	—	—	—	—	—	3
Vaccinium myrtillus	—	—	—	—	—	2
Dryopteris spinulosa	—	—	—	—	2	—
Pleurozium schreberi	—	—	—	—	—	1
Dicranum undulatum	—	—	—	—	—	1
Leucobryum glaucum	—	—	—	—	—	+
Scutellaria galericulata	—	—	—	—	+	—
Viola palustris	—	—	—	—	+	—
Huperzia selago	—	—	—	—	+	—

An einigen freien Stellen des SW- und S-Ufers fanden wir interessante Moosgesellschaften (Tab. 10, Aufn. 1—4), in denen *Riccardia multifida* das auffälligste Lebermoos ist. Neben dieser Art kommen weitere Lebermoose stet vor. *Acrocladium cuspidatum* tritt in allen Aufnahmen mit hohen Deckungswerten auf. Die Aufnahmen 3 und 4 lassen den Einfluß des Erlenwaldes erkennen, da sie in unmittelbarer Nähe unter

Faulbaum-Gebüsch aufgenommen wurden. An den im N und im SW gelegenen Buchten ist ein Irido-Alnetum entwickelt, das im SW in der Variante von *Rhamnus frangula* auftritt, der hier hohe Deckungswerte erreicht. Als Besonderheit tritt der Tannen-Bärlapp (*Huperzia selago*) auf (Tab. 10, Aufn. 5). Besonders auf der S-Seite ist der Erlenbruchwald in der Ausbildungsform von *Lycopodium annotinum* entwickelt (Tab. 10, Aufn. 6). Hier dringen aber zunehmend aus dem umgebenden Myrtillo-Pinetum Kiefern ein und trocknen die Standorte stetig aus.

4. *Zusammenfassung*

In der vorliegenden Arbeit werden drei bemerkenswerte Seen aus Mecklenburg soziologisch untersucht. Der Treptow ist ein oligotrophes Heidegewässer des *Littorella*-Typs mit interessanter Uferflora. Seine Strandlings-Wiesen gehören zu den ausgedehntesten in Mecklenburg.

Der Zwirnsee ist ein mesotropher Klarwassersee des *Najas*-Typs mit gut entwickelten unterseeischen *Chara*-Wiesen sowie einer reichen Uferflora. Als Besonderheit ist im See das Najadetum intermediae entwickelt.

Der Beutow-See ist ein eutroph-dystrophes Gewässer mit abwechslungsreicher Flora und Vegetation in seinen Uferbereichen.

Summary

In a study of three small lakes (GDR; Mecklenburg) an attempt was made to characterize the trophic level by higher plant-communities. The oligotrophic Lake Treptow is of the *Littorella*-type with extensive *Littorella*-meadows; the eutroph-dystrophic Lake Beutow shows highly differentiated flora and vegetation on the shores; the mesotrophic Lake Zwirn is of the *Najas*-type with well developed underwater meadows of various *Chara* species and a typical Najadetum intermediae.

Резюме

В настоящей работе социологически изучено три замечательные озера в Мекленбурге. Озеро Трептов является олиготрофными вересковыми водами типа *Littorella*, обладающее интересной береговой флорой. Его луги-прибрежницы принадлежат к самым обширным в Мекленбурге.

Озеро Бойтов — эвтрофно-дистрофное озеро с разнообразной флорой и вегетацией в его прибрежных районах.

Озеро Цвирн — мезотрофное озеро с чистой водой типа *Najas*, обладающее хорошо развитыми подводными лугами *Chara* и богатой береговой флорой. Особенностью считается то, что в озере так часто встречается Najadetum intermedae.

5. *Literatur*

Dahnke, W., 1954: Geologie des Kreises Parchim. — Parchim.

— 1955: Flora des Kreises Parchim. — Parchim.

— 1966/67: Neue kritische Flora des Kreises Parchim I und II. — Arch. Freunde Naturgesch. Meckl. **12**, 52—84 (1966); **13**, 13—85 (1967).

Dahnke, W., & W. Zachow, 1956: Die Mooster. Monographie einer Landschaft des Kreises Parchim. — Parchim.

Hemke, E., 1975: Neue Naturschutzgebiete. — Labus (Neustrelitz) **5**, 37—38.

Krausch, H.-D.: 1964: Die Pflanzengesellschaften des Stechlinsee-Gebietes. I. Die Gesellschaften des offenen Wassers. — Limnologica (Berlin) 2 (2), 145—203.
— 1968: Die Pflanzengesellschaften des Stechlinsee-Gebietes. IV. Die Moore. — Ibid. 6 (2), 321—380.
Passarge, H., 1964: Pflanzengesellschaften des nordostdeutschen Flachlandes I. — Jena.
Scamoni et al., 1963: Natur, Entwicklung und Wirtschaft einer jungpleistozänen Landschaft dargestellt am Gebiet des Meßtischblattes Thurow (Kreis Neustrelitz). Teil I. — Akademie-Verlag Berlin, 336 S.

Eingegangen am 29. 1. 1976.

Anschrift des Verfassers:
Dr. Reinhard Doll
DDR-202 Altentreptow
Straße der Zukunft 4b

Limnologica (Berlin)	11	2	1978	409–455

LUTZ REICHHOFF

Die Wasser- und Röhrichtpflanzengesellschaften des Mittelelbegebiets zwischen Wittenberg und Aken

Mit 2 Abbildungen, Tafel 13–15 und 11 Tabellen

Inhalt

1. Einleitung

Die sich aus der Notwendigkeit der ständigen Steigerung der landwirtschaftlichen Produktion ableitende zunehmende Intensivierung der Landwirtschaft führt neben dem Einfluß der Industrie zu immer stärkeren Störungen des Lebensraums der Pflanzen und Tiere. Davon bleiben auch die Lebensgemeinschaften der Gewässer nicht verschont, vgl. Kramer, Krüger & Schulz (1972). Gerade diese sind heute, verursacht durch die Eutrophierung der Gewässer infolge intensiver Land- und Forstwirtschaft, akut gefährdet, vgl. Reichhoff & Hilbig (1974/75), Reichhoff (1974/75). Eine Abstimmung und Kontrolle der Landnutzung ist dringend zu fordern.

Die Schaffung eines biologischen Kontrolldienstes ist eine notwendige und erfolgversprechende Einrichtung bei der Koordinierung der volkswirtschaftlichen Belange, des Erholungswesens und des Naturschutzes und nicht zuletzt der Regenerierung stark geschädigter Ballungsgebiete. Ein biologischer Kontrolldienst benötigt für seine Arbeit auf einen Zeitpunkt geeichte Nullflächen, von denen die Veränderungen und Beeinflussungen der Ökosysteme zu beobachten sind. Die vorliegende Arbeit soll durch spezielle Untersuchung eines an Wasser- und Verlandungsvegetation reichen Gebiets zur Lösung landeskultureller Probleme beitragen.

Der Verfasser dankt für vielseitige Hilfe und Unterstützung insbesondere Herrn Prof. Dr. R. Schubert und Herrn Dr. W. Hilbig sowie für die Bestimmung und Überprüfung von Belegmaterial den Herren Dr. H. Jage, Kemberg, Dr. H.-D. Krausch, Potsdam, und O. Voigt, Dessau.

Abkürzungen

K_1 — obere Krautschicht, angewandt auf die höheren Röhrichtarten; K_2 — untere Krautschicht; S_1 — Schwimmblattschicht; S_2 — untere Schwimmblattschicht, angewandt auf dicht unter der Wasseroberfläche schwebende Arten (z. B. *Lemna trisulca*) oder Pflanzen, die mit ihrem Vegetationskörper z. T. unter der Wasseroberfläche leben (z. B. *Stratiotes aloides*) und so noch Raum für sie überschichtende Arten lassen; $W_{sub.}$ — submerse Wasserpflanzen; UG — Untersuchungsgebiet; Ass. — Assoziation(en); Subass. — Subassoziation(en); AF — Ausbildungsform(en); Var. — Variante(n); var. — Varietät; n — Stichprobenzahl; $\bar{x}$ — ∅ Artenzahl; ∅ — Durchschnitt, durchschnittlich; V — Variationsbreite; sx — Standardabweichung (Streuung); $\bar{sx}$ — Standardfehler; ZS — Zentralstetigkeit; Vk — Variabilitätskoeffizient

2. *Methodik*

Die Vegetationsaufnahmen wurden nach der Methode von Braun-Blanquet (1951) angefertigt. Die Größe der Aufnahmeflächen unterlag entsprechend den räumlichen Ausdehnungen der einzelnen Ass. Schwankungen.

In den Vegetationstabellen wurde, so weit nicht Einzelaufnahmen angeführt worden sind, die absolute Stetigkeit (Zahl vor dem Komma) und die Spanne der Artmächtigkeit (Zahlen hinter dem Komma) angegeben. Die absolute Stetigkeit wurde anstelle von Stetigkeitsklassen deshalb angewendet, weil auf ihr die Berechnung der Zentralstetigkeit beruht und bei der vorliegenden Zahl der Vegetationsaufnahmen in den einzelnen Vegetationseinheiten durchaus die Übersichtlichkeit gewahrt bleibt.

Ökologische Untersuchungen wurden nicht durchgeführt. Vielmehr wurden, abgesehen von der Bestimmung der Wassertiefe, die Erkenntnisse anderer Autoren auf die betreffenden Arten und Vegetationseinheiten angewendet.

Da die Homogenität der zu Gesellschaften zusammengestellten einzelnen Pflanzenbestände ein wesentliches Kriterium der abstrakten Ass. ist, wurde, bei Vorliegen von ausreichendem Material, die Bestimmung des Variabilitätskoeffizienten der Artenzahlen und der Zentralstetigkeit (vgl. Hofmann & Passarge 1964) durchgeführt. Hierbei zeigen sich die ausgeschiedenen Wasser- und Sumpfpflanzengesellschaften in der Vielzahl außerhalb des festgesetzten Limits für die Homogenität liegend. Entsprechend dieser Kriterien lägen keine homogenen Gesellschaften vor. Dieses unserer Meinung nach nicht zutreffende Resultat erfordert die kritische Auseinandersetzung mit dem eingeschlagenen Weg zur Ermittlung der Homogenität.

Wasserpflanzen- und Röhrichtgesellschaften werden in der Vielzahl aus durch dominierende Arten gekennzeichneten Einzelbeständen abstrahiert. Dieses Kriterium beinhaltet eine große physiognomische Ähnlichkeit der Gesellschaften, eine weitgehende Übereinstimmung der Synökologie, eine relativ gute Abgrenzung der Vegetationstypen und leichte Erkennbarkeit im Gelände. Unter floristischem Gesichtspunkt können aber gegenüber den dominanten hochsteten Arten viele durch ihren Mengenanteil kaum in Erscheinung tretende Arten mit geringer Stetigkeit erscheinen. Dieser Umstand wird noch dahingehend unterstützt, daß sich die einzelnen Gewässer durch eine gewisse „Individualität" auszeichnen. Aus nicht ersichtlichen Gründen fallen Arten aus oder treten einzelne Arten entgegen den allgemeinen Verhältnissen in den Vordergrund, vgl. Philippi (1973).

Die Anwendung des statistischen Zentralwertes (Zentralstetigkeit) auf die Stetigkeitsreihe der Arten der zu Gesellschaften zusammengeschlossenen Einzelbestände reagiert natürlich auf derartige Verhältnisse, d. h. auf Gesellschaften mit wenigen hochsteten dafür aber dominanten Arten, deutlichen Differentialartenblöcken (vgl. unten) und einer größeren Zahl geringsteter Arten.

In anderen Vegetationseinheiten, vgl. Karpatenbirken-Fichtenwald (Stöcker 1965), wird jedoch die Zentralstetigkeit von Gesellschaften mit großem gemeinsamem Block von Arten mit hoher Stetigkeit, bei Vorliegen einer deutlichen Differenzierung unterhalb dieses Artenblocks, nicht beeinflußt. Das Verhältnis hochsteter gemeinsamer Arten zu Differentialarten und geringsteten Arten ist nicht in allen Gesellschaften gleich. Das drückt sich auch in den unterschiedlich geforderten Homogenitätsgrenzen, die empirisch gewonnen wurden, der verschiedenen Gesellschaftsgruppen aus, vgl. Hofmann & Passarge (1964). Die Wasser- und Röhrichtgesellschaften, die bei Hofmann & Passarge (1964) nicht mit angeführt sind, stellen in diesem System wiederum eine Gruppe dar, die aber bereits um oder unterhalb des geforderten Limits (50%) liegt.

Weiterhin ist es generell eine Frage, ob der Zentralwert als Maß für die Homogenität einer Pflanzengesellschaft die geeignete statistische Kenngröße darstellt, da der Zentralwert den mittleren Wert einer Beobachtungsreihe kennzeichnet, z. B. das normale Körpergewicht in Abgrenzung vom anormal hohen und niedrigen Gewicht. „Der Zentralwert eignet sich zur Bestimmung der Mittelwerte an Reihen, die an den Enden offene Klassen aufweisen, denn seine ziffernmäßige Höhe hängt nur von dem in der Mitte der Reihe liegenden Einzelwert ab" (Weber 1972). Aus den dargelegten Gründen kann die Zentralstetigkeit kein allgemeines, für alle Gesellschaften vergleichbares Kriterium sein. Sie wird im Rahmen dieser Arbeit als Vergleichswert ähnlich zusammengesetzter Gesellschaften betrachtet.

Der Variabilitätskoeffizient ist eine gute statistische Kenngröße. Allerdings verliert er auf sich allein gestellt (unter der Bedingung, daß der Aussagewert der Zentralstetigkeit nicht allgemeingültig ist) an Aussagekraft, da durchaus verschiedene Gesellschaften gleiche Artenzahlen haben können. Unter der Annahme, daß wir homogene Gesellschaften zusammengestellt haben, liegen die Variabilitätskoeffizienten unserer Ass. sehr hoch. Die z. T. sehr artenarmen Wasser- und Röhrichtpflanzengesellschaften variieren aber naturgemäß stark in der Artenzahl der einzelnen Bestände. Weiterhin kommt hinzu, daß die Subass. und Var., infolge der sich im Existenzbereich einer Gesellschaft stark ändernden Standortfaktoren, sich in ihren Differentialartenblöcken sehr deutlich voneinander absetzen. Zusammen mit der geringen Zahl hochsteter Arten in den einzelnen Ass. ergeben die Differentialartenblöcke größere Unterschiede in den Artenzahlen zwischen den einzelnen Subass.

Eine weitere Schwierigkeit bei der Anwendung der Zentralstetigkeit und des Variabilitätskoeffizienten liegt unserer Meinung nach in der unabhängigen Wechselseitigkeit beider Werte.

Da nach unserer bisherigen Kenntnis kein Vergleichsmaterial für Homogenitätsberechnungen von Wasser- und Röhrichtvegetation auf der Grundlage des Variabilitätskoeffizienten und der Zentralstetigkeit vorliegt, haben wir bei einigen Gesellschaften aus dem Gebiet der an unser Untersuchungsgebiet angrenzenden Unteren Mulde (Thieme 1967) ebenfalls die Berechnung der Homogenitätswerte durchgeführt.

Unserer Meinung nach müssen bei der Betrachtung der Homogenität von Assoziationen Stetigkeit und Mengenanteil der einzelnen Arten berücksichtigt werden. Einen geeigneten Test stellt hierfür der in der Genetik häufig angewendete χ^2-Test zum Nachweis der Homogenität von verschiedenen zusammenzufassenden F_1- oder F_2-Generationen bestimmter Elternkreuzungen dar (vgl. Weber 1972, S. 506; weitere Ausführungen zur Berechnung von Vegetationstabellen siehe Reichhoff 1974).

Als weitere wesentliche Gesichtspunkte bei der Betrachtung der Struktur und Homogenität sowie der soziologischen Gliederung von Wasserpflanzengesellschaften erscheinen uns die Morphologie, Dynamik und zönologische Rolle der Sproßkolonien bildenden Pflanzen (Polycormone). Zweifellos sind zahlreiche als Gesellschaften aufgenommene Einzelbestände von dominierenden Arten nichts weiter als weit ausgedehnte Sprosse einzelner Individuen.

So hält Pénzes (1960) Hexenringe von *Potamogeton pectinatus* aus dem Neusiedler See (Varga 1940) für individuelle Polycormone. Seidel (1955) erwähnt bei den Rhizomen von *Schoenoplectus lacustris* den jährlichen Zuwachs von 15 cm. Gerade diese Art bildet große Polycormone, die dann inselartig dem Röhricht vorgelagert sind. Nach Pénzes (1960) tritt eine typische Polycormonbildung bei *Hottonia palustris* und *Ranunculus trichophyllus* auf. „Ein sehr rasches Wachstum kennzeichnet *Typha latifolia*, die ihren Polycormon jährlich um etwa 160 cm vergrößert. Ebenso schnell wächst das Süßgras (*Glyceria maxima*), dessen Rhizome sich jährlich um 130 cm verlängern. Von *Phragmites communis* wissen wir, daß die Pflanze jährlich sogar Triebe von 10 m Länge entwickeln kann, so daß ein Polycormon binnen kurzer Zeit die ganze Ansiedlungsstelle bedecken kann" (Pénzes 1960). Schöne fotografische Abbildungen (Luftbilder) von Polycormonbildungen bei

Potamogeton perfoliatus in der Bucht von Szigliget befinden sich bei Kárpáti, Várga & Novótny (1971).

Die Aufzählung von Beispielen polycormonbildender Arten könnte fortgesetzt werden. Unserer Meinung nach ist die heutige Aufgliederung der Wasser- und Röhrichtpflanzengesellschaften zu weit getrieben worden: Von fast allen Wasser- und Röhrichtpflanzen wurden eigene Dominanzgesellschaften beschrieben.

Ansichten über die Notwendigkeit der Zusammenfassung einzelner Gesellschaften zu einer Ass. sind schon mehrfach in der Literatur vertreten worden. Hier sei nur auf Fukarek (1961) verwiesen, der der Auffassung ist, daß das Caricetum acutiformis-ripariae Soó 38, das Caricetum gracilis Tx. 37 und das Caricetum acutiformo-paniculatae Vlieger et Zinderen Backer 42 zusammenzufassen sind und aus Gründen der Priorität nur die Bezeichnung Caricetum ripariae et acutiformis Kobendza 30 tragen sollten.

Ein weiteres Beispiel sei aus unserer eigenen Erfahrung angeführt. Seit der Beschreibung des Scirpo-Phragmitetum durch Koch (1926) gehen die Ansichten über die Fassung dieser Gesellschaft auseinander. Auf der einen Seite werden die vier polycormonbildenden Arten *Phragmites australis* (= *P. communis*), *Scirpus lacustris*, *Typha latifolia* und *Typha angustifolia* zu einer Ass. zusammen gefaßt, dem Scirpo-Phragmitetum. Andererseits werden nach Schmale (1939) das Scirpetum lacustris und das Typhetum angustifolio-latifoliae [Typhetum angustifoliae (Allorge 22) Soó 27, vgl. Westhoff & den Held (1969), und Typhetum latifoliae Soó 27] und nach Schmale (1939) und Gams (1927) das Phragmitetum unterschieden. Philippi (1973) stellt in den Mittelpunkt der Diskussion zur Gliederung der hohen Röhrichte die Frage: „Ist der artenarme Reinbestand oder der artenreiche Mischbestand als Typus der Gesellschaft anzusehen?" Der Autor kommt zu der Auffassung, daß „das typische Röhricht, das am ungestörten Primärstandort vorkommt", zumindest im Oberrheingebiet artenarm oder gar einartig sei.

Artenreiche Mischbestände sollen menschliche Störung erkennen lassen oder an Sekundärstandorten wie Kiesgrubenrändern vorkommen. In der Tat können menschliche Störungen zu artenreichen Mischbeständen führen; aber das schließt nicht aus, daß auch natürliche Mischbestände existieren. Tomaszewicz (1973) führt den verschieden hohen Grad der Mischung der einzelnen Röhrichtarten auf ihre unterschiedliche ökologische Amplitude zurück. Wir sind der Auffassung, daß neben dem sehr häufig anzutreffenden natürlichen, durch eine dominierende Art gekennzeichneten und auf die Polycormonbildung zurückzuführenden Röhricht, das artenreiche Röhricht ebenfalls auftreten kann.

An Sekundärstandorten konnte Pietsch (1973) eine Entwicklung von individuenreichen Einartbeständen zu lockeren, aus mehreren Arten bestehenden Röhrichtbeständen zeigen.

Tomaszewicz (1973) vertritt die Auffassung, daß das Scirpo-Phragmitetum keine Pflanzengesellschaft ist, die ein hohes Röhricht repräsentiert und charakterisiert, wenn das bei Wasserpflanzengesellschaften gebräuchliche Minimalareal zugrunde gelegt wird. Der Autor fährt fort: „Wenn wir jedoch die phytosoziologischen Aufnahmen, die verschiedene Phytozönosen des Scirpo-Phragmitetum darstellen, vergleichend untersuchen und die Stetigkeit und den mittleren Dekkungswert im Hinblick auf die ganze Fläche berechnen, ohne Einheiten niederen Ranges auszuklammern, erst dann zeichnet sich in einer derartigen Auffassung das Bestehen des Scirpo-Phragmitetum ab. Sowohl der erste als auch der zweite Standpunkt sind berechtigt, alles hängt davon ab, welche Größe der Probeflächen wir in Betracht ziehen". (Übersetzung des engl. Textes.)

Wir halten es nicht für günstig, die durch Dominanz gekennzeichneten Röhrichtbestände auf Assoziationsebene zu trennen, da durch Polycormonbildung einzelner Arten gekennzeichnete Fazies, wenngleich nicht dieser Größe, in anderen Vegetationseinheiten, z. B. in den Säumen, auch nicht zur Abgrenzung von Ass. angewendet werden. Eine floristisch begründete Abtrennung von Vegetationseinheiten auf der Grundlage einer einzigen Art wäre vielfach leicht möglich. Unserer Meinung nach sollte das Röhricht als eine Mosaikgesellschaft polycormonbildender Arten betrachtet werden (vgl. Tomaszewicz 1973).

Eine Möglichkeit der Gliederung der Röhrichte und damit der Aufgliederung des Scirpo-Phragmitetum ergibt sich aber in anderer Hinsicht: Allen drei (vier) Ass. ist gemeinsam, daß sie durch deutliche Differentialartengruppen in zwei Ausbildungen gegliedert werden, in die Wasserröhrichte (typ. Subass.) und in die Landröhrichte (solanetosum-Subass). Für *Phragmites australis* konnte von Dykyjova (1971) nachgewiesen werden, daß es sich bei der Art in littoraler Ökophase selbst bei darauf folgender terrestrischer Ökophase um einen spezifischen Ökotyp handelt, der sich in biometrischen Merkmalen und in der Produktivität von dem terrestrischen Ökotyp unterscheidet, vgl. McNaughton (1966).

Es ergibt sich so die Möglichkeit, die durch die Dominanz der genannten Arten charakterisierten Bestände zusammenzufassen und zwischen einem Wasserröhricht (Scirpo-Phragmitetum) und einem Landröhricht (Solano-Phragmitetum) zu unterscheiden, vgl. Succow (1974). Damit würde auch ein wesentlich höherer Grad der Homogenität der Ass. erreicht werden, da sich gerade die Wasserröhrichte von den Landröhrichten ganz erheblich unterscheiden. Eine weitere Untergliederung der Gesellschaften ist nach den in der Literatur bekannten Differentialartengruppen gut möglich, vgl. Krausch (1965a).

Eine Gliederung der Röhrichtgesellschaften nach dem oben beschriebenen Schema ist in dieser Arbeit nicht durchgeführt worden, da sich die dargelegte Auffassung erst im Laufe der Bearbeitung der Gesellschaften im Untersuchungsgebiet herausbildete. So ist das Aufnahmematerial unter Beachtung der „homogenen Aufnahmeflächen" (Polycormone) entstanden. Ein zweiter Grund ist die Vergleichbarkeit der ausgeschiedenen Gesellschaften mit den in der Literatur beschriebenen, in jüngerer Zeit mehr und mehr durch dominierende Arten gekennzeichneten Assoziationen.

3. *Einführung in das Untersuchungsgebiet*

Die vorliegende Arbeit bezieht sich auf den zentralen Abschnitt des Mittelelbegebiets zwischen Wittenberg und Aken. Es wurden Gebiete der Unteren Mulde mit in die Bearbeitung einbezogen. Die sich an das UG anschließenden Teile der unteren Mulde waren Gegenstand der Staatsexamensarbeiten von Thieme (1967) und Küchler (1967). Eine zusammenfassende Darstellung der Vegetationsverhältnisse der Wasser- und Sumpfpflanzen der unteren Mulde gibt Hilbig (1970); über das NSG Sarenbruch bei Klieken, Kreis Roßlau, liegt eine Arbeit von Hilbig & Reichhoff (1971) vor. Die Vegetationsverhältnisse der Wasser- und Sumpfpflanzen des sich östlich an das UG anschließenden Elbe—Elster-Gebiets stellen Freitag, Markus & Schwippl (1958) dar.

Das UG erhielt sein heutiges geomophologisches Gepräge im Quartär. Während der Zeit des Warthe-Stadiums, einem letzten großen Eisvorstoß während der Saale-Eiszeit, entstanden die Endmoränenzüge des Flämings, dessen südliche Begrenzung das Breslau—Hannoversche Urstromtal bildet, mit dessen Verlauf das Stromtal der heutigen Elbe im UG übereinstimmt. Die pleistozänen Ablagerungen des Urstromtals, wie auch des Flämings, bestehen aus Sanden und Kiesen, die jedoch im Urstromtal „heute durch weiteres Einschneiden der in ihm strömenden Gewässer oft zu einem erheblichen Teile zerstört und durch Alluvialbildungen ersetzt sind" (Erl. geol. Karte Preußen, Blatt Dessau 1908). Pleistozäne Talsande befinden sich z. B. im Coswiger Raum.

Das UG liegt am Rande des herzynischen Trockengebiets und ist klimatisch durch das Ostdeutsche Binnenlandklima gekennzeichnet. Der östlich Dessau gelegene Raum zählt zum Klimabezirk „Elbaue". Die Gebiete westlich und südlich von Dessau gehören zu dem nördlichen Teil des Klimabezirks „Leipziger Bucht". Das NSG „Steckby—Lödderitzer Forst" ist der trocken-wärmste Teil der Elbniederung. In

Tab. 1 sind einige Klimadaten in E—W-Richtung der Lage der Orte (a—g) dargestellt:

Tab. 1. Klimadaten nach BAUER et al. (1974)

		a	b	c	b	e	f	g
mittl. jährl. Nds.	(mm)	550	570	570	570	563	539	495
mittl. jährl. Temp.	(°C)	8,5	8,7	8,8	8,7	—	8,7	8,7
mittl. jährl. Schwankung der Temp.	(°C)	19,0	18,8	18,8	18,8	—	18,7	18,5
mittl. Temp. Jan.	(°C)	—0,5	—0,3	—0,5	—0,3	—	—0,4	0
mittl. Temp. Juli	(°C)	18,5	18,5	18,3	18,5	—	18,3	18,5

a — NSG Crassensee; b — NSG Schönitzer See; c — NSG Sarenbruch; d — NSG Krägen-Riss; e — NSG Untere Mulde (Sollnitz); f — NSG Untere Mulde (Dessau); g — NSG Steckby — Lödderitzer Forst

Pflanzengeographisch zählen die Gebiete östlich Dessau zum Bezirk „Torgau—Wittenberger Elbtal", das Gebiet der Unteren Mulde und die westlich von Dessau gelegenen Gebiete zum Bezirk „Dessau—Magdeburger Elbtal". Beide Bezirke sind in ihrer Flora durch die Häufung submediterran—subkontinentaler Elemente gekennzeichnet: *Stratiotes aloides, Trapa natans, Salvinia natans, Butomus umbellatus, Najas minor, Ulmus carpinifolia, Acer campestre*, vgl. MEUSEL (1955). Viele Gewässer des UG verdanken ihre Entstehung Flußlaufveränderungen der Elbe und Mulde innerhalb ihrer Stromtäler (Abb. 1). Sie sind als Altwasser anzusprechen. Die Weiher sind flach (die maximale Tiefe wurde mit 3 m in der Pelze gemessen) und damit stark der Verlandung ausgesetzt. Aufgrund der günstigen klimatischen Lage und der geringen Wassertiefe weisen die Gewässer eine schnelle sommerliche Erwärmung auf. Der Nährstoffgehalt liegt im eutrophen Bereich und zeigt örtlich eine Tendenz zur mesotrophen Ausbildung, vgl. HILBIG & REICHHOFF (1971). Generell ist jedoch eine zunehmende Eutrophierung der Gewässer zu verzeichnen.

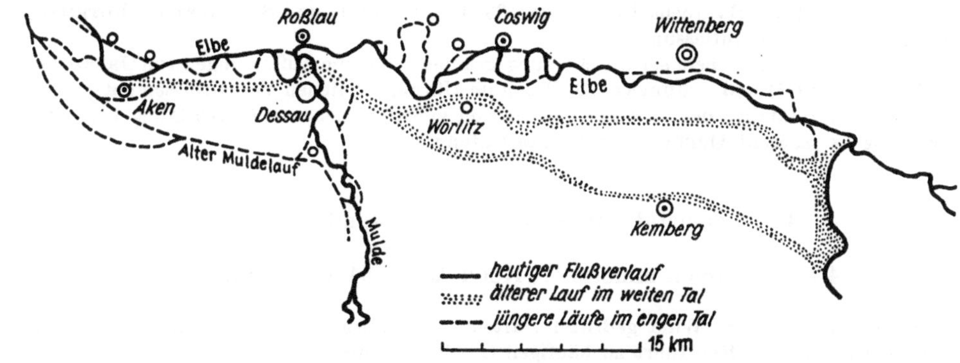

Abb. 1. Mittelelbegebiet — Veränderungen der Flußläufe in geschichtlicher Zeit (aus: SCHLÜTER & AUGUST: Atlas des Saale- und mittleren Elbegebietes, Leipzig 1959)

Die Elbläufe i. w. T. gehören der vorgeschichtlichen und der älteren geschichtlichen Zeit an.

4. *Lemnetea* W. KOCH & TX. *54 apud.* OBERD. *57*

Wasserlinsen-Gesellschaften sind seit SCHRÖTER & KIRCHNER (1896, 1902) (vgl. MÜLLER & GÖRS 1960) als besondere Pflanzenformationen erkannt und doch herrscht bis heute noch keine einheitliche Meinung über die syntaxonomische Gliederung der Klasse. MÜLLER & GÖRS (1960) geben einen Überblick über die bis zu diesem Zeitpunkt bestehenden Auffassungen und legen eine Gliederung der Klasse vor:

Klasse: Lemnetea W. KOCH & Tx. 54 apud. OBERD. 57
Ordnung: Lemnetalia W. KOCH & Tx. 54 apud. OBERD. 57
Verband: Lemnion minoris W. KOCH & Tx. 54 apud. OBERD. 57

Nach J. TÜXEN (briefl., zit. MÜLLER & GÖRS 1960) soll in Europa nur der Verband Lemnion minoris vorkommen.

OBERDORFER (1962) behält die vorgegebene Gliederung bei. PASSARGE (1964) gliedert die Klasse in eine Ordnung Hydrocharitetalia RÜBEL 33 und diese Ordnung in vier Verbände.

Verband: Lemnion minoris W. KOCH & Tx. 54 apud. OBERD. 57
Utricularion vulgaris PASSARGE 64
Eu-Hydrocharition (VIERHAPPER) RÜBEL 33 em. PASSARGE 64
Ranunculion aquatilis PASSARGE 64

DEN HARTOG & SEGAL (1964) äußern die Meinung, daß die Klasse Lemnetea in mehrere Klassen geteilt werden müsse.

Klasse: Lemnetea W. KOCH & Tx. 54 apud. OBERD. 57
Ceratophylletea DEN HARTOG & SEGAL 64
Utricularietea DEN HARTOG & SEGAL 64
Stratiotetea DEN HARTOG & SEGAL 64

WESTHOFF & DEN HELD (1969) fassen die Klasse sehr eng auf.

Klasse: Lemnetea W. KOCH & Tx. 54 apud. OBERD. 57
Ordnung: Lemnetalia W. KOCH & Tx. 54 apud. OBERD. 57
Verband: Lemnion minoris W. KOCH & Tx. 54 apud. OBERD. 57

Sie stellen den Verband Hydrocharition (VIERHAPPER) RÜBEL 33 em. PASSARGE 64 (incl. Utricularion vulgaris PASSARGE 64) in die Ordnung Parvopotametalia DEN HARTOG & SEGAL 64 em. WESTHOFF 68 der Klasse Potametea R. TX. & PREISING 42 em. WESTHOFF & DEN HELD 69.

OBERDORFER (1970) gliedert die Klasse Lemnetea W. KOCH & TX. 54 apud. OBERD. 1957 in die Ordnung Lemnetalia W. KOCH & TX. 54 apud. OBERD. 57 mit dem einzigen Verband Lemnion minoris W. KOCH & TX. 54 apud. OBERD. 57 und in die Ordnung Hydrocharitetalia RÜBEL 33 mit dem einzigen Verband Hydrocharition RÜBEL 33. HILBIG (1971) und SCHUBERT (in ROTHMALER et al. 1972) teilen diese Auffassung.

In der vorliegenden Arbeit sei die Meinung geäußert, daß die Auffassungen von OBERDORFER (1970), HILBIG (1971) und SCHUBERT (1972) den im UG angetroffenen Verhältnissen entsprechen. Dabei soll aber zusätzlich der Verband Utricularion vulgaris PASSARGE 64 (Ordnung Lemnetalia W. KOCH & TX. 54 apud. OBERD. 57) aufrechterhalten werden.

4.1. Lemnetalia W. KOCH & TX. 54 apud. OBERD. 57

4.1.1. Lemnion minoris W. KOCH & TX. 54 apud. OBERD. 57

Freischwimmende, vom Wind gedriftete, artenarme Wasserlinsengesellschaften. Die passive Mobilität der Gesellschaften führt zu häufigen Gesellschaftsüberlagerungen ohne syngenetische, mit nur rein räumlichen Beziehungen, vgl. HILBIG (1971).

4.1.1.1. Spirodelo-Lemnetum minoris MÜLLER & GÖRS 60

Das Spirodelo-Lemnetum ist die verbreitetste Wasserschwebergesellschaft des mitteldeutschen Raumes (HILBIG 1971). Im UG ist die Gesellschaft ebenfalls häufig zu finden (Tab. 2, Sp. 1—3). Nach MÜLLER & GÖRS (1960) ist die Ass. in eine Subass. lemnetosum trisulcae nährstoffreicher Gewässer und in ein typische Subass. weniger nährstoffreicher Gewässer zu untergliedern. Beide Subass. sind im UG anzutreffen.

An stark beschatteten Standorten im UG tritt eine Fazies vom *Lemna minor* auf. Die Ausscheidung eines Lemnetum minoris als extrazonales Vorkommen scheint nicht gerechtfertigt zu sein und wird als vikariierende Ass. für den montanen Bereich angesehen.

Nach PASSARGE (1964) zählen die Bestände des Mittelelbegebiets zu einer wärmeliebenden *Hydrocharis*-Rasse.

Durch die zunehmende Eutrophierung der Gewässer kommt es zu einer deutlichen Förderung der Wasserlinsengesellschaft. So können erhebliche Teile von größeren Gewässern von geschlossenen *Lemna*-Decken überzogen werden. Diese Massenbestände führen zur Verdrängung anderer Pflanzengesellschaften. Ein deutliches Beispiel dafür ist der Kühnauer See, in dem die östlich (Verdriftung durch vorherrschende W-Winde) einer Entenfarm gelegenen Gewässerteile von dichten *Lemna*-Decken eingenommen werden. Vor wenigen Jahren waren hier noch große Bestände des Trapetum natantis und der *Stratiotes-aloides*-AF des Hydrocharitetum morsus-ranae ausgebildet.

	n	$\bar{x}$	V	s_x	Vk	$\bar{s}_{\bar{x}}$	ZS	
Ass.	15	5,1	2—9	1,67	34,5	0,43	57	
typicum	6	5,0	2—9	2,33	46,6	0,95	33	
lemnet.	9	5,2	3—7	1,22	23,5	0,41	89	
Ass.	11	5,2	3—6	1,49	28,7	—	64	(THIEME 1967)

Die Gesellschaft weist eine statistische Inhomogenität auf. Dabei zeigt die typische Subass. den höchsten Variabilitätskoeffizienten und die geringste Zentralstetigkeit. Die Subass. lemnetosum trisulcae liegt im geforderten Homogenitätsbereich, vgl. HOFMANN & PASSARGE (1964). Der statistischen Inhomogenität der Gesellschaft steht aber eine floristische Homogenität der artenarmen Wasserschwebergesellschaft gegenüber. Es darf nicht übersehen werden, daß zu der Vielzahl der in den Vegetationsaufnahmen enthaltenen Arten kein syngenetischer Bezug besteht. Diese, die Inhomogenität der Gesellschaft hervorrufenden Arten sind durch Verdriftung der *Lemna*-Decken und der daraus folgenden Gesellschaftsüberlagerung in nur räumlichen Bezug zu dem Lemnetum zu stellen.

Als Kontaktgesellschaften treten landwärts die verschiedensten Ass. der Phragmitetea auf. Seewärts wurden Pleustonphytengesellschaften, Gesellschaften des Nymphaeion und des Eu-Potamion beobachtet.

4.1.1.2. Spirodelo-Salvinietum SLAVN. 56

Das Spirodelo-Salvinietum hat sein Verbreitungsgebiet im S und SE Europas (vgl. KRAUSCH 1965b) und kommt im wärmebegünstigten Mittelelbegebiet und im Bereich der Unteren Mulde als Ausläufer des Verbreitungsgebietes der Gesellschaft vor (Tab. 2, Sp. 4—6).

Salvinia natans stellt hohe Anforderungen an die Trophie des Gewässers und verlangt als thermophile Art hohe sommerliche Temperaturen und eine schnelle Erwärmung des Wassers.

HILBIG (1971) weist, in Bezug auf die Standorte der Ass., auf „stark besonnte Partien der südlich exponierten Ränder des Röhrichts" hin, „die infolge der Reflexionsstrahlung durch die Röhrichtbestände besonders stark erwärmt werden." Als freischwimmender Pleustophyt (Hydrocharid) meidet *Salvinia natans* das offene Wasser. Nach MÜLLER & GÖRS (1960) wird die Ass. in zwei Subass. aufgeteilt, in die typische Subass. weniger nährstoffreicher Gewässer und in die Subass. lemnetosum trisulcae nährstoffreicher Gewässer.

Im UG konnten beide Subass. nachgewiesen werden. Tab. 2, Sp. 6 gibt einen Bestand in jungen Kieslöchern an der Alten Elbe wieder. Zwar tritt hier die diagnostisch

Tab. 2.

Spalte		1	2	3	4	5	6
Aufnahmenzahl		6	9	4	4	10	3
∅ Artenzahl		5	4	2	7	8	5
Variationsbreite der Artenzahl		2–4	3–7	1–4	6–8	5–13	4–6
∅ Wassertiefe (dm)		5	5	3	4	2, 7	9
Variationsbreite der Wassertiefe		3–8	2–10	2–5	2–5	1–6	8–10
∅ Deckung K		—	0	—	1	6, 5	1
S_1		80	80	70	60	60	70
S_2		—	4	—	0	20	—
$W_{sub.}$		20	60	—	12	20	45
Diagnostisch wichtige Artengruppe							
S_1	*Lemna minor*	6, 3–4	8, 1–4	4, 2–5	3, +–1	9, r–2	1, r
S_1	*Spirodela polyrhiza*	6, 3+–3	8, +–5	.	2, 1	4, 1–2	.
S_2	*Riccia fluitans*	.	.	.	.	6, r–2	.
S_1	*Salvinia natans*	2, 1–2	.	.	3, 3–4	10, 2–5	3, 3–5
$W_{sub.}$	*Utricularia vulgaris*)*	1, +	.	.	2, 1–2	3, +–2	.
S_1	*Hydrocharis morsus-ranae*	1, 1	5, +–2	.	3, 1–2	7, r–2	.
Differentialartengruppe							
S_2	*Lemna trisulca*	.	9, +–3	.	.	10, +–4	.
S_2	*Stratiotes aloides*	.	1, 2	.	1, r	1, +	.
S_1	*Nuphar lutea*	1, 1	1, 1	.	.	3, 2	.
Weitere Artengruppen							
$W_{sub.}$	*Ceratophyllum demersum*	3, 1–2	6, 2–5	.	1, 1	8, +–4	.
$W_{sub.}$	*Elodea canadensis*	1, 1	3, 1–3	.	1, 1	1, 1	.
$W_{sub.}$	*Ranunculus circinatus*	.	.	.	1, 1	3, r–1	.

*) = zugleich Differentialart

Weiterhin enthaltene Arten:

Spalte 1
Sagittaria sagittifolia 1, +
Potamogeton natans 3, +–2
Potamogeton crispus 1, 1
Nymphaea alba 2, 3
Potamogeton pectinatus 1, 1
Potamogeton trichoides 2, 3–+

Spalte 2
Butomus umbellatus 1, r
Sagittaria sagittifolia 1, r
Trapa natans 1, 1

Spalte 3
Alisma plantago-aquatica 1, r
Oenanthe aquatica 2, +
Glyceria fluitans 1, r

Spalte 4
Glyceria maxima 1, 1
Sagittaria sagittifolia 1, 1
Hottonia palustris 2, 1–2

Spalte 5
Rumex hydrolapathum 3, r–1
Sagittaria sagittifolia 2, 2
Glyceria maxima 2, 1–2
Oenanthe aquatica 1, 1
Alisma plantago-aquatica 1, r
Fontinalis antipyretica 1, 2
Hottonia palustris 2, 1–2
Ceratophyllum submersum 1, 1
Potamogeton obtusifolius 2, 1–2
Typha latifolia 2, 1
Carex gracilis 1, 1

Spalte 6
Eleocharis palustris 3, +–1
Alisma plantago-aquatica 1, +
Potamogeton alpinus 3, 2–4
Potamogeton pectinatus 3, r–2
Potamogeton crispus 1, r

Spalte 8
Sagittaria sagittifolia 2, 2
Phragmites australis 1, 1
Glyceria maxima 1, +
Potamogeton natans 2, 1–2
Polygonum amphibium 1, +
Hottonia palustris 1, 2
Potamogeton alpinus 1, +
Myriophyllum spicatum 1, +
Potamogeton perfoliatus 2, 1
Potamogeton crispus 2, 1–2
Potamogeton trichoides 1, 1
Potamogeton obtusifolius 2, 2

Lemnetea

7	8	9	10	11	12	13	14	15
1	8	1	6	1	2	3	8	4
4	8	6	6	10	8	5	7	9
—	4—12	—	4—8	—	6—10	4—7	4—8	6—11
5	7	7	6	7, 5	7	5	3	5
—	3=11	—	5—7	—	5—8	3—6	2—6	3—6
—	3	1	3	—	0	—	5	4
25	20	15	17	15	45	70	80	80
10	1	70	70	60	55	—	12	1
—	80	15	30	30	15	15	30	50
2	7, +—3	.	3, +—1	.	.	2, 1	5. +—1	4, r—2
2	5, r—3	+	4, +—3	.	1, 2	1, 1	6, +—3	2, 2—3
2	3, +—1	.	.	.	.	.	.	2, r—1
.	2, 1—2	+	2, +—1	1	.	.	4, r—1	2, 1—2
.	8, 2—4	+	.	2	.	3, +—1	.	.
.	2, 1—2	2	2, +—2	+	1, +	3, 2—4	8, 3—5	4, 3—4
+	8, r —3	.	.	+	1, 2	.	4, r—3	1, 1
.	.	4	6, 3—4	4	2, 3	.	.	.
.	2, r—2	.	.	2	2, 2—3	.	.	4, 2—3
.	5, r—2	.	5, +—3	2	.	1, 2	6, 1—5	2, +—2
.	.	.	4, r—3	.	1, 2	.	4, +—3	3, +—4
.	2, +	.	.	1	1, 1	.	4, 1—2	1, 2

Spalte 10
Alopecurus geniculatus 1, +
Carex pseudocyperus 1, +
Calla palustris 1, *r*
Sagittaria sagittifolia 1, 1
Butomus umbellatus 1, +
Phragmites australis 2, +—1
Ceratophyllum submersum 1,+

Spalte 11
Potamogeton crispus 1

Spalte 12
Typha angustifolia 1, 2
Sagittaria sagittifolia 1, r
Butomus umbellatus 1, r
Potamogeton natans 1, 2
Potamogeton lucens 1, 3
Potamogeton acutifolius 1, r
Potamogeton pectinatus 1, r

Spalte 13
Callitriche sp. 2, +—1
Potamogeton trichoides 2, 2

Spalte 14
Phragmites australis 2, 1—3
Butomus umbellatus 1, +
Sagittaria sagittifolia 2, r—1
Myosotis palustris 2, r—+
Glyceria maxima 1, 1
Callitriche sp. 1, +
Potamogeton obtusifolius 2, r—+

Spalte 15
Phragmites australis 1, 1
Sparganium emersum 1, +
Sium latifolium 1, +
Sagittaria sagittifolia 2, 1
Myosotis palustris 1, 1
Glyceria maxima 1, 1
Solanum dulcamara 1, r
Myriophyllum spicatum 1, r
Polygonum amphibium 1, r

läuterung u Tab. 2

Spalte 1—3: Spirodelo-Lemnetum minoris
Spalte 1 : typische Subass.
Spalte 2 : *Lemna-trisulca*-Subass.
Spalte 3 : typische Subass., Fazies v. *Lemna minor*
Spalte 4—6: Spirodelo-Salvinietum
Spalte 4 : typische Subass.
Spalte 5 : *Lemna-trisulca*-Subass.
Spalte 6 : Fragment
Spalte 7 : Riccietum fluitantis
Spalte 8 : Lemno-Utricularietum
Spalte 9—15: Hydrocharitetum morsus-ranae
Spalte 9—12: *Stratiotes-aloides*-AF
Spalte 9—10: typische Subass.
Spalte 9 : Var. v. *Utricularia vulgaris*
Spalte 10 : typische Var.
Spalte 11—12: *Nuphar-lutea*-Subass.
Spalte 11 : Var. v. *Utricularia vulgaris*
Spalte 12 : typische Var.
Spalte 13—15: typische AF
Spalte 13—14: typische Subass.
Spalte 13 : Var. v. *Utricularia vulgaris*
Spalte 14 : typische Var.
Spalte 15 : *Nuphar-lutea*-Subass.

wichtige Art *Salvinia natans* auf, doch zeigt die Artenkombination keine Beziehung zum Typus der Ass. Offensichtlich handelt es sich hierbei um Pflanzenbestände, die sich, aufgrund der kurzen Zeit des Bestehens der Kieslöcher, in der Entwicklung befinden.

	n	$\bar{x}$	V	sx	Vk	$\overline{sx}$	ZS
Ass	13	8,0	4—13	2,08	26,0	0,58	75
Lemnet.	10	8,3	5—13	2,26	27,2	0,72	70

Die Werte der Homogenitätsanalyse weisen die Gesellschaft als an der Grenze der geforderten Homogenität liegend aus. Im Vergleich zu anderen Wasserschwebergesellschaften und in bezug auf das bei der Besprechung der Homogenität des Lemnetum Gesagte ist die Gesellschaft durchaus als homogen zu betrachten.

Als Kontaktgesellschaften sind im UG das Trapetum natantis, das Hydrocharitetum morsus-ranae und das Hottonietum palustris sowie landwärts die Röhrichte zu nennen. Zwischen dem Hydrocharitetum und dem Salvinietum sind häufig Übergänge zu beobachten.

4.1.1.3. Lemnetum gibbae MIYAW. & J. TX. 60

Da das Lemnetum gibbae auf extrem eutrophierte, vor allem nitratreiche Kleingewässer beschränkt ist, wie wir sie z. B. in jauchebeladenen Dorftümpeln oder entsprechenden Gräben vor uns haben, treffen wir diese Gesellschaft in den bearbeiteten Altwassern nicht an. Allein in einem Gewässer im W-Teil von Aken konnte ein Bestand der Gesellschaft aufgenommen werden. Als Kontaktgesellschaften traten das Ceratophylletum demersi und das Typhetum angustifolio-latifoliae auf.

Aufnahme-Nr. 20/73; MTB 4138, 46 d/0, 2, 2,; Aufnahmefläche 2 m²; Wassertiefe 4 dm

S_1	*Lemna gibba*	5
	Lemna minor	+
W_{sub}	*Ceratophyllum demersum*	2

4.1.1.4. Riccietum fluitantis SLAVN. 56[1])

Nach Auffassung von PHILLIPPI (1969) ist das Riccietum fluitantis (vgl. MÜLLER & GÖRS 1960, MIYAWAKI & J. TÜXEN 1960, PASSARGE 1964) wahrscheinlich identisch mit dem Riccietum rhenanae KNAPP & STOFFERS 65, „da *Riccia fluitans* und *Riccia rhenana* offensichtlich meist verwechselt wurden".

Riccia fluitans (*R. rhenana* ?) tritt im UG äußerst selten gesellschaftsbildend auf (Tab. 2, Sp. 7, Tab. 3). Dagegen ließen sich in einem Graben mit stark eisenhaltigem Wasser sehr gut ausgebildete Bestände von *Ricciocarpus natans* finden. (Taf. 1, Fig. 2). Diesen Beständen fehlte aber *Riccia fluitans*, so daß sie mit den entsprechenden Beständen von PHILIPPI (1969) verglichen werden können. Auffällig ist in unserer Gesellschaft die hohe Stetigkeit von *Glyceria maxima* und das Auftreten weiterer Röhricht- und Feuchtwiesenarten. Das ist eine Folge der geringen Breite des Grabens und der geringen Wassertiefe, so daß die genannten Arten vom Ufer des Grabens her in die Bestände eindringen können.

Tab. 3. Riccietum fluitantis SLAVN. 56

Aufnahme-Nr.	1	2	3	4	5
Artenzahl	5	3	4	5	5
Wassertiefe	2	3	2,5	4	3
Deckung K_1	—	—	—	—	—
K_2	5	0	2	1	2
S_1	100	90	90	80	90
S_2	—	—	—	—	—
$W_{sub.}$	—	—	—	—	—
Diagnostisch wichtige Art					
S_1 *Ricciocarpus natans*	5	5	5	4	5
Weitere Arten					
S_1 *Lemna minor*	1	1	1	r	+
K_2 *Glyceria maxima*	1	+	1	+	+
Ranunculus repens	1	.	.	.	+
Lysimachia nummularia	r	.	.	.	.
Lysimachia vulgaris	.	.	r	.	.
Sparganium erectum	.	.	.	r	.
Ranunculus sceleratus	.	.	.	r	.
Myosotis palustris	.	.	.	.	+

4.1.2. Utricularion vulgaris PASSARGE 64

Wasserschwebergesellschaften in windgeschützten Buchten vornehmlich mesotropher, flacher Gewässer des planaren bis montanen Bereiches (vgl. PASSARGE 1964, HILBIG 1971) (Wasserlinsenvergesellschaftungen mit carnivoren Arten).

4.1.2.1. Lemno-Utricularietum Soó (28) 38

Die Gesellschaft wurde vorwiegend in den östlichen Teilen des UG angetroffen (Tab. 2, Sp. 8). Aus dem Gebiet der Unteren Mulde wird die Ass. von THIEME (1967) und HILBIG (1970) belegt. Für das Mittelelbegebiet liegt bereits eine Beschreibung der Gesellschaft von HILBIG & REICHHOFF (1971) vor.

[1]) Die Wasserlinsenbestände mit dominierendem *Ricciocarpus natans* und fehlender *Riccia fluitans* sollten nach Ansicht von KRAUSCH (briefl. 4. 2. 1974) als Ricciocarpetum natantis bezeichnet werden, vgl. TÜXEN (1974).

Das Lemno-Utricularietum besiedelt mehr mesotrophe Gewässer, wobei die Gesellschaft im UG in der für die Trophie der Gewässer kennzeichnenden Subass. lemnetosum trisulcae ausgebildet ist.

In dieser Subass. treten im UG mit *Spirodela polyrhiza*, *Hydrocharis morsus-ranae* und *Salvinia natans* wärmebedürftige Arten in Erscheinung und kennzeichnen die Bestände des Gebiets als *Salvinia-natans*-Rasse (*Hydrocharis*-Rasse bei PASSARGE 1964) (vgl. Taf. 13, Fig. 3).

Ausgedehnte Flächen werden von der Gesellschaft an der Alten Elbe eingenommen. Vor einigen Jahren war die Ass. hier nur an wenigen Stellen zu finden (vgl. HILBIG & REICHHOFF 1971). Ein sehr hoher Besatz mit Bisamratten (*Ondatra zibethicus* L.) führte durch Verbiß von *Phragmites australis* (= *communis*) zur Vernichtung des Phragmitetum auf großen Flächen, die jetzt von dem Utricularietum eingenommen werden.

Phragmites australis kann nur gedeihen, wenn die oberirdischen Teile der Pflanze das ganze Jahr hindurch unbeschädigt bleiben. Nur durch die oberirdischen Teile bekommen die Wurzeln und Rhizome genügend Atemluft, vgl. BITTMANN (1959). DE LA CHEVALLERIE (1959) schreibt zu der Frage des Verbisses von *Phragmites* durch Bisamratten: „Bei starkem Befall wird der Schilfbestand stark gemindert, da immer wieder die nachwachsenden jungen Röhren abgebissen werden (meist unter der Wasseroberfläche), bzw. die Wurzelstöcke zerstört werden. Die Bestände verlieren bald ihr festes Gefüge und können ganz vernichtet werden . . .“ Hinweise auf den täglichen Nahrungsbedarf und die Nahrungswahl der Bisamratte gibt SUKOPP (1968).

Scirpus lacustris wird von den Tieren offensichtlich nicht verbissen oder besitzt eine größere Regenerationsfähigkeit, denn Bestände der Art sind inselartig in dem Utricularietum erhalten. Über den Verbiß von *Typha angustifolia*, *Acorus calamus* und *Glyceria maxima* berichtet KÜCHLER (1967) von der Unteren Mulde.

	n	$\bar{x}$	V	sx	Vk	$\overline{sx}$	ZS
Ass.	8	7,6	4—12	2,65	34,9	0,94	63

Am Gesellschaftsaufbau sind im wesentlichen Ceratophyllide, Lemnide und Ricciellide (vgl. SEGAL o. J.) beteiligt. Diese Gruppen zeichnen sich durch ihre passive Mobilität aus. Daraus resultieren große Schwankungen der Artenzahlen in den Vegetationsaufnahmen, die ihren Niederschlag in den Homogenitätswerten finden.

4.2. Hydrocharitetalia RÜBEL 33

4.2.1. Hydrocharition RÜBEL 33 em. PASSARGE 64

Im Boden wurzelnde, sommerwärmeliebende Vergesellschaftungen von *Stratiotes aloides* und *Hydrocharis morsus-ranae* mit hochstetem Anteil vom Lemnaceen der eutrophen Gewässer im planaren Bereich (HILBIG 1971), vgl. Arbeitsgemeinschaft mitteldeutscher Floristen (1960). PASSARGE (1964) betont die Übergangsstellung der Gesellschaften zu der Klasse Potametea, vgl. WESTHOFF & DEN HELD (1969).

4.2.1.1. Hydrocharitetum morsus-ranae v. LANGENDONCK 35

Das Hydrocharitetum (Tab. 2, Sp. 9—15) im engeren Sinne wird als eine Gesellschaft mit Verbreitung im wintermilden Westeuropa, „die anscheinend über S- und NW-Deutschland (vgl.

CARSTENSEN 1955, OBERDORFER 1957) bis in unser Gebiet vordringt (vgl. PANKNIN 1941)" (PASSARGE 1964), dem subkontinental vikariierendem Stratiotetum aloides NOWINSKI 30 em. MILJAN 33 gegenübergestellt.

Die Trennung der von *Hydrocharis morsus-ranae* und *Stratiotes aloides* beherrschten Bestände auf Ass.-Ebene können wir auf der Grundlage unseres Materials nicht vertreten (vgl. PHILIPPI 1969). Wohl liegt aber eine deutliche Differenzierung innerhalb der Ass. vor, vgl. CARSTENSEN (1955), KRAUSCH (1964a), HORST, KRAUSCH & MÜLLER-STOLL (1966) und KONCZAK (1968).

Im UG nehmen die an *Stratiotes aloides* reichen Bestände, in denen mit mittlerer bis hoher Stetigkeit auch *Hydrocharis morsus-ranae* enthalten ist, nährstoffreiche, stark besonnte Standorte ein. Wir stellen die *Stratiotes*-AF (Taf. 14, Fig. 1) der *Hydrocharis*-AF (Taf. 13, Fig. 4) weniger nährstoffreicher, z. T. beschatteter Standorte gegenüber (vgl. KÜCHLER 1967). Beide AF lassen sich weiterhin in eine Subass. nupharetosum und in eine typische Subass. differenzieren. Die Subass. nupharetosum besiedelt größere Wassertiefen und weist auf einen Übergang zu dem Nymphaeion hin. Entsprechend den wechselnden Nährstoffverhältnissen finden wir im UG an nährstoffärmeren Standorten eine *Utricularia-vulgaris*-Var. und eine typische Var. nährstoffreicherer Standorte in den einzelnen Subass. Das Eindringen von Röhrichtarten in die ufernahen Bestände veranlaßte KONCZAK (1968) zur Abtrennung von *Myosotis-palustris*-Formen, die sich im UG wohl auch herausdifferenzieren lassen würden.

WEBER-OLDECOP (1971) gliedert das Stratiotetum (= *Stratiotes*-AF) in eine typische Subass., in der *Stratiotes aloides* das Optimum erreicht und keine Arten der Potametea auftreten, in die N-beeinflußte Subass. lemnetosum gibbae und in die Subass. myriophylletosum verticillati, in der Arten der Potametea oft zahlreich enthalten sind. Unsere *Stratiotes*-AF zeigt Übereinstimmungen mit der Subass. myriophylletosum verticillati.

PASSARGE (1964) unterscheidet, bezugnehmend auf OBERDORFER (1957), eine nördliche Normalrasse und eine *Salvinia*-Rasse wärmerer Gewässer. Im wärmebegünstigten Mittelelbegebiet ist die thermophile *Salvinia*-Rasse ausgebildet. Die *Stratiotes*-AF erreicht durch die große Produktion an Phytomasse eine immense Bedeutung bei der Erhöhung des Seebodens und damit bei der Beschleunigung des Verlandungsfortschrittes, vgl. PASSARGE (1964).

	n	$\bar{x}$	V	sx	Vk	$\overline{sx}$	ZS
Ass.	25	6,8	4—11	2,07	30,4	0,41	50
Stratiotes-AF	10	6,7	5—10	2,16	32,2	0,68	50
Hydrocharis-AF	15	6,9	4—11	2,09	30,3	0,54	53
Ass.	18	10,4	4—19	4,10	39,4	—	50 (THIEME 1967)

Die Homogenität der Gesellschaft erreicht mit dem Variabilitätskoeffizienten nicht die geforderte Homogenität, doch ist das im Vergleich zu anderen Pleustonphytengesellschaften eine allgemeine Erscheinung. Interessant sind die sich in der *Stratiotes*-AF und in der *Hydrocharis*-AF nicht ändernden Werte der Zentralstetigkeit. Hierin sehen wir eine Stütze der Auffassung, daß die von *Stratiotes aloides* und von *Hydrocharis morsus-ranae* beherrschten Bestände nicht auf Ass.-Ebene zu trennen sind.

Als Kontaktgesellschaften treten Phragmitetalia und Magnocaricetalia-Gesellschaften und das Spirodelo-Salvinietum landwärts auf sowie das Hottonietum palustris, das Trapetum natantis, das Myriophyllo-Nupharetum und Potametalia-Gesellschaften seewärts.

5. *Potametea* Tx. & Prsg. 42

Die synsystematische Gliederung der Klasse Potametea Tx. & Prsg. 42 hatte zum Zeitpunkt des Erscheinens der Arbeit von Müller & Görs (1960) einen gewissen Abschluß gefunden.

Ordnung: Potametalia W. Koch 26
Verband: Eu-Potamion (W. Koch 26) Oberd. 57
Nymphaeion Oberd. 57
Ranunculion fluitantis Neuh. 59

Die synsystematische Gliederung der Klasse bei Oberdorfer (1962, 1972) entspricht der vorangestellten. Ebenso gliedern Krausch (1964a) die Klasse für das Stechlinsee-Gebiet und Hilbig (1971) für den S-Teil der DDR.

Passarge (1964) bezieht in die Klasse die Ordnung Zosteretalia Beg. 41 em. Br.-Bl. & Tx. 43 mit den Verbänden Zosterion marinae Wi. Christ. 34 und Ruppion maritimae Br-Bl. 31 ein — bei Oberdorer (1962, 1970) Ruppietea maritimae J. Tx. 60 und Zosteretea marinae Pign. 53; bei den Hartog & Segal (1964) und Westhoff & den Held (1969) entsprechend Oberdorfer (1962, 1970). Das Eu-Potamion (W. Koch 26) Oberd. 57 gliedert Passarge (1964) in den Unterverband Magno-Potamion Vollmar 47, worin offensichtlich der Verband Ranunculion fluitantis Neuh. 59 mit eingeschlossen wird, und in den Unterverband Parvo-Potamion Vollmar 47.

den Hartog & Segal (1964) gliedern die Klasse wie folgt:

Ordnung: Magnopotametalia den Hartog & Segal 64
Verband: Magnopotamion (Vollmar 47) Hartog & Segal 64
Nymphaeion albae Oberd. 57
Ordnung: Parvopotametalia den Hartog & Segal 64
Verband: Parvopotamion (Vollmar 47) den Hartog & Segal 64
Callitricho-Batrachion den Hartog & Segal 64
Ordnung: Luronio-Potametalia den Hartog & Segal 64
Verband: Potamion polygonifolii den Hartog & Segal 64

Westhoff & den Held (1969) gliedern die Klasse entsprechend den Hartog & Segal (1964). Zusätzlich gliedern sie der Ordnung Parvopotametalia den Hartog & Segal 64 den Verband Hydrocharition (Vierhapper) Rübel 33 em. Passarge 64 unter.

In der vorliegenden Arbeit ist die Gliederung von Oberdorfer (1970) übernommen worden. Zusätzlich wird aber der Verband Ranunculion aquatilis Passarge 1964, der bei Passarge (1964) der Ordnung Hydrocharitetalia Rübel 33, Klasse Lemnetea W. Koch & Tx. 54 apud. Oberd. 57 unterstellt ist, der Ordnung Potametalia W. Koch 26 zugeordnet. Weiterhin gliedern wir der Ordnung Potametalia W. Koch 26 den Verband Ceratophyllion den Hartog & Segal 1964 unter.

5.1. Potametalia W. Koch 26

5.1.1. Nymphaeion Oberd. 57

Wurzelnde Schwimmblattgesellschaften in stehenden bis schwach fließenden Gewässern, die großflächige Verlandungsgürtel ausbilden können.

5.1.1.1. Myriophyllo-Nupharetum W. Koch 26

Das Nupharetum ist die im UG am weitesten verbreitete Wasserpflanzengesellschaft (Tab. 4, Sp. 1—8). Aufgrund der geringen Tiefe der einzelnen Gewässer (nur etwa 2—2,5 m) bildet die Ass. großflächige, geschlossene, die ganze Wasserfläche überziehende Bestände. Die Schwimmblätter bedecken die Gewässeroberfläche teilweise vollkommen, so daß häufig durch den Lichtentzug der Schwimmblattschicht ein gering entwickelter submerser Pflanzenrasen ausgebildet ist. Küchler (1967) stellte in Abhängigkeit von der Entwicklung der Schwimmblattschicht unterschiedliche Temperaturen des Wassers fest und weist auf die Bedeutung dieserErscheinung in der Fischzucht hin. Weiterhin wird die tägliche Schwankung der Wassertemperatur durch dichte Pflanzenbestände eingeschränkt. Die sich nachts über Waldgewässern ausbildenden Kaltluftglocken sind nach KÜCHLER (1967) verantwortlich für das Fehlen von Teichrosengesellschaften in solchen Gewässern.

Die Phytomasseproduktion der Gesellschaft ist hoch, doch steht sie hinter der des Stratiotetum zurück (PASSARGE 1964).

In Übereinstimmung mit HILBIG (1971) werden die Seerosenbestände des UG in zwei AF, in die *Myriophyllum*-AF und in die verarmte AF geteilt. Beide AF lassen sich weiterhin in eine typische Subass. und in eine Subass. ceratophylletosum differenzieren. Die Subass. ceratophylletosum dehnt sich durch die zunehmende Eutrophierung der Gewässer im UG immer stärker aus.

Auch in Skandinavien sind starke Schwankungen von *Myriophyllum spicatum* und *Ceratophyllum demersum* in den Jahren 1966—1969 beobachtet worden, wobei aber ein paralleler Rückgang beider Arten zu verzeichnen war (LUNDEGÅRDH-ERICSON 1972).

Die Subass. lassen sich in Abhängigkeit von den Nährstoffverhältnissen in den einzelnen Gewässern in die *Utricularia-vulgaris*-Var. und in die typische Var. gliedern.

HILBIG (1971) weist, unter Anlehnung an andere Autoren, auf die in Südosteuropa die Regel bildende und im Mittelelbegebiet ebenfalls auftretende thermophile Ausbildung des Nupharetum hin, die durch die Anwesenheit von *Trapa natans* (und *Salvinia natans*) charakterisiert wird.

	n	$\bar{x}$	V	sx	Vk	$\bar{x}^-$	ZS
Ass.	48	6,0	2—10	1,56	26,0	0,23	28
M-AF, typ.	15	6,1	2—10	2,59	42,5	0,67	33
M-AF, cer.	15	6,1	3—10	1,71	28,0	0,44	48
v-AF, cer.	12	6,2	3—9	1,91	30,8	0,55	36
Ass.	17	7,2	4—12	2,76	38,3	—	53 (THIEME 1967)

Die Werte der Homogenitätsanalyse weisen eine nicht erwartete Inhomogenität aus. Insbesondere fallen die niedrigen Werte der Zentralstetigkeit auf, d. h., daß eine Vielzahl von Arten in der Gesellschaft auftreten können, Arten mit hohen Stetigkeitswerten jedoch seltener sind. Die Gesellschaft spiegelt somit eine allgemeine Erscheinung bei den Wasserpflanzengesellschaften wider.

Da die Gewässer mehr oder weniger isoliert voneinander sind, erfahren die Gesellschaften in den einzelnen Seen Abwandlungen in der Artenzusammensetzung. Betrachtet man die Gesellschaft in einem größeren Gebiet, so sind zwar die diagnostisch wichtigen Arten überall vorhanden und die Differentialartengruppen gut ausgebildet, die charakteristische Artenkombination ist jedoch sehr schwach und mit geringen Stetigkeitswerten anwesend.

Als Kontaktgesellschaften treten das Spirodelo-Lemnetum minoris, das Hydrocharitetum, das Trapetum, Potametalia-Einheiten sowie Röhrichte und Großseggenrieder auf.

5.1.1.2. Trapetum natantis MÜLLER & GÖRS 60

Das Trapetum natantis (Tab. 4, Sp. 9, 10) ist im herzynischen Raum im wesentlichen auf das Mittelelbegebiet und das Moritzburger Teichgebiet konzentriert (HILBIG 1971). Für das Mittelelbegebiet wurde die Gesellschaft schon von FREITAG, MARKUS & SCHWIPPL (1958) aus dem Raum Torgau und Herzberg als thermophile Var. des Myriophyllo-Nupharetum beschrieben.

Tab. 4. Nymphaeion

	Spalte	1	2	3	4	5	6	7	8	9	10
	Aufnahmenzahl	10	5	13	2	4	2	8	3	3	6
	∅ Artenzahl	5	6	6	9	5	7	6	8	8	7
	Variationsbreite der Artenzahl	2—9	—	3—8	—	—	5—8	3—8	8—9	5—10	6—8
	∅ Wassertiefe	10	12	12	12	6	8	8	9	9	8
	Variationsbreite der Wassertiefe	3—20	—	6—18	—	—	3—11	3—12	7—12	6—10	8
	∅ Deckung K	0	—	0	—	—	—	—	—	—	—
	S_1	50	50	50	70	60	70	60	70	70	50
	S_2	1	1	1	0	—	0	0	1	1	0
	$W_{sub.}$	15	15	30	10	40	25	20	17	80	70
	Diagnostisch wichtige Artengruppe										
S_1	*Nuphar lutea* *)	10, 2—4	5, 2—5	12, 2—4	2, 4—5	4, 1—4	2, 4	8, 2—4	3, 3—4	1, +	.
S_1	*Nymphaea alba*	3, r—2	1, 3	2, 2—3	.	2, 1—3	1, 2	3, 1—3	1, 1	2, 2—3	.
S_1	*Trapa natans*	.	.	1, +	.	.	.	1, r	.	3, 3—4	6, 2—5
	Differentialartengruppe										
$W_{sub.}$	*Myriophyllum spicatum*	9, r—4	5, +—2	12, r—3	2, 1—2	.	.	.	.	2, 2—3	3, +—3
$W_{sub.}$	*Myriophyllum verticillatum*	2, 1—3	.	2, +	.	.	.	.	.	.	.
$W_{sub.}$	*Ceratophyllum demersum*	.	.	13, r—5	2, +—1	.	.	8, +—2	3, +—2	3, 3—4	6, +—5
$W_{sub.}$	*Utricularia vulgaris*	.	5, +—1	.	2, 1—2	.	2, +—3	.	3, 1—2	1, 1	.
	Weitere Artengruppen										
S_1	*Potamogeton natans*	1, 1	.	1, 2	2, +	1, 4	.	.	1, 1	1, r	.
S_1	*Spirodela polyrhiza*	1, 1	1, +	1, 1	1, +	.	.	2, +	.	2, 1	3, +
S_1	*Lemna minor*	2, r—+	3, +	1, 1	.	.	2, +—1	3, r—+	2, +—1	2, 1	3, +
S_1	*Hydrocharis morsus-ranae*	1, +	1, r	.	2, r—1	.	.	1, r	2, r	.	1, r
S_2	*Stratiotes aloides*	1, 2	1, +	2, r	1, +	.	.	1, 1	.	3, r—+	1, r (subm.)
S_2	*Lemna trisulca*	1, +	2, +	1, 2	1, +	.	1, r	.	3, 1	1, 1	.
$W_{sub.}$	*Potamogeton perfoliatus*	4, 1—2	.	2, +—1	.	2, 1—3	.	2, 4	.	.	.
$W_{sub.}$	*Potamogeton crispus*	3, r—1	1, r	7, +—1	.	2, 1	.	3, +—1	1, 1	1, 1	.
$W_{sub.}$	*Potamogeton obtusifolius*	3, r—1	3, r—1	1, r	1, r	.	1, +	3, +—2	.	.	.
$W_{sub.}$	*Ranunculus circinatus*	3, +—1	.	6, +—2	.	1, 1	1, +	1, +	1, 1	.	.
$W_{sub.}$	*Elodea canadensis*	1, 1	.	2, 2—3	.	1, 2	.	1, 3	1, +	.	.

Arten mit geringer Stetigkeit											
S_1	*Sagittaria sagittifolia*	2, 1—2	.	.	1, 2	.	.	1, r	.	.	.
S_1	*Callitriche* sp.	.	.	2, r—1	.	.	1, +	.	.	.	.
S_1	*Ranunculus aquatilis*	.	.	.	.	1, r	.	.	.	.	.
S_1	*Sparganium emersum*	.	.	1, r	.	.	.	.	.	.	.
S_1	*Salvinia natans*	.	.	.	.	.	.	1, r	2, 2	.	.
S_2	*Riccia fluitans*	.	.	.	1, +	.	1, r	.	.	.	.
$W_{sub.}$	*Potamogeton trichoides*	1, 2	2, r—+	.	.	.	.	1, +	.	.	.
$W_{sub.}$	*Potamogeton alpinus*	.	1, +	2, +—1	1, +	.	.	.	.	.	.
$W_{snb.}$	*Hottonia palustris*	.	1, +	.	.	1, 1	.	.	.	.	.
$W_{sub.}$	*Sagittaria sagittifolia*	.	.	1, 1	.	.	.	.	.	.	.
$W_{sub.}$	*Potamogeton pectinatus*	.	.	.	.	1, 3	.	.	2, r—2	2, 1—3	3, 1—3
$W_{sub.}$	*Potamogeton lucens*	.	.	.	.	1, 2	1, 1	1, 2	.	.	.
$W_{sub.}$	*Potamogeton acutifolius*	.	.	.	.	.	.	1, 1	.	.	1, 1

*) = zugleich Differentialart

Weiterhin enthaltene Arten:

Spalte 1
Polygonum amphibium f. *natans* 3, r—+
Butomus umbellatus 1, +
Eleocharis acicularis (subm.) 1, +

Spalte 3
Myosotis palustris 3, r—3
Butomus umbellatus 1, +

Spalte 7
Polygonum amphibium f. *natans* 1, +

Spalte 10
Najas minor 1, 1

Spalte 1—8: Myriophyllo-Nupharetum
Spalte 1—4: *Myriophyllum*-AF
Spalte 1—2: typische Subass.
Spalte 1 : typische Var.
Spalte 2 : *Utricularia*-Var.
Spalte 3—4: *Ceratophyllum*-Subass.
Spalte 3 : typische Var.
Spalte 4 : *Utricularia*-Var.

Spalte 5—8: verarmte AF
Spalte 5—6: typische Subass.
Spalte 5 : typische Var.
Spalte 6 : *Utricularia*-Var.
Spalte 7—8: *Ceratophyllum*-Subass.
Spalte 7 : typische Var.
Spalte 8 : *Utricularia*-Var.

Spalte 9—10: Trapetum natantis
Spalte 9 : *Nuphar-lutea*-Subass.
Spalte 10 : typische Subass.

PHILIPPI (1969) unterscheidet, bezugnehmend auf MÜLLER & GÖRS (1960) eine nupharetosum- und eine typische Subass. Beide Subass. sind im UG ausgebildet, wobei örtlich *Nuphar lutea* durch *Nymphaea alba* ersetzt werden kann (Taf. 2, Fig. 3). Übereinstimmend mit FREITAG et al. (1958) enthalten die Aufnahmen aus dem UG viel *Myriophyllum* und unterscheiden sich darin von den Aufnahmen aus dem Oberrheingebiet (PHILIPPI 1969).

	n	$\bar{x}$	V	sx	Vk	$s\bar{x}$	ZS
Ass.	9	5,8	2,10	3	51,7	1	56

Die durch den hohen Variabilitätskoeffizienten bedingte Inhomogenität der Gesellschaft ist augenscheinlich. Auch hier trifft das für das Myriophyllo-Nupharetum Gesagte zu. Die Gesellschaft wurde nur in zwei Gewässern des UG gefunden und in jedem Gewässer ist die Zusammensetzung der Gesellschaft verschieden. Der eine Standort, der Sarensee, ist ein an Wasserpflanzen armes Waldgewässer, wohingegen der andere, der Kühnauer See, ein artenreiches und standörtlich stark differenziertes Gewässer darstellt.

5.1.2. Ranunculion aquatilis PASSARGE 64

An starke Wasserschwankungen und im Sommer trockenfallende Standorte (durch Ausbildung von Landformen) angepaßte, wurzelne Schwimmblattgesellschaften — z. T. auch nur submerse Formen, vgl. GLÜCK (1936) — eutropher bis mesotropher Kleingewässer und Gräben. Das Hottonietum palustris leitet zu den Eu-Potamion- und zu den Hydrocharitetalia-Gesellschaften über. Das Ranunculetum aquatilis zeigt eine Verbindung zu den Nymphaeion-Gesellschaften. Von WESTHOFF & DEN HELD (1969) wird der Verband als Callitricho-Batrachion DEN HARTOG & SEGAL 1964 bezeichnet.

5.1.2.1. Ranunculetum aquatilis SAUER 47

Das Ranunculetum aquatilis ist im S-Teil der DDR bisher nur von THIEME (1967) für das Gebiet der Unteren Mulde und von HILBIG (1971) für das Moritzburger Teichgebiet belegt worden.

Im UG wurde die Gesellschaft (Tab. 5, Sp. 1) sehr selten angetroffen. Früher scheint sie jedoch wesentlich weiter verbreitet gewesen zu sein (Taf. 2, Fig. 4). Der Gesellschaftsaufbau entspricht den in der Literatur gegebenen Beschreibungen der Ass. Die von HILBIG (1971) gegebenen Standortmerkmale (hoher Lichtgenuß, leichte Erwärmbarkeit des Wassers und hoher Trophiegrad) können für den Standort im UG bestätigt werden. Die Gefahr einer sommerlichen Austrocknung lag nicht vor.

Nach PASSARGE (1964) würde die Gesellschaft demnach zur *Potamogeton*-Subass. zu rechnen sein. Er nimmt die Ass. zusammen mit dem Hottonietum palustris aus der Ordnung Potametalia heraus und stellt beide Gesellschaften zu dem Verband Ranunculion aquatilis, Ordnung Lemnetalia.

5.1.2.2. Hottonietum palustris Tx. 37

Als Gemeinsamkeit mit dem Ranunculetum kennzeichnet das Hottonietum die Fähigkeit, Austrocknungen des Gewässers durch Ausbildung von Landformen zu überstehen (amphibische Lebensweise). Die Standortmerkmale des Hottonietum unterscheiden sich allerdings von denen des Ranunculetum, indem die Gesellschaft mesotrophe, z. T. beschattete Gräben oder Stillgewässer mit schlammigem Grund besiedelt. Der räumliche Kontakt der Gesellschaft mit Magnocaricion-Beständen oder Erlenbruchwäldern (PASSARGE 1964) kann bei den Beständen des UG beobachtet werden.

Im UG wurde die Gesellschaft (Tab. 5, Sp. 2—7) nicht häufig angetroffen. Aus dem Gebiet der Unteren Mulde werden von THIEME (1967) atypische Vergesellschaftungen von Landformen von *Hottonia palustris* beschrieben. Nach eigenen Beobachtungen kann das Vorkommen der Gesellschaft an den Altwassern der Unteren Mulde jedoch bestätigt werden.

Die Bestände des Gebiets lassen sich in Übereinstimmung mit PASSARGE (1964) in eine typische Subass. auf episodisch trockenfallenden Standorten und in eine Subass. elodeetosum ständig wasserführender Gräben differenzieren.

	n	$\bar{x}$	V	sx	Vk	$\bar{s}\bar{x}$	ZS
Ass.	6	3,5	3—4	0,65	10,9	0,27	50

Die Werte der Zentralstetigkeit und des Variabilitätskoeffizienten weisen die Gesellschaft als homogen aus.

WESTHOFF & DEN HELD (1969) beschreiben aus den Niederlanden ein Callitricho-Hottonietum (R. Tx. 37 p.p.) SEGAL 65. Als „Kencombinatie" werden *Callitriche platycarpa* („kenntaxon"), *C. hamulata* und *Hottonia palustris* bezeichnet. Sie stellen diese Ass. mit atlantisch-subatlantischer Verbreitung unserer Gesellschaft mit mitteleuropäischer Verbreitung gegenüber.

Tab. 5. Ranunculion aquatilis

		1	2	3	4	5	6	7
Aufnahme-Nr.		1	2	3	4	5	6	7
Artenzahl		4	3	3	4	4	3	4
Wassertiefe (dm)		2	5	5	4	3	6	6
Deckung	K	—	—	—	0	—	—	—
	S_1	90	80	90	70	50	60	40
	S_2	—	—	—	—	—	—	—
	$W_{sub.}$	0	—	—	—	3	2	60
Diagnostisch wichtige Artengruppe								
S_1	*Ranunculus aquatilis*	5	.	.	.	.	.	.
	Potamogeton natans	r	.	.	r	.	.	.
	Hottonia palustris	.	4	5	4	3	4	3
Differentialartengruppe								
$W_{sub.}$	*Elodea canadensis*	+	.	.	.	.	1	4
	Myriophyllum spicatum	.	.	.	.	+	.	+
Weitere Arten								
$W_{sub.}$	*Callitriche* sp.	.	.	.	.	2	1	+
S_1	*Hydrocharis morsus-ranae*	.	2	+	+	.	.	.
Arten mit geringer Stetigkeit								
K	*Calla palustris*	.	.	.	r	.	.	.
S_1	*Salvinia natans*	.	1	.	.	.	.	.
	Spirodela polyrhiza	.	.	r	.	.	.	.
	Sagittaria sagittifolia	r	.	.	.	.	.	.
$W_{sub.}$	*Potamogeton trichoides*	.	.	.	.	1	.	.

Auf.-Nr. 1 : *Ranunculetum aquatilis*
Auf.-Nr. 2—7: *Hottonietum palustris*
Auf.-Nr. 2—4: typische Subass.
Auf.-Nr. 5—7: Subass. elodeetosum

Tab. 6. Eu-Potamion, Ranunculion

		1	2	3	4
Spalte		1	2	3	4
Aufnahmenzahl		6	4	2	2
∅ Artenzahl		4	4	4	6
Variationsbreite der Artenzahl		3–6	2–5	3–4	5–6
∅ Wassertiefe		9	8	10	5
Variationsbreite der Wassertiefe		6–12	5–11	8–11	4–6
∅ Deckung K			0	—	—
S_1		5	15	5	10
S_2		—	—	—	—
$W_{sub.}$		60	50	90	60
Diagnostisch wichtige Artengruppe					
$W_{sub.}$	*Potamogeton perfoliatus*	6, 2–3	4, 2–4	.	.
$W_{sub.}$	*Potamogeton pectinatus* var. *scoparius*	6, 1–3	.	2, 4–5	2, 4
$W_{sub.}$	*Potamogeton trichoides*	.	.	.	.
$W_{sub.}$	*Potamogeton obtusifolius*	.	.	.	.
$W_{sub.}$	*Potamogeton alpinus*	.	.	.	.
$W_{sub.}$	*Ceratophyllum demersum*	1, 2	1, 1	.	1, 2
$W_{sub.}$	*Ceratophyllum submersum*	.	.	.	.
$W_{sub.}$	*Elodea canadensis*	.	.	.	.
$W_{sub.}$	*Potamogeton pectinatus* var. *interruptus*	.	.	.	.
$W_{sub.}$	*Sparganium emersum* (subsp. *long.*)	.	1, 3	.	.
$W_{sub.}$	*Sagittaria sagittifolia* (f. *vall.*)	2, 1–2	.	.	.
$W_{sub.}$	*Nuphar lutea* (f. *submers.*)	2, 2	.	.	.
Differentialartengruppe					
S_1	*Lemna minor*	.	.	.	2, 1
S_1	*Spirodela polyrhiza*	.	.	.	1, 1
S_2	*Lemna trisulca*	.	.	.	.
Weitere Artengruppen					
S_1	*Potamogeton natans*	1, +	1, 1	.	1, 2
S_1	*Sagittaria sagittifolia*	3, 2	2, 3	1, r	.
$W_{sub.}$	*Ranunculus circinatus*	.	.	.	.
$W_{sub.}$	*Potamogeton crispus*	2, 1	.	.	1, +
$W_{sub.}$	*Myriophyllum spicatum*	.	2, +–1	.	1, 2
$W_{sub.}$	*Myriophyllum verticillatum*	.	.	.	.
$W_{sub.}$	*Potamogeton lucens*	1, 2	.	2, 1–2	.

Weiterhin enthaltene Arten:

Spalte 1
Nuphar lutea 1, 1

Spalte 2
Equisetum fluviatile 1, +
Butomus umbellatus 1, +
Nuphar lutea 2, r–2
Najas minor 1, 1

Spalte 3
Nymphaea alba 1, 2
Stratiotes aloides 1, 2

Spalte 4
Trapa natans 1, r
Salvinia natans 1, r

Spalte 5
Hydrocharis morsus-ranae 2, r–+
Utricularia vulgaris 2, +

Spalte 6
Nuphar lutea 1, 1
Utricularia vulgaris 2, r–2
Hottonia palustris 1, 1

Spalte 7
Ranunculus aquatilis 1, r
Trapa natans 1, r
Nuphar lutea 1, 1
Utricularia vulgaris 1, 1
Hottonia palustris 1, 1
Eleocharis acicularis 2, r–+

fluitantis und Ceratophyllion

5	6	7	8	9	10	11
2	2	5	7	3	10	4
7	6	5	4	3	8	4
6–7	3–8	4–5	2–6	2–4	5–11	3–5
10	10	13	11	14	7	7
9–10	10	11–15	8–20	3–20	5–14	5–8
—	—	—	0	—	0	—
0	1	2	2	0	10	0
0	0	—	—	—	3	—
60	85	80	90	100	90	80
.	.	.	.	.	.	.
.	.	.	1, 1	.	.	.
.	.	5, 3–5	.	1, r	3, 1–2	.
1, 1	2, 4–5	.	.	.	4, r–2	.
2, 3	.	.	.	.	.	.
.	.	1, r	7, 4–5	1, +	6, r–2	2, +
.	.	.	1, 1	3, 5	.	.
.	.	.	3, +–1	.	10, 3–5	2, r
.	.	.	.	.	.	4, 3–5
.	.	.	.	.	.	1, 1
.	.	.	.	.	.	2, r–1
.	.	.	.	.	.	.
1, r	1, r	.	3, +–1	1, +	6, r–2	1, +
2, r–1	1, r	.	1, +	.	5, r–2	.
1, r	1, r	.	.	.	7, r–2	.
.	.	3, r–1	.	.	4, r–1	4, 2–3
.	.	.	.	.	1, +	.
.	1, 1	1, r	.	.	6, r–1	.
.	.	2, +	1, 1	1, 2	2, 1	.
2, 1–2	1, r	3, +–1	3, +–1	1, 1	2, 1	.
.	.	.	1, +	.	.	
.	.	1, +	.	.	1, +	

Spalte 8
Butomus umbellatus 1, r
Nuphar lutea 1, 2
Salvinia natans 1, +
Hydrocharis morsus-ranae 1, 1
Utricularia vulgaris 2, 2
Stratiotes aloides 1, 1

Spalte 9
Oenanthe aquatica 1, r

Spalte 10
Hydrocharis morsus-ranae 3, +–1
Salvinia natans 1, 1
Trapa natans 2, r
Alopecurus geniculatus 2, r
Nuphar lutea 4, 1–2
Oenanthe aquatica 1, r
Stratiotes aloides 1, 2
Chara sp. 2, 2
Potamogeton acutifolius 1, +
Butomus umbellatus 1, r
Sagittaria sagittifolia 1, 1
Typha latifolia 1, 1

Erläuterungen zu Tab. 6

Spalte 1—2: *Potametum pectinato-perfoliati* DEN HARTOG & SEGAL 64
Spalte 1 : typische AF
Spalte 2 : Fazies von *Potamogeton perfoliatus*
Spalte 3—4: Potametum pectinati
Spalte 3 : typische Subass.
Spalte 4 : Subass. v. *Lemna minor*
oder Spalte 1—4: *Potametum pectinato-perfoliati* DEN HARTOG & SEGAL 64 em.
Spalte 1: Subass. v. *Potamogeton perfoliatus*, typische Var.
Spalte 2: Subass. v. *Potamogeton perfoliatus*, typische Var., Faz. *P. perf.*
Spalte 3: typische Subass., typische Var.
Spalte 4: typische Subass., Var. v. *Lemna minor*
Spalte 5 : *Potamogeton-alpinus*-Bestände
Spalte 6 : Potametum obtusifolii
Spalte 7 : Potametum trichoides
Spalte 8 : Ceratophylletum demersi
Spalte 9 : Ceratophylletum submersi
Spalte 10 : Elodeetum canadensis
Spalte 11 : Sparganio-Potametum pectinati

5.1.3. Eu-Potamion (W. KOCH 26) OBERD. 57

Zum Teil völlig untergetauchte, aber auch mit den obersten Blättern die Wasserfläche erreichende, z. T. submers, z. T. emers blühende Pflanzengesellschaften eu- bis mesotropher Gewässer.

5.1.3.1. Potametum pectinato-perfoliati DEN HARTOG & SEGAL 64

Die Gesellschaft des Durchwachsenblättrigen Laichkrautes wird von PASSARGE (1964) als Potametum perfoliati W. KOCH 26 em. PASSARGE 64 beschrieben. Die Gesellschaft soll das Potametum lucentis bei weniger günstigen Nährstoffverhältnissen ersetzen. Da das Potametum lucentis im UG nicht auftritt, können wir über das standörtliche Vikariieren der beiden Ass. keine Anssage treffen. KONCZAK (1968) vertritt die Meinung, daß die *Potamogeton-perfooliatus*-reichen Bestände als nährstoffreiche Var. (!) des Potametum lucentis zu betrachten sind.

In Übereinstimmung mit WESTHOFF & DEN HELD (1969) sehen wir das Potametum pectinato-perfoliati (Tab. 6, Sp. 1, 2) als eine Gesellschaft stehender oder langsam fließender Gewässer an. Die Ass. ersetzt das Sparganio-Potametum pectinati (vgl. HILBIG 1971) stark fließender, verunreinigter Gewässer an weniger stark strömenden, nährstoffärmeren, klaren Fließgräben.

	n	$\bar{x}$	V	sx	Vk	$\bar{sx}$	ZS
Ass.	10	7,6	5—11	2	26,3	0,63	50

Die Gesellschaft ist unter den gegebenen Verhältnissen bei Wasserpflanzengesellschaften durchaus als homogen zu betrachten.

5.1.3.2. *Potamogeton-alpinus*-Bestände

Potamogeton alpinus bildet in zwei Gewässern des UG größere Bestände (Tab. 6, Sp. 5) aus. Am Gesellschaftsaufbau ist *Myriophyllum spicatum* entscheidend beteiligt. Mit *Spirodela polyrhiza, Hydrocharis morsus-ranae* und *Utricularia vulgaris* treten

Arten aus dem Hydrocharition und dem Utricularion in Erscheinung. Die Standorte sind z. T. beschattet und relativ mesotroph.

HILBIG (1971) erwähnt *Potamogeton-alpinus*-Bestände aus dem Obersaale—Oberelsterland. WESTHOFF & DEN HELD (1969) nennen ein Hottonio—Myriophylletum verticillati SEGAL 65 mit einer Subass. von *Potamogeton alpinus*, zu der unsere Bestände vermutlich keine Ähnlichkeit zeigen.

5.1.3.3. Potametum pectinati CARSTENSEN 55

Im Unterschied zu den in fließenden Gewässern im herzynischen Raum verbreiteten Beständen von *Potamogeton pectinatus* var. *interruptus* beschreibt HILBIG (1971) Kamm-Laichkraut-Bestände der stehenden bis langsam fließenden Gewässer, in denen *Potamogeton pectinatus* var. *scoparius* dominiert. Derartige Gesellschaften (Tab. 6, Sp. 3, 4) treten gegenüber dem Potametum pectinato-perfoliati in mehr oder weniger verschmutzten Gewässern auf. In Abhängigkeit von der Fließgeschwindigkeit lassen sich eine typische Subass. und eine Subass. lemnetosum minoris unterscheiden.

Es ergibt sich die Frage, ob man das Potametum pectinato-perfoliati und das Potametum pectinati in einer Ass. vereinigen sollte, da eine floristische Trennung der Bestände auf Ass.-Ebene kaum vertreten werden kann, vgl. LANG (1973). Wir schlagen deshalb folgende Zusammenfassung der Gesellschaften vor:

Potametum pectinato-perfoliati (incl. Potametum pectinati CARSTENSEN 55) DEN HARTOG & SEGAL 64 em.

Diagnostisch wichtige Art: *Potamogeton pectinatus* var. *scoparius*. Kamm-Laichkraut-Gesellschaft in nährstoffarmen bis nährstoffreichen, stehenden Gewässern oder mehr oder weniger fließenden Gräben und Kanälen. Die Ass. (Tab. 6, Sp. 1—4) läßt sich in eine Subass. potametosum perfoliati nährstoffärmerer Gräben und Stillgewässer mit $\pm$ klarem Wasser (in die auch eine Fazies von *Potamogeton perfoliatus* eingeschlossen wird) und in eine typische Subass. mehr oder weniger verunreinigter Gräben oder Stillgewässer differenzieren. Entsprechend den Fließgeschwindigkeiten werden die Subass. in eine *Lemna-minor*-Var. und in eine typische Var. unterteilt.

Die *Potamogeton-perfoliatus*-Bestände der großen, stehenden Gewässer (vgl. KONCZAK 1968, HORST, KRAUSCH & MÜLLER-STOLL 1966), in denen *Potamogeton lucens* auftritt, werden nicht mit in die Ass. einbezogen, sondern dem Potametum lucentis zugerechnet.

5.1.3.4. Potametum trichoides FREITAG, MARKUS & SCHWIPPL 58

Die Gesellschaft (Tab. 6, Sp. 7) ist im UG nicht als verbreitet zu betrachten. Aus dem östlich an das UG angrenzenden Gebiet der Schwarzen Elster und der mittleren Elbe im Raum Torgau wurde die Ass. von FREITAG, MARKUS & SCHWIPPL (1958) beschrieben, aus dem Gebiet der Unteren Mulde von THIEME (1967) und HILBIG (1970).

Mit hohen Dominanzwerten baut *Potamogeton trichoides* die Gesellschaft auf. Zur charakteristischen Artenkombination sind weiterhin *Potamogeton natans*, *Potamogeton crispus* und *Myriophyllum spicatum* zu rechnen. HILBIG (1971) weist auf den hohen Anteil von Nymphaeion-Arten hin.

Die Gesellschaft wurde im UG bei Wassertiefen von 11—15 dm angetroffen. Die Standorte können mehr oder weniger beschattet sein. Sie sind jedoch nicht als nährstoffarm zu bezeichnen, vgl. Freitag, Markus & Schwippl (1958), sondern zeigen Eutrophierungserscheinungen, z. T. durch den Kontakt mit der Strommulde/(-elbe) bei Hochwasser. *Potamogeton-pusillus*-Bestände, wie sie von Hilbig (1971) auch aus dem Mittelelbegebiet beschrieben werden, sind im UG ebenfalls ausgebildet (Jage, mdl.). Sie konnten jedoch nicht durch Aufnahmen belegt werden.

5.1.3.5. Potametum obtusifolii (Carstensen 55) Segal 65

Potamogeton-obtusifolius-Bestände (Tab. 6, Sp. 6) sind im UG nur in einem Gewässer angetroffen worden. Die Gesellschaft ist großflächig ausgebildet. Am Bestandsaufbau ist *Utricularia vulgaris* beteiligt und weist auf eine relative Nährstoffarmut des Standortes hin.

5.1.3.6. Elodeetum canadensis Pign. 53

Die Gesellschaft (Tab. 6, Sp. 10) ist im UG weit verbreitet. Am Aufbau der Ass. sind *Ceratophyllum demersum* und *Ranunculus circinatus* beteiligt. Weiterhin treten in Stillgewässern Arten der Lemnion-Gesellschaften hervor. Das Auftreten von Lemnaceen rechtfertigt die Ansprache der Gesellschaft als Subass. lemnetosum minoris (*Hottonia*-Untergesellschaft bei Passarge 1964), die der typischen Subass. in schwach fließenden Gewässern gegenübergestellt wird. Mit *Ceratophyllum demersum* und *Lemna trisulca* sind nährstoffreiche Standorte gekennzeichnet. Die Gesellschaft wurde bei Wassertiefen von 5—8 dm angetroffen.

Passarge (1964) schreibt, in Anlehnung an andere Autoren, der Gesellschaft eine nahe Verwandtschaft zu den *Potamogeton-trichoides*-Beständen zu.

	n	$\bar{x}$	V	sx	Vk	$\bar{sx}$	ZS
Ass.	10	7,6	5—11	2	26,3	0,63	50
Ass.	8	8,3	6—12	2,2	26,2	—	63 (Thieme 1967)

Die Werte der Zentralstetigkeit und des Variabilitätskoeffizienten weisen die Ass. im Rahmen der Wasserpflanzengesellschaften als homogen aus.

5.1.3.7. Najadetum marinae (Oberd. 57) Fukarek 61

Die weitgefaßte Ass. Parvopotameto-Zannichelletum (Baumann 11) W. Koch 26 ist in den letzten Jahren in mehrere Ass. zerlegt worden (vgl. Oberdorfer 1957, Fukarek 1961, Lang 1967 und 1973).

Im Mittelelbegebiet treten *Najas-minor*-Bestände auf (vgl. Reichhoff & Voigt 1972), die wir in das Najadetum marinae einordnen möchten (vgl. Philippi 1969, Konczak 1968). Diesen Beständen fehlt zwar *Najas marina*, doch dürfte diese Art früher ebenfalls in der Gesellschaft aufgetreten sein (vgl. Schwabe 1885).

Charakteristisch für die Standorte der Ass. ist der hohe Nährstoffgehalt, der sich u. a. in dem Auftreten von *Ceratophyllum demersum* äußert.

Auf eine weitere Besprechung der Ass. und ihre Dokumentation durch Vegetationsaufnahmen sei hier verzichtet, da eine zusammenfassende Studie über die Verbreitung und Vergesellschaftung von *Najas minor* im Mittelelbegebiet und den angrenzenden Landschaften von Hilbig & Jage (1973) vorgelegt wurde.

5.1.4. Ceratophyllion den Hartog & Segal 64

Vergesellschaftungen submerser Wasserschweber (Ceratophyllide) mit Arten des Eu-Potamion und des Nymphaeion mit Verbreitungsschwerpunkt in eutrophen und mesotrophen Gewässern.

5.1.4.1. Ceratophylletum demersi Hild 56

Die Gesellschaft (Tab. 6, Sp. 8) stimmt standörtlich mit den Gesellschaften des Parvopotamion überein, doch unterscheiden sich die im Wasser schwebenden *Ceratophyllum-demersum*-Bestände (Ceratophyllide) in dieser Eigenart weitgehend von den wurzelnden *Potamogeton*-Gesellschaften (Elodeide). Diese spezielle „Lebensform" der *Ceratophyllum*-Arten veranlaßten den Hartog & Segal (1964) zu der Aufstellung der eigenen Klasse Ceratophylletea, die sie in die Nähe der von ihnen aufgestellten Klassen der Wasserschwebergesellschaften stellten. Sicher ist die Abgliederung der *Ceratophyllum*-Gesellschaften auf Klassenebene zu weit gegriffen (vgl. Westhoff & den Held 1969). Uns scheint jedoch die Zusammenfassung der *Ceratophyllum*-Gesellschaften auf Verbandsebene innerhalb der Potametalia als gerechtfertigt.

Das Ceratophylletum demersi wird durch die hochdominant vertretene, namengebende Art aufgebaut. Mit *Elodea canadensis*, *Myriophyllum spicatum* und *Lemna minor* treten drei Arten mittlerer Stetigkeit als charakteristische Artenkombination hervor.

Die Gesellschaft ist im UG verbreitet und befindet sich durch die zunehmende Eutrophierung der Gewässer in ständiger Ausdehnung. Vielfach sind *Ceratophyllum*-Bestände jedoch als Initialstadien von Nymphaeion-Gesellschaften zu betrachten.

Die Böden unter den *Ceratophyllum*-Beständen bestehen aus dicken Faulschlammschichten (vgl. Hild & Rehnelt 1965). Die Ass. siedelt in eutrophen Gewässern bei Wassertiefen von 8—20 dm. Eine Differenzierung der Bestände im UG in Untereinheiten ist nach dem vorliegenden Material nicht möglich.

5.1.4.2. Ceratophylletum submersi den Hartog & Segal 64

Aus den Niederlanden wird eine Gesellschaft mit der dominierenden Art *Ceratophyllum submersum* beschrieben. Diese Ass. ist in den Niederlanden entlang der Seeküste verbreitet (Westhoff & den Held 1969). Neben einer Erwähnung bei Hilbig (1971) hat die Ass. bis jetzt in der Literatur wenig Beachtung gefunden. Wahrscheinlich ist sie auch sehr selten anzutreffen.

Im UG konnte die Gesellschaft (Tab. 6, Sp. 9) in einigen kleineren Gewässern nachgewiesen werden. *Ceratophyllum submersum* nahm die ganze obere Wasserschicht ein Weitere Arten traten kaum in Erscheinung.

Im Unterschied zu den schlammigen Böden unter dem Ceratophylletum demersi bestanden die Böden unter dem Ceratophylletum submersi aus Kies. Die Gewässer waren nicht eutrophiert, es fehlte ihnen eine Verbindung zur Stromelbe bei Hochwasser. Offensichtlich lag die Nährstoffsituation mehr im mesotrophen Bereich.

Westhoff & den Held (1969) sehen die Gesellschaft als an mäßig warme Sommer und mäßig kalte Winter („. . ., vermoedelijk gebonden aan hetzij zachte winters, hetzij warme zomers.") gebunden an. Das widerspricht den subkontinentalen Verhältnissen im UG.

5.1.5. Ranunculion fluitantis Neuhäusl 59

Submerse Gesellschaften ständig fließender, nährstoff- und sauerstoffversorgter Gewässer, vgl. Hilbig (1971), Müller (1962).

5.1.5.1. Sparganio-Potametum pectinati Hilbig 71

Für verunreinigte Gewässer mit z. T. starker Wasserströmung beschreibt Hilbig (1971) aus dem herzynischen Raum eine durch *Potamogetom pectinatus* var. *interruptus* gekennzeichnete Ass. Verschiedene Arten bilden in dieser Gesellschaft spezielle Subspezies oder Formen des Fließwassers aus. Die charakteristische Artenkombination wird insbesondere von *Potamogeton natans* und weiterhin von *Ceratophyllum demersum* und *Elodea canadensis* aufgebaut. Die Gesellschaft (Tab. 6, Sp. 11) wurde im UG in einem stark durch organische Abwasser belasteten Fließgraben angetroffen.

5.1.6. Charetum vulgaris Krause 69

Im UG wurde in ehemaligen Kiesgruben in der Nähe der Alten Elbe bei Klieken eine Gesellschaft (Tab. 7) angetroffen, die durch dicht geschlossene *Chara-vulgaris* (= *Ch. foetida*)-Bestände charakterisiert wird. Die Wassertiefe betrug 6 dm, so daß die Bestände der Art bis dicht unter die Wasseroberfläche reichten. Eine Schwimmblattschicht war nicht ausgebildet. Die Standorte entsprachen offensichtlich den Bedürfnissen von *Chara vulgaris*, da die Pflanzen gut ausgebildet waren und reich fruktifizierten. Vergesellschaftet war die dominierende Art mit Arten der Potametalia, wobei bei optimaler Ausbildung der Gesellschaft Reinbestände der Art vorlagen.

Die synsystematische Eingliederung der Ass. in die Charetea (Fukarek 1961 n.n.) Krausch 1964 ist nicht möglich, was auch aus den Ausführungen von Krausch (1964) deutlich hervorgeht.

Wir gliedern unsere Gesellschaft in die Potametea ein, wobei eine Klärung der Stellung der Gesellschaft innerhalb dieser Klasse nach dem vorliegenden geringen Material nicht möglich ist.

Tab. 7. Charetum vulgaris

		1	2	3	4	5
Aufnahme-Nr.		1	2	3	4	5
Artenzahl		4	2	3	4	1
Wassertiefe (dm)		6	6	6	5	7
Deckung	K_1	—	—	—	—	—
	K_2	—	—	—	—	—
	S_1	—	—	0	0	—
	S_2	—	—	—	—	—
	$W_{sub.}$	100	100	100	100	100
Diagnostisch wichtige Art						
$W_{sub.}$	*Chara vulgaris*	5	5	5	4	5
Weitere Artengruppen						
$W_{sub.}$	*Ranunculus circinatus*	+	+	.	.	.
	Elodea canadensis	2	.	2	3	.
	Potamogeton trichoides	1	.	.	1	.
S_1	*Lemna minor*	.	.	+	+	.

6. *Fontinaletum antipyreticae* Kaiser 26

Nur in einem Gewässer im UG wurden Bestände von *Fontinalis antipyretica* angetroffen, die bereits von Hilbig & Reichhoff (1971) beschrieben wurden.

Reinbeständen der Art wird von vielen Autoren Ass.-Rang zugeschrieben (Kaiser 1926, Gams 1927 u. a.). Hübschmann (1957) stellt dagegen die Forderung, diese Reinbestände als Fragmente anderer Wassermoos-Gesellschaften zu bezeichnen.

7. *Phragmitetea* Tx. & Prsg. *42*

Die Synsystematik der Klasse Phragmitetea hat sich in dem letzten Jahrzehnt nicht wesentlich verändert. Grundsätzlich bestehen zwei Auffassungen. Nach Oberdorfer (1962, 1970), Schubert in Rothmaler et al. (1972) und zahlreichen anderen Autoren hat die Klasse nur die Ordnung Phragmitetalia, die in die Verbände

Phragmition W. Koch 26
Eleocharito-Sagittarion Passarge 64
Glycerio-Sparganion Br.-Bl. & Siss. 42
Magnocaricion elatae W. Koch 26

unterteilt wird. Dem steht die Ansicht gegenüber, daß die Klasse in drei Ordnungen gespalten werden müsse (Krausch 1964b, Passarge 1964, Westhoff & den Held 1969, Donselaar 1972):

Nasturtio-Glycerietalia Pign. 53 em. Passarge 64
Phragmitetalia W. Koch 26 em. Pign. 53
Magnocaricetalia Pign. 53

Die Abspaltung weiterer zwei Ordnungen, Oenanthetalia und der Bolboschoenetalia, innerhalb der Klasse Phragmitetea wurde von Hejný in Kopecky & Hejný (1965) durchgeführt.

Tüxen & Hülbusch (1971) fassen die artenarmen Röhrichte mit *Bolboschoenus maritimus* und *Schoenoplectus tabernaemontani* in der eigenen Klasse Bolboschoenetea. Philippi (1973) hält eine derartige Abtrennung von Klassen für floristisch gerechtfertigt und weist auf die Möglichkeit der Abtrennung weiterer Klassen von der Klasse Phragmitetea unter diesem Gesichtspunkt hin: „Für die Praxis jedoch wäre eine derartige Zersplitterung sinnlos".

Wir schließen uns der Einteilung der Klasse in drei Ordnungen an, da wir der Auffassung sind, daß floristisch wie auch standörtlich die Unterschiede zwischen den drei Komplexen, den Kleinröhrichten der Fließgewässer bzw. Uferzonen der Seen mit stark schwankendem Wasserspiegel (vgl. Passarge 1964), dem schilfreichen Röhricht im engeren Sinne und den Großseggengesellschaften, so groß sind, daß ihre Trennung auf Ordnungsebene gerechtfertigt ist. Die Einteilung der Ordnungen in verschiedene Verbände wird in der Literatur recht verschieden gehandhabt; Stellung nehmen wir hierzu bei der Besprechung der Verbände.

7.1. Nasturtio-Glycerietalia Pign. 53 em. Passarge 64

7.1.1. Eleocharito-Sagittarion Passarge 64

Kleinröhrichte an Bachufern und in Bächen und Gräben mit nicht zu starker Strömung. Die Standorte der Gesellschaften sind nährstoffreich und z. T. durch Verunreinigungen stark eutrophiert.

7.1.1.1. Sagittario-Sparganietum emersi Tx. 53

In fließenden, aber auch in stehenden Gewässern erscheint im UG ein dem Caricetum gracilis vorgelagertes und teilweise die ganzen Gräben ausfüllendes Kleinröhricht (Tab. 8), das durch *Sparganium emersum*, *Sagittaria sagittifolia* und *Butomus umbellatus* gekennzeichnet wird, vgl. Passarge (1957). Den physiognomischen Charakter eines Kleinröhrichts verliert die Gesellschaft bei größeren Wassertiefen und stärkerer Strömung. Unter diesen Bedingungen leben die Pflanzen mit flutenden Unterwasserblättern und Schwimmblättern. Bei stärkerer Strömung und weiterer Vertiefung des Bachbettes tritt die Gesellschaft zurück und wird vom Potametum pectinato-perfoliati abgelöst. So ergibt sich eine der Strömung und Tiefe der Gräben entsprechende räumliche Verteilung beider Gesellschaften (vgl. Abb. 2).

Es lassen sich im UG eine Subass. nupharetosum des tieferen Wassers und eine Subass. equisetetosum fluviatilis an Standorten mit geringerer Wassertiefe unterscheiden. Die typische Subass. verbindet beide miteinander, vgl. Hilbig (1971).

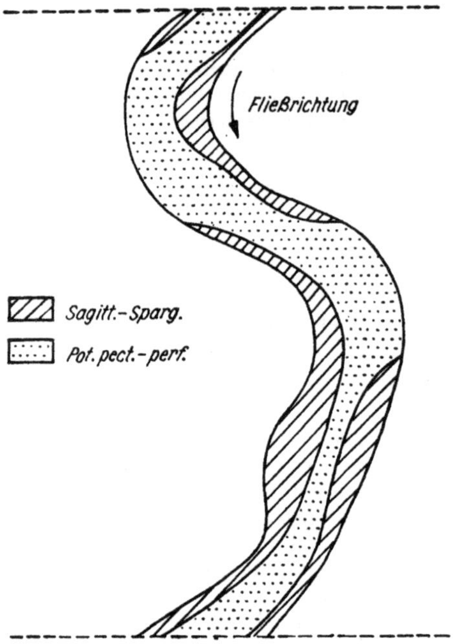

Abb. 2. Verteilungsmuster der Gesellschaften in einem Fließgraben

Tab. 8. Sagittario-Sparganietum emersi

Aufnahme-Nr.		1	2	3	4	5	6	7	8
Artenzahl		4	5	5	3	3	3	6	5
Wassertiefe		7	3	5	8	8	7	4	3
Deckung	K_1	—	—	—	—	—	—	—	—
	K_2	2	10	5	—	0	—	20	2
	S_1	65	70	80	0	90	30	40	90
	S_2	—	—	—	—	—	—	—	—
	$W_{sub.}$	0	1	10	40	—	2	15	—
Diagnostisch wichtige Artengruppe									
K_2	*Sagittaria sagittifolia*	.	2	1	.	.	.	2	.
S_1		4	3	3	.	1	2	.	.
$W_{sub.}$		.	.	.	3	.	.	.	.
K_2	*Sparganium emersum*	.	.	1	.	.	.	2	.
S_1		.	.	.	.	5	2	.	5
K_2	*Butomus umbellatus*	.	+	.	.	.	.	.	1
Differentialartengruppen									
S_1	*Nuphar lutea*	1	3	3	.	.	.	.	.
$W_{sub.}$	*Potamogeton perfoliatus*	r	.	1	.	.	.	.	.
	Myriophyllum spicatum	.	r	2	.	.	.	.	.
K_2	*Equisetum fluviatile*	.	.	.	.	.	.	.	+
Weitere Artengruppen									
K_2	*Sparganium erectum*	1	.	.	.	.	.	.	.
	Myosotis palustris	.	.	.	.	.	.	.	+
S_1	*Spirodela polyrhiza*	.	.	.	.	+	.	.	.
	Alisma plantago aquatica	.	.	.	.	.	.	.	1
	Lemna minor	.	.	.	+	.	.	2	.
	Potamogeton natans	.	.	.	.	.	.	3	.
	Salvinia natans	.	.	.	.	.	.	1	.
$W_{sub.}$	*Ranunculus circinatus*	.	+	.	.	.	.	.	.
	Elodea canadensis	.	.	.	1	.	1	.	.
	Zannichellia palustris	.	.	.	.	.	.	1	.

7.2. Phragmitetalia W. Koch 26 em. Pign. 53

7.2.1. Phragmition W. Koch 26

Röhrichtgesellschaften der stehenden Gewässer im eutrophen bis mesotrophen Bereich. Die Gesellschaften bilden gürtelförmige Verlandungszonen der Seen, können aber bei entsprechenden Wassertiefen auch großflächig ausgebreitet sein. Derartige großflächige Bestände führen durch die große Menge an jährlich anfallender Biomasse zu einer schnellen Verlandung der Gewässer. Björk (1972) beschreibt Methoden zur großflächigen Bekämpfung der Röhrichte und damit zur Restauration der Seen.

7.2.1.1. Scirpetum lacustris (Eggl. 33) Schmale 39

Neben der Wassertiefe wird ein mehr oder weniger großer Sandanteil im Boden als differenzierendes Standortmerkmal des Scirpetum gegenüber den anderen Röhrichtgesellschaften angesehen (vgl. Görs 1969). Auch im UG konnten diese Faktoren festgestellt werden. Hilbig (1971) sieht diesen Umstand unter anderen als Ursache für das nur geringe und kleinflächige Auftreten der Gesellschaft im herzynischen Raum an. Auch im UG ist die Ass. nicht weit verbreitet. Die Gesellschaft wird aus dem Gebiet der Schwarzen Elster und der Elbe im Raum Torgau (Freitag et al. 1958), jedoch nicht aus dem Gebiet der Unteren Mulde (Thieme 1967, Hilbig 1970) beschrieben. Eigene Beobachtungen bestätigen jedoch das Vorkommen der Gesellschaft an den Altwassern der Unteren Mulde.

Die Bestände der Gesellschaft (Tab. 9, Sp. 3, 4) treten inselartig, räumlich getrennt von den anderen Röhrichtgesellschaften auf. Die standörtliche Differenzierung der Ass. im UG entspricht der Gliederung bei Hilbig (1971). Es kann eine typische Subass. einer Subass. solanetosum gegenübergestellt werden. Die Bestände der Subass. solanetosum stocken gewöhnlich auf Standorten mit geringer Wassertiefe. Im UG treten aber die Bestände dieser Subass. auch im tieferen Wasser auf. Diese Erscheinung erklärt sich damit, daß zwischen den *Scirpus*-Polycormonen schwimmendes organisches Material angehäuft war, auf dem die Differentialarten der Subass. Wachstumsmöglichkeiten finden konnten. Entsprechend dem Phragmitetum kommt es auch bei dem Scirpetum lacustris häufig zu Gesellschaftsüberlagerungen mit Lemnetalia-Einheiten.

7.2.1.2. Phragmitetum (Gams 27) Schmale 39

Die eutrophe Gesamtsituation des UG bedingt ein Zurücktreten der Gesellschaft (Tab. 9, Sp. 1, 2). Demgegenüber sind das Glycerietum maximae und im beschränkten Umfang das Typhetum angustifolio-latifoliae weit verbreitet und ersetzen das Phragmitetum.

In das Schilfröhricht sind die Bestände eingegliedert, die durch ein geringes Auftreten von *Scirpus lacustris* charakterisiert sind und in denen die *Typha*-Arten ebenfalls weitgehend zurücktreten. Es sind artenarme, negativ charakterisierte Bestände, die nur durch eine hohe Artmächtigkeit von *Phragmites australis* (= *P. communis*) aufgebaut werden. Bedeutung erlangen jedoch die *Lemna*-Arten und die durch sie aufgebauten Pleustophytengesellschaften. Hier besteht aber kein syngenetischer Zusammenhang, da es sich um Gesellschaftsüberlagerungen handelt. Aus dem Gebiet der Unteren Mulde (Thieme 1967) und aus dem Mittelelbegebiet im Raum Torgau und dem Gebiet der Schwarzen Elster (Freitag et al. 1958) wird eine Subass. nupharetosum beschrieben, die im UG nicht angetroffen wurde. Die Bestände im UG lassen sich hin-

Tab. 9.

Spalte		1	2	3	4	5
Aufnahmenzahl		4	5	3	3	5
∅ Artenzahl		8	12	8	15	12
Variationsbreite der Artenzahl		5–10	9–16	6–10	10–20	5–19
∅ Wassertiefe		7	2	7	10	5
Variationsbreite der Wassertiefe		4–8	0–5	5–9	9–10	0–12
∅ Deckung K_1		80	80	40	40	60
K_2		10	50	0	2	15
S_1		2	5	2	2	20
S_2		1	1	—	1	1
$W_{sub.}$		8	0	5	15	6
Diagnostisch wichtige Artengruppe						
K_1	*Phragmites australis*	4, 3–5	5, 3–5	1, 3	.	2, +–3
K_1	*Scirpus lacustris*	.	.	3, 2–3	3, 3	.
K_1	*Typha latifolia*	1, +	.	2, +–1	2, +–1	5, 2–5
K_1	*Typha angustifolia*	.	1, r	.	.	.
K_1	*Equisetum fluviatile*	.	.	1, +	1, r	.
K_1	*Acorus calamus*	1, +	.	.	.	.
K_1	*Glyceria maxima**	1, r	2, 1–2	.	2, 1	2, +–1
K_1	*Sparganium erectum*	.	.	3, r–1	2, 1	3, +–3
K_2	*Oenanthe aquatica*	.	.	.	.	1, 1
K_2	*Rorippa amphibia**	.	2, 1–2	.	.	4, 2–3
Differentialartengruppe						
K_2	*Solanum dulcamara*	.	5, 1	.	1, 1	.
K_2	*Calystegia sepium*	.	2, 2–3	.	.	.
K_2	*Lysimachia vulgaris*	.	3, +–2	.	1, +	1, +
K_2	*Lycopus europaeus*	.	2, 1	.	1, r	4, +–3
K_2	*Myosotis palustris*	.	2, +–2	.	.	3, +–2
K_1	*Lythrum salicaria*	1, +	1, 1	.	3, r–1	2, +–1
K_1	*Urtica dioica*	.	1, 2	.	.	.
K_2	*Bidens tripartitus*	.	1, 2	.	.	.
K_2	*Symphytum officinale*	.	.	.	.	.
S_1	*Hydrocharis morsus-ranae*	.	1, 1	1, +	2, r	1, +
S_1	*Lemna minor*	4, +–1	3, +–2	2, +	3, r–1	5, r–5
$W_{sub.}$	*Ceratophyllum demersum*	1, +	.	.	.	.
$W_{sub.}$	*Myriophyllum spicatum*	1, r	.	.		.
$W_{sub.}$	*Rannunculus circinatus*	.	.	.	2, 1–2	.
$W_{sub.}$	*Potamogeton obtusifolius*	2, +	.	.	2 2	2, 1
$W_{sub.}$	*Utricularia vulgaris*	3, 1–2	1, r	1, 2	3, +–2	2, 1–2
Weitere Artengruppen						
K_1	*Rumex hydrolapathum**	2, +–1	3, r–1	1, +	3, +–2	4, +–2
K_1	*Ranunculus lingua*	.	.	2, r–+	1, +	1, r
K_1	*Sium latifolium**	1, +	1, +	.	2, r–+	1, r
K_1	*Carex gracilis**	2, r–+	1, 1	.	2, +–1	1, 1
K_1	*Iris pseudacoris*	.	.	.	1,1	1, 2
K_1	*Butomus umbellatus*	.	.	.	.	.
K_2	*Polygonum amphibium* f. *terr.*	.	1, 1	.	.	1, 1
K_2	*Equisetum palustre*	.	.	.	.	.

Phragmition

6	7	8	9	10	11	12	13
1	6	2	5	5	5	7	6
6	9	4	4	6	12	10	8
—	4–12	2–5	5–10	4–9	7–18	4–19	3–18
4	6	3	8	3	0	2	2
—	3–10	2–4	3–12	0–6	0–1	0–3	0–7
40	30	60	60	70	100	40	8
—	10	—	—	1	15	30	70
2	1	—	5	8	0	6	1
—	1	—	1	—	—	5	—
5	5	—	10	8	—	2	0
.	.	.	2, +	.	.	1, +	.
.	1, +	1, +	.	.	.	.	.
.	2, +	.	.	.	.	1, 1	.
3	.	.	.	.	1, 1	.	.
.	6, 2–4	.	.	3, +	.	.	.
.	.	2, 3–4	5, 3–4	1, 1	1, +	.	.
.	2, +–3	.	1,1	5, 3–4	5, 3–5	1, 1	.
.	.	.	.	.	.	7, 1–5	3, r–2
.	.	.	.	.	.	3, 1–2	6, 2–5
.	.	.	.	.	4, r–2	2, 1	1, 1
.	.	.	.	.	2, +–2	1, 1	.
.	.	.	.	.	2, 1–2	.	.
.	.	.	.	.	3, 1–2	3, +	1, 1
.	.	.	.	.	2, r–1	2, +–2	1, 1
.	.	.	.	.	1, 2	1, 2	.
.	5, r–2	.	.	3, r	4, +–1	2, +–1	1, r
.	.	.	.	.	3, +–1	.	.
.	.	.	.	.	4, r	2, +	1, +
.	.	.	.	.	3, r–2	.	.
.	3, r	.	1, r	2, r	.	1, 2	1, +
.	5, r–1	.	1, 1	2, +–1	.	3, 1–2	1, 2
.	.	.	5, 1–2	.	.	1, 1	.
.	1, 2	.	2, 1	.	.	.	1, 1
.	.	.	2, 1	.	.	1, 1	1, 1
.	.	.	2, 1–2	.	.	.	.
.	5, r–2	.	.	5, r–3	.	2, 1–2	.
.	4, 1–2	.	2, r–2	3, r	4, r–2	5, r–2	1, 1
.	.	.	.	.	.	1, 1	.
.	.	.	.	.	1, r	1, +	.
.	1, 2	1, 1	2, +–1	2, +	.	.	2, +
.	1, +	.	.	1, +	2, r–+	2, r–1	.
.	.	1, +	1, +	.	.	3, +–1	1, r
.	.	.	.	.	3, r–2	1, 1	2, +
.	1, +	1, +	.	.	.	.	.

Fortsetzung

Spalte		1	2	3	4	5
K_2	*Galium palustris*	.	.	.	.	1, +
K_2	*Alisma plantago-aquatica*	.	1, +	.	.	1, +
K_2	*Rumex maritimus*	.	1, 1	.	.	1, +
K_2	*Bidens cernuus*	.	.	.	.	2, 1
K_2	*Polygonum hydropiper*	.	2, 1−3	.	.	.
S_1	*Spirodela polyrhiza*	2, +	2, +−2	1, r	.	.
S_1	*Salvinia natans*	.	.	.	1, r	.
S_1	*Nuphar lutea*	.	.	1, 2	2, 1−2	.
S_2	*Riccia fluitans*	2, +−1	2, r−1	.	2, r	1, 1
S_2	*Lemna trisulca*	1, +	1, +	.	2, +−1	3, r−1

* = zugleich Differentialart

Weiterhin enthaltene Arten:

Spalte 2
Phalaris arundinacea 1, 2
Scutellaria galericulata 1, 2
Galeopsis bifida 2, +−1
Atriplex sp. 1, 1
Caltha palustris 1, +
Ranunculus repens 1, +
Fallopia convolvolus 1, +
Humulus lupulus 1, 1
Carex pseudocyperus 1, +

Spalte 3
Nymphaea alba 1, 2
Potamogeton lucens 1, 2
Elodea canadensis 1, 3
Potamogeton trichoides 1, 1

Spalte 4
Hottonia palustris 1, r

Spalte 5
Carex pseudocyperus 1, 1
Cicuta virosa 1, 2
Hottonia palustris f. *terr.* 1, 1
Potentilla palustris 1, +
Hottonia palustris 2, 2

Spalte 6
Nymphaea alba 1
Potamogeton natans 1
Potamogeton pectinatus 2
Potamogeton lucens 1

Spalte 1−2: Phragmitetum
Spalte 1 : typische Subass.
Spalte 2 : *Solanum-dulcamara*-Subass.
Spalte 3−4: Scirpetum lacustris
Spalte 3 : typische Subass.
Spalte 4 : *Solanum-dulcamara*-Subass.
Spalte 5−6: Typhetum angustifolio-latifoliae
Spalte 5 : *Solanum-dulcamara*-Subass.
Spalte 6 : typische Subass.
Spalte 7 : Equisetetum fluviatilis

gegen in eine typische Subass. und in eine Subass. solanetosum differenzieren. Die artenarme typische Subass. besiedelt Wassertiefen bis 8 dm, wohingegen die Subass. solanetosum meist auf Standorten oberhalb der (Sommer-) Wasserlinie („Landröhrichte") siedelt (Taf. 3, Fig. 3). Charakteristisch für die eutrophe Situation im UG ist die Ausbildung von *Glyceria-maxima*-Var. in den einzelnen Subass.

Als Kontaktgesellschaften treten seewärts das Scirpetum lacustris, Lemnetalia-Einheiten und Nymphaeion-Gesellschaften auf, landwärts das Glycerietum maximae und das Caricetum gracilis.

Im UG konnte an einem Gewässer mit gut ausgebildeten *Phragmites*-Beständen die Zerstörung dieser Gesellschaft durch Bisamratten über mehrere Jahre hinweg beobachtet werden, vgl. 4.1.2.1.

Tab. 9

6	7	8	9	10	11	12	13
.	.	.	.	2, +	1, 2	.	.
.	.	.	.	2, r—+	.	3, r—4	3, r—3
.	.	.	.	.	1, r	1, +	1, +
.	.	.	.	.	.	1, 2	1, r
.	.	.	.	.	1, 2	.	1, r
.	2, r	.	.	.	.	2, +—1	1, 2
.	.	.	2, 2—3	.	.	1, 1	.
1	2, r—1	.	1, 1	.	.	1, 1	1, +
.	2, +—1	.	1, 1	.	.	1, +	.
.	3, r—1	.	2, 1	.	.	4, 1—2	.

Spalte 7
Sagittaria sagittifolia 1, 1
Hottonia palustris 2, 1—2
Potamogeton lucens 1, 2
Potamogeton pectinatus 1, 2

Spalte 11
Phalaris arundinacea 2, +
Epilobium palustre 1, r
Stachys palustris 1, 1
Myosoton aquaticum 1, 1
Polygonum persicaria 1, +
Mentha aquatica 1, r
Equisetum arvense 1, +
Lotus uliginosus 1, 1

Spalte 12
Glyceria fluitans 1, 1
Euphorbia palustris 2, r—1
Ranunculus repens 1, 2
Lysimachia nummularia 1, 1

Spalte 13
Polygonum persicaria 1, +
Juncus filiformis 1, r
Alopecurus geniculatus 1, 1
Phalaris arundinacea 1, +
Rorippa austriaca 1, r
Ranunculus flammula 1, r
Ranunculus aquatilis 1, r

Spalte 8—9: Acoretum calami
Spalte 8 : typische Subass.
Spalte 9 : *Ceratophyllum-demersum*-Subass.
Spalte 10—11: Glycerietum maximae
Spalte 10 : typische Subass.
Spalte 11 : *Urtica-dioica*-Subass.
Spalte 12 : Sparganietum erecti
Spalte 13 : Rorippo-Oenanthetum

	n	$\bar{x}$	V	sx	Vk	$s\bar{x}$	ZS
Ass.	9	9,6	5—16	3,94	31,04	—	33

Die Werte der Homogenitätsanalyse weisen die Gesellschaft als weit unterhalb des festgesetzten Limits für homogene Gesellschaften liegend aus.

7.2.1.3. Typhetum angustifolio-latifoliae (Eggl. 33) Schmale 39

Im Mittelelbegebiet, im Gebiet der Schwarzen Elster (Freitag, Markus & Schwippl 1958) und im Gebiet der Unteren Mulde (Thieme 1967, Hilbig 1970) treten, im Gegensatz zu im südlichen

Teil der DDR verbreiteten und durch *Typha angustifolia* bestimmten Beständen, Ausbildungen in den Vordergrund, in denen *Typha latifolia* die vorherrschende Art ist (Hilbig 1971). Diese Erscheinung erklärt sich aus dem Nährstoffreichtum der Standorte (vgl. dagegen Horst, Krausch & Müller-Stoll 1966). Auf gleicher Ursache beruht auch das Eindringen von *Glyceria maxima* in die Gesellschaft.

Die Bestände (Tab. 9, Sp. 5, 6) lassen sich in Übereinstimmung mit Hilbig (1971) in eine Subass. solanetosum (hier besser Subass. rorippetosum amphibiae) und in eine Subass. nupharetosum differenzieren. Die Subass. solanetosum zeigt eine weite Amplitude in Bezug auf die Wassertiefe. Bei größeren Wassertiefen tritt aber, entsprechend dem Scirpetum lacustris, eine Anhäufung von schwimmendem organischem Material auf, das die Bedingung für die Entwicklung der Differentialarten schafft. Von verschiedenen Autoren wurden die *Typha-latifolia-* und die *Typha-angustifolia-*Bestände als getrennte Ass. aufgefaßt (vgl. Lang 1967, Westhoff & den Held 1969).

7.2.1.4. Equisetetum fluviatilis Steffen 31

Hilbig (1971) beschreibt die Gesellschaft für Gebiete mit saurem Ausgangsgestein. Aus dem württembergischen Allgäu schildert Görs (1969) die Gesellschaft von mesotrophen Standorten. Im UG sind die Standorte der Ass. ebenfalls durch relative Nährstoffarmut gekennzeichnet. Zum Beispiel tritt *Potentilla palustris* (= *Comarum palustre*) in den Beständen der Gesellschaft auf. (Die Art wurde nicht in den Vegetationsaufnahmen erfaßt.) Da im UG eine eutrophe Gesamtsituation herrscht, ist die Gesellschaft sehr selten anzutreffen, vgl. Hilbig & Reichhoff (1971).

Die Bestände im UG (Tab. 9, Sp. 7) unterscheiden sich von den übrigen aus dem herzynischen Raum beschriebenen Beständen der Gesellschaft. Neben Beziehungen zu der typischen Subass. treten mit *Lythrum salicaria, Rumex hydrolapathum* und *Sium latifolium* (vgl. Hilbig & Reichhoff 1971) Arten auf, die die Ausbildung einer Subass. solanetosum (hier besser Subass. lythretosum) charakterisieren, wie sie von Hilbig (1971) angedeutet wurde.

Diese Subass. besiedelt aber nicht Standorte mit flacherem Wasser als die typische Subass. und die Subass. nymphaeetosum. Damit besiedeln alle beschriebenen Subass. der Ass. etwa die gleichen Wassertiefen, was die Bindung der Gesellschaft an einen engen Bereich der Wassertiefe aufzeigt. Weiterhin scheint die Ass. auch keine größeren Wasserstandsschwankungen im Verlauf des Jahres zu vertragen. Hierauf weist ihr häufiges Vorkommen in wasserstandsregulierten Gewässern (Fischteiche) hin.

Hochstet tritt im UG *Utricularia vulgaris* in der Gesellschaft auf. In den schütteren Beständen von *Equisetum fluviatile* breitet sich das Lemno-Utricularietum aus und es kommt zu Gesellschaftsüberlagerungen. Insofern hat *Utricularia vulgaris* keinen diagnostischen Wert für die Gesellschaft, obwohl die Art den bisher beschriebenen Beständen aus dem herzynischen Raum fehlt.

7.2.1.5. Acoretum calami Schulz 41

Im UG wurden an mehreren Gewässern gut ausgebildete *Acorus-calamus-*Bestände (Tab. 9, Sp. 8, 9) angetroffen, die als schmale Gürtel die Röhrichtgesellschaften, insbesondere das Glycerietum maximae, das Caricetum gracilis und das Phragmitetum gegen das offene Wasser begrenzen. Aus dem Mittelelbegebiet wurden Bestände der Gesellschaft von Hilbig (1971) und aus dem Gebiet der Schwarzen Elster von Frei-

TAG, MARKUS & SCHWIPPL (1958) beschrieben. HILBIG (1970) und THIEME (1967) führen die Gesellschaft nicht aus dem Gebiet der Unteren Mulde an. Eindeutig ist aber eine Aufnahme des Phragmitetum von THIEME (dort Var. von *Phragmites* des Scirpeto-Phragmitetum) zu dem Acoretum calami zu stellen. Standörtlich weist die Ass. eine Differenzierung in zwei Subass. auf. Die Subass. ceratophylletosum besiedelt eutrophierte Standorte mit größerer Wassertiefe, die typische Subass. dagegen Standorte mit geringer Wassertiefe. Die typische Subass. hat im herzynischen Raum eine weite Verbreitung, denn die Bestände aus dem Gebiet der Schwarzen Elster und die Aufnahmen von HILBIG (1971) sind in diese Subass. einzugliedern. Es kann eine Folge der zunehmenden Eutrophierung der Gewässer im UG sein, daß hier die Subass. ceratophylletosum auftritt. Andererseits erreicht diese Subass. im UG Wassertiefen von durchschnittlich 8 dm bei einer Schwankung von 3—12 dm. Dagegen siedeln die bisher im herzynischen Raum aufgenommenen Bestände nur in Wassertiefen von 0—4 dm bis maximal 6 dm (HILBIG 1971). Diese Wassertiefen stimmen gut mit denen der typischen Subass. im UG überein.

SUKOPP (1968) weist auf das Vordringen des Kalmus an vom Röhricht entblößten Uferstellen hin, die der Art als Lebensraum an der Havel im Berlin (West) dienen. Die große Verbreitung der Gesellschaft im UG an Gewässern mit Badebetrieb ist sicher auch auf die Zerstörung ehemaliger Röhrichtbestände zurückzuführen.

7.2.1.6. Glycerietum maximae HUECK 41

Das Glycerietum maximae ist eine der verbreitetsten Röhrichtgesellschaften im UG (Tab. 9, Sp. 10, 11, Taf. 3, Fig. 4). Auf nährstoffreichen, schlammigen Böden ersetzt die Gesellschaft im UG weitgehend das Phragmitetum. Deutlich unterscheidet sich eine Ausbildung des tieferen Wassers von einer Ausbildung auf z. T. sommerlich trokkenfallenden Standorten. Die Bestände im tieferen Wasser (hier als typische Subass. bezeichnet) lassen sich in die von HILBIG (1971) vorgelegte Gliederung der Gesellschaft für das herzynische Gebiet schwer einordnen. Es bestehen zwar in den einzelnen Vegetationsaufnahmen Beziehungen zu den beschriebenen Subass., doch reicht das vorliegende Material nicht für eine sichere Eingliederung.

Die Ausbildung auf sommerlich trockenfallenden Standorten entspricht keiner der bisher aus dem herzynischen Raum beschriebenen Subass. Sehr gute Übereinstimmung besteht jedoch mit der Subass. urticetosum, die von HORST, KRAUSCH & MÜLLER-STOLL (1966) aus dem Elbe—Havel-Winkel beschrieben wurde. Hier sind die Bestände der Subass. saumartig an den Ufern der Fließgewässer ausgebildet. Im UG finden sie sich an Ufern von Fließgewässern, aber auch am Rande von stehenden Altwassern. Die Bestände des UG sind in die typische Var. der Subass. urticetosum einzugliedern.

An verschiedenen Orten werden die Bestände der Gesellschaft beweidet oder gemäht. Beweidung und Nutzung der Gewässer als Viehtränken führen durch Viehtritt zur völligen Vernichtung der Gesellschaft. An die Stelle des Glycerietum maximae tritt vielfach das Rorippo-Oenanthetum.

Als Kontaktgesellschaften treten seewärts Phragmition-Gesellschaften und Gesellschaften der Lemnetea auf. Landwärts ist meist das Caricetum gracilis oder das Phalaridetum arundinaceae zu beobachten.

7.2.1.7. Rorippo-Oenanthetum Lohm. 50

Die floristische Zusammensetzung der Gesellschaft (Tab. 9, Sp. 13) weist ein sehr heterogenes Bild auf. Neben *Oenanthe aquatica* treten lediglich *Sparganium erectum* und *Alisma plantago-aquatica* mit höherer Stetigkeit auf. Standörtlich stimmen die Bestände jedoch sehr gut überein. In der Vielzahl handelt es sich um reine Sekundärstandorte an sommerlich trockenfallenden Ufern von Viehtränken. Durch die zunehmende Beweidung der Auenwiesen mit Rindern (Machlitt 1972) kommt es heute zu einer Ausbreitung der Gesellschaft an den Ufern kleinerer Wiesenkolke, die innerhalb von Viehkoppeln liegen. Natürliche Standorte der Gesellschaft sind sommerlich trockenfallende, schlammige Partien der Seeufer. Die Gesellschaft ist hier meist kleinflächig ausgebildet, doch konnten auch große Verlandungsgürtel beobachtet werden.

Als Kontaktgesellschaften wurden das Sagittario-Sparganietum emersi, das Caricetum gracilis, das Glycerietum maximae, das Phalaridetum arundinaceae und das Spirodelo-Lemnetum minoris beobachtet.

7.2.1.8. Sparganietum erecti Roll 38

Entsprechend den gleichen ökologischen Ansprüchen von *Glyceria maxima*, *Typha latifolia* und *Sparganium erectum* (Hejný 1960) tritt im UG, neben den durch die beiden erstgenannten Arten charakterisierten Gesellschaften, eine Gesellschaft des Aufrechten Igelkolbens auf (Tab. 9, Sp. 12). Sie ist im Mittelelbegebiet sehr weit verbreitet (Hilbig 1971). Die von Hilbig (1971) aufgezeigte Übereinstimmung der Bestände des Sparganietum erecti mit dem Acoretum calami trifft für die typische Subass. des Acoretum zu, nicht aber auf die aus dem UG beschriebene Subass. ceratophylletosum.

Gegenüber den von Roll (1938) aus Holstein beschriebenen Beständen an Bachufern tritt die Gesellschaft im UG an Wiesenkolken und Weihern auf, vgl. Philippi (1973). Kontaktgesellschaften sind das Caricetum gracilis, das Typhetum angustifolio-latifoliae, das Glycerietum maximae und das Myriophyllo-Nupharetum.

7.2.2. Cicution virosae Hejný 60 em. Segal 69

7.2.2.1. Cicuto-Caricetum pseudocyperi Boer 42 und

Calletum palustris (Oswald 23) Vanden Berghen 52

Das Cicuto-Caricetum wurde im UG nur am Sarensee angetroffen. Da über dieses Gewässer bereits eine Arbeit von Hilbig & Reichhoff (1971) vorliegt, wird in dieser Arbeit auf eine Wiedergabe der Vegetationsaufnahme verzichtet, vgl. auch Hilbig (1971). Es handelt sich um Schwingdecken von *Thelypteris palustris*, die von Jeschke (1963) als *Thelypteris-palustris*-Subass. oder in ihrer artenärmsten Ausbildung als *Thelypteris*-Initialstadium dem Cicuto-Caricetum pseudocyperi angegliedert werden. Das Thelypterido-Phragmitetum Kuiper 57 em. Segal & Westhoff 69 ist nicht identisch mit der Subass. thelypteridetosum des Cicuto-Caricetum.

Von Jeschke (1963), Oberdorfer et al. (1967) wird die Gesellschaft zum Phragmition gestellt, wohingegen Krausch (1964b) und Horst, Krausch & Müller-Stoll (1966) sie dem Magnocaricion zuordnen. Für wesentlich erachten wir den Hinweis von Hilbig (1971) auf den Charakter der Bestände als Saumgesellschaft der Röhrichtvegetation. In diesem Zusammenhang erscheint die Eingliederung der Gesellschaft in den eigenen Verband Cicution virosae Hejný 60 em. Segal 69 gerechtfertigt. Westhoff & den Held (1969) sehen den Namen Carici-Rumicion hydrolapathi Passarge 64 als Synonym des Cicution virosae an.

Weiterhin treten am Saarensee *Calla-palustris*-Schwingrasen auf (vgl. Vegetationsaufnahmen bei HILBIG & REICHHOFF 1971). Diese werden von KRAUSCH (1964b) als Fazies dem Cicuto-Caricetum pseudocyperi angeschlossen. Sicher ist häufig eine Entwicklung derartiger *Calla-palustris*-Schwingrasen zum Wasserschierlingsried (vgl. FREITAG, MARKUS & SCHWIPPL 1958) zu beobachten, doch sind *Calla*-Schwingrasen zeitlich lange stabil, floristisch klar charakterisiert und strukturell wie auch physiognomisch gut gekennzeichnet. Entsprechende Bestände haben eine weite Verbreitung, so daß man sie als Ass. auffassen kann.

WESTHOFF & DEN HELD (1969) fassen *Calla*-Schwingrasen in dem Calletum palustris VANDEN BERGHEN 52 em. SEGAL & WESTHOFF 62 zusammen. DIERSCHKE (1969) beschreibt aus den Tälern der Böhme und der Fintau in der Lüneburger Heide ebenfalls ein Calletum palustris (OSWALD 23) VAN DEN BERGHEN 52 (vgl. auch KLINGER 1970).

7.3. Magnocaricetalia PIGN. 53

7.3.1. Magnocaricion W. KOCH 26

Großseggenrieder der Uferpartien der Seen und auch der nassen Senken der Stromauen. Die Bestände unterliegen vielfach wirtschaftlicher Nutzung. Der Verband wird in die beiden Unterverbände (Magno-)Caricion elatae W. KOCH 26 und (Magno-) Caricion gracilis (NEUHÄUSL 57) GEHÚ 61 unterteilt. Die Gesellschaften nährstoffarmer Standorte des Unterverbandes (Magno-)Caricion elatae wurden im UG selten angetroffen. Im Gegensatz dazu sind die auf nährstoffreichen Alluvialböden stockenden Gesellschaften des Unterverbandes (Magno-)Caricion gracilis im UG weit verbreitet. Häufig wird in der Literatur den beiden Unterverbänden der Rang eigener Verbände zuerkannt.

7.3.1.1. Caricetum gracilis (GRAEBN. & HUECK 31) TX. 37

In der Verlandungsfolge der Gewässer im UG folgt landwärts auf das Glycerietum maximae meist das Caricetum gracilis. Die Gesellschaft tritt auch in flachen Wiesensenken auf (Tab. 10, Sp. 1—3).

Wir können neben einer typischen Subass. eine Subass. ranunculetosum repentis unterscheiden. Innerhalb der typischen Subass. fällt eine Ausbildung mit *Stellaria alsine* auf sandig-humosen, gut durchfeuchteten Standorten auf.

FUKAREK (1961) vertritt die Meinung, daß das Caricetum gracilis nur als Fazies oder Var. des Caricetum ripario-acutiformis KOBENDZA 30 zu werten sei. Die im UG angetroffenen floristischen wie auch standörtlichen Unterschiede zwischen den beiden Ass. lassen uns diese Ansicht jedoch nicht teilen.

Die aus Brandenburg beschriebene Subass. comaretosum (vgl. HORST, KRAUSCH & MÜLLER-STOLL 1966, KONCZAK 1968), die auch im Gebiet der Mittleren Elbe im Raum Torgau und an der Schwarzen Elster auftritt (FREITAG, MARKUS & SCHWIPPL 1958), wurde im UG nicht angetroffen. Die gleiche Subass. wurde auch nicht von der Unteren Mulde beschrieben.

	n	$\bar{x}$	V	sx	Vk	$\bar{s}\bar{x}$	ZS	
Ass	14	9,3	5—16	3,81	40,71	1,02	50	
Ass.	18	7,2	4—11	2,12	12,12	—	33	(THIEME 1967)

Tab. 10. Magnocaricion

		1	2	3	4	5
Spalte		1	2	3	4	5
Aufnahmenzahl		6	2	6	4	6
∅ Artenzahl		9	11	10	5	10
Variationsbreite der Artenzahl		6–15	10–11	5–16	4–8	5–13
∅ Wassertiefe		1, 2	.	.	.	.
Variationsbreite der Wassertiefe		0–7	.	.	.	.
∅ Deckung K_1		80	90	70	70	60
K_2		20	30	40	20	30
S_1		0	.	.	.	.
S_2		.	.	.	.	.
$W_{sub.}$		.	.	.	.	.
Diagnostisch wichtige Artengruppe						
K_1	*Carex gracilist**	6, 4–5	2, 5	6, 2–5	.	5, r–2
K_1	*Palaris arundinacea*	2, r–+	2, +	4, +–2	4, 3–5	6, 3–4
Differentialgruppe						
K_2	*Lysimachia nummularia*	.	.	2, r–1	.	2, r–+
K_2	*Ranunculus repens*	.	.	4, 1–2		5, +–2
K_2	*Symphytum officinale*	.	.	1, 1	.	2, r–1
K_1	*Lysimachia vulgaris*	4, r–+	2, +–1	5, 1–2	1, +	4, +–2
K_1	*Urtica dioica*	.	.	1, r	.	4, +–2
K_2	*Galeopsis ladanum*	.	2, +	.	.	.
K_2	*Stellaria alsine*	.	2, r–+	.	.	.
K_2	*Alopecurus geniculatus*	.	2, 2	.	.	.
Weitere Artengruppen						
K_1	*Sium latifolium*	3, r–1	.	1, 1	.	1, +
K_1	*Lythrum salicaria*	4, r–1	2, 1–2	3, r–1	3, r–+	4, r–1
K_1	*Iris pseudacorus*	3, r–+	.	4, r–1	2, r–+	3, +–1
K_1	*Alisma plantago-aquatica*	2, r	.	1, +	.	.
K_1	*Polygonum hydropiper*	.	2, r–1	1, 1	.	1, 1
K_1	*Stachys palustris*	1, 1	.	2, 1–2	1, r	1, 2
K_1	*Veronica longifolia*	.	.	.	2, r–1	1, +
K_1	*Thalictrum flavum*	.	.	1, r	2, +–2	1, r
K_2	*Achilliea ptarmica*	.	.	.	2, +	1, 1
K_2	*Bidens tripartitus*	.	.	2, +–1	1, +	2, r–1
K_2	*Lycopus europaeus*	2, r–1	.	2, +–1	.	3, r–1
K_2	*Polygonum amphibium f. terr.*	3, +–1	1, 2	3, r–+	.	.
K_2	*Myosotis palustris*	4, r–+	2, 2	3, +–1	.	2, +
K_2	*Galium palustris*	2, +–1	1, r	3, +–2	.	2, +–1
Arten mit geringer Stetigkeit						
K_1	*Equisetum palustre*	4, r–+	.	.	.	.
K_1	*Aster tradescantii*	.	1, +	.	.	2, 2
K_1	*Scrophularia nodosa*	.	1, r	.	.	.
K_1	*Glyceria maxima*	1, +	.	.	1, 1	.
K_1	*Rorippa amphibia*	1, 1	.	.	.	.
K_1	*Filipendula ulmaria*	1, 2	.	.	1, +	1, 2
K_1	*Epilobium palustre*	.	.	1, +	.	.
K_1	*Rumex hydrolapathum*	1, r	1, 1	.	.	.
K_2	*Sagittaria sagittifolia*	1, +	.	.	.	.
K_2	*Stellaria palustris*	.	.	1, +	.	.

Fortsetzung Tab. 10

Spalte		1	2	3	4	5
Arten mit geringer Stetigkeit						
K_2	*Equisetum fluviatile*	.	.	2, r—1	.	.
K_2	*Oenanthe aquatica*	.	.	1, r	.	.
K_2	*Eleocharis palustris*	.	.	.	1, 1	.

* = zugleich Differentialart

Weiterhin enthaltene Arten:

Spalte 1
Impatiens noli-tangere 1, r
Impatiens parviflora 1, 1
Galeopsis bifida 1, r
Calystegia sepium 1, +
Spirodela polyrhiza 1, 2

Spalte 3
Erigeron canadensis 1, r
Mentha arvensis 1, +
Cirsium palustre 1, r
Vicia cacca 1, 1

Spalte 5
Equisetum arvense 1, +
Polygonum persicaria 1, 1

Spalte 1—3: Caricetum gracilis
Spalte 1—2: typische Subass.
Spalte 1 : typische Ausbildung
Spalte 2 : *Stellaria-alsine*-Ausbildung
Spalte 3 : *Ranunculus-repens*-Subass.
Spalte 4—5: Phalaridetum arundinaceae
Spalte 4 : typische Subass.
Spalte 5 : *Urtica-dioica*-Subass.

Die Werte der Homogenitätsanalyse weisen die Gesellschaft innerhalb der festgelegten Grenzen als inhomogen aus. Allein bei den Vergleichswerten von THIEME (1967) liegt der Variabilitätskoeffizient innerhalb des geforderten Homogenitätsbereichs.

7.3.1.2. Phalaridetum arundinaceae LIBB. 31

An im Vergleich zu den bisher beschriebenen Röhricht- und Großseggengesellschaften dem Wasser fernsten Standorten siedelt im UG das Phalaridetum arundinaceae (Tab. 10, Sp. 4, 5). HUNDT (1958a) weist auf das größere Wasserbedürfnis von *Glyceria maxima* gegenüber *Phalaris arundinacea* hin und auf die Nichtverträglichkeit wenig bewegten Wassers von *Phalaris arundinacea*. EWERT (1931) schreibt, daß *Phalaris arundinacea* bei O_2-Mangel des Bodens im Sommer leicht durch Wurzelfäulnis geschädigt werden kann.

Der Wasserfaktor spielt bei der Differenzierung der durchweg auf nährstoffreichen Standorten stockenden Bestände der Gesellschaft die entscheidende Rolle. Eine sehr artenarme Ausbildung der Gesellschaft ist an hohen Ufern anzutreffen. Hier liegt der Grundwasserspiegel tiefer als 5 dm unter der Oberfläche (vgl. EWERT 1931). Wir stellen diese typische Subass. an relativ trockenen Standorten der Subass. ranunculetosum repentis auf feuchteren Standorten gegenüber. Die Subass. ranunculetosum repentis ist identisch mit der Subass. glycerietosum bei KONCZAK (1968) (vgl. auch FREITAG, MARKUS & SCHWIPPL 1958). Zwar fehlt in den von uns aufgenommenen Beständen der Subass. ranunculetosum repentis *Glyceria maxima*, doch erscheint die Art in den Vegetationsaufnahmen von HUNDT (1958a) aus dem z. T. gleichen UG. Diese Subass. leitet zum Caricetum gracilis über. — Bestände an sehr nassen Uferpartien mit Arten der Phragmitetalia (vgl. KONCZAK 1968) wurden im UG nicht angetroffen. Nach PASSARGE (1964) lassen sich die Bestände im UG in die gemäßigt-kontinentale *Thalictrum*-Rasse einordnen.

Tab. 11. Caricetum ripario-acutiformis

		1	2	3	4	5	6	7	8
Aufnahme-Nr.		1	2	3	4	5	6	7	8
Artenzahl		8	8	13	9	11	12	14	13
Wassertiefe		—	—	—	—	—	—	—	—
Deckung	K_1	70	70	90	80	100	90	90	90
	K_2	5	5	30	20	5	10	10	10
	S_1	—	—	—	—	—	—	—	—
	S_2	—	—	—	—	—	—	—	—
	$W_{sub.}$	—	—	—	—	—	—	—	—
Diagnostisch wichtige Artengruppe									
K_1	*Carex riparia*	4	3	3	3	4	4	4	4
	Carex acutiformis	.	+	.	2	2	.	1	.
	Lythrum salicaria	r	+	+	.	+	1	+	+
Differentialartengruppe für Subass. iridetosum									
K_1	*Iris pseudacorus*	1	.	r	2	.	+	+	1
	Lysimachia vulgaris	.	.	r	.	.	2	2	2
	*Phalaris arundinacea**)	.	.	.	.	r	2	2	.
Differentialartengruppe für Var. von *Glyceria maxima*									
K_1	*Glyceria maxima*	.	.	.	.	.	2	.	2
K_2	*Stachys pylustris*	.	.	.	.	.	1	1	+
	Lycopus europaeus	.	.	.	.	.	+	+	+
Weitere Artengruppen									
K_2	*Galium palustre*	1	1	2	2	1	+	.	+
K_1	*Cirsium palustre*	1	2	1	1	+	.	r	.
	Symphytum officinale	.	.	r	r	r	1	+	2
	Rorippa amphibia	.	.	2	2	1	+	.	.
K_2	*Galium aparine*	r	+	+	.	.	.	.	.
	Galeopsis speciosa	1	r	2	.	.	.	.	.
	Ranunculus repens	.	.	.	.	.	.	2	1
K_1	*Urtica dioica*	+	+	1	+	r	.	.	.
Weiterhin enthaltene Arten									
K_1	*Rumex hydrolapathum*	.	.	r	.	.	.	.	.
	Stellaria palustris	.	.	r	.	.	+	.	.
	Typha latifolia	.	.	.	1	.	.	.	.
	Carex gracilis	.	.	.	.	r	.	.	.
	Carex vulpina	.	.	.	.	r	.	.	.
	Epilobium palustre	.	.	.	.	.	.	.	+
	Filipendula ulmaria	.	.	.	.	.	.	+	.
	Humulus lupulus	.	.	.	.	.	.	+	.
	Deschampsia caespitosa	.	.	.	.	.	.	1,2	.
	Cirsium arvense	.	.	.	.	.	.	.	+
K_2	*Achillea ptarmica*	.	.	.	.	.	.	.	+

*) = Zugleich Differentialart der Var. von *Glyceria maxima*

	n	$\bar{x}$	V	sx	Vk	$s\bar{x}$	ZS
Ass.	10	8	4—13	3,43	42,88	—	50

Die Homogenitätsberechnung weist die Zentralstetigkeit an der Grenze des geforderten Homogenitätsbereiches liegend aus, während der Variabilitätskoeffizient die gegebene Grenze weit übersteigt.

7.3.1.3. Caricetum ripario-acutiformis KOBENDZA 30[2])

Im Gegensatz zu den an den Ufern der Altwasser im UG weit verbreiteten Ass. des Unterverbandes (Magno-)Caricion gracilis, die als Glieder der eutrophen Verlandungsserie anzusprechen sind, tritt das Caricetum ripario-acutiformis im UG an sumpfigen Standorten innerhalb der Auwälder auf. Die Gesellschaft (Tab. 11) kann eine große Flächenausdehnung erreichen.

Neben zahlreichen Beschreibungen der Gesellschaft aus mittleren und nördlichen Teil der DDR (PANKNIN 1941, JESCHKE 1959, 1963, FUKAREK 1961, MÜLLER-STOLL & NEUBAUER 1965, KONCZAK 1968) ist die Arbeit von KRAUSCH (1964b) besonders zu erwähnen. Hier wird ein umfangreicher Gesellschaftsvergleich gegeben. Aus dem herzynischen Raum liegt uns bis auf die Arbeit von HUNDT (1958b) kaum Vergleichsmaterial für die Ass. vor.

Neben der Subass. hydrocharitetosum und der typischen Subass., die in unserem UG nicht vorkommen, da sie nur als Glieder der Verlandungsserie im littoralen Bereich, nach KRAUSCH (1964b) bis 5 dm Wassertiefe, der Seen auftreten (vgl. JESCHKE 1959), lassen sich weiterhin die Subass. von *Ranunculus repens* KRAUSCH 64 (= Subass. von *Ranunculus acer* FUKAREK 61) und die Subass. von *Thelypteris palustris* FUKAREK 61 unterscheiden.

Der Subass. ranunculetosum repentis entsprechende Bestände wurden von HUNDT (1958b) vom südwestlichen Flämingrand beschrieben, vgl. KRAUSCH (1964b). Unsere Ausbildung der Ass. des Mittelelbegebiets läßt sich der Subass. thelypteridetosum anschließen. Die namengebende Art, die im UG sehr selten ist, fehlt zwar unserer Ausbildung, doch treten die bei FUKAREK (1961) genannten Differentialarten auf. Wir verwenden für die Ausbildung im UG den Namen Subass. iridetosum. Innerhalb unserer Subass. können wir weiterhin zwischen einer typischen Var. und einer Var. von *Glyceria maxima* unterscheiden. Die Var. von *Glyceria maxima* weist auf den Nährstoffreichtum des Standortes hin. Im Unterschied zu den aus dem Tiefland der DDR beschriebenen Beständen der Gesellschaft sind unsere Ausbildungen durch das Fehlen einer ganzen Zahl mesotropher Arten gekennzeichnet.

Einer wirtschaftlichen Nutzung unterliegen die Bestände der Ass. im UG nicht.

8. *Zusammenfassung*

Aus dem Mittelelbegebiet zwischen Wittenberg und Aken werden Wasserpflanzen- und Röhrichtgesellschaften beschrieben. Die ausgeschiedenen Gesellschaften werden mit den Assoziationen des herzynischen Raumes verglichen. Entsprechend der Notwendigkeit werden auch Gesellschaften außerhalb des herzynischen Raumes herangezogen.

Zur näheren Charakterisierung der Assoziationen wird die Bestimmung der Homogenität mittels des Variabilitätskoeffizienten der Artenzahlen und der Zentralstetigkeit durchgeführt. Die Aussagekraft dieser statistischen Kenngrößen in bezug auf die Homogenität der Assoziationen wird jedoch von uns eingeschränkt. Bei der Betrachtung der Homogenität der zu Gesellschaften vereinigten Pflanzenbestände müssen unserer Meinung nach Stetigkeit und Mengenanteil der einzelnen Arten berücksichtigt werden. Als geeigneter Test für diese Bestimmung wird die Berechnung des χ^2 aus Kontingenztafeln vorgeschlagen.

Unter Hinweise auf die Ökologie der Gesellschaften wird die zunehmende Eutrophierung der Gewässer im UG diskutiert und die Verbreitung der Assoziation unter diesem Aspekt erläutert.

---

[2]) Die Bearbeitung der Großseggengesellschaften im S der DDR ergab, daß die *Carex-riparia*-Bestände eutropher Standorte nicht dem Caricetum ripario-acutiformis angeschlossen werden können, sondern als Caricetum ripariae BAL.-TUL. 65 zu bezeichnen sind und dem Unterverband (Magno-) Caricion gracilis angehören, vgl. HILBIG (1975) und REICHHOFF & HILBIG (1974/75).

Summary

From the valley of Elbe river between the towns Wittenberg and Aken the waterplant- and reeds-communities are described. On this area 33 plant communities are found. The single associations are comparable with those of the Hercynian area. The author shows the vegetation structure and the determinative factors of the associations and discusses the sociological position as well as the influence of man. The homogenity of vegetation units is studied of both the calculations of the standard deviation of the species numbers by means of coefficient of variation and the central constancy.

Резюме

Из долины среднего течения реки Эльбе между городами Виттенберг и Акен описываются сообщества водных и тростниковых растений. В этой области находились 33 растительного сообщества. Отдельные сообщества сравняются с теми герцинской области. Автор показывает структуру растительности и решительные экологические факторы и обсуждает социологическое отношение и влияние человека на сообщества. Однородность растительных единиц определяется вычислением стандартного отклонения числ видов при употреблении коэффициента вариации и центральной устойчивости.

9. Literatur

Apinis, A., 1940: Untersuchungen über die Ökologie der *Trapa* L.. — Acta Horti bot. Univ. Latviens **13**, 7—145.

Arbeitsgemeinschaft mitteldeutscher Floristen, 1960: Verbreitungskarten mitteldeutscher Leitpflanzen, 9. Reihe. — Wiss. Z. Univ. Halle, Math.-Nat. **9**, 165—224.

Bauer, L., et al., 1974: Handbuch der Naturschutzgebiete der Deutschen Demokratischen Republik. Bd. 3. — Leipzig, Jena, Berlin.

Bittmann, E., 1959: Gutachten über die Grundlagen und Methoden der Uferbepflanzungen beim Moselausbau. — Koblenz.

Björk, S., 1972: Swedish Lake Restoration Programm Gets Results. — Ambio **1** (5), 153—165.

Braun-Blanquet, J., 1951: Pflanzensoziologie. — Wien.

Carstensen, K., 1955: Laichkrautgesellschaften an Kleingewässern Schleswig-Holsteins. — Schr. Nat. Ver. Schlesw.-Holst. **27**, 144—189.

Chevallerie, H. de la, 1964: Bisambefall in Natur- und Kulturlandschaft. — Gartenamt, N. F. **4**, 97—132.

Dierschke, H., 1969: Natürliche und naturnahe Vegetation in den Tälern der Böhme und Fintau in der Lüneburger Heide. — Mitt. flor.-soziol. Arb.-Gem., N. F. **14**, 377—397.

Donselaar, J. van, 1972: Phragmitetalia-gemeenschappen in de uiterwaarden. 1. Inleiding en *Scirpetum lacustris*. — Gorteria **6** (4), 61—67.

Dykyjova, D., 1971: Ecomorphoses and Ecotypes of *Phragmites communis* Trin.. — Preslia **43**, 120—138.

Ewert, R., 1931: Die Wiesen und Weiden des Warthebruches unter besonderer Berücksichtigung ihrer Boden-, Wasser- und Bestandsverhältnisse. — Diss., Landsberg (Wartha).

Freitag, H., Ch. Markus & I. Schwippl, 1958: Die Wasser- und Sumpfpflanzengesellschaften im Magdeburger Urstromtal südlich des Flämings. — Wiss. Z. Päd. Hochsch. Potsdam, Math.-Nat. **4** (1), 65—92.

Fukarek, F., 1961: Die Vegetation des Darß und ihre Geschichte. — Pflanzensoziologie **12**, Jena, 321 S.

Gams, H., 1927: Von den Follatères zur Dent de Morcles. — Beitr. geobot. Landesaufn. **15**, 1—760, Bern.

Glück, H., 1936: Pteridophyten und Phanerogamen (unter gleichzeitiger Berücksichtigung der wichtigsten Wasser- und Sumpfgewächse des ganzen Kontinents von Europa). — In: Die Süßwasserflora Mitteleuropas (Hrsg. A. Pascher) **15**, Jena.

GÖRS, S., 1969: Die Vegetation des Landschaftsschutzgebietes Kreuzweiher im Württembergischen Allgäu. — Veröff. Landesst. Natursch. u. Landschaftspfl. Baden-Württ. **37**, 7—61.

HARTOG, C. DEN, & S. SEGAL, 1964: A New Classification of the Waterplant Communities. — Acta bot. Neerlandica **13**, 367—393.

HEJNÝ, S., 1960: Ökologische Charakteristik der Wasser- und Sumpfpflanzen in den slowakischen Tiefebenen (Donau- und Theißgebiet). — Bratislava.

HILBIG, W., 1970: Die Wasser- und Sumpfpflanzengesellschaften im Naturschutzgebiet der „Unteren Mulde". — Natursch. u. naturkdl. Heimatforsch. Bez. Halle u. Magdeburg **7** (1/2), 66—81.

— 1971: Übersicht über die Pflanzengesellschaften des südlichen Teiles der DDR. I. Die Wasserpflanzengesellschaften. — Hercynia N. F. **8** (1), 4—33. II. Die Röhrichtgesellschaften. — Ebenda **8** (4), 256—285.

— 1975: Übersicht über die Pflanzengesellschaften des südlichen Teiles der DDR. XII. Die Großseggenrieder. — Hercynia N. F. **12** (3), 341—356.

HILBIG, W., & H. JAGE, 1973: Zum Vorkommen von *Najas minor* ALL. im Mittelelbegebiet. — Hercynia N. F. **10** (3), 264—275.

HILBIG, W., & L. REICHHOFF, 1971: Die Wasser- und Sumpfpflanzenvegetation im NSG „Sarenbruch" bei Klieken, Kreis Roßlau. — Natursch. u. naturkdl. Heimatforsch. Bez. Halle u. Magdeburg **8** (1/2), 33—48.

HILD, J., & K. REHNELT, 1965: Öko-soziologische Untersuchungen an einigen niederrheinischen Kolken. — Ber. dtsch. bot. Ges. **78**, 289—309.

HOFMANN, G., & H. PASSARGE, 1964: Über Homogenität und Affinität in der Vegetationskunde. — Arch. Forstw. **13** (11), 1119—1138.

HORST, K., H.-D. KRAUSCH & W. R. MÜLLER-STOLL, 1966: Die Wasser- und Sumpfpflanzengesellschaften im Elbe-Havel-Winkel. — Limnologica **4** (1), 101—163.

HÜBSCHMANN, A. v., 1957: Zur Systematik der Wassermoosgesellschaften. — Mitt. flor.-soziol. Arb.-Gem., N. F. **6/7**, 147—151.

HUNDT, R., 1958a: Beiträge zur Wiesenvegetation Mitteleuropas. I. Die Auewiesen an Elbe, Saale und Mulde. — Nova Acta Leopold., N. F. **20** (135), 3—206.

— 1958b: Die Wiesenvegetation in der Nutheniederung bei Nedlitz, Grimme und Polenzko. — Wiss. Z. Univ. Halle, Math.-Nat. **7**, 159—184.

JESCHKE, L., 1959: Pflanzengesellschaften einiger Seen bei Feldberg in Mecklenburg. — Fedd. Repert. Beih. **138**, 161—214.

— 1963: Die Wasser- und Sumpfvegetation im Naturschutzgebiet „Ostufer der Müritz". — Limnologica **1** (5), 475—545.

KAISER, E., 1926: Die Pflanzenwelt des Hennebergisch-Fränkischen Muschelkalkgebietes. — Rep. spec. nov. reg. veg. **44**, 1—268.

KÁRPÁTI, I., V. KÁRPÁTI, L. SZEKÉR & GY. BORBÉLY, 1971: Die Vegetation der ständig und zeitweilig überfluteten Teile des Neusiedler Sees und die Frage ihrer Dynamik. — Öster. Akad. Wiss. Sitz.-Ber., Abt. I, **179** (8—10), 251—254.

—, G. VARGA & I. NOVÓTNY, 1971: Die Phytomasseproduktion der Laichkrautvegetation in der Bucht von Szigliget im Jahre 1970. — Mitt. Agrarwiss. Fakult. Keszthely (Ungarn) **13** (7), 3—39.

KLINGER, P.-U., 1970: Zur Vegetation des Schwarzsees bei Mölln. — Not. Pflanzenkd. Schlesw.-Holst. **5**, 2—12.

KNAPP, R., & A. L. STOFFERS, 1962: Über die Vegetation von Gewässern und Ufern im mittleren Hessen und Untersuchungen über den Einfluß von Pflanzen auf Sauerstoffgehalt, Wasserstoff-Ionen-Konzentration und die Lebensmöglichkeit anderer Gewächse. — Ber. Oberh. Ges. Natur- u. Heilkd., N. F., Naturwiss. Abt. **32**, 90—141.

KOCH, W., 1926: Die Vegetationseinheiten der Linthebene unter Berücksichtigung der Verhältnisse in der Nordostschweiz. — Jb. St. gall. naturwiss. Ges. **61**, 1—144.

KONCZAK, P., 1968: Die Wasser- und Sumpfpflanzengesellschaften der Havelseen um Potsdam. — Limnologica **6** (1), 147—201.

KOPECKÝ, K., & S. HEJNÝ, 1965: Zur Stellung der Flußröhrichte des Phalaridion arundinaceae-Verbandes im mitteleuropäischen phytocoenologischen System. — Preslia **37**, 320—323.

Kramer, D., W. Krüger & F. Schulz, 1972: Über die Verunreinigung der Gewässer durch Nährstoffe aus der landwirtschaftlichen Produktion und Maßnahmen zur Sanierung.—Naturschutzarb. Berlin u. Brandenburg 8 (3), 75—81.

Krausch, H.-D., 1964a: Die Pflanzengesellschaften des Stechlinsee-Gebietes. I. Die Gesellschaften des offenen Wassers. — Limnologica 2 (2), 145—203.

— 1964b: Die Pflanzengesellschaften des Stechlinsee-Gebietes. II. Röhrichte und Großseggengesellschaften, Phragmitetea Tx. & Prsg. 1942. — Limnologica 2 (4), 423—482.

— 1965a: Zur Gliederung des Scirpo-Phragmitetum medioeuropaeum W. Koch 1926. — Limnologica 3 (1), 17—22.

— 1965b: Vegetationskundliche Beobachtungen im Donaudelta. — Limnologica 3 (3), 271—313.

Küchler, L., 1967: Ökologische und phänologische Untersuchungen an Wasserpflanzengemeinschaften der Fließ- und Altwässer des Naturschutzgebietes „Untere Mulde". — Staatsexamensarb., Mskr. Univ. Halle.

Lang, G., 1967: Die Ufervegetation des westlichen Bodensees. — Arch. Hydrobiol., Suppl. 32, 437—574.

— 1973: Die Vegetation des westlichen Bodenseegebietes. — Pflanzensoziologie 17, Jena, 238 S.

Lundegårdh-Ericson, C., 1972: Changes during Four Years in the Aquatic Macrovegetation in a Flad in N-Stockholm Archipelago. — Svensk bot. Tidskr. 66, 207—225.

Machlitt, U., 1972: Neue Wege der sozialistischen Landwirtschaft im Stadtkreis Dessau. — Dessauer Kalender, 46—53, Dessau.

McNaughton, S. J., 1966: Ecotype function in *Typha community* type. — Ecol. Monogr. 36, 297—325.

Meusel, H., 1966: Entwurf zu einer Gliederung Mitteldeutschlands und seiner Umgebung in pflanzengeographische Bezirke. — Wiss. Z. Univ. Halle, Math.-Nat. 4, 637—641.

Miyawaki, A., & J. Tüxen, 1960: Über Lemnetea-Gesellschaften in Europa und Japan. — Mitt. flor.-soziol. Arb.-Gem., N. F. 8, 127—135.

Müller, Th., 1962: Die Fluthahnenfußgesellschaften unserer Fließgewässer. — Veröff. Landesst. Natursch. u. Landschaftspfl. Baden-Württ. 30, 152—163.

Müller, Th., & S. Görs, 1960: Pflanzengesellschaften stehender Gewässer in Baden-Württemberg. — Beitr. naturkdl. Forsch. SW-Dtschl. 19, 60—100.

Müller-Stoll, W. R., & M. Neubauer, 1965: Die Pflanzengesellschaften auf Grundwasserstandorten im Bereich der Fercher Berge südwestlich von Potsdam. — Wiss. Z. Päd. Hochsch. Potsdam, Math.-Nat. 9, 313—367.

Oberdofer, E., 1957: Süddeutsche Pflanzengesellschaften. — Pflanzensoziologie 10, Jena, 564 S.

— 1962, 1970: Pflanzensoziologische Exkursionsflora für Süddeutschland und die angrenzenden Gebiete. — 2. u. 3. Aufl., Stuttgart.

Oberdorfer, E., et al., 1967: Systematische Übersicht der westdeutschen Phanerogamen- und Gefäßkryptogamen-Gesellschaften, ein Diskussionsentwurf. — Schr.-R. Vegetationskd. 2, 7—62.

Panknin, E., 1941: Die Vegetation einiger Seen in der Umgebung von Joachimsthal in der Uckermark. — Bibl. botanica (Stuttgart) 119, 1—162.

Passarge, H., 1957: Über Wasserpflanzen- und Kleinröhrichtgesellschaften des Oberspreewaldes. — Abh. u. Ber. Naturkd.-Mus. Görlitz 35 (2), 143—152.

— 1964: Pflanzengesellschaften des nordostdeutschen Flachlandes I. — Pflanzensoziologie 13, Jena, 324 S.

Pénzes, A., 1960: Über die Morphologie, Dynamik und zönologische Rolle der Sproßkolonienbildenden Pflanzen (Polycormone). — Fragm. Flor. et Geobot. 6 (4), 501—515.

Philippi, G., 1969: Laichkraut- und Wasserlinsengesellschaften des Oberrheingebietes zwischen Straßburg und Mannheim. — Veröff. Landest. Natursch. u. Landschaftspfl. Baden-Württ. 37, 102—172.

— 1973: Zur Kenntnis einiger Röhrichtgesellschaften des Oberrheingebietes. — Beitr. naturkd. Forsch. SW-Dtschl. 32, 53—95.

Pietsch, W., 1973: Vegetationsentwicklung und Gewässergenese in den Tagebauseen des Lausitzer Braunkohle-Reviers. — Arch. Natursch. u. Landschaftsforsch. 13 (3), 187—217.

Reichhoff, L.. 1974: Die Wasser- und Röhrichtpflanzengesellschaften des Mittelelbe-Gebietes zwischen Wittenberg und Aken. — Diplomarb., Univ. Halle.

— 1974/75: Bericht über den Zustand der Wasser- und Sumpfvegetation im Sarensee — NSG „Sarenbruch“, Krs. Roßlau. — Natursch. naturkdl. Heimatforsch. Bez. Halle. u. Magdeburg **11/12**, 105—111.

Reichhoff, L., & W. Hilbig, 1974/75: Die Wasser- und Röhrichtvegetation im Naturschutzgebiet „Crassensee“ bei Seegrehna, Krs. Wittenberg. — Natursch. naturkdl. Heimatforsch. Bez. Halle u. Magdeburg **11/12**, 53—71.

Reichhoff, L., & O. Voigt, 1972: Wiederfund von *Najas minor* All. bei Dessau. — Wiss. Z. Univ. Halle, Math. Nat. **21**, 72—73.

Roll, H., 1938: Die Pflanzengesellschaften ostholsteinischer Fließgewässer. — Arch. Hydrobiol. **3** 159—305.

Rothmaler, W., H. Meusel & R. Schubert, 1972: Exkursionsflora für die Gebiete der DDR und der BRD. — Berlin, 612 S.

Schmale, F., 1939: Das Naturschutzgebiet Golmer Luch, eine pflanzensoziologisch-ökologische Studie. — Verh. bot. Ver. Prov. Brandenburg **79**, 59—152.

Schröter, C., & O. Kirchner, 1896, 1902: Die Vegetation des Bodensees. Bd. 1, 2. — Lindau.

Schwabe, H. S., 1865: Flora von Anhalt. — Dessau.

Segal, S., o. J.: Oecologie von hogeren waterplanten. — Vakblad Biol. 7 (8), 138—149.

Seidel, K., 1955: Die Flechtbinse — *Scirpus lacustris*. — Die Binnengewässer **21**, Stuttgart, 216 S.

Stöcker, G., 1965: Ein Beitrag zur Koinzidenz vegetations- und standortskundlicher Differenzierungen. — Arch. Natursch. **5** (3), 159—176.

Succow, M., 1974: Vorschlag einer systematischen Neugliederung der mineralbodenwasserbeeinflußten wachsenden Moorvegetation Mitteleuropas unter Ausklammerung des Gebirgsraumes. — Fedd. Repert. **85** (1/2), 57—113.

Sukopp, H., 1968: Veränderungen des Röhrichtbestandes der Berliner Havel 1962—1967. — Berlin [vervielfält. Mskr.].

Thieme, G., 1967: Die Pflanzengesellschaften der Fließ- und Altwasser des Naturschutzgebietes „Untere Mulde“. — Staatsexamensarb., Univ. Halle.

Tomaszewicz, H., 1973: The position of Scirpo-Phragmitetum W. Koch 1926 in systematics. — Acta soc. bot. poloniae **42** (3), 379—390.

Tüxen, R., 1974: Die Pflanzengesellschaften Nordwestdeutschlands. — 1. Liefer., 1—83, Lehre, 2. Aufl.

Tüxen, R., & K. H. Hülbusch, 1971: Bolboschoenetea maritimi. — Fragm. Flor. et Geobot. **17** (3), 391—401.

Varga, L., 1940: A Fertö tó „boszorkánygyürüi“. Pó tfuz. a Term. Tud. Közl. (Budapest), 232 bis 236.

Weber, E., 1967, 1972: Grundriß der biologischen Statistik. — Jena, 6. u. 7. Aufl.

Weber-Oldecop, D. W., 1971: Das Stratiotetum aloides in den Altwässern der Aller-Talsand-Ebene. — Arch. Hydrobiol. **68** (2), 153—162.

Westhoff, V., & A. J. den Held, 1969: Plantengemeenschappen in Nederland. — Zutphen.

Eingegangen am 10. 2. 1974.

Anschrift des Verfassers:
Dr. Lutz Reichhoff
Akademie der Landwirtschaftswissenschaften der DDR
Institut für Landschaftsforschung
und Naturschutz Halle
Arbeitsgruppe Halle
DDR-402 Halle (Saale)
Neuwerk 4

Limnologica (Berlin)	11	2	1978	457–461

S. A. K. NASAR & JAYASHREE DATTA MUNSHI

Biomass production of *Potamogeton crispus* L. in a freshwater pond of Bhagalpur, India*

With one figure and 3 tables

Introduction

The growth and productivity studies of free-floating macrophytes, inhabiting different water bodies of tropical and temperate regions, have been extensively made in recent years (PENFOUND & EARLE 1948, DYMOND 1959, GAY 1960, BISHAI 1962, WESTLAKE 1963, BELLAMY 1967, JHA 1968, SAHAI & SINHA 1970, and NASAR & MUNSHI 1976), but those of submerged macrophytes have not received the same attention. A few casual observations available are those of RICKETT (1921), YAMAGUTI (1955), NYGAARD (1956), FORSBERG (1959, 1960), JHA (1968), SINHA (1969), GOULDER (1970) and NASAR & MUNSHI (1971).

In the present investigations, studies have been carried out with a view to assess the rate of biomass change per unit area under natural condition of a submerged macrophytes (*Potamogeton crispus* L.) in a freshwater pond of Bhagalpur, India.

Material & Methods

The pond chosen for the present study is known as 'T. N. B. Pond'. Geographically, the pond falls at the intersection of 86°57'13" E and 25°14'21" N. It is rectangular in shape, having an area of about 0.2 ha with a maximum depth of 2.3 m at its centre.

Observations to record the biomass values of the macrophytes, viz., *Potamogeton crispus*, was taken for one year (October, 1972 to September, 1973). For the analysis of biomass of the plant, samples were collected at random, using a quadrate of one square meter, at four weeks interval. The samples were removed along with the soil and were thoroughly washed in running tap water. The procedures employed to determine the biomass was the same as recommended by WESTLAKE (1963, 1965) and NASAR & MUNSHI (1971). The values indicated in the text are the average of five replicates taken from different sampling spots in the pond and are expressed in metric units. The results have been statistically analysed for S. E. and incorporated in the text along with average values.

Results and Discussion

The biomass of *Potamogeton crispus* as measured in the last week of every month from October, 1972 to September, 1973 have been summarized in Table 1 and shown in Fig. 1. The value of biomass increased from the month of October (104.96 ±

* This paper formed part of a thesis approved for a Ph. D. degree by the Bhagalpur University in 1975. – This investigation was sponsored by a grant from the C.S.I.R., New Delhi.

$\pm$ 0.91 g/m²) onward, reaching its maximum in January (416.0 $\pm$ 3.96 g/m²). The maximum biomass (416.0 g/m²) of *P. crispus* was recorded in January when the temperature was low (27.5 °C) and the minimum was in August, when the temperature was considerably high (30.2 °C).

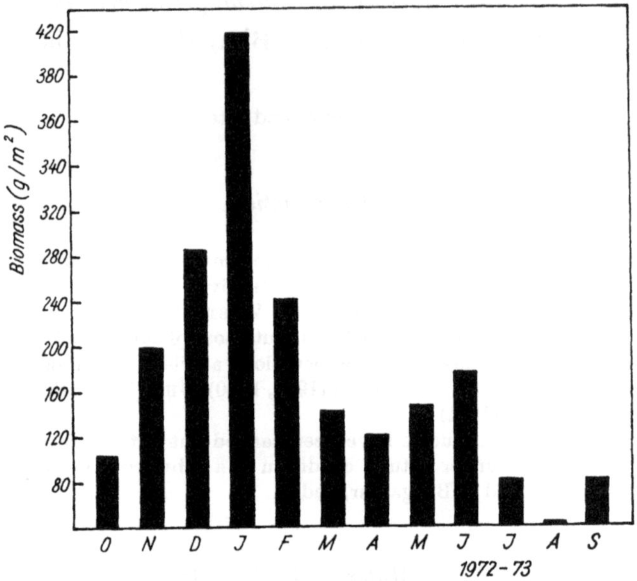

Fig. 1. Seasonal variations in the biomass production of *Potamogeton crispus*

The net annual biomass production, when calculated by summing up the positive differences obtained in different months, comes to 405.1 g/m² (Table 2). However, if the difference between the maximum and the minimum during the whole period of observation is taken into account, the net annual production of *P. crispus* comes to 373.76 g/m² (Table 1).

The highest productivity of the plant was 4.36 g/m² · day and the average rate of production was 2.2 g/m² · day. It has been oberserved that the low intensity of light due to high water level and profuse growth of free-floating plant (*Spirodela polyrhiza* SCHLEID.) affected the growth of *P. crispus*. In August, just after the rains, the water level gone up considerably and the freefloating plant grown profusely, almost covered the water surface. This prevented the ligth rays reaching the lower layers of the water and the photosynthetic activity of the plant was hampered, which resulted in the decrease of the biomass of *P. crispus*.

SINHA & SAHAI (1973) and NASAR (1975) also obtained an inverse relationship between the biomass of free-floating plant and submerged plant. A comparative table of the different species of macrophytic biomass production of different species from Indian freshwater bodies and marshy lands have been compiled in Table 3.

It is apparent from Table 3 that the rate of production of *P. crispus* is quite high in comparision to other reported species.

The annual increment was calculated from the difference between the maximum and the minimum weights (DAHLMAN & KUCERA 1965). It is interesting to note that

Table 1. Rate of Biomass Change of *P. crispus*

Months (1972–73)	Rate of biomass change (g/m²)
October	104.96 ± 0.91
November	200.64 ± 1.01
December	285.12 ± 1.25
January	416.00 ± 3.96
February	242.56 ± 2.05
March	153.60 ± 0,95
April	122.88 ± 1.27
May	147.84 ± 2.50
June	175.36 ± 1.52
July	83.20 ± 0.26
August	42.24 ± 0.45
September	83.84 ± 0.98

Table 2. Rate of Production of *P. crispus*

Period 25th Nov. onward at 1 month interval (1972–73)	Net production in different months (g/m²)	Net productivity (g/m² · day)
October–November	+95.68	3.18
November–December	+84.48	2.81
December–January	+130.88	4.36
January–February	−173.44	
February–March	−88.96	
March–April	−30.72	
April–May	+24.96	0.83
May–June	+27.52	0.91
June–July	−92.16	
July–August	−40.96	
August–September	+41.60	1.38

Table 3. Productivity of certain Indian macrophytes of shallow water bodies

Species	Maximum rate of productivity (g/m² · day)	Authors
Hydrilla verticillata	2.6	SINHA (1969)
Naias graminea	3.5	SINHA (1969)
Potamogeton pectinatus	1.5	SINHA (1969)
Potamogeton crispus	4.3	present author

about 89% of the plant material replaced during the year. The turn over values of macrophytes obtained by ODUM (1960) and the value (63%) obtained by JHA (1968) are nearer to that obtained in the present study.

The maximum biomass value in the plant was recorded invariably during January, when the temperature was low. Similar view has also been expressed by SINHA & SAHAI (1973). On the other hand, the tendency of attainment of summer maxima in other species of submerged macrophytes has been noticed by several workers, viz., FORSBERG (1959) and SINHA (1969) in *Ceratophyllum demersum*; OWENS & EDWARDS (1962) in *Potamogeton prolongus*; WESTLAKE (1963),and SINHA (1969) in *P. pectinatus*.

Summary

The present study deals with the seasonal changes in standing crop of a submerged aquatics (*Potamogeton crispus* L.) inhabiting a freshwater pond of Bhagalpur (India). The maximum biomass recorded was 416.0 ± 3.96 g/m² in January, 1973 and the minimum was 42.24 ± 0.45 g/m² in August 1972. The net annual biomass production was 405.1 g/m². The average rate of production obtained was 2.2 g/m² · day.

Резюме

Изучены сезонные изменения standing crop глубинного водного растения *Potamogeton crispus* L. в пресноводном пруде в Багальпуре (Индия). Максимум биомассы был рассмотрен в течение января 1973 г. и составлял 416,0 ± 3,96 г/м² и минимум — в августе 1972 года и был ровен 42,24 ± 0,45 г/м². Средняя величина производства равняется 2,2 г/м². д.

References

Bellamy, D. F., 1967: Succession & depth time scale in ephemeral swamp ecosystem. — Trop. Ecol. **8**, 67—75.

Bishai, H. M., 1962: The water characteristics of the Nile in Sudan with a note on the effect of *Eichhornia crassipes* on hydrobiology of Nile. — Hydrobiologia **19** (4), 357—382.

Dahlman, R. C., & C. L. Kucera, 1965: Root productivity and turnover in native prairie. — Ecology **46** (1/2), 84—89.

Dymond, G. C., 1959: The water hyacinth: a cinderella of the plant world. — In: Soil fertility & sewage (ed.: van Vuren), 221—227.

Forsberg, C., 1959: Quantitative sampling of subaquatic vegetation. — Oikos **10** (2), 233—240.

— 1960: Subaquatic macrovegetation in Ösbysjön, Djursholm. — Oikos **11** (2), 183—199.

Gay, P. A., 1960: Ecological studies of *Eichhornia crassipes* Solms. in the Sudan. — J. Ecol. **48** (1), 183—191.

Goulder, R., 1970: Day-time variations in the rates of production by two natural communities of submerged freshwater macrophytes. — J. Ecol. **58** (2), 521—528.

Jha, U. N., 1968: The pond ecosystem. — Ph. D. Thesis, Banaras Hindu University.

Nasar, S. A. K., 1975: Studies on some aspects of pond ecosystem at Bhagalpur. — Ph. D. Thesis, Bhagalpur University.

Nasar, S. A. K., & J. D. Munshi, 1971: Studies on the macrophytic biomass production and fish population in an abandoned pond of Bhagalpur, Bihar. — J. Bhagalpur Univ. (N. S.), **4** 8—16.

— 1976: Studies on the biomass production of *Spirodela polyrhiza* Schleid. — Geobios **3**, 134 to 135.

Nygaard, G., 1956: On the productivity of the bottom vegetation in Lake Grane Langs. — Verh. internat. Ver. theor. u. angew. Limnol. **13**, 144—155.

Odum, E. P., 1960: Organic production and turnover in Old Field succession. Ecology **41** (1), 34—49.

Penfound, N. T., & T. T. Earle, 1948: The biology of water hyacinth. — Ecol. Monogr. **18**, 447—472.

Rickett, H. W., 1921: A quantitative study of the larger aquatic plants of Lake Mendota, Wisconsin. — Trans. Wis. Acad. Sci. Arts Let. **20**, 501—527.

Sahai, R., & A. B. Sinha, 1970: Contribution to the ecology of Indian Aquatics. II — Studies on the productivity of duck-weeds (*Lemna minor* L. & *Spirodela polyrhiza* (L.) Schleid.). — Proc. 57th Indian Sci. Congr., 10.

Sinha, A. B., 1969: Studies on the bioecology and production of Ramgarh Lake, Gorakhpur. — Ph. D. Thesis. Gorakhpur Univ.

Sinha, A. B., & R. Sahai, 1973: Contribution to the ecology of Indian Aquatics. V. Seasonal changes in the biomass and rate of production of two perennial submerged macrophytes (*Hy-*

drilla verticillata ROYLE and *Naias graminea* DEL.) of Ramgarh Lake of Gorakhpur (India). Trop. Ecol. **14**, 19–28.

WESTLAKE, D. F., 1963: Comparision of plant productivity. – Biol. Rev. **28**, 385–425.

– 1965: Some basic data for the investigation of productivity of aquatic macrophytes. – Mem. Ist. Ital. Idrobiol. **18**, 229–248.

YAMAGUTI, H., 1955: Bottom deposits & higher aquatic plants of Lake Yogo, north of Lake Biwa. – Jap. J. Limnol. 17, 81–90.

Received March 26, 1976.

Addresses of the authors:
Dr. S. A. K. NASAR
Dept. of Zoology, School of Life Sciences
North Eastern Hill University
Shillong-793 003, Meghalaya
India

Dr. JAYASHREE DATTA MUNSHI
Ecological Research Laboratory
Post-Graduate Dept. of Zoology
Bhagalpur University
Bhagalpur, Bihar 812 007
India

Limnologica (Berlin)	11	2	1978	463–467

FREIDUN RAGHI-ATRI

Gewässereutrophierung und Röhrichte in Berlin (West)

Abstract

Within reed stands [*Phragmites australis* (CAV.) TRIN.] at differently eutrophied water regions in Berlin (West), the water chemistry was estimated as well as the nitrogen contents of the reed stems. Reed stems of the most heavily eutrophied locations show an increased nitrogen contents in accordance with other reports on an intense decrease of the reed and a reduction of the thickness of the sklerenchymes at the same locations.

Gewässereutrophierung bedeutet Anreicherung der Gewässer mit Nährstoffen; sie kommt auf natürliche Weise und hauptsächlich durch zivilisatorische Maßnahmen zustande. Die Nährstoffe gelangen durch häusliche, landwirtschaftliche und gewerbliche Abwässer sowie auch durch Niederschläge (und damit auch Straßenabwässer) in die Gewässer, die je nach geographischer Lage, Geologie und raumstrukturellen Verhältnissen des Gewässernetzes sowie in Abhängigkeit vom jeweiligen Lebensstandard belastet werden. Die Anhäufung und Steigerung der Nährstoffe im Gewässer verursachen eine Veränderung des biologischen Gewässerzustandes, der Uferböden und -sedimente sowie der Wasserpflanzen und Ufervegetation (LÜDEMANN 1954, BLUME & RÖPER 1972, BÜCKING 1972, KOHLER 1975, RAGHI-ATRI 1976).

Die Veränderung der Westberliner Ufervegetation — insbesondere der Röhrichte — in den letzten Jahrzehnten veranlaßte viele Untersuchungen, um die Auswirkung der belastenden Faktoren festzustellen bzw. näher zu klären. Dabei wurden viele anthropogen bedingte belastende Faktoren wie z. B. Schiffahrt sowie Bootsverkehr und Badebetrieb (unkontrollierte Badestellen) besonders in den am meisten bevorzugten Erholungsgebieten der Berliner Havelseen untersucht. Ebenso wurde auch die Veränderung des Uferbereichs (Vegetation und Ufermorphologie) durch Uferbauten, Anlegestellen und Bootsstege anhand von Zahlen und Materialien festgestellt (SUKOPP 1963, 1968, SUKOPP & KUNICK 1969a, b, vgl. SCHMIDT 1974).

Außer diesen direkten anthropogenen Einflüssen auf die Ufervegetation, von der die Röhrichte eine besondere Stellung unter den Makrophyten einnehmen, wegen ihrer Bedeutung für den Uferschutz sowie für die Reinhaltung des Oberflächenwassers, ist auch die ständig zunehmende Eutrophierung und ihr Einfluß auf die Wasserqualität (Trinkwasserversorgung) als ein wichtiger Faktor zu nennen (BITTMANN 1953, SEIDEL 1966, KICKUTH 1969).

Die Berliner Havelseen dienen seit 90 Jahren als Vorfluter für die Berliner Rieselfelder und erfahren außerdem zahlreiche Einleitungen aus privaten und sonstigen Einlässen, nicht zu vergessen das Kühlwasser aus Kraftwerken. Fast alle diese Wässer verursachen nicht nur eine Überdüngung, sondern führen u. a. auch andere organische Stoffkomplexe mit sich.

Da hier der Einfluß der Eutrophierung auf die Röhrichte, speziell *Phragmites australis* (CAV.) TRIN., besprochen werden soll, wurde das Augenmerk auf die chemisch-physikalischen Eigenschaften des Oberflächenwassers innerhalb der Westberliner Schilfbestände gerichtet. Als Vergleich liegen über die steigenden Phosphat-, Nitrat- und Salzgehalte in den Westberliner Gewässern während der letzten Jahrzehnte zahlreiche Daten und Berichte vor (Gewässerkundlicher Jahresbericht des Landes Berlin 1962—1975). Dabei weicht der Chemismus des Oberflächenwassers im Bereich natürlich erhaltener Ufer mit Vegetation (Röhricht) von dem des freien Wassers (Pelagial) ab (LOHAMMAR 1966, PLANTER 1970).

Hier soll ein kurzer Überblick über die chemisch-physikalische Beschaffenheit des Oberflächenwassers innerhalb von Westberliner Schilfbeständen dargelegt und der Zusammenhang zwischen hohen Nährstoffgehalten und dem Chemismus der Schilfpflanzen am Beispiel der Stickstoffgehalte kurz veranschaulicht werden. Dazu wurden verschiedene Schilfbestände, die für die jeweilige Uferlinie typisch waren, im Bereich der Ober- und Unterhavel sowie des Tegeler Sees unter Berücksichtigung der Hauptzuflüsse mit am stärksten belastetem Wasser — Tegeler Fließ und Spree — ausgewählt (s. Abb. 1), aus deren Mitte in monatlichen Abständen während der Jahre 1973—74 Wasserproben entnommen und im Laboratorium der Westberliner Wasserwerke untersucht wurden (Methodik: Deutsche Einheitsverfahren 1960—1972).

Die pH-Werte liegen hoch (7,3—8,8), ebenso die Gesamthärte (8,0—14,8 °dH); auch die Leitfähigkeit ist im Vergleich zu anderen Schilfbeständen (Berlin [West] und Ausland) mit 449,4—616,0 $\mu S \cdot cm^{-1}$ sehr hoch; die Chloridgehalte betragen 37 bis 58 mg/l, Eisen 0,08—0,89 mg/l, Magnesium 0,02—0,06 mg/l; Phosphor (Orthophosphat) liegt mit 0,07—1,2 mg/l im Vergleich mit anderen Schilfbeständen sehr hoch, wie auch NH_4-N mit 0,29—1,7 mg/l, NO_2-N mit 0,03—0,13 mg/l, NO_3-N mit 0,5—3,5 mg/l und Gesamt-N mit 1,8—5,7 mg/l (alle Werte Jahresmittelwerte) (s. RAGHI-ATRI 1976). Insgesamt liegen die Werte der Untersuchungsparameter hoch, besonders die Phosphor- und Stickstoffgehalte entsprechen zum großen Teil denen eines stark eutrophen Gewässers.

Über die Auswirkung einer übermäßigen Stickstoffversorgung auf den anatomischen Aufbau der Pflanzen ist aus der Landwirtschaft bekannt, daß z. B. bei Getreide eine Verminderung der Standfestigkeit hervorgerufen wird (MENGEL 1972). Beim Schilf wurde anhand eines Stickstoff-Düngungsversuches ein Einfluß auf die Sklerenchymausbildung festgestellt (TOBLER 1943). Um den Einfluß der hohen Stickstoffgehalte des Oberflächenwassers (auch des Bodensubstrats) an den unterschiedlich von der Eutrophierung betroffenen Schilfbeständen, auch auf die Stickstoffgehalte der Schilfpflanzen, festzustellen, wurden aus den genannten Wasserprobenentnahmegebieten Schilfproben entnommen und daran löslicher Stickstoff sowie Protein-Stickstoff bestimmt (Methodik s. BENNERT 1973). Die Gesamtstickstoffgehalte sowie die Gehalte an löslichem Stickstoff der Halme aus dem Tegeler See (Gesamtstickstoff ∅0,89% TS, löslicher Stickstoff ∅ 0,49 %TS) liegen höher als bei denen der Havel-Proben (Gesamtstickstoff ∅0,72% TS, löslicher Stickstoff ∅ 0,36% TS). Dies korreliert positiv mit den NO_3-N-Gehalten des Oberflächenwassers der Schilfbestände im Tegeler See, die am höchsten liegen (2,5—3,5 mg/l).

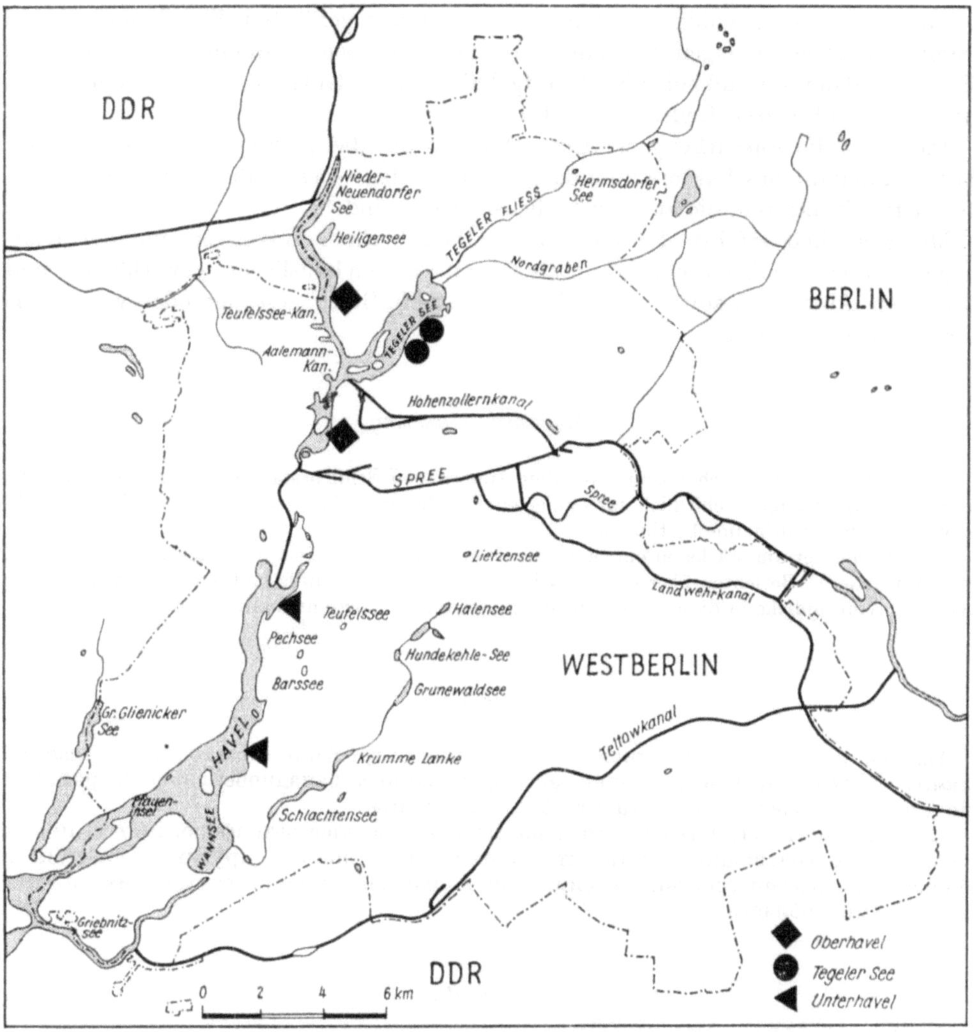

Abb. 1. Übersichtskarte der Havel und ihrer Zuflüsse in Berlin (West)

Infolge der Zusammenhänge zwischen Stickstoffangebot und Anatomie der Pflanze führt der höhere Gehalt an Gesamtstickstoff und besonders der Anteil an löslichem Stickstoff der Halme am Tegeler See im Vergleich zu den anderen Standorten zu einer geringeren Sklerenchymentwicklung, die sich in der Halmfestigkeit ausprägt. Andererseits müssen die Schilfpflanzen einer starken Algenentwicklung (Algenteppiche), hervorgerufen durch die hohen Nährstoffgehalte des Wassers, Widerstand leisten; hinzu kommen noch die anfangs genannten anthropogenen Einflüsse. Hier sei bemerkt, daß auch der stärkste Rückgang der Schilfhalme im Verlauf der Untersuchungen (1973—74) am Tegeler See festgestellt wurde (Raghi-Atri 1976).

Interessanterweise ergaben Untersuchungen von Sukopp und seinen Mitarbeitern, daß am Tegeler See, der am stärksten eutrophiert ist, eine geringere Sklerenchymringdicke (66,6 µm) der Schilfhalme auftrat als an der übrigen Havel (94,2 µm) (Sukopp et al. 1975). Diese völlig unabhängig voneinander geführten Forschungsarbeiten stimmen in ihren Aussagen miteinander überein und geben damit einen bekräftigenden Hinweis auf den Einfluß hoher Stickstoffgehalte infolge der Gewässereutrophierung auf das Schilf und letzten Endes den Schilfrückgang.

Damit ist die Auswirkung der Eutrophierung auf die Ufervegetation, speziell auf Schilf, anhand eines Faktors kurz dargestellt worden — es bleiben jedoch viele weitere Umweltfaktoren, die auch zu berücksichtigen sind.

Mit Sicherheit erfährt der Zustand der Westberliner Havelseen und der Ufervegetation eine Verbesserung, wenn die Einleitung von häuslichen, gewerblichen und sonstigen Abwässern sowie die anthropogenen Einflüsse gestoppt oder wenigstens stark reduziert werden.

Zusammenfassung

Es wurden der Wasserchemismus aus dem Innern von Schilfbeständen (*Phragmites australis* (Cav.) Trin.) aus unterschiedlich eutrophierten Westberliner Gewässerregionen sowie der Stickstoffgehalt der Schilfhalme bestimmt.

Schilfhalme der am stärksten eutrophierten Standorte zeigen einen erhöhten Stickstoffgehalt, was mit anderen Berichten über einen starken Rückgang des Schilfs und eine Verringerung der Sklerenchymringdicke in diesen Untersuchungsgebieten in Übereinstimmung steht.

Резюме

Были определены водохимизм из внутренности тростникового состава (*Phragmites australis* (Cav.) Trin.) в различно эвтрофированных западноберлинских районах вод, а также содержание азота в стеблях тростника.

Стебли тростника, находящегося на местах наиболее эвтрофированных, имеют повышенное содержание азота, что соответствует данным других сообщений о большой регрессии тростника и снижении кольцевой толщины склеренхима в этих исследуемых областях.

Literatur

Bennert, W., 1973: Chemisch-ökologische Untersuchungen an Arten der Krautschicht eines montanen Hainsimsen-Buchenwaldes (Luzulo-Fagetum). — Diss., Berlin.

Bittmann, E., 1953: Das Schilf (*Phragmites communis* Trin.) und seine Verwendung im Wasserbau. — Angew. Pflanzensoziol., H. 7.

Blume, H.-P., & H.-P. Röper, 1972: Veränderung hydromorpher Böden durch Überflutung und Uferinfiltration verschmutzter Gewässer. — Mitt. dt. bodenkundl. Ges. **16**, 272—279.

Bücking, W., 1972: Auswirkungen einer Flächen-Stickstoffdüngung auf Quellen und Oberflächengewässer im Düngungsgebiet. — Vortrag, Tagung „Gesellschaft für Ökologie", Gießen 1972, Tagungsber. „Belastung und Belastbarkeit von Ökosystemen", 85—89.

Deutsche Einheitsverfahren zur Wasser-, Abwasser- und Schlamm-Untersuchung 1960—1972. Physikalische, chemische und bakteriologische Verfahren. 3. Aufl. — Weinheim/Bergstr., Verlag Chemie.

Gewässerkundlicher Jahresbericht des Landes Berlin für die Abflußjahre 1962—1975. — Hrsg.: Senator Bau- u. Wohnungswesen, Berlin (West).

Kickuth, R., 1969: Höhere Wasserpflanzen und Gewässerreinhaltung. Ökochemische Wirkungen höherer Pflanzen und ihre Funktion bei der Gewässerreinhaltung. — Schr. Verein. dt. Gewässerschutz EV-VDG, Nr. 19.

KOHLER, A., 1975: Veränderungen natürlicher submerser Fließgewässervegetation durch organische Belastung. — Daten u. Dokumente Umweltschutz, H. 14 (Vorträge Tagung Umweltforsch. Univ. Hohenheim), 59—66.

LOHAMMAR, G., 1966: Some observations of horizontal variations in a eutrophic lake. — Verh. internat. Verein. Limnol. 16, 89—96.

LÜDEMANN, D., 1954: Die Verunreinigung der Berliner Gewässer und ihre Auswirkung. — Gesundheits-Ingenieur (G. I.) 75, 260—262.

MENGEL, K., 1972: Ernährung und Stoffwechsel der Pflanze. — Stuttgart, Gustav Fischer Verl.

PLANTER, M., 1970: Physico-chemical properties of the water of reedbelts in Mikolajskie, Taltowisko and Sniardwy lakes. — Pol. Arch. Hydrobiol. 17 (30), 337—356.

RAGHI-ATRI, F., 1976: Ökologische Untersuchungen an *Phragmites communis* TRINIUS in Berlin unter Berücksichtigung des Eutrophierungseinflusses. — Diss., Techn. Univ. Berlin (West).

SCHMIDT, E., 1974: Ökosystem See. Das Beziehungsgefüge der Lebensgemeinschaft im eutrophen See und die Gefährdung durch zivilisatorische Eingriffe (Biologische Arbeitsbücher, Bd. 12). — Heidelberg, Quelle & Meyer.

SEIDEL, K., 1966: Reinigung von Gewässern durch höhere Pflanzen. — Naturwissenschaften 53, 289—297.

SUKOPP, H., 1963: Die Ufervegetation der Havel. — Hrsg.: Senator Bau- u. Wohnungswesen Berlin (West).

— 1968: Veränderungen des Röhrichtbestandes der Berliner Havel 1962—1967. — Hrsg.: Senator Bau- u. Wohnungswesen Berlin (West).

SUKOPP, H., & W. KUNICK, 1969a: Veränderungen des Röhrichtbestandes der Berliner Havel 1962—1967. — Berliner Naturschutzbl. 13, 303—313, 332—344.

— 1969b: Die Ufervegetation der Berliner Havel. — Natur u. Landsch. 44, 287—292.

SUKOPP, H., B. MARKSTEIN & L. TREPL, 1975: Röhrichte unter intensivem Großstadteinfluß. — Beitr. naturkdl. Forsch. Südw.-Dtl. 34 (OBERDORFER-Festschrift), 371—385.

TOBLER, F., 1943: Stengelbau, Festigkeits- und Verwertungsunterschiede beim Schilfrohr (*Phragmites communis* TRIN.). — Angew. Bot. 25, 165—177.

Eingegangen am 12. 10. 1977.

Anschrift des Verfassers:
Dr. Ing. F. R. RAGHI-ATRI
Technische Universität Berlin
Institut für Ökologie
Fachgebiet Botanik
Rothenburgstraße 12
Berlin (West) 41

Limnologica (Berlin)	11	2	1978	469—478

FRITZ JUNGNICKEL

Phosphatbedarf und Mangelsymptome bei einigen axenisch kultivierten Lemnaceen

Mit 5 Abbildungen

Inhalt

1. Einleitung

Phosphat limitiert häufig das Wachstum photoautotropher Organismen in Binnengewässern (GESSNER, 1955, 1959). So kann das Vorkommen bestimmter Algen-Biozönosen als Gütekriterium oder als Gradmesser der Verunreinigung von Gewässern herangezogen werden (UHLMANN 1975). SCHULZ (1962) stellt ähnlich unterschiedliche Ansprüche bzw. Toleranzen bei Wasserlinsen fest: Zum Beispiel kommt *Lemna trisulca* nur in der oligosaproben Zone der Gewässer vor, während *Lemna minor* häufig als einzige Blütenpflanze in extrem nährstoffreichen, jedoch sauerstoffarmen Teichen intensiv wächst.

REID & BIELESKI (1970) fanden bei der in Europa nicht vorkommenden Teichlinse *Spirodela oligorhiza* nach Phosphatmangel eine intensive Anthozyanfärbung. Das entspricht weitgehend den an Landpflanzen erhobenen Befunden (MENGEL 1972). Es war deshalb von Interesse zu prüfen, ob europäische Wasserlinsen typische Symptome aufweisen, die Rückschlüsse auf den Phosphatgehalt des Substrats erlauben. In diesem Zusammenhang sollte auch der minimale Phosphatbedarf zum Aufbau einer bestimmten Lemnaceen-Population ermittelt werden. ZurAusschaltung von Nährstoffkonkurrenten wurden axenische Kulturbedingungen eingehalten.

Im folgenden soll zusammenfaßend über Versuche zum Wachstum von Lemnaceen-Populationen unter Phosphatlimitation berichtet werden. Dabei wird auch die Spezifität der Symptomausprägung bei Phosphatmangel unter besonderer Berücksichtigung des Auftretens von Anthozyanen und Turionen überprüft.

2. Material und Methoden

2.1. Objekte

Lemna gibba L., Stamm *G 1*, erhielten wir 1968 als axenische Kultur von Prof. Dr. R. KANDELER aus Würzburg; die Herkunft ist bei KANDELER (1969) beschrieben.

Lemna minor L. übernahmen wir 1969 aus Halle als axenischen Stamm, vgl. Liedtke & Ohmann (1969); nach mündlicher Mitteilung von Dr. E. Ohmann stammt dieses Material von Bornkamm (1965) und dürfte demnach mit dem von Pirson & Seidel (1950) isolierten Klon *St* identisch sein.

Lemna minor forma *leptophylla* Domin (Glück 1936) übernahm der Botanische Garten der Universität Jena vom Botanischen Garten der Universität Prag; als ursprünglicher Fundort ist Cirkvice (Böhmen, ČSSR) angegeben. Im Februar 1976 isolierten wir einen Stamm in folgender Weise: Junge Sprosse wurden bis zu 2 min. mit 1,7%iger Jodjodkaliumlösung, der kurz vor Gebrauch 0,1% TWEEN 20 zugesetzt worden war, desinfiziert. Die Dunkelfärbung (Jodstärkereaktion) erfaßte dabei nicht die in den Taschen sitzenden Meristeme. Nach Behandlung mit der Desinfektionslösung exponierten wir die Objekte sofort auf glucosehaltige Nährlösung unter Dauerlicht. Nach Regeneration und Vorvermehrung wurden 12 Isolate mit unterschiedlichen Bakterien- und Pilznährböden auf Keimfreiheit geprüft; ein Isolat diente schließlich zum Aufbau des Klons, der unter der Stammbezeichnung *LLJ* in unserer Sammlung weitergeführt wird.

Lemna trisulca L. wurde 1969 einem Freilandbecken des Botanischen Gartens der Universität Jena entnommen. Die Desinfektion junger Sproßverzweigungen nahmen wir wie oben angegeben vor; die Behandlungszeit wurde bis zu 4 min. gestaffelt. Nach Überprüfung der Keimfreiheit von 18 Isolaten beschränkten wir uns schließlich auf einen Klon, der als Stamm *TJ* in die Sammlung übernommen wurde.

Spirodela polyrhiza (L.) Schleiden stammt aus einem toten Arm der Saale (zwischen Jena-Zwätzen und Porstendorf). 1969 wurden Pflanzen auf ein Mineralmedium überführt und bis zur Ausbildung von Turionen unsteril vermehrt. Die Turionen desinfizierten wir bis zu 4 min. nach der oben angegebenen Methode. Ein auf Keimfreiheit geprüftes Exemplar führte zum Klon, der seitdem als Stamm *SJ* axenisch weiterkultiviert wird.

Wolffia arrhiza (L.) Wimm. entnahmen wir 1967 einer Rohkultur des Botanischen Gartens der Universität Jena. Desinfektionsversuche mit der angegebenen Jodlösung sowie mit Bromwasser, Hypochloritlösung, alkoholischen sowie alkoholfreien Quecksilbersalzlösungen unterschiedlicher Konzentration hatten entweder eine Schädigung der empfindlichen Objekte zur Folge (Wachstumsstillstand und Nekrose) oder erwiesen sich bei sehr kurzen Behandlungszeiten als unzureichend (Prüfung auf Keimfreiheit); entsprechende Komplikationen waren auch bei *Wolffia microscopica* beobachtet worden (Venkataraman et al. 1970). Folgendes Verfahren lieferte schließlich den gewünschten Erfolg: Junge, auf angetrocknetem Nähragar vorkultivierte Pflanzen wurden wiederholt mit steriler, 0,2%iger Lösung von TWEEN 20 behandelt und mit sterilem Aqua dest. mehrmals nachgespült. Sodann überführten wir die Einzelpflanzen in Kulturgefäße, in denen für das Anwachsen eventueller Fremdinfektionen günstige Bedingungen vorlagen (pH 6,8; Zusatz von Hefe- und Malzextrakt). Nach weiteren Sterilitätsprüfungen auf verschiedenen Pilz- bzw. Bakteriennährböden standen schließlich 11 axenische Stämme zur Verfügung; der Klon 6 erwies sich als besonders vital (Kriterium: Verdoppelungszeit) und wird seither als Stamm *WJ* in unserer Sammlung geführt.

2.2. Versuchsbedingungen[1])

Für die Stamm- und Vorkulturen modifizierten wir die von Bornkamm (1965) angegebene Nährlösung nach Kuhl geringfügig, indem 0,1 mg Na_2MoO_4, 0,3 mg $ZnSO_4$, 10 g Glukose und 10 g Agar-Agar pro Liter Nährmedium zugefügt wurden. Die Anzucht des Versuchsmaterials erfolgte auf dem gleichen Substrat ohne Agar-Agar. Zur Ermittlung des Phosphatbedarfs wurden Kulturen mit unterschiedlichem Phosphatangebot angesetzt. Zum Abschluß der Versuche überprüften wir den Phosphatgehalt des Nährmediums nach Pulss (1960). Unter Verwendung von 2-cm-Küvetten konnten Konzentrationen über 0,01 µg/ml sicher nachgewiesen werden (Messung bei 382 nm).

Bei *Lemna*- bzw. *Spirodela*-Arten wurden als Inokulum jeweils 2 junge Exemplare mit einer Platinit-Abstrichöse übertragen. Für *Wolffia arrhiza* verwendeten wir einen am Ende spiralig gewundenen Platindraht, mit dem ca. 20 Pflanzen auf das Substrat übertragen wurden; auf diese Weise konnten toxische Effekte des Platinits bei *Wolffia* vermieden werden.

Als Kulturgefäße dienten 50- bzw. 100-ml-Erlenmeyerkolben (20 bzw. 40 ml Nährmedium enthaltend), die mit Wattestopfen verschlossen und 20 min bei 1,1 atü sterilisiert wurden. Die Kulturen standen z. T. bei 26 °C unter ca. 2500 Lux Dauerlicht (Fluoreszenz-Lampen NARVA weiß

[1]) Frau B. Bratfisch möchte ich für sorgfältige technische Assistenz auch an dieser Stelle danken.

de Luxe); parallel dazu interessierte auch das Verhalten unter Kurztagsbedingungen (Zeitraum Mitte Dezember/Anfang Februar) bei diffusem Tageslicht und Tag/Nacht-Temperaturwechsel (maximal 23 °C, minimal 14 °C).

3. *Ergebnisse*

3.1. Phosphatmangelkulturen und Phosphatbedarf

Der Phosphatgehalt des eingesetzten Vollmediums ist offenbar nicht limitierender Faktor für das Wachstum von *Lemna minor* (Abb. 1a): Bereits 150 µmol bedingen keine deutlich schwächere Entwicklung der Population. Zwischen 0 und 100 µmol besteht aber unter standardisierten Bedingungen weitgehend lineare Proportionalität zwischen der eingesetzten Phosphatmenge und der in der stationären Phase erreichten Organismenzahl. Daraus läßt sich für die untersuchten Stämme eine minimale Phosphatmenge ermitteln, die zum Aufbau eines Sprosses unabdingbar notwendig ist. Die Werte unterscheiden sich selbst innerhalb der Gattung *Lemna* wesentlich (*L. gibba*: 184 ± 37 ng P; *L. minor* 115 ± 12 ng P; *L. trisulca*: 104 ± 13 ng P; *L. minor* f. *leptophylla*: 42 ± 6 ng P). *Spirodela polyrhiza* (338 ± 53 ng P) und *Wolffia arrhiza* (11 ± 2 ng P) weisen den höchsten bzw. niedrigsten Bedarf auf.

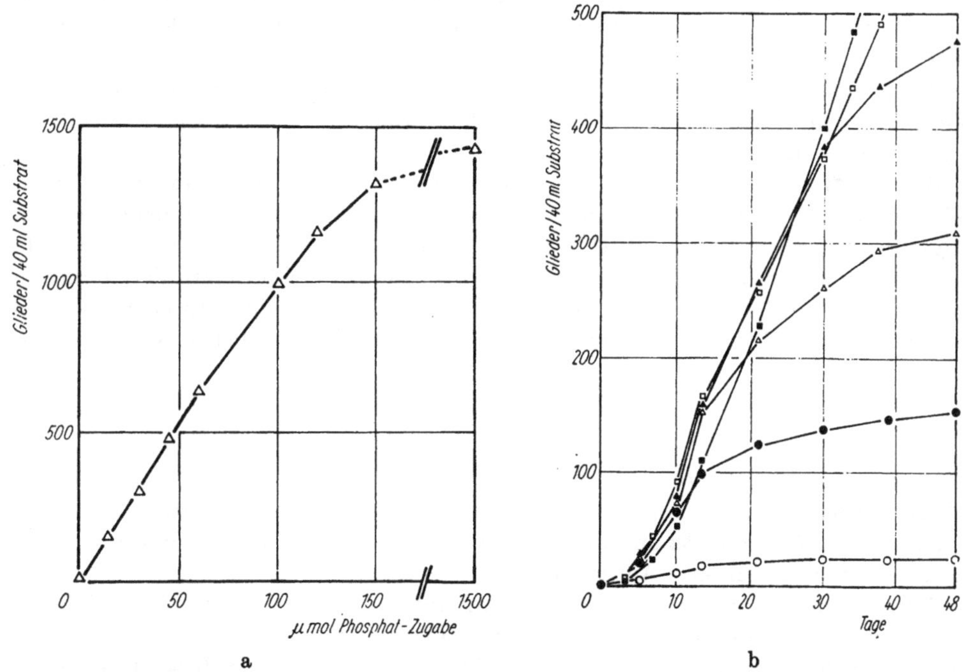

Abb. 1. Wachstum von *Lemna minor* bei variiertem Phosphatangebot, 26 °C, Dauerlicht

a — Maximalertrag bei Abschluß des Wachstums der Population; b — Orthophosphatkonzentration im Medium:

○ — ohne Phosphat; ● — 15 µmol; △ — 30 µmol; ▲ — 45 µmol; □ — 150 µmol; ■ — 1500 µmol (Vollmedium)

Die Frühentwicklung der Kulturen verlief bei *Lemna minor* günstiger als im Kontrollmedium, wenn der Phosphatgehalt auf 15—150 µmol reduziert wurde (Abb. 1b); später überschneidet sich der Verlauf der Wachstumskurven. Ganz ähnlich reagierten *L. gibba* und *W. arrhiza* auf reduziertes Phosphatangebot. Bei *Spirodela polyrhiza* wirkte sich in keiner Phase ein erniedrigter Phosphatgehalt des Mediums günstiger aus; *Lemna trisulca* hingegen zeigte bei 150 µmol bis zum Abschluß des Wachstums eine im Vergleich mit der Kontrolle positive Reaktion.

Eine maximale Ausbeute an typischen Phosphatmangelpflanzen erzielten wir bei allen Objekten mit einem Medium, das 60 µmol Phosphat enthielt. Nach Abschluß des Wachstums konnte dann mit unserer Methode auch kein Orthophosphat im Medium mehr nachgewiesen werden. *Spirodela polyrhiza* nahm fast das gesamte Phosphat des Vollmediums auf; dies wurde bei den anderen eingesetzten Stämmen nicht beobachtet.

3.2. Turionenbildung

In keinem Fall konnten Turionen bei den verwendeten Stämmen von *L. minor* und *L. trisulca* nachgewiesen werden.

An *Lemna gibba* traten nach Phosphatlimitation unter Kurztagsbedingungen und bei Zimmertemperatur turionenähnliche Sprosse auf, die jedoch meist noch fest mit dem Muttersproß verwachsen blieben und kurze Wurzeln aufwiesen; nur selten lösten sie sich und sanken auf den Boden der Kulturgefäße; eine dunklere Färbung unterscheidet diese Form von den Muttersprossen.

Bei *Wolffia arrhiza* waren untergetauchte, wachsende Sprosse nur bedingt von Turionen zu unterscheiden; nach Abschluß der Vermehrung lagen aber viele Turionen vor; sie sind mikroskopisch erkennbar.

Bei *Spirodela polyrhiza* ist die Ausbildung von Turionen typisches Symptom für Wachstumsstillstand. Durch Phosphatmangel konnten selbst bei Dauerlicht und Temperaturen zwischen 25 und 30 °C Turionen induziert werden. Eine Erniedrigung der Temperatur auf ca. 15 °C förderte die durch Phosphatmangel bedingte Vergilbung der ausgewachsenen Sprosse und die Turionenbildung gleichermaßen. In einem Medium mit 60 µmol KH_2PO_4 wurden zahlreiche Turionen sehr einheitlicher Größe gebildet (Abb. 2).

3.3. Anthozyane

Unsere Stämme von *Lemna minor* und *Wolffia arrhiza* wiesen bei beginnendem Phosphatmangel keine typischen Farbsymptome auf; hingegen enthielten die Stämme von *Spirodela*, *Lemna gibba* und *Lemna trisulca* nach Phosphatlimitation artspezifisch unterschiedlich lokalisierte Anthozyane.

Spirodela polyrhiza war im Mangelzustand auf der Unterseite fast einheitlich rotviolett gefärbt, während normal ernährte Kontrollpflanzen nur an der Wurzelansatzstelle leicht rot pigmentiert blieben; bei den Oberseiten war dieser Unterschied nicht vorhanden (Abb. 2). Nach Phosphatmangel entstehende Turionen (Abb. 2) waren beiderseitig olivgrün bis violett.

Lemna gibba hingegen zeigte erst bei extremem Phosphatmangel eine rote Verfärbung der Oberseite, während sich die Farbe der Unterseiten von Mangel- bzw. Kontrollpflanzen nicht so deutlich unterschieden (Abb. 3). Bei phosphatlimitiertem Wachs-

Abb. 2. *Spirodela polyrhiza*; × 2

Links – Kontrollpflanzen (Vollmedium); rechts – Phosphat-Mangelorganismen (30 μmol Phosphat, 7 Tage nach Wachstumsstillstand der Population); oben – Oberseite der Pflanzen; unten: Unterseite der Pflanzen

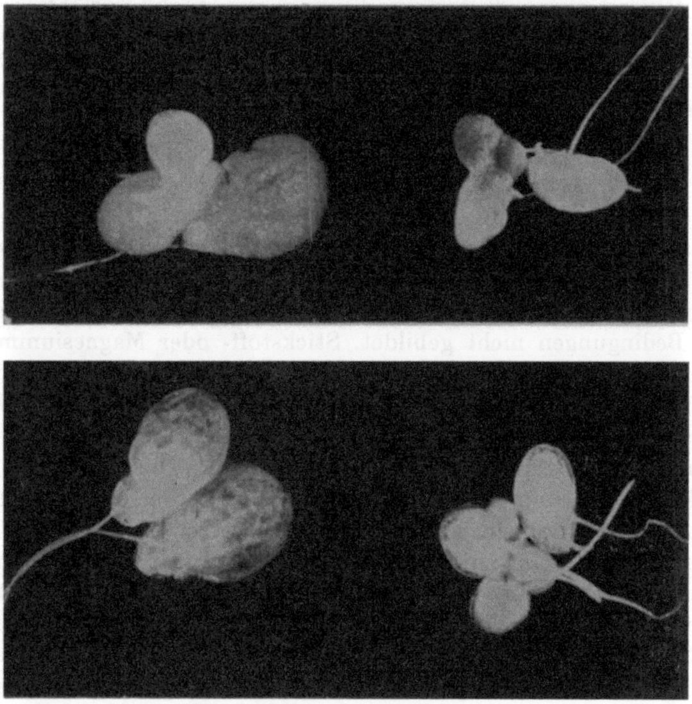

Abb. 3. *Lemna gibba*, Anordnung der Objekte wie bei Abb. 2; × 3

tum wiesen auch junge Sprosse von *L. gibba* eine dunkelgrün-violette Farbe auf, die der von *Spirodela*-Turionen entsprach.

Lemna trisulca nimmt hinsichtlich der Lokalisierung von Anthozyanen eine Sonderstellung ein: Beide Seiten waren bei Phosphatmangelpflanzen braun-rot, die Pigmentierung verteilte sich ungleichmäßig über die Fläche der Pflanzen (Abb. 4). Nur bei gleichzeitigem, langfristigem Einwirken von Phosphatmangel und starker Beleuchtung trat intensive Anthozyanfärbung auf.

Abb. 4. *Lemna trisulca*, Anordnung der Objekte wie bei Abb. 2; × 3

3.4. Spezifität der Symptome

Wir überprüften anschließend die Frage, ob Stickstoff- oder Magnesiummangel analoge Symptome auslösen kann. Die Stämme von *L. minor* sowie *W. arrhiza* reagierten mit unterschiedlich ausgeprägten Chlorosen; Anthozyane wurden jedoch auch unter diesen Bedingungen nicht gebildet. Stickstoff- oder Magnesiummangel löste bei *L. gibba* und *Sp. polyrhiza* gleichfalls intensive Anthozyanbildung auf der Ober- bzw. Unterseite aus; diese Mangelsymptome waren wegen chlorotischer Effekte sogar noch auffälliger als bei Phosphatmangelpflanzen. *L. trisulca* wies nach Stickstoffmangel unter direktem Dauerlicht nur einige rotbraune, randständige Zellen auf; Stickstoff- oder Magnesiummangelpflanzen konnten — besonders wegen chlorotischer Effekte — kaum mit Phosphatmangelorganismen verwechselt werden.

Turionen erschienen auch nach Stickstoff- bzw. Magnesiummangel nur bei *Sp. polyrhiza* und *W. arrhiza*. Im Vergleich mit der durch Phosphatmangel bedingten Turionenbildung waren jedoch besonders bei *Sp. polyrhiza* deutliche Unterschiede vorhanden: Sowohl die Induktion als auch die anschließende Abszission der Turionen waren offensichtlich durch Phosphatmangel spezifisch begünstigt und traten dann selbst bei Temperaturen über 30 °C auf.

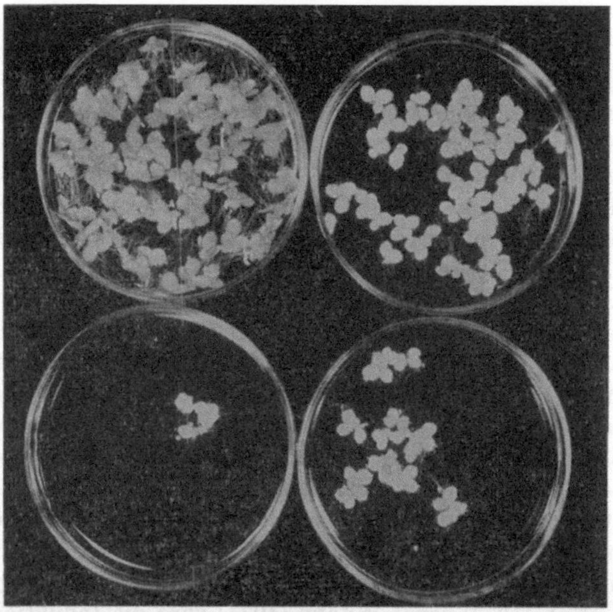

a

b

b

Abb. 5. *Spirodela polyrhiza*

a – links oben – 5 mmol NO_3^- (Kontrolle); rechts oben – 0,5 mmol NO_3^-; rechts unten 0,2 mmol NO_3^-; links unten – 0 mmol NO_3^-; × 0,5

b – links – Kontrollpflanzen (Vollmedium); rechts – Stickstoff-Mangelorganismen (0,2 mmol NO_3^-, 7 Tage nach Wachstumsstillstand der Population); oben – Oberseite der Pflanzen; unten – Unterseite der Pflanzen; × 2

4. *Diskussion*

Die vorliegenden Ergebnisse bestätigen den Befund von Reid & Bieleski (1970), daß Phosphatmangel auch bei Wasserlinsen Anthozyanbildung auslösen kann. Offensichtlich bestehen jedoch wesentliche Unterschiede zwischen den untersuchten Stämmen: Die Vertreter von *L. minor* bzw. *W. arrhiza* zeigten unter unseren Versuchsbedingungen keine Anthozyan-Färbung. Bei den anderen Arten lag zwar die genetische Potenz zur Anthozyansynthese vor, war aber selbst unter Phosphatmangelbedingungen in Abhängigkeit von der Zell- bzw. Gewebedifferenzierung unterschiedlich ausgeprägt.

Die Befunde entsprechen der Konzeption, daß Phosphatmangel auch bei Lemnaceen die differentielle Genaktivierung beeinflussen kann; entsprechende Hinweise gibt Bieleski (1973). Die Anthozyanbildung trat jedoch bei *Sp. polyrhiza* und *L. gibba* auch nach N- bzw. Mg-Limitation in den entsprechenden Geweben auf, was auf die Unspezifität des Symptoms hinweist. Der Anthozyangehalt von Blütenpflanzen kann durch verschiedene Außenfaktoren (Ulrychova & Sosnova 1970), aber auch durch Phytohormone (Conrad 1974) beeinflußt werden. Dementsprechend könnten unspezifische Mangelsymptome in der „stationären“ Wachstumsphase von Lemnaceen über eine Verschiebung des Gleichgewichtes endogener Phytohormone ausgelöst werden.

Nach Bhalla et al. (1973) sowie Weber (1974) wird die Induktion von Turionen gleichfalls durch limitierende Wachstumsfaktoren, aber auch durch Phytohormone beeinflußt.

Bei *Lemna minor* bzw. *Lemna minor* forma *leptophylla* trat weder Anthozyan- noch Turionenbildung auf; *Wolffia arrhiza* bildet zwar keine Anthozyane, jedoch Turionen; *Lemna gibba* und *Lemna trisulca* weisen zwar Anthozyane, aber keine typischen Turionen auf. Nur *Spirodela polyrhiza* zeigt beide Effekte und ist somit als Indikatorpflanze besonders geeignet: Einheitlich grüne, vegetative Pflanzen dieser Art weisen besonders dann auf einen günstigen Nährstoff-Versorgungsgrad hin, wenn die entsprechende Population in nährstoffarmem Wasser zur Anthozyan- bzw. Turionenbildung befähigt ist. Beim Auftreten von Anthozyanen deutet eine dunkelgrün gefärbte Oberseite Phosphatmangel an, während deren hellgrün-gelbliche Verfärbung durch stickstoffarmes Substrat bedingt sein kann.

Der minimale Phosphatbedarf der einzelnen Arten erlaubt eine erste Abschätzung der Phosphatelimination. Damit ist allerdings nur ein unterer Wert gegeben. Nach Bieleski (1973) muß damit gerechnet werden, daß Lemnaceen mehr als das zehnfache ihres Phosphatbedarfes auch gegen sehr hohe Konzentrationsgradienten speichern können; das Gleichgewicht zwischen Aufnahme und Abgabe liegt bei 0,3 bis 0,5 µmol. Damit bieten sich Lemnaceen zur weiteren Phosphat- bzw. Stickstoffelimination aus vorgereinigten Abwässern an; die hierbei anfallende Biomasse kann als Futter verwendet werden (Schulz 1962, Culley & Epps 1973).

5. *Zusammenfassung*

Folgende Lemnaceen wurden axenisch unter normalen bzw. Phosphatmangelbedingungen kultiviert: *Lemna gibba* L., Stamm *G 1*; *Lemna minor* L., Stamm *St*; *Lemna minor* forma *leptophylla* Domin, Stamm *LLJ*; *Lemna trisulca* L., Stamm *TJ*; *Wolffia arrhiza* (L.) Wimm., Stamm *WJ*; *Spirodela polyrhiza* (L.) Schleiden, Stamm *SJ*.

In batch-Kulturen benötigten die Stämme für die Entwicklung einer Pflanze unterschiedliche Phosphatmengen: *SJ*: 338 ± 53 ng P, *G 1*: 184 ± 37 ng P, *St*: 115 ± 12 ng P, *TJ*: 104 ± 13 ng P, *LLJ*: 42 ± 6 ng P, *WJ*: 11 ± 2 ng P. Ein hoher Ertrag an Phosphatmangelpflanzen wurde beim Einsatz von Medien mit 60 μmol Orthophosphat erzielt.

Nach phosphatbegrenztem Wachstum traten Turionen nur bei *Sp. polyrhiza* und *W. arrhiza* auf; Turionen-ähnliche Gebilde wurden bei *L. gibba* gefunden. Während der Phosphatverarmung traten Anthozyane an der Oberseite von *L. gibba*, an der Unterseite von *Sp. polyrhiza* und an beiden Seiten von *L. trisulca* auf. Diese Symptome sind relativ unspezifisch, können jedoch — gemeinsam mit anderen sichtbaren Merkmalen einer Wasserlinsen-Population — zur Charakterisierung des Nährstoff-Zustandes in einem Süßwasser-Biotop beitragen.

Summary

The following Lemnaceae have been cultivated axenically under normal or phosphate starvation conditions: *Lemna gibba* L., strain *G 1*: *Lemna minor* L., strain *St*: *Lemna minor* forma *leptophylla* Domin, strain *LLJ*; *Lemna trisulca* L., strain *TJ*; *Wolffia arrhiza* (L.) Wimm., strain *WJ*; *Spirodela polyrhiza* (L.) Schleiden, strain *SJ*.

In batch cultures the strains require different amounts of phosphate for growth of one frond: *SJ*: 338 ± 53 ng P, *G 1*: 184 ± 37 ng P, *St*: 115 ± 12 ng P, *TJ*: 104 ± 13 ng P, *LLJ*: 42 ± 6 ng P, *WJ*: 11 ± 2 ng P. Phosphorus deficient plants were obtained in high yield when applying media which contained 60 μmol orthophosphate.

After phosphate limited growth turions only occurred in *Sp. polyrhiza* and *W. arrhiza*, turion-like fronds were found in *L. gibba*. During phosphate starvation anthocyanins were formed at the top side of *L. gibba*, at the lower surface of *Sp. polyrhiza* and on both sides of *L. trisulca*. These symptoms of phosphate starvation are rather low specific ones, however, together with other visible features of a duckweed population, they may contribute to characterize the nutrient state of a freshwater habitat.

Резюме

Следующие рясковые культивировались на аксенных питательных средах в нормальных условиях, т. е. при недостатке фосфата: *Lemna gibba* L., штамм G *1*: *Lemna minor* L., штамм *St*; *Lemna minor* forma *leptophylla* Domin, штамм *LLJ*; *Lemna trisulca* L., штамм *TJ*; *Wolffia arrhiza* (L.) Wimm., штамм *WJ*; *Spirodela polyrhiza* (L.) Schleiden штамм *SJ*.

В batch-Культурах роста для одного растения различные штаммы нуждались в различном количестве фосфата: *SJ*: 338 ± 53 нг P, *G 1*: 184 ± 37 нг P, *TJ*: 115 ± ± 12 нг P, *TJ*: 104 ± 13 нг P, *LLJ*: 42 ± 6 нг P, *WJ*: 11 ± 2 нг P. Высокая урожайность растений, растущих при недостатке фосфата, была установлена при применении питательных сред, содержащих 60 мкмоль ортофосфата.

После роста растений, лимитированного содержанием фосфата, зимующие почки появились только у *Sp. polyrhiza* и *W. arrhiza*; похожие на зимующие почки образования были обнаружены у *L. gibba*. В процессе фосфатного обеднения появились антоцианы у *L. gibba* на верхней стороне, у *Sp. polyrhiza* на нижней стороне, у *L. trisulca* на обеих сторонах. Эти симптомы сравнительно неспецифичны, однако, в сочетании с другими видимыми отличительными чертами популяции рясковых они могут способствовать определению содержания питательных веществ в пресноводном биотопе.

6. Literatur

Bhalla, P. R., A. H. Pieterse & P. S. Sabharwal, 1973: Some aspects of flowering, gibbosity and turion formation in *Lemnaceae*. — Acta Bot. Neerl. 22, 433—445.

Bieleski, R. L., 1973: Phosphate pools, phosphate transport, and phosphate availability. — Ann. Rev. Plant Physiol. 24, 225—252.

BORNKAMM, R., 1965: Die Rolle des Oxalats im Stoffwechsel höherer grüner Pflanzen. — Flora, Abt. A **156**, 139—171.

CONRAD, K., 1974: Ein sensibilisierter Amaranthus-Cytokinintest (AT 74). — Biochem. Physiol. Pflanzen **165**, 531—535.

CULLEY, D. D. jr. & E. A. EPPS, 1973: Use of duckweed for waste treatment and animal feed. — J. Water Pollut. Control Fed. **45**, 337—347.

GESSNER, F., 1955: Hydrobotanik. Die physiologischen Grundlagen der Pflanzenverbreitung im Wasser I. Energiehaushalt. — VEB Dt. Verl. d. Wiss., Berlin.

— 1959 Hydrobotanik. Die physiologischen Grundlagen der Pflanzenverbreitung im Wasser II. Stoffhaushalt. — VEB Dt. Verl. d. Wiss., Berlin.

GLÜCK, H., 1936: Pteridophyten und Phanerogamen unter gleichzeitiger Berücksichtigung der wichtigsten Wasser- und Sumpfgewächse des ganzen Kontinents von Europa. — In: PASCHER, H. (Hrsg.): Die Süßwasser-Flora Mitteleuropas **15**, Gustav Fischer, Jena.

KANDELER, R., 1969: Hemmung der Blütenbildung von *Lemna gibba* durch Ammonium.—Planta (Berl.) **84**, 279—291.

LIEDTKE, M.-P., & E. OHMANN, 1969: Synthese und Inaktivierung von alkalischer Phosphatase in *Lemna minor*. — Flora, Abt. A **160**, 378—390.

MENGEL, K., 1972: Ernährung und Stoffwechsel der Pflanze, 4. Aufl. — VEB Gustav Fischer Verl., Jena.

PIRSON, A., & F. SEIDEL, 1950: Zell- und Stoffwechselphysiologische Untersuchungen an der Wurzel von *Lemna minor* L. unter besonderer Berücksichtigung von Kalium- und Kalziummangel. — Planta **38**, 431—473.

PULSS, G., 1960: Eine einfache Mikrobestimmung der Phosphorsäure im Kjeldahl-Aufschluß von biologischem Material nach der Vanadat-Molybdat-Methode. — Z. analyt. Chem. **176**, 412 bis 421.

REID, M. S., & R. L. BIELESKI, 1970: Response of *Spirodela oligorhiza* to phosphorus deficiency. — Plant Physiol. **46**, 609—613.

SCHULZ, B., 1962: Wasserlinsen. — A. Ziemsen Verl., Wittenberg Lutherstadt.

UHLMANN, D., 1975: Hydrobiologie. Ein Grundriß für Ingenieure und Naturwissenschaftler. — VEB Gustav Fischer Verl., Jena.

ULRYCHOVA, M., & V. SOSNOVA, 1970: Effect of phosphorus deficiency on anthocyanin content in tomato plants. — Biol. Plantarum (Praha) **12**, 231—235.

VENKATARAMAN, R., P. N. SETH, & S. C. MAHESHWARI, 1970: Studies on the growth and flowering of a short-day plant, *Wolffia microscopica*. I. General aspects and induction of flowering by cytokinins. — Z. Pflanzenphysiol. **62**, 316—327.

WEBER, J. A., 1973: Induction, dormancy, and germination of the turions of *Myriophyllum verticillatum* L. — Diss., Univ. of Michigan. Abstr. in: Diss. Abstr. Internat. **35**, **1**, **1974**.

Eingegangen am 15. 11. 1976.

Anschrift des Verfassers:
Dr. rer. nat. FRITZ JUNGNICKEL
Sektion Biologie der
Friedrich-Schiller-Universität Jena
Wissenschaftsbereich Pflanzenphysiologie
DDR 69 Jena
von-Hase-Weg 3

Limnologica (Berlin)	11	2	1978	479–516

Rezensionen

RUDOLF SCHUBERT & GÜNTHER WAGNER: **Pflanzennamen und botanische Fachwörter.** 6. verbess. u. erw. Aufl. Radebeul: Neumann-Verlag 1975. 466 S. Flex. geb. M 12,80

Dieses „Botanische Lexikon" enthält nach dem Vorwort zur 6. Auflage: Hinweise für die Benutzung, eine Einführung in die Terminologie und Nomenklatur, die Pflanzennamen- und Fachworterklärungen (Lexikonteil), Verzeichnisse der deutschen Pflanzennamen, der Autorennamen und ihrer Abkürzungen, das System der Pflanzen sowie eine kurze Literaturzusammenstellung. „Das Buch soll die Möglichkeit geben, vernommene Fachausdrücke oder Namen zu festigen und richtig anzuwenden. Es soll ein rascher Auskunftgeber für diejenigen sein, die sich mit den Grundlagen der Botanik beschäftigen . . .". Daß dieses Buch das gesteckte Ziel erreicht hat, beweist am besten die Tatsache, daß inzwischen die 6. Auflage nötig wurde. Daher erübrigt sich eine ausführliche Würdigung.

Einige Hinweise zur weiteren Verbesserung seien gestattet: Auf S. 13 wird noch die Ausgabe von 1961 des „Internationalen Code der Botanischen Nomenklatur" zitiert, die seit Jahren nicht mehr gültig ist. Auf S. 28, 29 heißt die systematische Hauptkategorie oberhalb der Familie Ordnung, im „System der Pflanzen" wird aber ausschließlich der Begriff Reihe gebraucht. Das Verzeichnis der deutschen Pflanzennamen sollte erweitert werden: So findet man z. B. die Namen Rote Rübe und Zuckerrübe nicht, sondern Runkelrübe und Mangold, während im Lexikonteil unter *Beta* noch Rote Rübe erwähnt ist. Auf S. 402 müßten die Stichwörter unter Zwerg . . . in die richtige Reihenfolge gebracht werden. Beim Stichwort Zucker auf S. 382 wird auf Kohlehydrate verwiesen, auf S. 202 gibt es aber nur den Ausdruck Kohlenhydrate. Bei Apomixis (S. 71) wird auf Mixis verwiesen, dieser Begriff fehlt aber im Buch; auf S. 95 muß es *Calamites suckowii* statt *C. sukhowi* heißen. Unverständlich bleibt z. B., warum auf S. 288 praehistorisch und Praekambrium geschrieben wird, obwohl diese Schreibweise ungebräuchlich und nach dem Duden falsch ist. Unter letzterem Stichwort findet man dann sowohl die Schreibweise Prae- als auch Präkambrium. Der „Überblick über die Taxa" befindet sich im Abschnitt B, Kapitel II. 2., nicht im Kap. 1, wie auf S. 450 angegeben wird.

Das Literaturverzeichnis sollte modernisiert werden, z. B. gibt es vom AHRENS inzwischen die 6. Auflage (1977), vom BERGEY den Nachdruck (1975) der 8. Auflage unter geändertem Titel, von der Flora Europaea liegen 4 Bände vor, vom MICHAEL-HENNIG-KREISEL gibt es neuere Auflagen, der ROTHMALER erschien 1972 unter neuem Titel in 1. Auflage, unter dem alten Titel existieren 6 Auflagen. Auf S. 466 unter ZANDER muß es Handwörterbuch heißen. D. STORCH

ERIK MAUCH: **Leitformen der Saprobität für die biologische Gewässeranalyse** Frankfurt (Main): Courier Forschungsinstitut Senckenberg 21 (1–5), 1976. XLVII + 797 S., 1 Tab. Brosch. DM 210,–

In jahrelanger, mühevoller Arbeit hat der Autor die ihm zugängliche Fachliteratur hinsichtlich der darin beschriebenen Beziehungen zwischen aquatischer Flora und Fauna und der Belastung des Lebensraumes mit abbaubaren Stoffen ausgewertet und zusammenfassend dargestellt. Als Ergebnis liegt nun ein fünfteiliger Katalog vor, der für über 4000 Tier- und Pflanzenarten Angaben über den Indikatorwert als Leitform der Saprobität aufweist. Die rund 20000 Zitate stammen aus etwa 140 Quellen, die im 1. Teil genannt sind. Die Teile 2 und 3 enthalten pflanzliche Saprobien, die Teile 3 und 4 tierische Organismen, jeweils innerhalb systematischer Gruppen übersichtlich alphabetisch geordnet, so daß das Aufsuchen einer Art keine Mühe macht. Der Wert des Kataloges liegt für die Praktiker der Gewässerüberwachung wohl hauptsächlich darin, daß er auf einen Blick erkennen kann, ob eine bestimmte Art von verschiedenen Autoren einheitlich als Leitform für eine Saporobitätsstufe erkannt wurde oder ob mehr oder weniger große Unterschiede in den Ansichten bestehen, vorausgesetzt die Artdiagnose war zuverlässig. Daß selbst bei einer so umfassenden Literaturrecherche eine Vollständigkeit heute nicht mehr erreicht werden kann, ist verständlich. So sind eine Reihe von Arbeiten aus der DDR und aus Polen dem Autor offenbar unbekannt geblieben (Klapper, Walter, Kalbe, Scharf, Pietsch, Turoboyski u. a.). Nicht einzusehen ist aber, daß nicht eine der zahlreichen Arbeiten von Bick und Mitarbeitern zur Ciliatenökologie einbezogen wurde.

Aus der Fülle der aufgeführten Arten schlägt der Autor selbst für ca. 900 Arten die seiner Meinung nach zutreffende Saprobitätsstufe des Hauptvorkommens, resultierend aus den gesammelten Daten, vor. Dabei fällt auf, daß oft die betreffende Art eine um eine halbe bis ganze Stufe höhere Saprobität anzeigen soll, als aus der Mehrzahl der Quellenbefunde zu schließen wäre. Unklar bleibt auch, nach welchen Grundsätzen die Auswahl der etwa 900 „Standard"-Arten erfolgte. Dem Wunsch des Autors nachkommend noch einige Hinweise zum fachlichen Inhalt: Alphabetisch falsch eingereiht sind Spirochaeta, *Strobilidium* und *Niphargus*. Vermißt werden *Thiothrix tenuis*, *Anabaena affinis*, *A. solitaria*, *Paraphysomonas vestita*, Gattung *Gloeococcus* mit *Gl. minor*, *Gl. braunii* und *Gl. schroeteri* sowie der Hinweis auf *Sphaerocystis schroeteri*, *Drepanomonas dentata*, *Tetrahymena pyriformis* mit Hinweis bei *Glaucoma pyriformis*, *Radix peregra* fo. *ovata*. Abgesehen von einigen offensichtlichen Schreibfehlern in der Offsetdruckvorlage ist die richtige Schreibweise *Thiovulum*, *Spondylomorum quarternarium*, *Hygroamblystegium*, *Nemurella*, *Anodonta cygnea*, *Stratiomyia chamaeleon*, *Nemachilus*. *Synedra vaucheriae* ist nach Kalbe identisch mit *Fragilaria vaucheriae*. *Tetraspora gelatinosa* ist unter Tetrasporales und Chlorococcales aufgeführt und unterschiedlich bewertet. *Chlorhormidium* und *Hormidium* sind m. E. umgekehrt synonym. Bei *Sericostoma personatum* fehlt irrtümlich das Synonym. G. Breitig

Niels Foged: Freshwater Diatoms in Iceland (Bibliotheca Phycologica Bd. 15). Vaduz: J. Cramer in der A. R. Ganter Verlag Kommanditgesellschaft 1974. 118 S., 36 Taf. Geb. DM 50,—

Das Material für die vorliegende Arbeit wurde auf zwei Reisen 1954 und 1970 gesammelt. Es bestand aus 244 Proben von 170 verschiedenen Fundorten. Nach einer kurzen Einleitung werden die Fundorte beschrieben und die Biotope charakterisiert. In der Regel wurden Aufwuchsproben entnommen. Die Entnahme echter Planktonproben erwähnt der Autor nicht. Den Hauptteil bilden taxonomische und ökologische Angaben zu den gefundenen 760 Sippen (Fundort mit Häufigkeit, pH-Wert an den einzelnen Fundorten, Anzahl der im entsprechenden pH-Intervall gefundenen Arten, Anzahl der im entsprechenden Biotop gefundenen Arten, Hinweise auf die Abbildungen im Anhang mit Größenangabe.) Bibliographische Angaben schließen den Textteil ab. Die Tafeln im Anhang enthalten 725 meist gute Fotos von 350 unterschiedlichen Formen. Deshalb wird dieses Werk nicht nur bei Algologen Interesse finden. L. Küchler

F. E. Wielgolaski (ed.): Fennoscandian Tundra Ecosystems. Part 2: Animals and Systems Analysis (Ecological Studies vol. 17). Berlin, Heidelberg, New York: Springer-Verlag 1975. XIII, 337 S., 81 Abb., 97 Tab. Ln. DM 131,— (US $ 57.—)

Der vorliegende Sammelband, an dessen Zustandekommen 36 Autoren beteiligt waren, bringt ökologische Studien über den Lebensraum Tundra. Untersuchungsgebiete sind die fennoskandische Tundra bei Kevo (Nordfinnland), Abisko (Nordschweden) und auf der Hochebene von Hardangervidda (Südnorwegen).

Geboten werden Faunenübersichten, Untersuchungen über die Rolle der Arten im Nahrungsnetz, Abundanzen, Biomassen, Respirationswerte und Kaloriengehalte einzelner Arten oder ausgewählter Gruppen, ferner Nahrungsuntersuchungen an herbivoren Arten, speziell der Birkenlaub-fressenden Formen. Auch über Nahrungsaufnahme, Nahrungsverbrauch, Nahrungswahl, Wachstum, Umsatz und Aktivitätsphasen der Rentiere und Schafe wird einiges gesagt.

Ein kurzes Kapitel beschäftigt sich mit Fragen der Erhaltung des Lebensraumes Tundra. Am Schluß des Werkes wird versucht, Teilaspekte dieses Lebensraumes modellmäßig zu erfassen. Die Untersuchungen beziehen sich auf die terrestrische Fauna; die Gewässer der Tundra blieben unberücksichtigt. Die Tundra eignet sich hervorragend für die Ökosystemforschung, da hier das Artengefüge übersichtlicher ist als in anderen Bioregionen. Angeregt durch das IBP, Projekt „Tundra Biome", wurde dieser Lebensraum nach modernen ökologischen Gesichtspunkten untersucht. Eine beispielgebende Forschung auch für die anderen Bioregionen! Das Buch ist jedem Ökologen zu empfehlen. W. SCHÖNBORN

HARTMUT DIERSCHKE: Saumgesellschaften im Vegetations- und Standortsgefälle an Waldrändern. (Scripta geobotanica 6). Göttingen. Verlag Erich Goltze, KG. 1974. 246 S., 23 Tab., 81 Abb. u. 23 Fotos. DM 24,—

Die Vegetationszonierungen im Grenzbereich Wald—Freiland, erst seit 2 Jahrzehnten stärker beachtet und seitdem Gegenstand zahlreicher Untersuchungen und Diskussionen, erfahren hier für den Göttinger Raum eine eingehende Bearbeitung sowohl in soziologischer als auch in ökologischer Hinsicht. Nach der Untersuchung des floristischen Gefälles an ausgewählten Transsekten und daraus gezogenen Schlußfolgerungen für die pflanzensoziologische Aufnahme von Waldrandbeständen erfolgen sehr eingehende, durch ausführliches Aufnahmematerial untermauerte Analysen der Waldrand- und Kontaktgesellschaften des Leine—Werra-Berglandes. Im Mittelpunkt der Betrachtung stehen die Saumgesellschaften. Aus der Klasse der wärmebedürftigen und trockenheitsertragenden Halbschatten-Staudenfluren (Trifolio-Geranietea) kommen in diesem Raum 4, aus der Ordnung der feuchte- und stickstoffliebenden Halbschatten-Staudenfluren (Galio-Calystegietalia sepium) 9 Assoziationen vor. Wertvoll für die weitere Diskussion sind die jeweils angefügten syntaxonomischen Vergleiche, in denen versucht wird, anhand des gesamten verfügbaren Materials zu einer überregional gültigen Fassung und Gliederung der Saumgesellschaften zu gelangen. Dabei beschränkt sich der Autor jedoch auf die von ihm näher untersuchten Gruppierungen, während die Saumgesellschaften der Gewässerränder (Calystegion sepium) leider außerhalb der Betrachtung und hinsichtlich Ke nnarten, Abgrenzung und Gliederung weiterhin unklar bleiben. Von dem Eupatorietum cannabini, das hier dem Verband Lapsano-Geranion robertiani zugewiesen wird, fand nur die Ausbildung der Ränder und Verlichtungen des Erlenbruchwaldes Berücksichtigung, nicht aber die der Seeufer, die z. B. am Stechlin festgestellt wurde. Somit können die hier gewonnenen Ergebnisse der syntaxonomischen Vergleiche nur als eine, wenn auch wichtige, Zwischenbilanz gewertet werden, die Ausgangspunkt für weitere ergänzende und vertiefende Untersuchungen sein sollte.

Kurze Darstellungen der angrenzenden Wiesen-, Rasen-, Gebüsch- und Waldgesellschaften schildern den Rahmen, in den die Saumgesellschaften in der heutigen Kulturlandschaft eingefügt sind. Nach der pflanzensoziologischen Erfassung der einzelnen Gesellschaften ging der Autor an die Ermittlung ihrer wesentlichsten Standortsfaktoren. Im Vordergrund der ökologischen Analyse der Waldrand-Vegetation standen Elemente des Mikroklimas und als wichtigster Teilaspekt der Pflanzenernährung die Stickstoff-Nachlieferung (Nettomineralisation). Weniger intensiv wurden das Lichtangebot und der Boden-Wasserhaushalt erfaßt, stichprobenartig die Bodenprofile. Der Einfluß von Mahd und Beweidung konnte nur abgeschätzt werden.

Wenn auch zwangsläufig viele Einzelfragen offen bleiben mußten, so kann mit den hier vorgelegten Meßdaten die ökologische Situation der Waldrand-Vegetation weit besser umrissen werden, als es bislang möglich war. Vor allem konnte gezeigt werden, daß den floristisch-soziologischen Eigentümlichkeiten der Waldmantel- und Waldsaum-Gesellschaften auch besondere Standortsbedingungen entsprechen. Alles in allem liegt uns hier eine sehr verdienstvolle und beachtenswerte Arbeit vor, welche die weitere Forschung in vielerlei Hinsicht fördern und anregen dürfte.

H.-D. KRAUSCH

E. J. AMBROSE & D. M. EASTY: Zellbiologie. Berlin: Akademie-Verlag 1974. XI, 544 S., 356 Abb. Ln. M 68,—

Der Zellbiologie kommt innerhalb der Biowissenschaften eine zentrale Stellung zu, ist doch die Zelle die elementare und universelle Organisationseinheit im gesamten Organismenreich, und das, was wir Leben nennen, ist in allen seinen Ausdrucksformen letztendlich an die strukturell-funktionelle Einheit „Zelle" gebunden. Der Begriff Zellbiologie ist nicht neu. Schon 1884 schrieb J. B. Carnoy eine „Biologie cellulaire". In unserer Zeit sind es besonders die Fortschritte und Ergebnisse der Molekularbiologie und der Ultrastrukturforschung, die der Zellbiologie als eines integrierenden Wissenschaftszweiges bedürfen. Die Stoffauswahl für ein Buch über Zellbiologie und die Abgrenzung gegenüber den anderen biologischen Disziplinen wird bei der interdisziplinären Stellung der Zellbiologie und der Weite des Einzugsgebiets immer mehr oder weniger von den Auffassungen der Autoren bestimmt.

Das Buch von Ambrose & Easty wendet sich an Leser mit unterschiedlichen Vorkenntnissen in Physik, Chemie und Biologie und will vor allem Biologie- und Medizinstudenten in die Zellbiologie einführen. Der erste Teil des Buches macht mit den allgemeinen Eigenschaften der Zelle, mit den Begriffen und Methoden der Zellbiologie und mit den notwendigen physikalischen und chemischen Grundlagen bekannt. Die Teile zwei bis vier behandeln in speziellen Kapiteln den Interphasekern, den genetischen Code und die Proteinsynthese, den Zellbegrenzungskomplex, die Mitose und die Kontrolle des Zellzyklus, die zellulären Aspekte der Vererbung, die Zellbewegungen, die zellulären Mechanismen der Entwicklung und Differenzierung. Die Struktur und Organisation der Viren und der Bakterien werden im fünften und letzten Teil des Buches dargestellt. Es schließt mit einem Kapitel über die Entstehung des Lebens. Der Stoff ist klar, leicht verständlich, didaktisch geschickt und durch zahlreiche Abbildungen, meist als Strichzeichnung, anschaulich dargestellt. Die Autoren heben wiederholt hervor, daß es zum völligen Verstehen einzelner Vorgänge im Zellgeschehen unbedingt notwendig ist, diese immer im Zusammenhang mit allen anderen zu betrachten, d. h. die Zelle immer als Ganzes zu sehen. Sie lassen aber auch erkennen, wie schwierig es ist, dieser Forderung bei der Darstellung spezieller Teilphänomene gerecht zu werden. Sehr begrüßt wird vom Rezensenten das Bemühen der Autoren, zu einzelnen Wissensgebieten einen kurzen historischen Überblick zu geben. Da die englische Originalausgabe 1970 und die deutsche Übersetzung 1974 erschienen, ist das Buch nicht in allen Teilen auf dem heutigen Stand unseres Wissens. Dennoch ist es eine gute Einführung in die Zellbiologie und als Lehrbuch für Biologen, Mediziner und Biochemiker zu empfehlen. E. Jelke

David Lloyd: The mitochondria of microorganisms. London, New York, San Francisco: Academic Press 1974. XII, 553 S., 125 Abb., 63 Tab. Ln. £ 13.60

Die Entwicklung in den letzten Jahren führte zu der Auffassung, daß viele noch offene Fragen zur Organisation, Struktur, Funktion und Biogenese der Organelle eukaryotischer Zellen durch Studien am System Mikroorganismus geklärt werden können. Deshalb ist es sehr zu begrüßen, wenn nunmehr ein ausgezeichneter Überblick über unsere Kenntnisse auf dem Gebiet der „mitochondriology" eukaryotischer Mikroorganismen (Algen, Protozoen, Pilze, Hefen) vorgelegt wird.

Das Buch gliedert sich in 3 Abschnitte: Struktur und Funktion, Biogenese und Evolution. Dabei werden u. a. folgende Themen behandelt: Ultrastruktur und Isolation der Mitochondrien, Atmung und Elektronentransport, Einfluß von Außenfaktoren, Mitochondrien-DNA, Wirkung chromosomaler und extrachromosomaler Mutationen auf die Mitochondrien-Funktionen, mitochondriale Ribosomen, RNA- und Proteinsynthese, Beziehungen zwischen mitochondrialen und cytoplasmatischen Systemen sowie Bildung und Entwicklung der Mitochondrien. Abschließend sind in vergleichender Betrachtung die Beziehungen zwischen Bakterien und Mitochondrien und die Hypothesen zur Mitochondrien-Evolution dargestellt und diskutiert worden.

Zahlreiche elektronenmikroskopische Aufnahmen, Abbildungen und Tabellen ergänzen den Text. Am Ende des sehr informationsreichen und gut ausgestatteten Buches finden sich ein Literaturverzeichnis mit etwa 1900 Titeln (die Literatur wurde bis 1974 erfaßt) und ein umfangreiches Stichwortregister. H. Augsten

Schutz unseres Lebensraumes. Symposium an der Eidgenössischen Technischen Hochschule in Zürich vom 10. bis 12. November 1970. München: BLV Verlagsgesellschaft mbH 1971/ Verlag Huber & Co. AG, Frauenfeld, Schweiz. 524 S., 87 Abb., 54 Tab. Geb. DM 34,—

Die Vorträge der 55 Referenten (Biologen, Chemiker, Mediziner, Ernährungswissenschaftler, Verkehrsplaner, Geistes- und Sozialwissenschaftler, Politiker und Juristen) aus der Schweiz (51)

und der BRD (4) setzen sich in ausgewählten Problemkreisen auseinander mit Ursachen der Umweltveränderung, Auswirkungen der technischen Entwicklung auf die Lebewesen und die Landschaft, Auswirkungen der Umweltveränderung auf Ernährungsgrundlagen, Maßnahmen zur Reinhaltung der Luft, zur Nutzung und zum Schutz der Gewässer, Umweltschutz und Gesetzgebung, Lenkung der Umweltveränderung durch eine Planung und Umweltgestaltung.

Tendenzen, nicht nur einzelne Probleme, wie Abwasserreinigung, Luftreinhaltung usw. in ihren Kausalitäten zu erkennen, sondern die Gesamtheit der Umweltvorgänge in ihrer gegenseitigen Verknüpfung zu erfassen, werden aufgezeigt. Beziehungen von Forschung und Lehre zur technischen Entwicklung werden hergestellt und auf deren mögliche Auswirkungen im sozialen Bereich hingewiesen. Die Probleme des Umweltschutzes im Prozeß zwischen Natur, Mensch und Gesellschaft sowie eine Nutzung der Naturressourcen werden aus der Sicht der kapitalistischen Gesellschaft westlicher Länder dargestellt.

Die Mehrzahl der Symposiumsvorträge beschäftigt sich vorrangig mit der Darstellung von Auswirkungen technischer Entwicklungen und Erfordernissen einer interdisziplinären Bearbeitung von Problemen des Umweltschutzes. Fragen der „Raumplanung" für Umweltschutzmaßnahmen und dargestellte Aufgaben des Staates werden ausschließlich kapitalistischen Produktionsverhältnissen untergeordnet. Zusammenhänge zwischen kapitalistischer Gesellschaftskrise und einer diesbezüglichen Umweltkrise werden vereinzelt angedeutet, ohne Aussagen zur primären Ursache für die Entstehung der aufgezeigten Umweltprobleme — dem Privateigentum an Produktionsmitteln — und über die Verhinderung einer generellen Lösung der Umweltfragen dieser Gesellschaftsbezogenheit abzuleiten.

Die meisten Symposiumsvorträge bringen umfangreiches Faktenmaterial zu spezifischen Erscheinungen bzw. Teilproblemen des Umweltschutzes, wie spezifischen Kauselketten, erkannten Regulationsvorgängen zur Aufrechterhaltung des biotischen Gleichgewichts und nachträglichen Wiederherstellung eines gestörten Naturgleichgewichts, epidemiologischen Aussagen mit Rückschlüssen auf die in Frage stehenden ätiologischen Faktoren, Arbeitsmethoden der Landschaftspflege, Kontrolle der Verwendung medikamentöser Stoffe als Futtermittelzusätze, integrierten Pflanzenschutz in Verbindung mit Pflanzenschutzmitteln, toxikologischen Aspekten von Rückständen in der Nahrung, Problemen der Einwirkung der Luftverschmutzung auf die menschliche Gesundheit, Bekämpfung der Luftverunreinigungen in der Praxis.

Die Referate im Problemkreis „Nutzung und Schutz der Gewässer" behandeln: Der menschliche Konflikt in Nutzung und Bewahrung der Natur (W. Stumm), Wasser als geochemischer Umweltfaktor (P. Schindler), Wasser als Bindeglied der lebenden Natur (P. Tschumi), Schutz der Gewässer vor Verunreinigung (K. Wuhrmann), Technik der Gewässerschutzmaßnahmen (R. Heierli), Abwässer großer Wärmekraftwerke (W. Traupel), Ziel des Gewässerschutzes in der Schweiz (F. Baldinger). Auf der Grundlage von Kenntnissen ökologischer Gesetzmäßigkeiten und der Wechselwirkungen zwischen Organismenwelt und abiotischer Umwelt werden Forderungen nach „ganzheitlichen Umwelt-, Gewässerschutz- und Planungsmaßnahmen" für das gesamte Einzugsgebiet eines Gewässersystems abgeleitet. Fundierte Problemdarstellungen beziehen sich auf: Modelle zur Beschreibung natürlicher Gewässersysteme; die Störung der ökologischen Balance und die Erniedrigung der Stabilität als Verunreinigung der Natur; der Einfluß des Menschen auf die ökologische Sukzession; Energieverbrauch und Gewässerverunreinigung; Stand der Elimination von Abwasserinhaltsstoffen; Modellvorstellung für Richtung und weitere verfahrenstechnische Entwicklungsarbeit in einem Gewässereinzugsgebiet (der Schweiz); großräumige Zusammenfassung des Abwassers und zentrale Reinigung (Großanlagen) als zu verfolgendes Prinzip; Auswirkungen von Kühlwassereinleitungen in Flüsse und vergleichende Betrachtung von Kühlsystemen.

Die Symposiumsbeiträge vermitteln einen vielschichtigen Überblick über Stand und Probleme sowie Tendenzen des Umweltschutzes in der Schweiz. G. Walter

Wasser und Abwasser Band 1966. Beiträge zur Gewässerforschung V. Hrsg.: Bundesanstalt für Wasserbiologie und Abwasserforschung, Prof. Dipl.-Ing. Dr. R. Liepolt. Wien: Verlag Eugen Winkler & Co., 164 S., 25 Abb., 3 Farbtaf. Geb. Ö. S. 240,— (DM 38,—; sFr. 49,—)

Dieser Band enthält sieben Beiträge, die sich mit einer Vielzahl gewässerkundlicher Probleme befassen. Kohl & Zibuschka stellen eine einfache Nachweismethode für Salmonellen in der hydrobakteriologischen Routine vor. Sie berichten von erfolgreichen Nachweisen in Gewässern unterschiedlichster Verschmutzungsgrade (Keimzahlen von 2400 Bakterien/ml bis 24 Mio/ml). Zudem kann nach 72 Stunden die Diagnose „Salmonellen" mit großer Sicherheit gestellt werden.

Fütterungs- und Wachstumsversuche mit dem Sterlet (*Acipenser ruthenus*) führte E. WEBER durch. Die besten Ergebnisse hinsichtlich Gewichts- und Längenzunahme ergaben sich bei Fütterung mit Tubifex und Chironomidenlarven. Im Gegensatz zu früheren Versuchen brachte die Fütterung mit Daphnien nicht das erwartete Ergebnis, Verf. führt dies auf ein zu geringes Nahrungsangebot zurück. Über umfangreiche Untersuchungen des Fallout und der natürlichen Radioaktivität im Fuschlsee (1960—66) im Hinblick auf eine mögliche Nutzung dieses Gewässers als Trinkwasserreservoir der Stadt Salzburg berichtet FRANTZ. Die Aktivitätswerte an der Oberfläche waren starken Schwankungen unterworfen, erreichten aber in keinem Fall die maximal zulässigen Konzentrationen. Die Aktivitätskurve der aus 40 m entnommenen Proben zeigt einen ausgeglicheneren Verlauf, es wurden aber auch hier höhere Aktivitäten nachgewiesen (bis 20 pCi/l), die natürliche Radioaktivität im Fuschlsee wurde mit weniger als 1 pCi/l ermittelt. Im Phyto- und Zooplankton sowie im Fleisch und Skelett der Fische kommt die Wirkung der Kernwaffenversuche eindeutig zum Ausdruck. Über die Erlauf, einen Donauzufluß aus den Kalkvoralpen, legt WAWRIK einen Vorbericht vor, in dem zahlreiche physikalische, chemische und biologische Daten dargestellt werden. Über die Güte der Fließgewässer einiger österreichischer Bundesländer berichten ERTL, PESCHECK & STABINGER-LEOPOLD (Steiermark), CZERNIN-CHUDENITZ (Salzburg) und PESCHECK (Vorarlberg). Diese Arbeiten sind für die wasserwirtschaftliche Praxis sicher von großer Bedeutung. Farbige, sehr instruktive Gütebilder der untersuchten Gewässersysteme runden diese Beiträge ab. Ein Sachregister beschließt diesen vielseitigen Band.

G. HAUBOLD

STEFAN VOGEL: Ölblumen und ölsammelnde Bienen (In: Tropische und subtropische Pflanzenwelt — Red. W. RAUH). Wiesbaden 1974: Franz Steiner Verlag GmbH in Kommission für Akademie der Wissenschaften und Literatur, Mainz. 267 S., 75 Abb., 8 Tab. Brosch. DM 78,—

Wir sind es gewöhnt, daß die Blütenökologen von Nektar- und Pollenblumen sprechen, wenn sie zum Ausdruck bringen wollen, daß Bestäuber durch bestimmte Futterstoffe angelockt werden. Der Autor führt den Nachweis, daß es Blumen gibt, bei denen an die Stelle des Nektar fettes Öl besonderer Zusammensetzung als ausbeutbarer Nährstoff tritt, das in den besonderen Drüsenorganen, den Elaiophoren, erzeugt und dargeboten wird. Die strukturellen, chemischen, ökologischen und phylogenetischen Aspekte der Wechselbeziehungen zwischen Ölblumen und Pollinatoren (Bienen) werden ausführlich analysiert. 1260 Arten und 50 Gattungen aus den Familien Malpighiaceae (z. B. *Malpighia*), Krameriaceae (*Krameria*), Scrophulariaceae (z. B. *Calceolaria*), Iridaceae (z. B. *Sisyrinchium*) und Orchidaceae (*Oncidium*) liefern die „Lockspeise" Öl, wasserhelles, dünnflüssiges, smektisch quellendes „Blumenöl" aus artkonstanten Gemischen von 2—11 relativ stark hydrophilen Glyceriden. Die Elaiophoren können sich auf Korolle, Kelch oder Staminalsäule befinden und in Sporen, Taschen oder Cuticularkuppeln regengeschützt geborgen sein. Die meist zygomorphen Ölblumen treten im neotropischen, antarktischen und capensischen Florenreich auf; ihr Verbreitungsgebiet — und weitgehend auch das ihrer Bestäuber — liegt zwischen 41° südlicher und nördlicher Breite. Die Pollinatoren sind Vertreter der Anthophorinae, solitär lebender Pelzbienen, zusammen etwa 8 Gattungen mit 275 Arten. Der exakte Nachweis des Besuches von 46 Ölblumenarten durch rund 50 Bienenarten ist gelungen. Die Bienen sammeln das Öl mit den Vorder- und Mittelbeinen und höseln es mit den langbehaarten Scopae der Hinterbeine. Es wird allein oder breiartig mit dem Pollen vermischt eingetragen und findet als Larvenbrot Verwendung

Die interessante Studie wird durch eindrucksvolle Fotos und gute Zeichnungen illustriert. Der Druck ist hervorragend. Ein wichtiger Beitrag zur Weiterentwicklung der Blütenökologie.

S. J. CASPER

ISTVAN M. SZABÓ: Microbial Communities in an Forest-Rendzina Ecosystem. The Pattern of Microbial Communities. Budapest: Akadémiai Kiadó 1974. 415 S., 88 Abb., 58 Tab. Ln. Ft 280,—

Der Autor stellte diese Monographie nach 20jähriger intensiver, eigener Arbeit und breiter Kooperation mit Kollegen anderer Fachrichtungen zusammen. Nach der allgemeinen Beschreibung des Forst-Rendzina-Ökosystems vermitteln die mit zahlreichen Methoden einschließlich der Dünnschnittechnik und der Raster-Elektronenmikroskopie gewonnenen Ergebnisse zur Mikromorphologie des Humushorizontes ein umfassendes Bild von den Mikroräumen des Bodens und den Möglichkeiten ihrer mikrobiellen Besiedlung. Es folgt die Darstellung der hydrothermischen Bedingungen in ihrer Komplexizität und ihren möglichen Wirkungen auf die Mikroflora und -fauna. Ein ganzes umfangreiches Kapitel sowie weitere detaillierte Mitteilungen und Diskussion an anderer Stelle sind der artenreichen und taxonomisch sehr problematischen Actinomycetales-Gattung *Streptomyces* gewidmet. Zur Einordnung der ca. 3000 isolierten *Streptomyces*-Stämme wird ein eigenes, hier nicht diskutierbares System mit 37 Serien, die 11 Sektionen angehören, benutzt. Unterscheidende Merkmale sind: Ab-/Anwesenheit von Sporen, gerade/spiralige Sporenketten, Luftmycelfarbserie (6), Substratmycelfarbserie (4). Für 34 repräsentative Stämme werden in Tabellen zahlreiche, vorwiegend physiologische Merkmale einschließlich der Salztoleranz und antibiotischer Eigenschaften mitgeteilt. Die Variabilität von Streptomyceten wird im einzelnen und allgemeinen diskutiert. Es findet sich auch eine numerisch-taxnonomische Analyse. Besondere Abschnitte sind den Arten *S. levoris*, *S. viridochromogenes*, *S. finlayi* und *S. griseoflavus* gewidmet. In dem offensichtlich sehr intensiven Bemühen des Autors um die zuverlässige Identifizierung seiner Isolate wird eine fast generell ungelöste Grundproblematik der Ökologie von Mikrobengesellschaften erkennbar: Die verbreitete Unzulänglichkeit und Uneinheitlichkeit der verfügbaren Systeme von Mikroorganismen gestattet in vielen Fällen nicht die sichere und reproduzierbare Identifizierung der im jeweiligen Ökosystem integrierten Mikroorganismen als notwendige Voraussetzung für das Verständnis seiner inneren und äußeren Bedingtheiten. Die hier vorliegende Bearbeitung der Streptomyceten im Rendzina-Humushorizont läßt Vorkommen und Bedeutung einzelner Arten verständlich werden und liefert darüber hinaus zahlreiche Einzelheiten zur Taxonomie und Physiologie einer Reihe von *Streptomyces*-Arten. Nach der Untersuchung der frei im Humushorizont vorkommenden Streptomyceten werden ihr Vorkommen und ihre Bedeutung im Darm von Invertebratenlarven analysiert. Es wird gezeigt, daß die Streptomycetenflora der in der Fallaubschicht als vorherrschend erkannten saprophagen Larven der St.-Mark's-Fliege (*Bibio marci*) zwar nicht spezifisch ist, daß aber diese und andere Bakterien im Darm und in den Kotpartikeln zum raschen Abbau des anfallenden pflanzlichen Materials wesentlich beitragen. Schließlich werden Art und Bedeutung der Mikrofloren auf Samenschalen, Wurzeloberflächen und in Rhizosphären der Robinie untersucht, wobei hier die Bakterien im engeren Sinne im Vordergrund der Betrachtung stehen. Es werden zahlreiche, ökologisch relevante Daten in Tabellen und im Text gegeben. Die am selektivsten wirkenden Bedingungen herrschen offenbar an der Wurzeloberfläche.

Schließlich werden im Kapitel „Das Muster mikrobieller Gemeinschaften" die präsentierten und diskutierten Einzelheiten vor dem Hintergrund der internationalen Literatur in einer bemerkenswerten Gesamtschau verarbeitet. An dieser Stelle wird besonders deutlich, daß die Wahl der so verschiedenen Untersuchungsobjekte zu einem beträchtlichen Gesamtverständnis des Rendzina-Ökosystems führen konnte und daß diese Untersuchungen hinsichtlich des methodologischen Vorgehens und der gewonnenen Erkenntnisse in hohem Maße zu verallgemeinern sind. Dem Autor ist es gelungen, die Dynamik der Floren von Mikroorganismen, d. h. den Wandel ihrer Artzusammensetzung, als Ergebnis von Veränderungen im Ökosystem und als Ursache weiterer Veränderungen mit entsprechenden Auswirkungen erkennbar zu machen.

Das Buch ist in ansprechendem Stil geschrieben und gut ausgestattet. Bei seiner zweiten Auflage bzw. seiner Fortführung wären Straffungen im taxonomischen Teil zu erwägen. Bodenmikrobiologische Institutionen sollten die Monographie auf jeden Fall in ihrem Bestand haben. Mitarbeiter anderer Richtungen werden Methoden, Fakten und vor allem Anregungen in ihr finden.

H. Prauser

I. D. Milliman: Marine Carbonates (Recent Sedimentary Carbonates, Part 1). Berlin, Heidelberg, New York: Springer-Verlag 1974. XV, 375 S., 94 Abb., 39 Taf. Geb. DM 66,– (US $ 28.70)

Der vorliegende erste Band eines zweibändigen Kompendiums über rezente Karbonatsedimente beschäftigt sich mit den marinen Karbonaten, während der für 1975 vorgesehene zweite Band alle übrigen Karbonatsedimente behandeln soll. Es ist der erste Versuch überhaupt, das in den letzten 25 Jahren sprunghaft angewachsene Wissen über die marine Karbonatsedimentation, ihre Produkte und deren Lithifikation zusammenfassend darzustellen. Das Buch wird daher von allen Fachleuten, die sich aus den verschiedensten Gründen mit der Karbonatsedimentation beschäftigen, begrüßt werden, gibt es ihnen doch eine umfassende Literaturübersicht, eine moderne Arbeitsgrundlage in die Hand. Wertvoll ist dieses Buch auch deshalb, weil MILLIMAN in vielen Kapiteln nicht beim Zitat und Referat stehen bleibt, sondern einen kritischen Vergleich einzelner Ergebnisse anstrebt und auf vorsichtig zu betrachtende Ergebnisse hinweist. Seine hauptsächliche Bedeutung hat dieser Band deshalb wohl für die Forscher, die sich nicht direkt mit der rezenten Sedimentation beschäftigen und naturgemäß keinen verläßlichen Überblick besitzen, sondern den Rezentbereich als aktualistische Grundlage für die Interpretation alter Karbonatgesteinsfolgen heranziehen, insbesondere also für die Sedimentologen Kohlenwasserstoffverteilungen untersuchender Institutionen.

Das Buch untergliedert sich in vier Hauptabschnitte. Im einleitenden Abschnitt werden die physikochemischen Grundlagen auf moderner Basis und die Analysenmethoden dargestellt. Dieser 30seitige Abschnitt ist nicht so ausführlich gehalten, daß man für methodische Arbeiten das Studium der Primärliteratur einspart. Er ermöglicht aber das gründliche Verständnis und weist in besonders starkem Maße auf die Verläßlichkeit und die möglichen Störungen hin.

Der zweite Hauptteil beschäftigt sich mit den Karbonatpartikeln, die die Sedimente zusammensetzen und zwar mit den Fossilskeletten und den übrigen Anteilen, wobei die feinen Karbonatschlämme nicht berücksichtigt sind und nur unter den lagunären Bildungsbedingungen kurz besprochen werden. Dieses Kapitel ist umfassend angelegt und bringt neben makroskopischen, licht- und elektronenmikroskopischen Bestimmungskriterien für die einzelnen Partikel und Fossilarten wertvolle Zusammenstellungen zur Mineralogie, zum Makro- und Mikrochemismus sowie zu den Sauerstoff- und Kohlenstoff-Isotopenverhältnissen. Vor allem die Schliffotos sind nicht so umfangreich und instruktiv wie beispielsweise bei HOROWITZ und POTTER, doch eine gute Ergänzung durch teils umfangreichere Strichzeichnungen und eine starke Betonung der nach neuen Ergebnissen für die Karbonatsedimentation besonders wichtigen Kalkalgen gestatten auch eine Partikelbestimmung.

Der dritte Hauptabschnitt ist der Verteilung und Entstehung mariner Karbonatsedimente gewidmet, wobei Flachwasser- (Eulitoral), Schelf- (Sublitoral) und Tiefseekarbonate getrennt behandelt werden. Entsprechend dem Untersuchungsstand nimmt das tropische Korallenriff-Milieu den breitesten Raum ein. Morphologie, Ökologie und Mineralogie von Riff, Lagune, Algenbänken und Wattflächen werden ausführlich erörtert. Bei den Schelfsedimenten wird besonders kritisch die Frage untersucht, inwieweit eine postsedimentäre Absenkung die heutigen Faziesbilder verfälscht. Bei der Diskussion der Tiefseekarbonate wird vertikalen und horizontalen Verteilungsfaktoren breiter Raum gewidmet.

Im abschließenden vierten Abschnitt schließlich wird die Karbonatdiagenese behandelt, die destruktiven und konstruktiven Veränderungen der Sedimente, die zur Lithofikation führen. Dolomitisierung und Zementierung sind dargestellt sowie ausführlich die direkte und indirekte Destruktion (Mikritisierung) der Sedimente durch bohrende Algen und Schwämme sowie durch die diese verwertenden Organismen.

Ergänzt wird der Band durch einen Bestimmungsschlüssel für die Karbonatpartikel, ein Schlagwortverzeichnis und eine umfangreiche Bibliographie mit nahezu 1400 Titeln.

Der skizzierte Inhalt, seine bisherige Einmaligkeit erübrigen eine weitere Empfehlung an alle Forscher und Institutionen, die sich mit rezenten und alten Karbonatsedimenten (titen) beschäftigen, zumal auch die äußere Aufmachung der vom Verlag gewohnten gediegenen Qualität entspricht.

R. LANGBEIN

Wasser und Abwasser. Band 1968. Beiträge zur Gewässerforschung VI. Hrsg.: Bundesanstalt für Wasserbiologie und Abwasserforsch., Prof. Dipl.-Ing. Dr. R. LIEPOLT. Wien: Verlag Eugen Winkler & Co. 1970. 156 S., 20 Abb., 14 Tab., 2 Falttaf. Geb. Ö. S. 240,— (DM 38,—, sfr 40,—)

Nach einem Vorwort des Herausgebers folgen 6 Beiträge, die sich mit biologischen, physikalischen und chemischen Fragen österreichischer Oberflächengewässer und des Grundwassers beschäftigen. Im einzelnen handelt es sich um folgende Themen: Bakterielle Belastung des Donaukanals (KOHL & ZIBUSCHKA), Myxobakterien in der Donau und deren Bedeutung bei der biologischen Selbstreinigung des Wassers (KRUCSAY), Biologische Güte der Fließgewässer Tirols (PESCHEK) und Oberösterreichs (WERTH), Auswirkung der österreichischen Kernreaktoren auf Grund-

und Oberflächengewässer (FRANTZ) und Chemismus des vertikal geschichteten Grundwassers dreier Tiefbrunnen im südlichen Wiener Becken (LIEPOLT). Den inhaltsreichen Band beschließt ein vierseitiges Sachverzeichnis, das etwas vollständiger sein könnte. D. STORCH

„Meteor" Forschungsergebnisse, Reihe D — Nr. 23 (Hrsg.: Deutsche Forschungsgemeinschaft). Berlin, Stuttgart: Gebrüder Borntraeger 1976. 72 S., 85 Abb., 6 Tab. Brosch. DM 88,—

Das Heft enthält 4 Arbeiten. M. SAKTHIVEL berichtet über geographische und zeitliche Verteilung von 21 Euthecosomata-Arten (Pteropoda) im Indischen Ozean. Im Bereich von etwa 25° nördlicher bis 70° südlicher Breite werden Netzfänge ausgewertet und für 19 Arten Verteilungskarten mit Häufigkeitsklassen gezeichnet, teilweise untergliedert in die Zeiträume 16. 10. bis 15. 4. und 16. 4. bis 15. 10., in einem Falle zusätzlich in Tag- und Nachtfänge. Die Arten werden 10 Verteilungsmustern zugeordnet. Als Milieufaktoren spielen Temperatur, Salinität und Sauerstoffgehalt eine Rolle. Die Hypothese einer faunistischen Barriere im offenen Ozean wird bestätigt.

MICHAEL TÜRKAY untersuchte vor den portugiesischen und marokkanischen Küsten gefangenen Decapoda Reptantia. Unter den 52 Sippen wird *Uroptychus maroccanus* neu beschrieben. Als Bestimmungsbelege dienen Photos. Die Faunenliste entbehrt wegen Fehlens der Flachwasserarten der Vollständigkeit. Eine Unterscheidung der marokkanischen von der lusitanischen Provinz läßt sich nur quantitativ im N—S-Verbreitungsmuster der Arten erbringen. Weiteres Material ist für exaktere Aussagen vonnöten.

ADOLF KOTTHAUS veröffentlicht den systematischen Teil seiner Studien über die Percomorphi (7) nebst einem Nachtrag aus dem indischen Ozean. Unter den insgesamt 13 Arten werden das Genus *Parabarossia* und die Arten *Cirrithichthys randalli* und *Parabarossia lanceolata* neu beschrieben. Eine Karte enthält die Fundorte der 13 Arten. Der Gattungsschlüssel von SMITH wird um *Parabarossia* erweitert.

RENATE-WEIGMANN-HAASS studierte Euphasiaceen im Auftriebsgebiet vor Nordwestafrika. Unter den 20 Arten dominierten 4 im Gebiet zwischen Cap Blanc und Cap Mirik. Die dominanten Arten weisen auf Parallelen zur Fauna der Kapverdischen und Kanarischen Inseln hin, zu der der Meteorbank gibt es wesentliche Unterschiede. Tiefenangaben und für die beiden häufigsten Arten auch diurnale vertikale Verteilungsmuster runden das Bild ab. G. MOTHES

M. G. MORRIS & F. H. PERRING: The British oak: Its history and natural history (B. S. B. I. conference reports, number fourteen). Faringdon: E. W. Classey Ltd. 1974. 376 S., 48 Abb., 42 Tab., 11 Fotos auf 8 Tafeln. Ln. £ 6.00

Der für die Botanische Gesellschaft der Britischen Inseln publizierte Band enthält den Text aller Vorträge, die vom 20.—23. 9. 1973 in der Universität von Sussex gehalten worden sind, ergänzt durch das Konferenzprogramm und eine Übersicht über die Ausstellungen und Exkursionen. 24 Wissenschaftler gaben in 22 Einzelbeiträgen einen Einblick in die Natur- und Kulturgeschichte von *Quercus robur* L. und *Q. petraea* (MATTUSCHKA) LIEBLEIN in Großbritannien. Dabei ist amüsant, daß es neben der „deutschen" oder „französischen" Eiche auch eine „britische" gibt, deren Größe, Langlebigkeit, Kraft, Dauerhaftigkeit und Eignung mindestens genauso „bewunderswert" ist wie die ihrer kontinentalen Konkurrenten. Kein Wunder, daß das Buch mit dem ehrfurchtvollen Poem „The oak tree" aus der Feder von SUSAN JONES „anhebt". Abgesehen von diesen liebenswürdig-poetischen Zügen enthalten die Beiträge eine Fülle exakter wissenschaftlicher Information, die von Taxonomie, Zytologie, Genetik, Paläobotanik, Physiologie über Ökologie, Soziologie und Naturschutz bis hin zur Nutzung durch den Menschen reicht und die naturwissenschaftlichen Aspekte da verläßt, wo sich Sagen und Legenden um die Eichen ranken. Unnötig zu betonen, daß das wissenschaftliche Niveau der Beiträge alle Ansprüche befriedigt. Druck und Ausstattung sind sehr gut. Auch der kontinentale Quercicologe wird das Werk mit Gewinn lesen.

S. J. CASPER

M. G. EISELT & R. SCHRÖDER: Nadelgehölze. 3., vollständig neu bearb. Aufl. Radebeul: Neumann Verlag 1974. 352 S., 185 Abb., 525 Fotos. Ln. M 24,—

Die von R. SCHRÖDER völlig überarbeitete und wesentlich verbesserte 3. Auflage enthält neben der Einleitung eine „Kleine Nadelholzkunde" mit kurzen, oft allgemeineren Angaben zu den Wurzeln, zum Sproßsystem, zu den Blättern, Blattansatz und Blattgrund, Nadelformen, Nadelquerschnitte und Blüten, Zapfen und Samen. Behandelt werden 27 Gattungen mit über 150 Arten und 530 Formen und Sorten. Vorangestellt ist ein Bestimmungsschlüssel für die angeführten Gattungen und bei diesen wiederum ein Bestimmungsschlüssel für die jeweiligen Arten. Die bei einigen Arten überaus zahlreichen Sorten sind nicht durch einen Schlüssel, sondern durch genaue Beschreibung in alphabetischer Reihenfolge bestimmbar. Bei den Angaben zu den Arten werden Heimat, Größe und Form, Borke, Triebe, Äste, Nadeln, Knospen, Zapfen ausführlich beschrieben und auf die Ansprüche des Gehölzes an den Standort eingegangen.

Auch dieVermehrung (Aussaat, Stecklinge, Veredlung, Ableger und Absenker) ist verständlich dargestellt und außerdem noch in Form einer Tabelle zusammengefaßt. Erfreulicherweise befaßt sich der Autor auch mit der Weiterkultur und den Verpflanzarbeiten. Seine praktischen Erfahrungen lassen manchen Hinweis zur Nadelgehölzkultur einfließen und tragen damit hoffentlich zu einer besseren Behandlung der in der Gartenarchitektur noch nicht genügend verwendeten Nadelgehölze bei. Dieses Bemühen unterstützt weiterhin eine „Übersicht über Verwendungsmöglichkeiten der Nadelgehölze“, gegliedert nach Form und Höhe, die besonders bei der Anfertigung von Pflanzplänen Arbeitserleichterung schaffen kann.

Der Autor will mit seinem Buch dazu beitragen „Grünanlagen durch Einbeziehung von Nadelgehölzen so abwechslungsreich wie möglich zu gestalten“ und dazu „aus der großen und zur Verfügung stehenden Menge für die jeweiligen Verwendungszwecke die geeignetsten Arten und Sorten auszuwählen“. Diese Bestrebungen zu verstärken, dürfte ihm mit dieser Neuauflage, die wohl besonders für Gartenarchitekten, Gärtner und die immer größer werdende Zahl der Koniferenliebhaber gedacht ist, ganz und gar gelungen sein.

Die Bebilderung des Buches ist lehrreich und zeigt Habitusaufnahmen von Nadelgehölzen, z. T. auf Heimatstandorten, auch eine größere Zahl von Details (Blüten, Früchte, Triebe) und Pflanzengruppierungen, in denen Nadelgehölze vorherrschen. Einige Druckfehler, vor allem in den Literaturangaben, mindern nicht den Wert des Buches, das dem genannten Benutzerkreis sehr dienlich sein wird.

H. Günther

M. Sears (ed.): Progress in Oceanography Vol. 5. Oxford, London, Edinburgh, New York: Pergamon Press 1969. 191 S., 120 Abb., 2 Tab. Geb. sh 84 ($ 11.—)

Der hier vorliegende 5. Band der oben genannten Serie faßt alle Vorträge zusammen, die auf einem Symposium anläßlich der 8. Generalversammlung des Wissenschaftlichen Komitees für Meeresforschung (SCOR) 1969 in Rom gehalten wurde. Das weit gespannte Rahmenthema, als theoretische Vorbereitung auf ein gemeinsames internationales Forschungsprogramm, umfaßte das Problem „Instationarität des Wasserkörpers oder allgemein Variabilität im Ozean“. Bereits auf den ersten Blick ist ersichtlich, daß Vorträge mit physikalischen Problemstellungen — alle 3 Vorsitzenden des Symposiums waren physikalische Ozeanographen — absolut dominieren (79%).

Die Palette dieser Vorträge reicht von methodisch-technischen Mitteilungen über ozeanographische Meßgeräte zur Erfassung der physikalischen Variabilität im Ozean (Dahl; Kvinge) über Originalmitteilungen zu z. B. Dichte-Feinstrukturen von Strömungen (Siedler), internen Wellenspektren (Kraus), Variabilität von Temperatur und Salinität an der norwegischen Küste (Midttun) bis zu übersichtsartigen Zusammenfassungen, statistischen Betrachtungen und Programmvorschlägen (z. B. Mann; Dikson & Lee; de Maio & Moretti; Mosby).

Die wenigen Vorträge mit biologisch-ökologischen Inhalten (3) sind nicht ganz so heterogen in ihrer Anlage und Aussage. So versucht Colebrook anhand von Ergebnissen des „Kontinuierlichen Plankton-Recorders“ erste Modellvorstellungen zur Variabilität des Planktons in Zeit und Raum zu erarbeiten. Ebenfalls mit dem Plankton, diesmal aber mit den jährlichen Fluktuationen bekannter ozeanischer Indikatorarten aus der Gruppe der Chaetognaten, Thaliaceen und Siphonophoren im Bereich der Nordsee, die integrative Aussagen über das Vordringen atlantischer Wassermassen erlauben, befaßt sich Fraser in seinem Vortrag.

Der Altmeister der Ostseeforschung Segerstråle berichtet in einer Übersichtsdarstellung — die inzwischen schon Allgemeingut, vor allem in der Lehre, im Ostseeraum geworden ist — über die biologischen Fluktuationen in diesem hydrographisch so instabilen Binnenmeer.

Das Ergebnis des Symposiums wird vom Chef-Herausgeber Sears in der Weise zusammengefaßt, daß auf Grund der zahlreichen theoretischen, aber auch methodisch-technischen Lücken, wie sie im

Verlaufe der Tagung deutlich wurden, ein gemeinsames internationales Projekt zur Erfassung der Variabilität im Ozean zum damaligen Zeitpunkt als verfrüht angesehen werden mußte.

Vergleicht man den hier vorliegenden 5. Band der „Progress in Oceanography" mit den 4 vorangegangenen Bänden, so muß man feststellen, daß dieser Band deutlich von der ursprünglichen Konzeption eines Fortschrittberichtes abweicht. Auch wenn es heute mehr denn je als äußerst wichtig erscheint, das riesige Gebiet der physikalischen, chemischen und biologischen Ozeanographie so komplex wie möglich zu betrachten, so ist doch der hier eingeschlagene Weg (Mischung von überwiegend Originalbeiträgen mit methodischen Mitteilungen und ganz wenigen Übersichten) für einen Fortschrittsbericht nicht generell gutzuheißen. Eine Publikation der fast durchweg wissenschaftlich sehr wertvollen Originalbeiträge in entsprechenden Fachzeitschriften wäre wohl der optimalere Weg gewesen.

J.-A. von Oertzen

Einhard Bezzel & Helmut Ranftl: **Vogelwelt und Landschaftsplanung.** Eine Studie aus dem Werdenfelser Land (Bayern). (Tier und Umwelt, Neue Folge Heft 11/12). Barmstedt: Verlag Detlev Kurth 1974. 92 S., 34 Abb., 13 Tab. Kart. DM 20,—

Die vorliegende Studie will aus der Sicht des Ornithologen einen Beitrag zur ökologisch fundierten Landschaftsplanung im Bereich der deutschen Nordalpenzone, einer der wichtigsten europäischen Erholungslandschaften, leisten. Intensivierung und Strukturveränderungen der wirtschaftlichen Nutzung sowie sprunghaft gestiegene Erschließung für den Fremdenverkehr bilden die größten Gefahren für die Erhaltung der vielgestaltigen Landschaft im Werdenfelser Land. Um diesen Gefahren wirkungsvoll begegnen zu können, sind die zuständigen Planungsbehörden auf umfassende und zuverlässige Unterlagen zur Umweltsituation angewiesen.

In dem vorliegenden Heft wird diese Forderung, soweit es die Vögel als Indikatoren für die ökologische Bewertung von Lebensräumen betrifft, in vorbildlicher Weise weitgehend erfüllt. Die Darstellung gliedert sich in 5 Kapitel, in denen die Eignung der Vögel als Hilfen für ökologische Landschaftsplanung, das Untersuchungsgebiet, die angewandten Methoden, die Dynamik der Vogelwelt des Werdenfelser Landes, die Ergebnisse der Kartierung und Bestandsaufnahme der Brutvögel und allgemeine Schlußfolgerungen zur Landschaftsplanung besprochen werden. Hervorzuheben ist die vorbildliche Aufarbeitung des umfangreichen Datenmaterials in Form von Tabellen, Graphiken und vor allem aussagekräftigen Verbreitungskarten (Rasterkartierung), wobei die Kartierung von „Indikatorarten" als wesentlicher Beitrag zu einer ökologischen Gütekarte von besonderem Wert ist. Beachtenswert sind auch die kritische Auseinandersetzung mit Fragen der Methodik quantitativer ökologischer Avifaunistik und die Forderung, daß avifaunistische Untersuchungen heutzutage einen Beitrag leisten sollten zur Frage der Belastung von Ökosystemen bei weiterer wirtschaftlicher Erschließung und zum Erkennen von besonders wertvollen Räumen bzw. ökologischen Zellen, die für die Gesunderhaltung der gesamten Landschaft und damit auch der Umwelt des Menschen von größter Bedeutung sind. Als ökologische Schwerpunkträume des Werdenfelser Landes werden im einzelnen genannt: Moorreste und Verlandungsufer von Binnengewässern, extensiv bewirtschaftete (z. B. Streuwiesennutzung) und unbebaute Talböden, ungestörte Gebirgsbach- und Wildflußstrecken, einzelne Trockenhänge und Felswände, naturnahe Bergmischwälder und ungestörte Gipfelfluren mit Anteilen an der Waldgrenze. Eindrucksvolle Fotos der vielgestaltigen Landschaft und von charakteristischen Brutvögeln des Werdenfelser Landes runden die gehaltvolle Darstellung ab. Das Heft bildet für die Praxis der Landeskultur und Landschaftsplanung in dem behandelten Raum ein unentbehrliches Hilfsmittel. Ein Beispiel, das Schule machen sollte!

D. Flössner

Albert Westphal: **Spezielle Zoologie 1. Protozoen.** Unter Mitwirkung von Heinz Mühlpfordt: Elektronenmikroskopische Strukturen der Protozoen. Stuttgart: Verlag Eugen Ulmer 1974. 244 S., 157 Abb. Brosch. DM 17,80

Von drei im Ulmer-Verlag geplanten Bändchen über die „Spezielle Zoologie" ist der erste Band den Protozoen gewidmet. Den Hauptteil des Buches nehmen die Systematik (mit kurzen Hinweisen über Vorkommen und Lebensweise der Arten) sowie die Beschreibung der Vermehrung und Sexualität der Protozoen ein. Ein weiterer Abschnitt befaßt sich mit den Zellorganellen und ein dritter, allerdings sehr kurzer, mit der Ökologie („Die Protozoen und ihre Umwelt"), wobei die parasitischen Formen stark im Vordergrund stehen.

Das Buch zeichnet sich durch eine äußerst komprimierte Darstellung aus, die auf engstem Raum eine Menge an Informationen bringt, indem beispielsweise die Abbildungslegenden viel an Beschreibung enthalten. Diese gedrängte Zusammenfassung der Protozoologie ist sehr zu begrüßen, bringt allerdings den Nachteil, daß sie auf Kosten der Lesbarkeit geht. So hätte man sich den systematischen Teil etwas übersichtlicher gewünscht (hier ist auch die Systematik der Testacea falsch wiedergegeben!) W. Schönborn

David Lack: Evolution illustrated by Waterfowl. Oxford, London, Edinburgh, Melbourne: Blackwell Scientific Publications 1974. 96 S., 36 Abb. Gln. £ 3,00

Der bekannte englische Ökologe und Evolutionsbiologe D. Lack unternimmt mit diesem Buch den begrüßenswerten Versuch, einem breiten Leserkreis die Theorie der Tierevolution am Beispiel einer auffälligen Tiergruppe, den Wasservögeln, anschaulich vor Augen zu führen. Es erscheint bezeichnend, daß eine solche Idee im Lande Darwins geboren wurde, wo die Evolutionstheorie eine vorbildlich gepflegte Tradition besitzt und darüber hinaus die vom Severn Wildfowl Trust in Slimbridge, Gloucestershire geschaffene, fast vollständige Sammlung lebender Wasservögel das Anliegen der Schrift wirkungsvoll zu unterstützen vermag. Um es gleich vorwegzunehmen: Das Vorhaben des Autors ist nicht nur sehr originell, es ist auch voll und ganz gelungen.

Das Buch ist in einer klaren, verständlichen Sprache geschrieben. Die wenigen im Text benutzten Fachausdrücke sind überdies in einem Anhang ausführlich erklärt. Neben den Grundsätzen der Klassifikation werden alle wesentlichen Prinzipien und Erscheinungsformen der Tierevolution beschrieben, wie die Natur der Unterart, die Entwicklung von Inselfaunen, Übergänge von Unterart zu Art, Farbphasen, Domestikation, Bastardierung, Arterkennungsmerkmale, Selektion der sekundären Geschlechtsmerkmale, zwischenartliche Konkurrenz, adaptive Radiation, konvergente Evolution, Anpassungen im Brut- und Fortpflanzungsverhalten. Mauser und Zug. Eine systematische Liste der Wasservögel der Welt und ein Index der Tiernamen beschließen das gehaltvolle Bändchen. Zahlreiche instruktive Strichzeichnungen aus der Meisterhand Robert Gillmors beleben den von der Sache her bisweilen etwas spröden Text, so daß der Leser auch ohne das lebendige Anschauungsmittel eines reichhaltigen Tiergartens voll auf seine Kosten kommt. Ein lobenswertes Buch, das zu den Spitzenleistungen populärwissenschaftlicher Literatur zählt.

D. Flössner

R. S. Karpinskaja: Philosophie und Molekularbiologie. Berlin: Akademie-Verlag 1974. 208 S. Ln. M 21,—

Die Autorin bezeichnet es selbst als das „Hauptanliegen der vorliegenden Arbeit“, die „neue, mit dem Evolutionsaspekt verbundene Richtung der molekularbiologischen Forschung zu unterstützen und ihre methodologische Grundlage in der Dialektik als der Theorie von der Entwicklung darzulegen“ (S. 198). Dies bestimmt folgerichtig den Aufbau des Buches und die Auswahl der im einzelnen behandelten Problemstellungen. Das erste Kapitel ist dem Beitrag der Molekularbiologie zur Erforschung der Einheit der organischen Welt gewidmet und behandelt eine Reihe einschlägiger Grundsatzfragen vom Phänomen der biochemischen Universalität des Lebenden bis zum Beitrag der Molekularbiologie zum modernen Verständnis des Wesens des Lebens. Das zweite Kapitel untersucht die Molekularbiologie in ihrem Verhältnis zur Evolutionslehre der Biologie und zur umfassenden philosophischen Entwicklungskonzeption überhaupt; im dritten und letzten Kapitel schließlich wird die philosophische Entwicklungstheorie als allgemeine Methodologie in ihren Wechselbeziehungen zur konkreten Methodologie der Molekularbiologie unter besonderer Berücksichtigung der methodologischen Funktion des Begriffs der Selektion sowie der Kategorie „Ganzheit“ erörtert.

Gemäß dem allgemeinen, philosophischen Anspruch des Buchtitels behandelt Karpinskaja innerhalb des hiermit abgesteckten Rahmens eine Vielzahl biologisch, wissenschaftstheoretisch und vor allem weltanschaulich-philosophisch relevanter Fragen wie die Reduktionismus-Problematik, das Verständnis eines „biologischen Elementaraktes“, die dialektischen Verhältnisse von Unikalität und biochemischer Universalität, von Stabilität und Variabilität im Evolutionsprozeß, von konvarianter Reduplikation und Selektion, von Teil und Ganzem, von Struktur und Funktion, von Strukturalismus und Historismus, von Innerem und Äußerem oder schließlich auch von Materie und Bewegung und von Philosophie und Einzelwissenschaften, um hier wenigstens einige der wichtigsten Gesichtspunkte zu nennen. All dies wird in unmittelbarer Auswertung einer international repräsentativen Fülle von einzelwissenschaftlichen Untersuchungen betrieben (wobei allerdings zu beachten ist, daß die sowjetische Originalausgabe bereits 1971 erschien!), was wesentlich Charakter und spezifischen Wert der Publikation bestimmt. Das heißt, daß die Autorin darum bemüht ist, die marxistisch-leninistische philosophische Problemstellung primär konstruktiv aus der einzelwissenschaftlichen Entwicklung und dem Verhältnis zwischen einzelwissenschaftlicher und philosophischer Erkenntnis abzuleiten und zu entwickeln. Wenn hierbei gelegentlich auch etwas überzogene Formulierungen unterlaufen (z. B. S. 71: „Im Unterschied zur Naturwissenschaft selbst interessiert die Philosophie vor allem die Erkenntnisweise der Entwicklung und nur in ihr und durch sie der sich objektiv vollziehende Entwicklungsprozeß." — und einige andere Stellen, die den Erkenntnis- und Methodologie-Aspekt sehr stark akzentuieren!), so ist das m. E. doch nicht von prinzipieller Bedeutung.

Als ein Positivum resultiert aus der Gesamtanlage die eigenständige innere Logik des Buches, die Tatsache, daß es in Auswahl und Darstellungsweise der Probleme nicht vordergründig an Tagesbedürfnissen der philosophischen Diskussion und der ideologisch-weltanschaulichen Auseinandersetzung orientiert ist. Andererseits ist diesem Umstand wohl auch geschuldet, daß dem Aspekt der Auseinandersetzung nicht durchgängig die gleiche Aufmerksamkeit gewidmet wird — u. a. spart die Autorin den gesamten Komplex der praktisch-gesellschaftlichen Konsequenzen und Gefahren eines Mißbrauchs molekularbiologischer Erkenntnisse bzw. der ethischen Verantwortung des Wissenschaftlers nahezu völlig aus Aus dem Zeitpunkt der Veröffentlichung der Original-Ausgabe erklärt sich, daß auch die philosophisch-politischen Anschauungen bzw. Angriffe von J. Monod gegen den dialektischen Materialismus bzw. die hierdurch ausgelösten Diskussionen der letzten Jahre in dem Buch keine Rolle spielen können. Mag das unter dem Blickwinkel des Bedürfnisses nach Aktualität der Information auch bedauerlich sein, so schmälert es doch keineswegs den Wert des Buches, sobald ihm der Leser nicht etwas ganz anderes abverlangt, als in Absicht und Konzeption der Verfasserin lag. Diese aber zielte vor allem darauf, jene theoretischen und philosophisch-weltanschaulichen Fragen herauszuarbeiten, zu erörtern und zur Diskussion zu stellen, die aus der Entwicklung der modernen Biologie selbst und aus deren Wechselspiel mit der dialektisch-materialistischen philosophischen Erkenntnis erwachsen, wobei es Karpinskaja überzeugend gelingt, die Unabdingbarkeit dialektisch-philosophischen Denkens für den Fortschritt der modernen molekularbiologischen Forschung plastisch zu machen. Das vorliegende Buch ist insofern grundsätzlichen Charakters, ohne unantastbare Grundsätze verkünden zu wollen. Sein großer Vorzug liegt gerade darin, daß es den Leser zum selbständig-schöpferischen Weiterdenken provoziert und ihm hierfür auch das methodische Rüstzeug vermittelt. Es ist gleichermaßen geeignet, den philosophisch-theoretischen Sinn des Biologen zu schärfen wie andererseits die Entwicklung eines fruchtbaren, auf solider Sachkenntnis beruhenden Verhältnisses der Philosophen zur modernen Biologie und aller Einzelwissenschaft überhaupt zu fördern, indem es ein solches Verhältnis nicht lediglich fordert, sondern am konkreten Gegenstand erlebbar macht. Gerade deshalb ist dem Buch zu wünschen, daß es nicht nur von dem kleinen Kreis derjenigen gelesen werde, die sich professionell mit dem Gegenstand „Philosphie und Molekularbiologie" befassen, sondern auch darüber hinaus die Aufmerksamkeit vieler Biologen und Philosophen finde. D. Alexander

T. D. Lucky, B. Venugopal & D. Hutcheson: Environmental Quality and Safety, Supplement Vol. I: Heavy Metal Toxicity Safety and Hormology. Stuttgart: Georg Thieme Publishers/Academic Press New York 1975. VI, 120 S., 12 Abb., 44 Tab. Geb. DM 35,—

Mit dem Erscheinen von Ergänzungsbänden zu der Monographienreihe EQS versuchen die Herausgeber dem fortschreitenden Entwicklungsstand dieses aktuellen Forschungsgebiets Rechnung zu tragen. Die vorliegende Monographie enthält drei in sich geschlossene Beiträge zum Einfluß von Schwermetallen auf den Organismus: 1. Toxikology of Non-Radioactive Heavy Metals and Their Salts, 2. Safety of Heavy Metals as Nutritional Markers, 3. Hormology with Inorganic Compounds.

Auf der Grundlage einer umfangreichen Literaturauswertung (bis 1974) sowie eigenen experimentellen Untersuchungen werden die biochemischen Wirkungsmechanismen von Metallen und ihren Salzen im Zusammenhang mit den chemischen Eigenschaften der Elemente zur Diskussion gestellt. Die teilweise verwendete Ordnung nach dem Periodensystem der Elemente erleichtert die

Verwendung als Nachschlagewerk zu speziellen Problemen der Toxikologie nicht-radioaktiver Metalle und ihrer Salze. Durch die Einbeziehung hormologischer Aspekte wird der Erweiterung des Kenntnisstandes über die Wirkungsweise nicht-toxischer Konzentrationen Rechnung getragen. (Kap. 1 und 3). Im Gegensatz zu der systematischen Darstellung der Toxikologie und Hormologie im 1. und 3. Kapitel, werden im 2. Kapitel sehr spezielle Untersuchungsergebnisse zu einigen Problemen bei der Nahrungsmittelmarkierung durch Schwermetalle mitgeteilt, die vorteilhafter in einer entsprechenden Zeitschrift als Originalbeitrag veröffentlicht worden wären.

Durch die Orientierung auf die neuesten Ergebnisse zu der organspezifischen Wirkung von Metallen und ihren Salzen wurde eine begrüßenswerte Bereicherung der pharmakologisch-toxikologischen Literatur geschaffen. In ihrer klaren und starren Ausdrucksweise kann die vorliegende Monographie als Lehr- und Handbuch Pharmakologen, Biologen, Arbeitsmedizinern, Pharmazeuten und Lebensmittelchemikern empfohlen werden. H.-J. EICHHORN

Isotope techniques in groundwater hydrology 1974 (Proceedings of a Symposium organized by the IAEA and held in Vienna, 11—15 March 1974). Vienna: International Atomic Energy Agency 1974. Brosch. Bd. I: 504 S., 196 Abb., 75 Tab., 314 Lit. US $ 24.—; Bd. II: 499 S., 185 Abb., 44 Tab., 397 Lit., US $ 24.—

Das 4. Symposium der IAEA zum Thema Isotopenhydrologie war auf Grundwasserprobleme begrenzt. Die zwei Tagungsbände umfassen 51 Aufsätze mit den Diskussionsbeiträgen. Die Vielfalt der behandelten Fragen verteilt sich auf folgende Themenkomplexe: Grundwasserneubildungsuntersuchungen (7 Beiträge), Wechselbeziehung zwischen Grundwasser und Oberflächenwässern (4 Beiträge), Felduntersuchungen mit „Umweltisotopen" (16 Beiträge), Geothermalwässer (2 Beiträge), Probleme bei der Anwendung von „Umweltisotopen" für Grundwasseruntersuchungen, (5 Beiträge), Andere „Umweltisotope" als Wasserstoff-, Sauerstoff- und Kohlenstoffisotope in Grundwasseruntersuchungen (5 Beiträge), Aquifertypische Untersuchungen (7 Beiträge), Theoretische und experimentelle Untersuchungen der Tracerbewegung im Grundwasser (5 Beiträge). Die Beiträge sind überwiegend in englischer Sprache, sieben in Französisch, drei in Russisch und einer in Spanisch abgefaßt.

Im Themenkomplex Grundwasserneubildungsuntersuchungen werden Arbeiten zusammengefaßt, die auf Untersuchungen mit Umwelttritium als Tracer zum Bestimmen der Versickerungsrate in den ungesättigten und gesättigten Bodenzonen, in Sanden einer Alluvialebene und eines Flußdeltas, in Kreidekalksteinen und Glaukonitsandsteinen, im Dolomit sowie in ariden Böden beruhen. Die Wechselbeziehung zwischen Grundwasser und Oberflächenwässern (Abflußmechanismus, Zergliedern einer Abflußmengenkurve) wird in den Beiträgen mit Hilfe der Isotope ^{18}O, D und T analysiert. Das Heranziehen der natürlichen stabilen und radioaktiven „Umweltisotope" zur Lösung der vielfältigsten hydrologeologischen Probleme veranschaulicht der dritte und zugleich umfangreichste Themenkomplex. Fragen hinsichtlich der Herkunft, des Vermischens und des Alters von Grundwässern, der Versickerungs- und der Entlastungsgebiete, der Hydrogeologie artesischer Becken, von Klimaveränderungen, von Meerwasseringressionen sowie von Bergwerkszuflüssen werden für die verschiedensten Teile der Erde behandelt. Die Beiträge zu den Geothermalwässern beziehen sich auf die geothermische Ausnutzung des Gebiets von Larderello (Italien) und auf die Thermen von Swasiland. Als Probleme bei der Anwendung von „Umweltisotopen" werden die örtliche Veränderlichkeit der Isotopenzusammensetzung des Grundwassers, die Bemusterung von Lysimetern sowie spezielle Fragen der ^{14}C-Datierung und des ^{14}C-Nachweises beschrieben. Die Beiträge über die Isotope ^{234}U, ^{238}U, ^{39}Ar, ^{34}S und ^{15}N zeigen deren Brauchbarkeit für die Hydrogeologie. Besondere Hinweise methodischer Art werden für die Isotope ^{39}Ar und ^{15}N gegeben. Das Bestimmen von Aquiferparametern, wie mittlere effektive Porosität, Permeabilität, Schichtmächtigkeiten, mittlere Dichte und Breite der Klüfte und Dispersionskoeffizient, mit Hilfe von Isotopenmethoden unter teilweiser Verwendung von einer bis zwei Bohrungen oder eines kombinierten Bodenfeuchte-/Dichte-Meßgerätes beinhaltet der vorletzte Themenkomplex. Die theoretischen und experimentellen Untersuchungen der Tracerbewegung dienen vor allem Fragen des Grundwasserschutzes.

Die Fülle der Daten, die diese beiden Tagungsbände enthalten, kann nur angedeutet werden. Zugleich wird aber deutlich, daß weltweit verstärkt Isotopenmethoden zur Lösung spezifischer Probleme bei der Erkundung und Erschließung von Grundwasser eingesetzt werden. G. HECHT

C. H. CRICKMAY: The work of the river. London, Basingstoke: Macmillan Press Ltd. 1974. 271 S., 23 Abb., 18 Fotos. Geb. £ 12.—

Das für Geologen, Geographen und Ingenieure geschriebene Buch will als kritische Studie der zentralen Aspekte der Geomorphologie verstanden sein. Der Autor erörtert mit fundiertem Sachwissen und sehr anschaulich zunächst die allgemeinen Grundlagen und Gesetze der Flußdynamik und der Flußarbeit sowie ausführlich die Ausbildung des Flußbettes. In einem Kapitel über sogenannte mathematische Geomorphologie werden die verschiedenen Talquerschnitte besprochen. Hierbei fällt auf, daß die Talasymmetrie lediglich aus den Gesetzen der Flußdynamik abgeleitet oder als strukturbedingt aufgefaßt wird, während die klimatisch bedingte Talasymmetrie unerwähnt bleibt. Das Klima als geomorphologischer Faktor erscheint auch sonst unterbewertet. Das zeigt sich ebenfalls bei einer sehr kurzen Besprechung der Denudationsvorgänge; denn der Autor postuliert hierbei, daß tektonische Hebungen und Böschungsfaktoren von größerem Einfluß als irgendwelche klimatische Bedingungen seien und echte Beziehungen zwischen Klima und Erosion fehlten. Nach den neueren Erkenntnissen sind es jedoch gerade die klimatisch bedingten und nicht nur die tektonisch gesteuerten Abtragungsvorgänge, die das Relief eines Gebiets bestimmen. Es darf hier z. B. auf die besonders intensive denudative und fluviatile Formung in der polaren Frostschutzzone oder die gravierenden Reliefunterschiede zwischen humiden und semihumiden bis semiariden Tropen verwiesen werden. In modernen geomorphologischen Lehrbüchern werden deshalb besonders die klimatischen Differenzierungen des Zusammenwirkens von Denudation und Flußarbeit herausgestellt. Die konservative Grundhaltung des Autors äußert sich entsprechend in Kapiteln zur Theorie der allgemeinen geomorphologischen Entwicklung des Großreliefs, in denen er die in ihrer Zeit sehr anregenden Deduktionen von DAVIS und W. PENCK sowie neuere Hypothesen abhandelt, um letztlich eine eigene Hypothese zu begründen, die der sogenannten ausgeglichenen Aktivität. Diese besagt lediglich, daß auf der Erdoberfläche geomorphologische Aktivität und Stagnation räumlich und zeitlich wechseln, wobei DAVIS' und PENCKS Prinzipien nicht ersetzt, sondern nur ergänzt werden sollen. Auch die hieran anschließende Interpretation der wirklichen Landschaft neigt zu hypothetischen Erörterungen, zudem werden mehr morphographische als genetische Kriterien für eine Ausgliederung geomorphologischer Großformen angewandt. Eine mangelnde klimageomorphologische Betrachtungsweise zeigt sich auch hier, wenn z. B. die Flußterrassen lediglich aus einem Wechsel von Phasen tektonischer Hebung und Ruhe erklärt werden, während sich doch die Ausbildung der pleistozänen Flußterrassen nur auf den quartären Klimawandel und den damit einhergehenden Wechsel von Erosion und Akkumulation zurückführen läßt.

Das Literaturverzeichnis spiegelt die angedeutete Betrachtungsweise des Autors wider; denn ihm fehlen alle der so wichtigen neueren geomorphologischen Arbeiten aus dem nichtenglischen Sprachbereich, die die Grundlage für eine moderne geomorphologische Regionalgliederung bilden, wie sie vor allem von BÜDEL und WILHELMY erarbeitet wurden. A. STEINMÜLLER

ROBERT W. FREY (ed.): The Study of Trace Fossils. A Synthesis of Principles, Problems, and Procedures in Ichnology. Berlin, Heidelberg, New York: Springer-Verlag 1975. XIV, 562 S., 1 Porträt, 250 Abb., 18 Tab. Geb. DM 141,70 (US $ 58.10)

Durch RUDOLF RICHTER, WILHELM SCHÄFER und WALTER HÄNTZSCHEL wurde die moderne Ichnologie begründet bzw. entscheidend gefördert. Dem letzteren ist denn auch dieses Buch gewidmet. Die Ichnologie (Spuren- und Fährtenkunde) analysiert alle Aktivitätsbeweise von Organismen auf den Sedimentflächen und innerhalb der Sedimente: Fährten, Schleifspuren, Bauten, Bohrgänge, Fraßspuren, Koprolithen. Sie ist sehr stark auf rezente Vergleiche angewiesen und ist auch als Teilgebiet der Ökologie zu bezeichnen, speziell der Palökologie. Die Kenntnis der Spurenfossilien ist für viele Bereiche der Paläontologie, der Sedimentgeologie, der Ökologie und der Verhaltensbiologie wichtig.

Dem Herausgeber schien jetzt die Zeit reif für ein zusammenfassendes Buch. In 23 Arbeiten wird das gesamte Gebiet sehr ausgewogen dargestellt: Pflanzen, Mikroorganismen, Wirbellose, Wirbeltiere, fossile und rezente aquatische und terrestrische Spuren werden behandelt, auch Pseudo- oder mißverständliche Spuren. Die 23 Kapitel sind zu folgenden 5 Abschnitten gruppiert: Introduction to Ichnology, Geological Significance of Trace Fossils, Selected Groups of Trace Fossils, Recent Aquatic Lebensspuren, Techniques in the Study of Lebensspuren. Jede Arbeit beginnt mit einer Zusammenfassung und endet mit einem Literaturverzeichnis oder anders ausgedrückt: Es handelt sich um 23 selbständige, gut abgestimmte Veröffentlichungen überwiegend amerikanischer Autoren, die sich sehr gut ergänzen.

Das Buch darf als ein hervorragendes Lehrbuch der Ichnologie bezeichnet werden, das das Gesamtgebiet umfassend darstellt. Dem Herausgeber und dem Verlag ist für die geleistete Arbeit zu danken.

D. Storch

Wolfgang Makatsch: Die Eier der Vögel Europas. Eine Darstellung der Brutbiologie aller in Europa brütenden Vogelarten. Band 1, 2. Leipzig, Radebeul: Neumann Verlag 1974, 1976. Ln. Bd. 1: 468 S., 464 Abb., 218 Kt., 66 Farbt. M 96,—; Bd. 2: 460 S., 605 Abb., 233 Kt., 21 Farbtaf. M 70,—

Obschon die Zeiten, da das Sammeln von Vogeleiern Mode war, glücklicherweise überwunden sind, besteht dennoch unter zahlreichen Liebhaber-Ornithologen ein berechtigtes Bedürfnis nach ernsthafter Beschäftigung mit der Brutbiologie der Vögel. Diese zweifellos für die Wissenschaft sehr nützlichen Absichten in die richtigen Bahnen zu lenken und dem brutbiologisch tätigen Feldornithologen ein Nachschlagewerk in die Hand zu geben, ist das Ziel des großangelegten, in zwei Teilen erschienen Buches. Das Werk bietet freilich viel mehr als der kurze, etwas irreführende Titel verspricht. Es führt nämlich nicht nur die Eier der in Europa brütenden Vogelarten in Wort und Bild vor, sondern stellt eine nahezu vollständige Behandlung der Brutbiologie dar. Von den 453 in Europa als Brutvogel nachgewiesenen Arten werden ausführlich und in übersichtlicher Gliederung beschrieben: Brutgebiet, Biotop, Nest, Eier, Gelegegröße, Eiablage, Anzahl der Bruten, Brutzeit, Brutbeginn, Brutdauer und Brutpflege. Die einzelnen Artkapitel enden mit einer Zusammenstellung der wichtigsten Spezialliteratur, während sich eine Auswahl allgemeiner zusammenfassender Literatur am Schluß beider Bände befindet. Ein Anhang des 2. Bandes bringt außerdem auf 3 Seiten Berichtigungen und Ergänzungen zu Band 1.

Der Entschluß des Verfassers, auf eine Darstellung des Balzverhaltens zu verzichten, wird kaum auf Kritik stoßen, doch vermißt man eine Beschreibung der Jungvögel. Auch fehlt bei der Beschreibung der Eier eine Erklärung für die Symbole G und g. Dem Text sind sehr zahlreich Fotos beigegeben, welche meist die einzelnen Arten am Nest, das Gelege oder den typischen Brutmonotop darstellen. Die Güte dieser Lichtbilder ist recht unterschiedlich. Neben ausgesprochenen Meisterleistungen von E. Hosking, W. Fendrich, G. K. Yeates, A. Blomgren, A. Christiansen, R. Dwenger u. a. ist auch manches Mittelmäßige zu finden. Vom Weißstorch z. B. gibt es viel bessere und aussagekräftigere Fotos. Beim Fischreiher hätte man eine Abbildung des typischeren Baumhorstes erwartet. Vom Gimpel fehlen Abbildungen ganz. Die Vogeleier sind am Schluß des Bandes auf farbigen Tafeln abgebildet, deren Qualität nur teilweise den Ansprüchen genügt, die an ein solches Werk gestellt werden müssen. So sind einige Tafeln, besonders im Band 2, im Druck unscharf und in der Fargebung zu matt und flau.

Das Buch lehnt sich in seiner Gesamtgestaltung eng an das Werk von K. Voous: „Die Vogelwelt Europas und ihre Verbreitung“ an. Es besteht wie dieses aus drei Hauptelementen: Text, Verbreitungskarten und Lichtbildern. Bei diesem Sachverhalt muß es natürlich merkwürdig anmuten, daß vom Voous nicht das holländische Original von 1960, sondern die deutsche Ausgabe aus dem Jahre 1962 zitiert wird, und Makatsch es sich nicht verkneifen kann, im Vorwort darauf hinzuweisen, daß erste Vorbesprechungen für „Die Eier der Vögel Europas“ bereits 1962 (!) stattfanden. Es stellt das eine peinliche Wiederholung der Vorkommnisse um Makatschs Buch „Wir bestimmen die Vögel Europas“ dar.

Prinzipielle Kritik muß auch an der Illustration des vorliegenden Werkes geübt werden, die vielfach nicht eine den Text erläuternde Aufgabe hat, sondern ein durchaus überflüssig erscheinendes, den Preis des sonst ausgezeichneten Werkes unnötig belastendes Eigendasein führt. Da sind vorerst die Verbreitungskarten, die, als Hilfsmittel der Tiergeographie, in einem Buch über die Brutbiologie der Vögel nicht notwendig sind. Überdies sind viele von ihnen fehlerhaft, was sich wegen ihres großen Maßstabes leicht nachweisen läßt. Besonders auffallende Beispiele sind die Verbreitungskarten von Purpurreiher, Nachtreiher, Löffelente, Reiherente, Zwergtrappe, Sandregenpfeifer, Mornellregenpfeifer, Waldwasserläufer, Bruchwasserläufer, Thorshühnchen, Sturmmöwe, Zwergmöwe, Küstenseeschwalbe, Kolkrabe, Tannenhäher, Beutelmeise, Mauerläufer, Karmingimpel und Girlitz (Rügen). Teilweise stimmen die Angaben im Text und in den Karten nicht überein, z. B. bei Terekwasserläufer und Lachseeschwalbe. Eine Reihe von Karten sind schlecht nutzbar, weil bei Arten mit engbegrenztem Areal (Vorkommen auf Inseln) Hinweispfeile fehlen. Auch bei den Vogelfotos ist des Guten zu viel getan worden, da viele von ihnen keine neue Information bringen oder nicht in Beziehung zur Brutbiologie der betreffenden Arten stehen. Hingewiesen sei auf die Abbildungen von Entenerpeln, der balzenden Auer- und Birkhähne und von Waldkauz, Schwarzspecht, Dohle, Amsel, Steinschmätzer, Nachtigall usw. Eine weitgehende Straffung wäre ebenso bei der Darstellung der Vogeleier auf den Tafeln angebracht gewesen. Sicher ist es richtig, die starke individuelle Variation der Eier in Gestalt und Farbe bei bestimmten Gruppen, wie Möwen, Seeschwalben, Alken und Ammern, bildlich darzustellen. Bei vielen Arten sagen die abgebildeten Serien von Eiern über die Variation aber kaum etwas aus, etwa bei Schnatterente, Löffelente, Rebhuhn, Tüpfelsumpfhuhn, Zwergsumpfhuhn, Laufhühnchen, Terekwasserläufer, Waldwasserläufer, Mantelmöwe und Polarmöwe oder könnten ohne Schmälerung des Informationsgehaltes gut und gerne auf die Hälfte reduziert werden. Als Beispiel genüge es, auf Turmfalk und Baumpieper zu verweisen, von denen allein 20 bzw. 32 (!) Eier abgebildet sind. Der aufmerksame Betrachter wird die Liste derartiger Fälle leicht vermehren können. Bei den meisten polytypischen Arten werden auch die Eier der verschiedenen Unterarten abgebildet, was ebenfalls überflüssig erscheint, wird doch im Text, von Größenangaben abgesehen, mit keiner Silbe auf etwaige Unterschiede eingegangen. Im Gegenteil, beim Bussard heißt es ausdrücklich, daß sich die Eier der einzelnen Unterarten gleichen. Von großem Wert sind hingegen die Tafeln mit den Kuckuckseiern und den ihnen gegenübergestellten Wirtsvogeleiern, doch kann man bezüglich des Anpassungsgrades an den Wirtsvogel nicht immer mit dem Autor übereinstimmen (Tafel S. 435, 5 und 6, 17 und 18, 25 und 26). Im Text wird leider nur eine kommentarlose Liste der Wirtsvögel des Kuckucks ohne Angaben über bevorzugte Arten gebracht.

Insgesamt kann man sich des Eindrucks nicht erwehren, daß es Makatsch hauptsächlich darum ging, einem größeren Kreis die Schätze und den Reichtum seiner Eiersammlung zu präsentieren. Abgesehen von den erwähnten Beanstandungen bildet das vorliegende Werk aber eine zuverlässige Informationsquelle für alle an fortpflanzungsbiologischen Fragen interessierten Ornithologen. Leider wird der hohe Anschaffungspreis einer wünschenswerten weiten Verbreitung des Buches nicht förderlich sein.

D. Flössner

Heinz Ellenberg: Zeigerwerte der Gefäßpflanzen Mitteleuropas. (Scripta Geobotanica IX). Göttingen: Verlag Erich Goltze KG. 1974. 97 S., 3 Tab. Brosch. DM 17,—

Jedem in Mitteleuropa tätigen Vegetationsforscher sind die ökologischen Zeigerwerte bekannt, welche H. Ellenberg von 1950 an zunächst für Ackerunkräuter und Wiesenpflanzen aufgestellt hat. Bei vielen vegetationskundlichen Acker- und Wiesenuntersuchungen der folgenden Zeit hat sich die Anwendung dieser Zeigerwerte sehr bewährt. Nunmehr hat Ellenberg seine Zeigerwerte bedeutend weiter entwickelt und auf rund 2000 Gefäßpflanzenarten Mitteleuropas ausgedehnt. Sie werden jetzt für 3 Klimafaktoren (Licht, Wärme, Kontinentalität) und 3 Bodenfaktoren (Bodenfeuchtigkeit, Reaktion, Stickstoff), fallweise in vereinfachter Form ferner für Kochsalzkonzentration und Schwermetallgehalt des Bodens gegeben. Die „Stickstoffzahlen" wertet der Autor lediglich als einen Versuch. Er fordert — gleichsam als Aufgabe für Limnologen — die Rolle des Stickstoffs bei Wasserpflanzen noch genauer zu klären, da hier die Phosphorversorgung möglicherweise stärker differenzierend wirkt.

Der Zuwachs an Wissen über das ökologische Verhalten der Gefäßpflanzen in Mitteleuropa ermöglichte eine Verfeinerung der Abstufung. An die Stelle der ursprünglichen 5- bzw. 6teiligen Skala ist jetzt eine 9teilige, bei der Feuchtezahl sogar eine 12teilige getreten. Letztere ermöglicht auch die Einbeziehung der eigentlichen Wasserpflanzen. So bezeichnen F 10 Wasserpflanzen, die längere Zeiten ohne Wasserbedeckung ertragen (Wechselwasserzeiger), F 11 Wasserpflanzen, die unter Wasser wurzeln, aber zumindest über dessen Oberfläche aufragen, oder Schwimmpflanzen, die an der Wasseroberfläche flottieren, und F 12 ständig oder fast dauernd untergetauchte Unterwasserpflanzen. Dazu gibt es beim Feuchtefaktor noch gesonderte Zeichen für Wechselfeuchtigkeits- und Überschwemmungszeiger. Indifferentes Verhalten wird nicht mehr durch eine 0, sondern durch ein x gekennzeichnet.

Durch die ziffernmäßige Bewertung des ökologischen Verhaltens im Gelände wird die Möglichkeit geschaffen, Durchschnittszahlen für ganze Pflanzenbestände zu berechnen und diese zur ökologischen Kennzeichnung solcher Bestände zu verwenden. Unter Berücksichtigung der Indikatorwerte aller beteiligten Arten gewinnt man eine Durchschnittszahl, die Vergleiche und überraschend feine Abstufungen gestattet. Durchschnittswerte aller sechs berücksichtigten Faktoren ermöglichen eine ökologische Charakterisierung von Pflanzengesellschaften, die recht übersichtlich ist. Mit Hilfe dieser Zeigerwerte lassen sich Pflanzen und Pflanzengesellschaften weit besser und in größerem Umfang als bisher als Bioindikatoren heranziehen. Außer den Ziffern für das ökologische Verhalten werden für jede Art ferner teils in Form von Buchstaben, teils in Form von Ziffern Angaben über Lebensform, Blattausdauer, anatomischen Bau und über das soziologische Verhalten geboten. Noch unsichere oder unklare Bewertungen sind durch Kursivdruck oder Fragezeichen kenntlich gemacht. Hier sind alle Benutzer aufgerufen, durch Zuschriften an den Verfasser zu einer noch schärferen und sicheren Wertung beizutragen.

Die international eingeführte Nummernfolge sowie die tabellarische Darstellungsform erleichtern die Benutzung der Zeigerwerte durch die elektronische Datenverarbeitung (EDV). Jeder der formelhaften Ausdrücke kann leicht auf Lochkarten übertragen werden. Dem Autor gebührt sowohl für die Weiterentwicklung seiner Zeigerwert-Methode wie auch für die Schaffung dieses übersichtlich gestalteten Nachschlageheftes der Dank aller Geobotaniker. H.-D. KRAUSCH

ÁSKELL LÖVE & DORIS LÖVE: Plant chromosomes. Vaduz: J. Cramer. 1974. XV, 184 S., 29 Abb. Ln. DM 36,— ($ 15.—)

Das handliche Büchlein vermittelt Theorie und Praxis des Umgangs mit pflanzlichen Chromosomen. Unterstützt durch einige wenige, sehr einfach gehaltene Strichzeichnungen, bietet der Text zunächst eine Einführung in Mitose und Meiose, Lehrbuchwissen in kürzester, prägnanter Form. Vor diesem „zytologischen Hintergrund" breiten die Autoren Hinweise auf das Material aus, das die Basis für Chromosomenuntersuchungen darstellt, führen in Beobachtungstechniken und die eigentliche „Zytotechnologie" (z. B. Quetsch-, Schneide-, Färbe- Einbettungsmethoden) ein und beraten bei der Publikation der Ergebnisse. Ein 100seitiger Anhang enthält Standardrezepte. Eine ausführliche Bibliographie und ein ausreichender Index bilden den technischen Apparat des soliden Werkes, das freilich kaum wirklich Neues zu bieten vermag und auch nicht gerade eine „Lücke" schließt: Denn an Vergleichbarem mangelt es nicht. S. J. CASPER

WILHELM HARDER: Anatomy of Fishes. Translated by STEPHEN SOKOLOFF. Stuttgart: E. Schweizerbart'sche Verlagsbuchhandlung (Nägele u. Obermiller) 1975. Part I: Text, Part II: Figures and Plates. XIV, 744 S., 338 Abb., 14 Tab., 13 Taf. Geb. DM 238,—

Im Rahmen des „Handbuchs der Binnenfischerei Mitteleuropas" erschien als Sonderausgabe 1964 die „Anatomie der Fische", die nunmehr bedeutend erweitert und übersetzt in englischer Sprache vorliegt. Gründe für die ausführlichere Darstellung waren einmal die Tatsache, daß auf dem Gebiete der Fischanatomie und vergleichenden Morphologie seit 1964 die Weltliteratur stark zugenommen hat, was in dem außerordentlich umfangreichen Literaturverzeichnis von 87 Seiten zum Ausdruck kommt, zum anderen sollten in der vorliegenden Ausgabe in verstärktem Maße außereuropäische und auch marine Fischarten mit berücksichtigt werden, da eine Bindung an das „Handbuch der Binnenfischerei Mitteleuropas" hier nicht besteht. Trotz der Umfangserweiterung ist das vorliegende Werk eine allgemeine Anatomie der Fische geblieben, wie sie für das Verständnis einer Tiergruppe notwendig und für diejenigen, die sich mit der Haltung, dem Fang und der Beurteilung der Krankheiten von Fischen beschäftigen, unerläßlich ist. Ohne also die Spezialliteratur ersetzen zu wollen, werden in dem Buche nach einer kurzen systematischen Übersicht die gesicherten Fakten in den Hauptkapiteln: Körperform der Fische — Bauelemente der Organe: Zellen und Gewebe — Skelett — Muskulatur — Leibeshöhle — Ernährungstrakt — geräuscherzeugende Organe — Urogenitalsystem — Zirkulationssystem — Endokrine Organe — Respiratorische Organe — Sinnesorgane — Nervensystem — Körperdecke, Leucht- und Giftorgane — Larvalorgane ausführlich dargestellt.

Die aus der ersten Ausgabe bewährte Möglichkeit, durch einen besonderen Tafelband die in Betracht kommenden Abbildungen neben den jeweilig zugehörigen Text legen zu können, wurde beibehalten, da sie das Arbeiten erheblich erleichtert. 14 Tabellen fassen wichtige Befunde und Zahlenangaben noch einmal zusammen, so z. B. die Knochen und andere wichtige Bestandteile der Kopfregion und des Schultergürtels sowie die Knochen der Schwanzflosse in einer tabellarischen Übersicht mit Erklärungen auf 18 S.; die Gestaltung der Kiemenfilter in den verschiedenen Ordnungen und Familien, die Reifegrade der männlichen und weiblichen Keimdrüsen, die Erythrocytenzahlen verschiedener Fische u. a. Diese Tabellen und ein ausführliches Sachregister (50 S.) vereinfachen das Arbeiten mit diesem Standardwerk, dessen Ausstattung kaum Wünsche offen läßt.

H. MÜLLER

Wasser und Abwasser Band 1972/73. „Wasserhaushalt und Gewässergüte". Themenkreis 1973: „Übergeordnete Aspekte der Gewässerreinhaltung". Hrsg.: Bundesanstalt für Wasserbiologie und Abwasserforschung, LAMBERT J. OTTENDORFER. Wien: Bundesanstalt für Wasserbiologie und Abwasserforschung 1974. 340 S., 105 Abb., 19 Tab., 1 Falttaf. Geb. öS 320,—

Im vorliegenden Doppelband wurden die Vorträge des Fortbildungskurses 1973 und Forschungsarbeiten aus der Bundesanstalt für Wasserbiologie und Abwasserforschung zusammengefaßt. Ein breiter Raum ist der Wassergüte gewidmet. E. PESCHECK berichtet über „Die biologische Güte der Fließgewässer von Niederösterreich — Stand 1970/71" und die „Erstellung von biologischen Gewässergütebildern unter besonderer Berücksichtigung des Burgenlandes". Zwei Arbeiten befassen sich mit den Auswirkungen von Kraftwerken auf die Wassergüte der Flüsse. Es werden Probleme angesprochen, wie sie in allen Ländern aktuell werden können: J. KOBILKA: „Donauausbau und Gewässergüte aus der Sicht der österreichischen Donaukraftwerke AG" und A. NENTWICH: „Atomkraftwerke in Österreich und ihr Einfluß auf die Gewässergüte". K. STUNDL befaßt sich in seinem Artikel „Beeinträchtigung der Grundwasserqualität durch hochbelastete Oberflächenwässer" mit der unterschiedlich starken Infiltration organischer Stoffe belasteter Flüsse in das ufernahe Grundwasser. Zur Überwachung der Infiltration werden z.B. an der stark belasteten Mur zahlreiche Kontrollbrunnen angelegt.

Über spezielle Abwasserprobleme berichten W. K. FISCHER: „Beitrag der Waschmittelindustrie zum Gewässerschutz", F. MALZ: „Maßnahmen auf dem Gebiet der Gewässerbelastung durch Wasch- und Reinigungsmittel" und W. BIFFL: „Abwasserprobleme in der Lebensmittelindustrie und in der Landwirtschaft". Mit Reinigungsverfahren der Abwässer befassen sich E. HOSENFELD: „Fäll- und Flockungsverfahren zur Reinigung kommunaler Abwässer — Behandlung von Klärschlämmen bei chemischer Abwasserreinigung", W. v. D. ENDE: „Entwicklungstendenzen für die Anwendung biologischer Reinigungsverfahren" und C. AUER-WELSBACH: „Entwicklungstendenzen für die Anwendung physikalisch-chemischer Reinigungsverfahren".

Zwei Arbeiten sind biologischen Problemen gewidmet. A. FRANTZ & J. SAS-HUBICKI machen in ihrem Artikel „Primärproduktionsmessungen in den Donaustauräumen Ybbs-Persenbeug und Wallsee nach der C-14-Methode" Vorschläge für die Donauländer, die Messung der Primärproduktion des Planktons „in genormten Lichtthermostaten unter vereinheitlichten Bedingungen durchzuführen". F. WAWRIK schreibt über „Bentho-planktische Diatomeen in Teichen des Waldviertels." Hygienische Fragen der Abwasserforschung werden in der Arbeit von O. KADLECOVÁ & K. ENTNEROVÁ „Einige hygienische Aspekte des *Salmonella*-Nachweises im Abwasser und Oberflächenwasser" angesprochen.

Mit der Seensanierung beschäftigt sich H. SAMPL: „Maßnahmen zur Seensanierung in Kärnten." Die Abwässer im Einzugsgebiet der zahlreichen Kärntner Seen werden gereinigt und durch Kanalsysteme in Flüsse abgeleitet. Mit den Problemen des Gewässerschutzes befassen sich A. PICHLER-STAINERN: „Die Tätigkeit der ECE in Bezug auf Gewässerschutz" und L. J. OTTENDORFER: „Mitarbeit der Bundesanstalt für Wasserbiologie und Abwasserforschung an internationalen Aktivitäten zur Reinhaltung der Gewässer." In der Arbeit von A. PICHLER-STAINERN wird die UN-Wirtschaftskommission für Europa (ECE) hinsichtlich ihrer übernationalen Tätigkeit für den Gewässerschutz gewürdigt. Physikalische und chemische Themen beinhalten die Arbeiten von F. EBNER & H. GAMS: „Schwermetalle in der Piesting und Fischa, Niederösterreich" und von O. ECKEL: „Thermische Belastung der Fließgewässer — physikalische Aspekte."

Auch der nunmehr 17. Band dieser Schriftenreihe erfüllt die an sie gestellten hohen Erwartungen.

W. SCHÖNBORN

ÁDÁM BOROS & MAGDA JÁRAI-KOMLÓDI: An atlas of recent European moss spores. Budapest: Akademiai Kiadó 1975. 466 S., 2 Abb., 237 Taf. Ln. Ft 280,—

Die Moose sind eine mehrere 100 Millionen Jahre alte und sehr konservative Pflanzengruppe. Teilweise produzieren sie eine sehr große Anzahl von Sporen. Diese besitzen meist sehr charakteristische Merkmale und können häufig eindeutig bestimmt werden. Trotzdem ist den Moossporen in der palynologischen Literatur vor allem der jüngeren geologischen Perioden nicht genügend Aufmerksamkeit gewidmet worden, was zu einem nicht unerheblichen Teil an dem Fehlen gut illustrierter Monographien liegt, die ihre sichere Bestimmung erlauben könnten. Diesem Mangel wollen die Autoren abhelfen, wobei Á. Boros für den bryologischen Teil verantwortlich ist und M. Járai-Komlódi für den palynologischen.

Die Autoren beschreiben in ihrem Werk 237 Arten aus 63 Familien, die stets von mehreren Photos (z. T. auch rasterelektronen-mikroskopischen) begleitet werden. Die Beschreibungen sind untergliedert in: area, ecology, spore formation (Angaben über die Entwicklung von Sporogonen und die Sedimente, in denen die Sporen zu erwarten sind), spore morphology, cytotaxonomy und locality, wobei im letzteren Abschnitt auch die Sammlungsnachweise enthalten sind. — Die Terminologie folgt im wesentlichen G. Erdtman.

Obwohl recht umfangreich, ist der Atlas doch nicht vollständig, beispielsweise fehlen *Marchantia polymorpha, Grimaldia tragans, Ephemerum, Schistostega, Abietinella* und *Diphyscium*. Dieses Nachschlagewerk ist als Bestimmungshilfe für Palynologen geeignet, die quartäre und tertiäre Sedimente untersuchen. Es fällt aber auf, daß die Arten i. allg. beziehungslos aneinander gereiht sind, die Unterschiede werden nicht genügend herausgearbeitet. Der Benutzer würde sich sicherlich über Tabellen freuen, die die Bestimmung und Vergleiche erleichtern. Auffällig ist weiterhin, wie verschwenderisch mit dem Platz umgegangen wurde, allein durch eine andere Anordnung der Tafeln hätten über 100 Seiten eingespart werden können. Das wäre dem Preis sicher gut bekommen.

D. Storch

Fritz Schwerdtfeger: Synökologie. Struktur, Funktion und Produktivität mehrartiger Tiergemeinschaften, mit einem Anhang: Mensch und Tiergemeinschaft. Hamburg, Berlin: Verlag Paul Parey 1975. 451 S., 118 Abb., 125 Tab. Ln. DM 98, —

Mit der „Synökologie“ ist das dreibändige „Lehr- und Handbuch“ der „Ökologie der Tiere“ von F. Schwerdtfeger abgeschlossen, vgl. die Besprechungen in Limnologica 3 (2), 1965, und 7 (2), 1970. Der vorliegende Band gliedert sich in 5 Hauptteile: A „Wesen der Synökologie“ (Definitionen, allgemeine Aspekte), B „Struktur der Tiergemeinschaften“ (Entstehung von Tiergemeinschaften, Beschreibung aquatischer, aquatisch-terrestrischer und terrestrischer Gemeinschaften, zönotische Größen, Ordnungskriterien, Dynamik der Gemeinschaften), C „Funktion der Tiergemeinschaften“ (Nahrungsnetze, Stabilität, Planstellen, Nischen, Immigrationen, Konkurrenz, Interferenz, inter- und intraspezifische Beziehungen), D „Produktivität der Tiergemeinschaften“, E „Mensch und Tiergemeinschaft“.

In dem Buch wurde ein umfangreiches Tatsachenmaterial verarbeitet, wovon bereits die rund 1500 Literaturzitate Zeugnis ablegen. Es werden alle 3 Großlebensräume behandelt: Meer, Süßwasser, Land. Das Schwergewicht der Darstellung liegt (entsprechend dem Spezialfach des Verf.) auf terrestrischem Gebiet. Trotz aller Wissensanhäufung vermißt man bei der Behandlung der marinen und limnischen Tiergemeinschaften vieles, was, entsprechend der Anlage des Buches als „Handbuch“ der Tierökologie hätte gebracht werden müssen. Was über zooplanktische und zoobenthische Gemeinschaften gesagt wird, geht nicht viel über das Niveau einer Einführung hinaus. Man erfährt nichts über die Lebensgemeinschaften des Aufwuchses, die Gemeinschaften des Grundwassers werden auf einer Seite abgehandelt, desgleichen die der Moore. Diese Aufzählung läßt sich beliebig fortsetzen.

Die Beherrschung der gesamten Tierökologie ist dem Einzelnen kaum noch möglich, so daß eine Beschränkung auf ein Teilgebiet oder auf die Darstellung allgemeiner Gesetzmäßigkeiten zu bevorzugen ist. Das Buch basiert zu sehr auf der Erläuterung synökologischer Zusammenhänge durch Beispiele. Man vermißt die Herausstellung der allgemein-synökologischen Aspekte der Tiergemeinschaften der 3 großen Lebensräume. Ferner macht die starke Untergliederung in viele kleine Abschnitte den Text unübersichtlich. Auch werden dadurch Wiederholungen unvermeidbar, die man dann auch sehr zahlreich findet. So wird „Sukzession“ auf S. 16, 25 und 171 definiert, der Begriff „Produktionsrate“ wird dreimal erklärt usw.

Viele der kleinen Abschnitte, beispielsweise „Auswirkung der deterministischen Situation“, „Situationsänderung“, „Landschaftsteile mit Zönotopcharakter“, „Zönotopeigene Kriterien“ usw., enthalten wenig oder ganz allgemeine Information, die meist auch an anderer Stelle des

Buches nochmals zu finden ist. Es entsteht der Eindruck, als seien mehrere Abschnitte nur geschrieben, um Beispiele unterzubringen. Dies alles ist dem Werk als „Lehrbuch“ abträglich.

SCHWERDTFEGER legt großen Wert auf eine korrekte Terminologie, die allerdings auch überstrapaziert werden kann (z. B. in der Unterstreichung von Monotop und Demotop), aber doch positiv gewertet werden muß. Für ihn ist die Zoozönose mit ihren Untergliederungen objektiver Gegenstand der Forschung. Ohne eine solche Einstellung wäre zoologische Synökologie auch sinnlos. Auch eine Ökosystemforschung kann auf die gesonderte Untersuchung der Komponenten des Systems nicht verzichten, wenn auch in neuerer Zeit entgegengesetzte Ansichten geäußert wurden.

Es ist schwierig, ein Werk wie das von F. SCHWERDTFEGER gerecht zu beurteilen. Es ist eine Fundgrube synökologischen Wissens über terrestrische Tiergemeinschaften. Bei allen Möglichkeiten zur Kritik kann man dem Autor die Hochachtung für seine Leistung nicht versagen. Das Buch wird jungen Ökologen helfen, sich in ihr Fachgebiet einzuarbeiten. Ihr Urteil wird schließlich das entscheidende sein. W. SCHÖNBORN

D. H. CUSHING: **Fisheries Biology: A Study in Population Dynamics.** Madison, Milwaukee, London: The University of Wisconsin Press 1968. 200 S., 82 Abb., 7 Tab. Ln. $ 7.50

Das vorliegende Buch, hervorgegangen aus einer Vorlesungsreihe an der Universität von Wisconsin in Madison im Jahre 1963, behandelt einen hochaktuellen Stoff. Durch die zunehmende Intensivierung der Hochsee- und Küstenfischerei in den letzten Jahrzehnten sind Probleme der Bestandsregulierung, Bestandserhaltung und Überfischung wirtschaftlich wichtiger Meeresfische sehr stark in den Blickpunkt eines weltweiten Interesses gerückt. Ihre Lösung spielt für die ausreichende Versorgung der sich sprunghaft vermehrenden Weltbevölkerung mit hochwertigem tierischem Protein eine bedeutende Rolle.

Das Buch gliedert sich in 10 Kapitel, in denen als wichtigster Aspekt der Meeresfischereibiologie die populationsdynamische und biologische Betrachtungsweise der Hauptfischbestände und deren Fanggründe herausgestellt wird. Die Biologie des Ablaichens, des Wachstums und der Nahrungsaufnahme sowie die Untersuchung der Wachstums-, Fortpflanzungs- und Mortalitätsraten wirtschaftlich wichtiger Meeresfische werden in diesem Sinne umfassend behandelt. Es schließt sich eine ausführliche Beschreibung der Wanderungen des Europäischen Aales, des Pazifischen Lachses, der Scholle und des Nordseeherings an, deren genaue Kenntnis für einen effektiven Fischfang von grundlegender Bedeutung ist. Besonderen Wert legt der Autor außerdem auf die Anwendung quantitativer Methoden zur Erfassung von Fischbeständen mit Hilfe genauer Auszählungen der Fischfänge und auf die Analyse der Alterszusammensetzung der Fischpopulationen, um einen möglichst exakten Einblick in die Erneuerung der befischten Bestände zu erhalten. Zahlreiche Abbildungen und Hinweise auf erläuternde Beispiele erleichtern das Verständnis des übersichtlich dargebotenen Stoffes. Das Buch schließt mit einem Ausblick auf die zukünftige Entwicklung fischereibiologischer Untersuchungen im Meer, die im Zeichen der Echolot- und Sonarortung von Fischschwärmen, der künstlichen Aufzucht von Fischen (Aquakultur) und der Stabilisierung der großen Fanggründe in den Ozeanen stehen wird. Ein Anhang bringt die Erklärungen der verwendeten Symbole und Fachausdrücke, ein 10 S. umfassendes Literaturverzeichnis sowie Bildnachweise und Sachregister. Das Buch ist ein sehr nützliches Hilfsmittel für alle, die sich in Ausbildung, Lehre und Praxis mit Fragen der Meeresfischerei zu befassen haben. D. FLÖSSNER

HERBERT STRAKA: **Pollen, und Sporenkunde.** Eine Einführung in die Palynologie (Grundbegriffe der modernen Biologie 13). Stuttgart: Gustav Fischer Verlag 1975. X, 238 S., 127 Abb., 21 Tab. Brosch. DM 44,—

Der Verfasser unternahm das „Wagnis“, eine Einführung in die Palynologie zu schreiben. Nach Ansicht des Referenten ist ihm das gut gelungen. Er behandelt in 14 Kapiteln: Forschungsobjekt der Palynologie (2 S.), Geschichte der Palynologie (5 S.), Bau der Pollenwand und der Sporenwand (32 S.), Palnosystematik (22 S.), Sporen- und Pollenanalyse (99 S.), Kryopalynologie (2 S.), Aëropalynologie (23 S.), Iatropalynologie (3 S.), Honigpollenanalyse (15 S.), Pharmakopalynologie (1 S.), Phytopathologische Palynologie (6 S.), Forensische Palynologie (9 S.), Kopropalynologie (2 S.) und Pollen im Teer (1 S.). Daran schließen sich an: Ein Überblick über weiterführende Literatur, ein Literaturverzeichnis (9 S.) und ein Sachregister (5 S.). Die Seitenzahlen zeigen bereits die Schwerpunkte des Buches an, die offenbar mit den speziellen Interessengebieten des Autors identisch sind. Dem Rezensenten erscheinen die Honigpollenanalyse „überrepräsentiert", die präquartäre Pollen- und Sporenanalyse sowie die Fluoreszenzmikroskopie dagegen „unterrepräsentiert", aber darüber zu rechten lohnt sich natürlich nicht

Der Abschnitt „Pollen- und Sporenanalysen in älteren Ablagerungen" sollte in einer Neuauflage gründlich überarbeitet werden, denn hier stehen die Beispiele doch relativ beziehungslos hintereinander. Es beginnt mit tertiärer Braunkohle, dann folgen „Erdölpalynologie" tertiärer Ablagerungen tropischer Gebiete, palynologische Stratigraphie des Perms und der Trias, geobotanische Provinzen der späten Kreidezeit Nordasiens und Mikro- und Makrosporen aus der Steinkohle des Ruhrgebiets. Vielleicht sollte dieser Abschnitt in einer Neuauflage erweitert werden, denn auf 20 Seiten die großen Leistungen der Palynologen vieler Länder zu würdigen und in die umfangreichen Ergebnisse aus allen geologischen Systemen seit dem Devon einzuführen, erscheint auch dem Rezensenten als nicht möglich. In diesem Abschnitt oder — besser — in dem Kapitel Palynosystematik sollte das morphographische System der dispersen Sporen und Pollen erwähnt und kurz erläutert werden. Das Buch ist gut gedruckt, unter den wenigen gefundenen Fehlern seien die schönsten erwähnt. S. 79 „Durch Knochen mit 10%iger Kalilauge werden Huminsäuren entfernt"! Im Literaturverzeichnis (S. 226) muß es natürlich GREBE statt GRIEBE heißen! Auf S. 32 heißt *Artemisia pontica* einmal Pontischer und einmal Römischer Beifuß. — Insgesamt kann gesagt werden, daß das vorliegende Buch eine gute Einführung in die Palynologie darstellt.

D. STORCH

JOHN A. COLE (ed.): Groundwater Pollution in Europe — Proceedings of a Conference organized by the Water Research Association in Reading, England, September 1972. Port Washington, New York: Water Information Center 1975. 547 S., 46 Tab., 138 Fig. Ln. $ 25.50

Die zunehmende Verschmutzung unserer Gewässer macht auch auch vor dem Grundwasser nicht halt. Besonders seit Tiefbohrungen nach Öl und die Versenkung von Abfällen sowie die Lagerung in Kavernen immer mehr zunehmen, ist die Verschmutzungsgefahr des Trinkwasserreservoirs „Grundwasser" gestiegen. Dadurch machte sich auch das Symposium notwendig, welches sich ausschließlich mit den vielfältigen Problemen der Grundwasserverschmutzung beschäftigte. Der vorliegende Verhandlungsband gliedert die 52 Vorträge in 7 Hauptgebiete: 1. Rechtliche und administrative Belange zum Schutz der Gewässer (4 Vorträge), 2. Hydrogeologie und Hydraulik der Bewegungen von Verunreinigungen im Untergrund (4 Vorträge), 3. Chemische Zusammensetzung von Verunreinigungen und ihre Wechselwirkung mit den wasserführenden Schichten (5 Vorträge), 4. Mikrobiologie der Verunreinigungen (2 Vorträge), 5. Herkunft der vorkommenden Verunreinigungen (29 Vorträge), 6. Untersuchungsmethodik der Grundwasserbewegungen (4 Vortr.), 7. Abfallbeseitigung in Tiefbohrungen und Bohrlochtechnologie (4 Vorträge). Am umfangreichsten ist das 5. Kapitel, welches in 29 Vorträgen die Themenkomplexe: Städtische Abfallbeseitigung, Bergbauabfall und Flugaschebeseitigung, salzhaltige Abwässer, Nitratabwasser, phenolhaltige Abwässer, Öl und petrochemische Verunreinigungen, Pestizide und Herbizide sowie Silage und Dung umfaßt.

Die Vorträge umfassen die ganze Breite der Probleme von den geologischen Bedingungen (Untersuchungen und Computersimulation) über Routineuntersuchungen der Wasserwerke, Auswirkungen landwirtschaftlicher Einflüsse, methodische Probleme bis zu kritischen Betrachtungen der Tiefenlagerung von Abfällen. Somit wird sowohl dem wasserwirtschaftlichen Praktiker wie dem Grundlagenforscher ein fundierter Überblick über den heutigen Stand der Verschmutzungsproblematik des Grundwassers gegeben, der umso wichtiger ist, da das Grundwasser bisher in dieser Richtung kaum Beachtung fand. Eutrophierungsprobleme in Oberflächengewässern sind auch für den Laien sichtbar, doch stellt das Grundwasser immer noch unser wichtigstes Trinkwasserreservoir dar, dessen unbedingter Schutz lebensnotwendig ist. Auf die vielfältigen Gefahren zusammenfassend und verantwortlich hingewiesen zu haben, ist wohl das größte Verdienst dieses Symposiums.

D. RONNEBERGER

E. GEISSLER, A. KOSING, H. LEY & W. SCHELER (Hrsg.): Philosophische und ethische Probleme der Molekularbiologie (III. Kühlungsborner Kolloquium). Berlin: Akademie-Verlag 1974. 266 S., 19 Abb. Brosch. M 28,—

Der vorliegende Band enthält die auf dem III. Kühlungsborner Kolloquium 1972 gehaltenen Vorträge, die zu philosophischen und ethischen Problemen der Molekularbiologie Stellung nehmen. Die inzwischen schon Tradition gewordenen Kühlungsborner Kolloquien vereinen Naturwissenschaftler, Philosophen, Gesellschaftswissenschaftler und Kunstschaffende zu interdisziplinären Diskussionen mit dem Ziel, die mit der Entwicklung der Molekularbiologie in weltanschaulicher und ethischer Hinsicht auftauchenden Probleme zu erörtern. Daß dieser Versuch gelungen ist, wird aus den Beiträgen des Bandes deutlich. Während sich das II. Kühlungsborner Kolloquium insbesondere mit der Verantwortung des Wissenschaftlers im Zusammenhang mit den Möglichkeiten einer biologischen Kriegsführung befaßte, widmen sich die im vorliegenden Band aufgenommenen Beiträge Themen wie „Gesetz und Entwicklung in speziellen Naturprozessen", „Ableitung theoretischer Verallgemeinerungen aus Erkenntnissen der Molekularbiologie", „Probabilistische Gesetzmäßigkeit, Selbstorganisation und Evolution", „Determiniertheit immunologischer Prozesse", „Neue Kategorien der Evolution des Menschen", Philosophische und ethische Probleme der Molekularbiologie", „Mögliche humangenetische Maßnahmen und ihre Problematik", „Philosophisch-ethische und soziale Aspekte humangenetischer Maßnahmen in der entwickelten sozialistischen Gesellschaft", „Manipulation des Bewußtseins durch Drogen", „Molekularbiologie und Einheit der Wissenschaft". Im Anschluß an jeden Vortrag sind die Literaturzitate sowie die ausführlichen Diskussionen aufgenommen. Das Buch ist mit guten Abbildungen und erläuternden Schemata versehen und kann allen an der Problematik Interessierten empfohlen werden.

W. Fleck

Jakob Schlittler & Fred Waldvogel: Das große Buch der Pilze. Freiburg, Basel, Wien: Verlag, Herder 1975. 256 S., rund 100 Strichzeichnungen, 128 Vierfarbtafeln mit 140 Einzelfotos. Geb. DM 68,—

An deutschsprachigen Pilzbüchern ist zum Glück für die Freunde der „kleinen Jagd" kein Mangel. Es gibt eine ganze Anzahl von Taschenbüchern, die auf Exkursionen mitgeführt werden können, und es gibt auch mehrbändige Nachschlagewerke, die das häusliche Studium fördern. Wenn jetzt ein großformatiges Pilzbuch angeboten wird, ein „Pilzbuch der Sonderklasse", wie es im Klappentext heißt, so ist der kritische Betrachter leicht geneigt, in ihm eine überflüssige Nachgeburt zu sehen, deren etwas „marktschreierische Anpreisung" skeptisch stimmen könnte: Die Erfahrung hat zu oft gelehrt, daß Werbung und Wert eines Produktes nur zu selten übereinstimmen. In unserem Fall freilich zeigt sich bald, daß Skepsis nicht am Platze ist: Das Buch ist tatsächlich eine eigenwertige, hervorragende, die wissenschaftlichen und ästhetischen Bedürfnisse befriedigende Leistung.

Der Text gibt sich bescheiden, ist sachlich, anregend, spricht Fachmann und Laien an, vor allem den Pilzfreund, der auf seinen Spaziergängen nicht nur die Pilze zum Verzehr sammeln will, der nicht nur wissen will, ob ein Pilz eßbar oder giftig ist, sondern der überhaupt Pilze kennenlernen will. Er wird in das Wesen der niederen und höheren Pilze eingeführt, erfährt, wann und wo die verschiedenen Pilzsorten auftreten, welchen Nährwert sie haben, wie Pilzvergiftungen entstehen und wie man ihnen vorbeugen kann. Das System der Pilze wird ihm in vereinfachter Form vorgestellt. Bestimmungsschlüssel führen zu den Hauptgruppen und zu den wichtigsten Arten. Insgesamt bringt der Band über 400 klare Einzelbeschreibungen von Pilzarten mit Verweisen auf Verwechslungsmöglichkeiten. Was das Buch aber vor allem auszeichnet, sind die großartigen und großformatigen Farbaufnahmen, die nicht nur den „schönen" Pilz zeigen, sondern auch seine verschiedenen Zustandsphasen und die mit ihnen verbundenen Farbvariationen. Hier ist vom Fotografen und von der Druckerei Vorbildliches geleistet worden. Die Farbtreue ist frappierend und übertrifft die vergleichbarer aquarellierter Werke beträchtlich. Besonders hervorzuheben ist, daß die Pilze in natürlicher Größe erscheinen. Jede Abbildung wird durch den deutschen und lateinischen Namen, durch kurze Beschreibungen, Hinweise auf den Wert und die besonderen Unterscheidungsmerkmale gegenüber anderen Pilzen ergänzt. Der technische Apparat enthält ein Register der Sachbegriffe sowie Verzeichnisse der lateinischen und deutschen Gattungs- und Artnamen.

Das Buch, das original unter dem Titel „Pilze I" und „Pilze II" 1972 im Silva Verlag, Zürich, erschienen ist, stellt ein für den Anfänger wie für den Fortgeschrittenen hervorragend geeignetes, leicht verständliches, zuverlässiges und gut gegliedertes Nachschlagewerk dar, das durch seinen reizvollen Bildteil der Pilzkunde viele neue Freunde gewinnen wird.

S. J. Casper

R. V. TAIT: Elements of Marine Ecology. An Introductory Course. London: Butterworths 1968. 305 S., 104 Abb., 19 Tab. Ln.

R. V. TAIT: Meeresökologie. Eine Einführung. Übersetzt von W. E. KRUMBEIN. Stuttgart: Georg Thieme Verlag 1971. 272 S., 104 Abb., 10 Tab. Flex. Taschenb. DM 22,80

Neben allgemeingültigen Grundlagen widmet sich der Verfasser vor allem solchen Elementen der marinen Ökologie, die für die England umgebenden Meere und Meeresteile von Bedeutung sind. Somit wird der Titel des englischen Originals dem Inhalt des Buches besser gerecht als der der deutschen Ausgabe. Der dargebotene Stoff beruht auf langjährigen Vorlesungen und Kursen des Verfassers und ist in 8 Kapitel gegliedert: 1. Die Ozeane, 2. Marines Plankton, 3. Messen und Sammeln, 4. Physikalische und chemische Parameter des marinen Milieus, 5. Die organische Produktion, 6. Der Meeresboden, 7. Das Meeresufer, 8. Seefischerei. Ein dreiteiliger Anhang mit Vorschlägen für Kurse usw. und ein Sachverzeichnis bilden den Schluß des Buches. Die zahlreichen Abbildungen ergänzen den Text vorteilhaft. In der deutschen Ausgabe sind sie teilweise zugunsten der Übersichtlichkeit verändert.

Der Verfasser schreibt im Vorwort, daß das Buch vor allem für Studenten gedacht ist. Material für Lernende muß mit besonderer Sorgfalt ausgewählt und überarbeitet werden; die englische Ausgabe läßt dies erkennen. Verlag und Übersetzer der deutschen Ausgabe haben dieser Forderung nicht entsprochen. Zahlreiche Sach-, Übersetzungs-, Ausdrucks- und Druckfehler sind anzumerken: In der gesamten deutschen Ausgabe ist von „Euphasiden" die Rede; es muß Euphausiden heißen. Abb. 2.12 zeigt unterschiedliches Zooplankton. Im Original sind die einzelnen dargestellten Arten bzw. Gattungen mit den zugehörigen Namen versehen. In der Abbildungslegende sind dazu die übergeordneten systematischen Einheiten genannt. Die dargestellte Larve der Tunicate *Oikopleura* im Taxon „Larvacea" zu verankern, ist jedoch nicht statthaft. In der deutschen Ausgabe hat man bis auf eine Ausnahme die Artnamen durch die Namen der dargestellten Gruppen ersetzt, um diese mit besonderem Hinweis in der Legende noch einmal zu wiederholen. Dabei ist die Numerierung durcheinander gekommen, Chaetognathen sind mit Polychaeten verwechselt, aber die „Larvacea" behaupten ihren Platz. Eine einheitliche Schreibweise wird auch nicht gewahrt: „Pteropoden" stehen neben „Siphonophora" und „Ctenophoren" neben „Thaliacea".

Als wichtigste „biologische" Parameter werden Temperatur, Wasserzusammensetzung, Druck usw. bezeichnet (S. 64). Die Chlorophyllmenge im Wasser hängt nicht von der „Zahl der Pflanzenzellen" ab, sondern von der Anzahl der Phytoplankter, ihrem physiologischen Zustand u. a. m. (S. 125). Die Phytoplanktonpopulation wird für die Gleichung von RILEY in gC/m^2 angegeben (S. 145), nicht die Photosynthetische Konstante. In derselben Gleichung wird der Faktor „N" (Verringerung der Photosyntheserate durch Nährstoffmangel) nicht über den „ATP"-Gehalt des Wassers ermittelt und berücksichtigt, sondern über den Gehalt an atomarem Phosphor.

Der Abschnitt „Fish Landings in the United Kindom" wurde in der deutschen Ausgabe durch „Fischanlandungen in Deutschland" ersetzt (S. 226). Dabei ist offenbar nicht bemerkt worden, daß es kein „Deutschland" mehr gibt. Die angegebenen 579000 t sind als Anlandung in der BRD zu verstehen. Die im gleichen Jahr in der DDR angelandeten 211000 t werden nicht erwähnt.

Auf S. 11 „erniedrigen" Auftriebswässer die Temperatur. Plankton wird mit „wandern" übersetzt (S. 18), richtiger ist „umhertreiben" bzw. „das Umhergetriebene". Diatomeenschalen sind nicht mit „verschlungenen Ornamenten verziert", sondern mit vielfältigen Strukturen versehen (S. 20). Die Gattung *Ceratium* ist nicht „Alleinherrscher des Phytoplanktons" (S. 24), sie kann nur vorherrschen oder dominierend sein. Es ist nicht üblich, von „künstlichen Einheiten" der Primärproduktion zu sprechen (Abb. 5.2).

Zum Abschluß noch einige repräsentative Druckfehler: *Fragilaria* schreibt sich mit einem „l" (S. 21: zwei Schreibweisen auf einer Seite). Die planktische Meeresschnecke heißt *Carinaria*, nicht „*Carinarea*" (S. 33), Tiefseefische leben unter hohen Drücken, nicht unter „Drucken" (S. 93). In der schon erwähnten Gleichung von RILEY fehlt sowohl in der englischen (S. 127) als auch in der deutschen Ausgabe (S. 144) das Gleichheitszeichen. In der erweiterten Gleichung der deutschen Ausgabe gehört die „1" in der ersten runden Klammer als Index in den Exponenten.

Der Rezensent hat nur eine Auswahl der augenfälligen Fehler vermerkt. Es ist schade, daß der renommierte Verlag nicht für eine ordnungsgemäße Korrektur und eine sachgerechte Überarbeitung gesorgt hat.

L. KÜCHLER

R. Fitter, A. Fitter & M. Blamey: Pareys Blumenbuch. Wildblühende Pflanzen Deutschlands und Nordwesteuropas. Hamburg, Berlin: Verl. Paul Parey 1975. 336 S., 2900 farb. u. 220 einfarb. Einzeldarstellungen. Brosch. DM 24,—

Dieses handliche Buch ist als „Feldführer" gedacht, vorwiegend für den interessierten Laien, der auf Reisen seinem Hobby nachgehen will. Berücksichtigt sind über 2400 Pflanzen (Kräuter, Sträucher u. Bäume), von denen mehr als 1200 abgebildet sind. Die Pflanzen sind im allgemeinen systematisch nach Familien geordnet, teilweise auch nach morphologischen oder ökologischen Kriterien. Dem Text gegenüber sind jeweils die zugehörigen Abbildungen zu Tafeln zusammengestellt. Der Vielzahl der sehr guten Abbildungen entsprechend herrscht auf den Tafeln oft ein ziemliches „Gedrängel", das teilweise etwas verwirrt.

In einem „Blumenbuch" die Weißtanne, die Hemlockstanne, die Fichte, die Scheinzypresse, die Eibe und einige andere Nadelgehölze zu finden, ist sicher etwas überraschend. Daß die Autoren die Poaceen, Cyperaceen, Juncaceen und einige andere Taxa wegen der Bestimmungsschwierigkeiten fortließen, ist verständlich. Etwas verwirrend ist aber der Untertitel, wenn man damit das tatsächlich behandelte Gebiet betrachtet, denn niemand kann Finnland unter „Nordwesteuropa" erwarten! Da ist der englische Originaltitel „The Wild Flowers of Britain and Northern Europe" präziser.

Die Übersetzung und Bearbeitung für die deutschen Verhältnisse erfolgte durch Konrad von Weihe, den Herausgeber der 23. Auflage des Garcke „Illustrierte Flora. Deutschland und angrenzende Gebiete" (vgl. die Rezension in Limnologica 9, 309—313, 1975). Diesem Werk folgen sowohl die deutschen als auch die lateinischen Namen. Die darin nicht enthaltenen Namen wurden überwiegend der „Flora europaea" von Tutin et al. (1964—1972) entnommen. — Pareys Blumenbuch ist als „Feldführer" bei Reisen in Mittel-, Nordwest- und Nordeuropa geeignet.

D. Storch

Ralph O. Brinkhurst (ed.): The Benthos of Lakes. London: Macmillan Press Ltd. 1974. XII, 190 S., 92 Abb., 29 Tab. Ln. £ 14.—

Dem Buch ist ein Motto vorangestellt, das jeden, der mit den klassischen Methoden der Limnologie gearbeitet hat, schmunzeln läßt: „To all those who have hauled an Ekman by hand from 50 m in a small boat on a windy day to find a stone caugth between the jaws".

Ausführlich wird die klassische europäische limnologische Literatur berücksichtigt, besonders im Hinblick auf Chironomidenbesiedlung und Seetypen. Man merkt es der Darstellung an, daß ihr Verf. die Probleme wirklich durchdacht hat. Allerdings klingt der Titel des Buches umfassender, als es dem Inhalt entspricht: Im wesentlichen beschränkt es sich nur auf das Makrozoobenthos der Sedimente. Im Vordergrund stehen die Themen: Seetypologie, Verteilung, Dichte und Produktion der benthischen Besiedler. Und auch hier wird wieder eine Auswahl an Beispielen und Problemen geboten. Es ist kein Buch, das unser Wissen über das Benthos der Seen zusammenfaßt, sondern wesentliche Probleme des Makrozoobenthos behandelt.

Zwei der Mitautoren zeichnen für je ein Kapitel verantwortlich: M. G. Johnson für „Production and Productivity" und A. V. Tyler für „Community analysis", das sich nicht nur auf limnische Bespiele beschränkt.

Weitere Kapitel behandeln die Variabilität der Besiedlung der Sedimente und die Entnahmetechnik der Proben. Ein abschließendes Kapitel diskutiert die allgemeinen Schlußfolgerungen aus der bisherigen Benthosforschung. Die klassische Seetypenlehre sah im Sediment die Stoffwechselbilanz eines Sees. Dieser Standpunkt ist heute nicht mehr voll zu vertreten. Der Verf. gibt eine verständnisvolle Kritik der klassischen Lehre und setzt sich für die Einführung moderner Methoden in die Benthosforschung ein. Die Methoden der Benthosforschung muten oft veraltet an. Erste Ansätze zur Untersuchung der Dynamik des Benthos liegen in den (bisher noch wenig) entwickelten Methoden zur Erfassung der Produktion vor, wie sie im Kapitel von M. G. Johnson dargestellt sind.

Der Druck des Buches ist sehr großzügig, die Abbildungen allerdings sind teils etwas zu groß wiedergegeben.

Ein interessantes und auch sehr sympathisch geschriebenes Buch, das jeder limnologischen Bibliothek zu empfehlen ist.

W. Schönborn

DENISA BLAŽKOVÁ: **Pflanzensoziologische Studie über die Wiesen der Südböhmischen Becken** (Studie ČSAV 10, 1973). Praha: Academia 1973. 170 S., 16 Abb., 18 Tab. Br. Kčs 22,—

Die vorliegende Arbeit untersucht die bewirtschafteten Wiesen im Gebiet des Budweiser und des Wittingauer Beckens in Südböhmen. Es werden 15 Assoziationen unterschieden, jeweils eingehend beschrieben und mit ausführlichem Aufnahmematerial belegt. Der Standortssituation entsprechend sind Naß- und Feuchtwiesen ärmerer Prägung, wie etwa das Juncetum filiformis, das Junco-Molinietum und das Polygalo-Nardetum, gut entwickelt, doch fehlen auch keineswegs solche reicherer Standorte wie das Arrhenatheretum elatioris. Eine weite Verbreitung hat das erstmalig aus dem Spreewald und dem Oderbruch beschriebene kontinentale Stellario-Deschampsietum, das hier einem ost- bis südosteuropäischen Verband Deschampsion caespitosae zugeordnet wird. Die Seggenrieder sind durch Caricetum gracilis und Caricetum vulpinae vertreten, letzteres in schönen und relativ großflächigen Beständen, wie sie in Mitteleuropa sonst kaum noch angetroffen werden. Auch das in Mitteleuropa sehr seltene und vom Aussterben bedrohte Caricetum caespitosae ist im Budweiser Becken stellenweise noch vorhanden. Als neue Gesellschaften werden ein Molinio-Hydrocotyletum, ein Sanguisorbae-Festucetum pratensis und ein Caro-Poetum pratensis beschrieben, welches letztere offensichtlich mit der von HUNDT (1965, 1966) aus Ostpolen geschilderten *Carum-carvi*-Gesellschaft identisch ist und wahrscheinlich dem Cynosurion-Verband zugehört.

Dem deskriptiv-analytischen Teil der Arbeit schließt sich eine Darstellung der Synökologie der Gesellschaften mit ausführlichen Daten und Meßwerten über die wichtigsten Standortfaktoren (Grundwasser, Wassergehalt Pufferung und Chemismus der Böden) an. Die Autorin hat mit dieser Studie einen wichtigen und gehaltvollen Beitrag zur Vegetationskunde von Mitteleuropa vorgelegt, der weithin Beachtung verdient. H.-D. KRAUSCH

HELMUT SIMON (Hrsg.): **Messung von radioaktiven und stabilen Isotopen** (Anwendung von Isotopen in der organischen Chemie und Biochemie Band II). Berlin, Heidelberg, New York: Springer Verlag 1974. XIII, 430 S., 87 Abb., 35 Tab. Ln. DM 98,—

Mit diesem Buch wird im deutschsprachigem Raum eine empfindliche Lücke geschlossen. Die Autoren haben es in meisterhafter Form verstanden, dem Chemiker und Biologen ein Handbuch und Nachschlagewerk in die Hand zu geben. Neben der Einführung in die Tracermethoden, die physikalischen Grundbegriffe des Atomzerfalls und der atomaren Strahlung sowie einer Übersicht über die wichtigsten Isotope in der Tracertechnik im ersten Kapitel gibt das zweite eine gelungene Darstellung der Prinzipien der Aktivitätsmessung. Als drittes Kapitel schließen sich Betrachtungen über Fehler und über die Prinzipien der Reproduzierbarkeit an. Die umfangreichen Kapitel 4—6 behandeln die gerade für Anfänger auf diesem Gebiet so wichtigen Präparationstechniken der Proben, die wichtigen Meßverfahren, die Bestimmung geringer Radioaktivität und die Arbeiten mit mehrfach markierten Proben. Hier findet der Biologe und Chemiker eine große Anzahl an Techniken, wobei ihm die Auswahl für seine Belange durch die kritische Darstellung der Autoren erleichtert wird. Auf Grund der oft gebrauchten Trennung geringster Substanzmengen ist das 7. Kapitel über Radiochromatographie besonders für Biochemiker interessant. Das abschließende 8. Kapitel behandelt die stabil-isotop markierten Verbindungen und die Massenspektrometrie in sehr umfangreichen Ausführungen. Jedes Kapitel ist in sich reich und übersichtlich gegliedert und schließt mit einem vielseitigen Literaturverzeichnis. Die umfangreiche Bebilderung besonders der Versuchsanordnungen erleichtert dem Benutzer die Anwendung. Dem Buch ist eine weite Verbreitung gewiß. D. RONNEBERGER

WILLIAM W. MURDOCH (ed.): **Environment — Resources, Pollution and Society.** 2nd ed. Sunderland, Massachusetts: Sinauer Associates, Inc. Publishers 1975 (Distributed by W. H. Freeman & Co. Ltd.) 496 S., 124 Abb., 78 Tab. Geb. £ 5.50

Wenn ein den heute weltweit diskutierten Umweltproblemen gewidmetes Buch, und hierüber sind in den letzten Jahren eine beachtliche Zahl geschrieben worden, in 2. Auflage erscheint, so spricht dies für das Werk. In 19 Kapiteln werden die wichtigsten aktuellen Themen der Umwelt, so ihre natürlichen Quellen, ihre Belastung mit Abfallstoffen der Zivilisation und die Beziehungen zwischen ihr und der Gesellschaft von hauptsächlich nordamerikanischen Autoren dargestellt. Nach den Worten des Herausgebers ist das Buch für Studenten und für Teilnehmer von Umweltschutzlehrgängen bestimmt, die ohne spezielle Vorkenntnisse das Gesamtspektrum der umweltrelevanten Probleme und Erscheinungen verstehen sollen. In der Tat, die einzelnen Beiträge besitzen einen hohen Informationsgehalt, wenn auch einige Darstellungen auf die Folgeerscheinungen des überspitzten Konsums in der kapitalistischen Gesellschaft ausgerichtet und nicht von unmittelbarer Allgemeingültigkeit sind. Als Mangel wird empfunden, daß in dem Buch der Naturschutz in engem Sinne, die Erhaltung der Vielfalt der Natur in Reservaten, unberücksichtigt blieb.

Der Herausgeber, Professor für Biologie an der Universität von California, Santa Barbara, führt in einem längeren Vorwort in die Wechselbeziehungen ökologischer Systeme ein und betrachtet insbesondere den Energiefluß, die Mannigfaltigkeit, natürliche und künstliche Systeme und Naturschutz. Der zweite Beitrag beschäftigt sich mit den Ursachen und Konsequenzen der Bevölkerungsexplosion und die Verteilung der Erdbevölkerung in der Zukunft, ihre Ballung in Großstädten und den vielseitigen Schwierigkeiten der Geburtenkontrolle. In den weiteren fünf Beiträgen zum Kapitel „Bevölkerung und natürliche Quellen" werden die Ernährungssituation auf der Erde, die Bodenschätze, die Energieversorgung, die Wasservorräte der Erde und die Nahrungsreserven der Weltmeere betrachtet, wobei die Autoren oft Daten der USA-Wirtschaft verwenden oder diese mit der Weltsituation vergleichen. Das zweite Hauptkapitel betrachtet die weltweite Umweltverschmutzung und zeigt mit erschreckender Fülle von Daten den Teufelskreis auf, in den sich große Teil der Weltbevölkerung begeben haben. Luft-, Süßwasser- und Meeresverschmutzung, radioaktive Strahlung und Umweltvergiftung durch Pestizide und ihre Kontrolle sind die Hauptthemen. Ein spezieller Beitrag verwertet Datenmaterial, vorwiegend wieder aus den USA, um die Gefahren der Umweltverschmutzung mit Giften und Abfallstoffen für die Gesundheit des Menschen zu demonstrieren. Das dritte Hauptkapitel ist schließlich den Beziehungen zwischen Umwelt und Gesellschaft gewidmet. Der erste Beitrag dieses Kapitels beschäftigt sich mit dem Kontrollsystem zur Umweltüberwachung und den Schwierigkeiten bei der Festlegung entsprechender ökonomischer Regelungen und bei der pekuniären Schadensermittlung. Der zweite Aufsatz behandelt die Gesetzgebung zum Umweltschutz und ihre Anwendung aus amerikanischer Sicht. Den vielfältigen Problemen der zunehmenden Bevölkerungskonzentration in den Städten ist der dritte Beitrag gewidmet. Ein zusammenfassender Artikel des Herausgebers, in dem dieser nochmals die einzelnen Kapitel beleuchtet und auf die Hauptfrage ökonomisches Wachstum einerseits und sich erschöpfende Naturressourcen andererseits und die daraus sich ergebenden Konsequenzen eingeht, beschließt das Buch, das sicher zu den kritischsten Darstellungen der Umweltsituation gehört. Leider gehen die Autoren nur mit wenigen Beispielen und Daten auf die Verhältnisse außerhalb der Grenzen der USA ein, denn die sozialistische Staatengemeinschaft hat zu vielen der aufgeworfenen Probleme ihren eigenen Standpunkt. Bei der zitierten Literatur handelt es sich ausschließlich um Quellen aus den USA. Aus allen Beiträgen geht hervor, daß man sich der großen Gefahren für den Fortbestand der Menschheit und der Zivilisation bewußt ist. Ohne die weltweite Verständigung und Zusammenarbeit aller Staaten unterschiedlicher Gesellschaftsordnung wird es aber keine globale Lösung im wahren Sinne des Wortes geben. G. Breitig

Michael Runge: Energieumsätze in den Biozönosen terrestrischer Ökosysteme. Scripta geobotanica 4. Göttingen: Verlag Erich Goltze KG. 1973. 78 S., 8 Abb., 31 Tab. Brosch. DM 15,—

Die vorliegende Schrift gibt Auskunft über den biologischen Energieumsatz in den im Sollingprojekt untersuchten Ökosystemen (Buchen- und Fichtenbestände, Mähwiese und Acker). Dabei wurden zunächst die Brennwerte der verschiedenen quantitativ wichtigen biologischen Materialien bestimmt und dann die Energievorräte in der Biomasse, der in der Nettoprimärproduktion fixierten Energiemengen und die Verteilung dieser Energie auf die verschiedenen Gruppen der Heterotrophen ermittelt.

Von ihren Einzelergebnissen abgesehen ist diese Arbeit wichtig durch die Darlegung der grundsätzlichen Probleme und die eingehende Darstellung der angewandten Methoden. Sie dürfte somit auch für den Limnologen, der sich mit den Energieumsätzen in aquatischen Ökosystemen beschäftigt, von Wert und Interesse sein. H.-D. Krausch

J. Oro, S. L. Miller, C. Ponnamperuma & R. S. Young: Cosmochemical Evolution and the Origins of Life. Dordrecht — Holland/Boston — U.S.A.: D. Reidel Publishing Company 1974. 2 Bände, XI, 523 u. VIII, 334 S., zahlreiche Abb. und Tab. Gln. Dfl. 180,— ($ 70.—)

Das Werk enthält die Berichte der 4. Internationalen Konferenz über den Ursprung des Lebens und des 1. Meetings der Internationalen Gesellschaft zum Studium des Ursprungs des Lebens (ISSOL) in Barcelona, 1973. Der 1. Band veröffentlicht die Vorträge, die auf spezielle Einladung hin gehalten wurden, der 2. Band von Autoren selbst ausgewählte Mitteilungen. Alle Vorträge erschienen im Verlaufe der Jahre 1974/75 auch im neuen Journal „Origins of Lfe". Etwa 150 namhafte Wissenschaftler, darunter 5 Nobelpreisträger, aus aller Welt berichteten über die neuesten Kenntnisse und Ideen zum vorliegenden Thema. Diese Publikation zu Ehren von OPARIN, CALVIN und UREY sowie zum Gedächtnis an HALDANE, BERNAL, KATZIR-KATCHALSKY und VISHNIAC wendet sich an alle Wissenschaftler und Studenten, die sich für dieses interdisziplinäre und grundlegende Gebiet interessieren. Astronomen, Geochemiker, Chemiker, Biochemiker, Biologen und alle naturwissenschaftlich Gebildeten können sich, auch wenn sie nicht auf diesem neuen Wissensgebiet tätig sind, leicht in die meisten sie besonders ansprechenden Kapitel einarbeiten.

Die Konferenz war thematisch in 6 Kolloquien unterteilt, die sich auch in den 6 Teilen jedes Bandes widerspiegeln. Der 1. Band enthält Artikel zu folgenden Teilthemen und Stichpunkten: (1) Kosmochemie: Allgemeine Entwicklungsprinzipien im Universum, organische Moleküle in galaktischen Wolken und Meteoriten, äußeres Sonnensystem und Exobiologie. (2) Paläobiologie: Chemische und frühe biologische Entwicklungen, Aspekte der geologischen Geschichte des Seewassers, der Atmosphäre, Hydrosphäre und Lithosphäre der Erde, Mikrofossilien des Präkambrium. (3) Ursprüngliche organische Chemie: Präbiotische Synthesen von Aminosäuren, Oligonucleotiden und Peptiden der urzeitlichen Erde, Wechselwirkungen von Aminosäuren und Nucleotiden in präbiotischem Milieu, Koazervatsysteme, Transfer-RNA. (4) Präzelluläre Organisation: Evolution der Probionten, von der proteinoiden Mikrosphäre zur heutigen Zelle, Proteinoide aus Aminosäuren, präenzymatische metabolische Redox- und Energiespeicherprozesse, Ursprung der optischen Aktivität, Anfänge des Lebens. (5) Frühe biochemische Entwicklung: Chemische Zusammensetzung von Kometenkernen, Evolution der Proteine und des genetischen Codes, Elektronentransport und energieliefernde Prozesse, Photosynthese. (6) Exobiologie: Erforschung des Mondes und der Planeten des Sonnensystems bei der Suche nach außerirdischem Leben und die Möglichkeit der Existenz von außerirdischem Leben. Auch der 2. Band ist in 6 Teile gegliedert: (1) Organische Kosmochemie: Aminosäuren in Chondriten, präbiologische Moleküle, Böden und Wasser in Beziehung zum Ursprung des Lebens. (2) Abiotische organische Synthesen: Photochemische Synthesen, Hochfrequenzentladungen, Bildung präbiochemischer Verbindungen im Modell, quantenchemische Untersuchungen, Aminonitrile in der chemischen Evolution. (3) Abiotische organische Synthesen und Interaktionen: Polymere, Makromoleküle, NMR-Untersuchungen an präbiotischen Polypeptiden, präbiotische Nucleotid-Synthese-Hypothesen, Phosphorylierungen bzw. Transphosphorylierungen. (4) Strukturelle und thermodynamische Betrachtungen über den Ursprung des Lebens: Zum Problem der optischen Aktivität, Entropie der genetischen Information und Evolution. (5) Frühe biochemische Evolution: Entwicklung der Photosynthese, Fragen der Genetik. (6) Verschiedene Vorträge: Heiße Wasserstoffatome, präbiotische Bildung von Heterocyclen und Oligonucleotiden, das Auftreten von Carcinogenen während der Entwicklung von lebenden Systemen. — Jede Einzelarbeit enthält ein Literaturverzeichnis, jeder Band ein Inhaltsverzeichnis und Band 1 die Konferenzteilnehmerliste.

W. WERNER

ELIŠKA RYBNÍČKOVÁ: Die Entwicklung der Vegetation und Flora im südlichen Teil der Böhmisch-Mährischen Höhe während des Spätglazials und Holozäns (Vegetace ČSSR A 7). Praha: Academia 1974. 163 S., 16 Abb., 20 Taf.; 9 Pollendiagramme u. 11 Tab. im Anhang. Geb. Kčs 110,—

Nach einleitenden Bemerkungen über das Ziel der Arbeit, die vorhandene Literatur, die speziellen Verhältnisse des Gebiets und die angewandten Methoden bringt die Verf. die Beschreibung der untersuchten Fundorte und der Sedimente. Es handelt sich um 9 Profile aus 8 Mooren. Daran schließen sich Anmerkungen zu einzelnen Funden, die „auf diejenigen Umstände aufmerksam machen, die in irgendeiner Weise die Erklärung der Pollendiagramme und die aus ihnen folgende Rekonstruktion bedingen oder begründen." Das vollständige Verzeichnis aller festgestellter Sporomorphen mit genauen Funddaten ist in Tab. 1—9 enthalten.

Im nächsten Kapitel beginnt die zusammenfassende Auswertung — Beschreibung der Pollendiagramme und Rekonstruktion der Vegetations- und Klimaentwicklung. Danach folgen ein kurzer Abschnitt über die Besiedlung des Untersuchungsgebiets und ihr Einfluß auf die Vegetation sowie das Kapitel Entwicklung der untersuchten Moore. Die Zusammenfassung in deutscher, tschechischer und englischer Sprache beendet den Text. Daran schließen sich an: Literaturverzeichnis (12 S.), Verzeichnisse der Textabbildungen, der Tabellen und Pollendiagramme im Anhang, Register der Pflanzen-, Pollen- und Sporennamen, Register der Pflanzengesellschaften sowie die Tafelerläuterungen.

Das Ziel der 1957—1966 durchgeführten Arbeiten war die Schilderung der spät- und postglazialen Entwicklung der Flora, der Vegetation und des Klimas im Untersuchungsgebiet sowie der Vergleich mit anderen Teilen Europas. In erster Linie wurden dazu palynologische Methoden benutzt, es kamen aber auch „Orientierungsanalysen der Pflanzengroßreste" zur Anwendung, die K. Rybníček durchführte. Das gesteckte Ziel wurde erreicht, es gelang der Nachweis der Zeitperioden II—Xb nach Firbas (1949), d. h. Alleröd bis Jüngeres Subatlantikum. Neben den Baumpollen wurden etwa 110 Arten von Nichtbaumpollen und Sporen bestimmt.

Im Literaturverzeichnis wird der Leser manche für das Thema relevante Arbeit vermissen, was nicht verwundert, denn das Manuskript wurde schon im Frühjahr 1968 abgeschlossen, einzelne Nachträge konnten noch eingearbeitet werden. Im vorliegenden Band wird zwar nur die Vegetationsentwicklung eines relativ kleinen Untersuchungsgebiets beschrieben, aber dieses bildet ein Verbindungsglied zwischen dem nördlichen Mitteleuropa, Ost- und Südosteuropa. Für künftige Arbeiten im genannten Gebiet liegt hiermit ein wertvolles Material vor, das sowohl von Botanikern, Geobotanikern, Pflanzensoziologen, Quartärpaläobotanikern, Geologen als auch Ökologen und Historikern genutzt werden sollte. D. Storch

Karl Mägdefrau: Geschichte der Botanik. Leben und Leistung großer Forscher. Stuttgart: Gustav Fischer Verlag 1973. VIII, 314 S., 132 Abb. Ln DM 58,—

Das deutschsprachige Schrifttum kennt hervorragende Werke der historischen Botanik. Meyers (1854/57) „Geschichte der Botanik", Jessens (1864) „Botanik der Gegenwart und Vorzeit", Sachsens (1875) „Geschichte der Botanik" und schließlich die „Geschichte der Botanik" von Möbius (1937) sind Beispiele dafür. Sie alle beschäftigen sich mit der geschichtlichen Entwicklung eines Wissenschaftsgebietes, dabei freilich von ganz verschiedenen Gesichtspunkten ausgehend und sehr verschiedene Ziele verfolgend. Während Möbius annähernd 2000 Autoren nennt und dabei eigentlich nur sagt, „wer wann was" entdeckt oder untersucht hat, erwähnt Jessen nur etwa 700, bemüht, die Botanik früherer Jahrhunderte aus ihrer Zeit heraus zu verstehen. Sachs schließlich läßt nur 280 Botaniker zu, da er die Problemstellung der botanischen Wissenschaft durch die Jahrhunderte hindurch verfolgt und erst in zweiter Linie an ihren Schöpfern interessiert ist.

K. Mägdefrau geht einen anderen Weg. Er will die Geschichte der Botanik am Beispiel verhältnismäßig weniger überragender Persönlichkeiten aufzeigen, überzeugt, daß alles Neue in der Wissenschaft die Leistung eines Menschen und mit seinem Leben und Schicksal aufs engste verbunden ist. Die Darstellung beginnt mit Aristoteles und Theophrastos und endet in den Jahren nach dem 1. Weltkrieg. In 20 Kapiteln, die mit Ausnahme des dritten (die Väter der Pflanzenkunde) und des fünften (Carl von Linné) keinen direkten Hinweis auf Namen enthält, sondern durchaus sachbezogen, d. h. an der jeweiligen Teildisziplin orientiert sind, wird die Entwicklung der Botanik gezeichnet, um zu einer vertieften Kenntnis ihres gegenwärtigen Standes zu gelangen. Die Darstellung ist bewußt einfach gehalten. Die Begrenzung auf eine geringe Zahl von Forschern läßt die wirklichen Marksteine der Entwicklung besonders deutlich werden. Entstanden aus dem Kollegmanuskript, hat das Werk trotz intensiver Überarbeitung noch immer den Zweck, junge Botaniker in die Entwicklung ihrer Wissenschaft einzuführen. 112 Botaniker-Porträts und 20 Sachbilder illustrieren den Text sehr anschaulich. Der Anmerkungsteil umfaßt rund 55 Seiten. Hier finden sich genaue Quellenangaben und die bibliographisch vollständigen Zitate der Originalwerke sowie mannigfaltige Hinweise auf Bibliographien, außerdem Ergänzungen speziellerer Inhalts. Den technischen Apparat vervollständigen Bildnachweise, Sach- und Namenregister. — Das vorzüglich gedruckte Buch ist voller Anregungen. Es weist zurück in eine Zeit, da Botanik tatsächlich Pflanzenkunde war. S. J. Casper

Niels Foged: Some littoral diatoms from the coast of Tanzania. Bibliotheca Phycologia Bd. 16. Vaduz: J. Cramer 1975. 126 S. (inkl. 31 Taf.). Brosch. DM 50,—

Die Ergebnisse einer diatomeen-floristischen Untersuchung werden in Form einer Artenliste mitgeteilt. 13 der untersuchten Proben stammen von der Küste Tansanias bei Dar es Salaam und

1 Probe von der Küste Kenias bei Malindi. Das an Diatomeen reiche Material wurde hauptsächlich von Korallenblöcken, aus Lagunen, vom Ufersand, aus dem Darm von Holothurien und als Abkratz von treibenden Stämmen entnommen. Eine große Zahl von Arten, insbesondere der Gattungen *Amphora, Pleurosigma, Navicula* und *Nitzschia,* konnte nicht bestimmt werden. 9 Taxa wurden neu beschrieben bzw. neu kombiniert. 390 Arten, Varietäten und Formen wurden bestimmt und in der Liste mit der benutzten Literatur, Häufigkeitsangaben und Hinweisen auf anderweitiges Vorkommen und taxonomische Besonderheiten versehen. Der Abbildungsteil umfaßt 385 Fotos von guter Qualität. L. KALBE

LAURIE L. LAWSON & SAMUEL R. RUSHFORTH: **The diatom flora of the Provo River Utah, U.S.A.** Bibliotheca Phycologia Bd. 17. Vaduz: J. Cramer 1975. 148 S. (inkl. 40 Taf.). Brosch. DM 50,—

Der Provo River entspringt am S-Abhang der Uinta-Mountains in 2957 m Höhe und endet nach ca. 103 km Lauflänge im Utah-Lake bei 1372 m. Der oberste Flußabschnitt reicht bis zum Deer Creek Reservoir. Das Einzugsgebiet sowie die terrestrische Flora des Flusses sind montan geprägt bzw. bestehen aus Ackerland. Im Endabschnitt oberhalb des Utah-Lake nimmt die anthropogene Beeinflussung zu. Die Artenliste umfaßt die Beschreibung der Taxa und eine Erörterung des speziellen Vorkommens und der morphologischen Hauptmerkmale. Die Verff. bestimmten 156 Arten, 45 Varietäten und 4 Formen aus 38 Gattungen, die auf 40 Tafeln mit sorgfältigen Tuschzeichnungen dargestellt sind. Der Fluß wird in 2 Zonen und eine dazwischenliegende Übergangszone — oberhalb der Deer-Creek-Talsperre — eingeteilt. Zu den häufigsten Arten des Provo River zählen u. a. *Achnanthes lanceolata, Cyclotella meneghiniana, Diatoma vulgare, Gomphonema angustatum, Melosira varians, Nitzschia palea, Surirella ovata* und *Synedra ulna.* Nähere ökologische Angaben, die das häufige Auftreten halophiler bzw. saprober Elemente erklären könnten, sind in der Arbeit nicht enthalten. L. KALBE

FRITZ OVERBECK: **Botanisch-geologische Moorkunde** unter besonderer Berücksichtigung der Moore Nordwestdeutschlands als Quellen zur Vegetations-, Klima- und Siedlungsgeschichte. Neumünster: Karl Wachholtz Verlag 1975. 719 S., 263 Abb. (Fotos, Profile, Karten, Diagramme), 38 Tab. Ln. DM 360,—

Von der Geschichte der Moorforschung, insbesondere im Norden der BRD, über die Bildung organogener Erdarten, die Torfarten, Moormineralien und Moorgase, die Nutzbarkeit der wichtigsten Torfarten, die wichtigsten Untersuchungstechniken, die Hauptmoortypen Europas, die Hauptmoorregionen und ihre Abhängigkeit vom Klima, die Lage der Hauptmoorgebiete in Schleswig-Holstein und Niedersachsen in bezug auf Klima und Geologie, die Vegetation der Hochmoore, die Zeitgliederung, die spät- und nacheiszeitliche Vegetationsgeschichte Nordwestdeutschlands, die Stratigraphie der nordwestdeutschen Hochmoore bis hin zu einem Überblick über die Klimaentwicklung des Spät- und Postglazials werden alle Teilgebiete einer botanisch-geologischen Moorkunde abgehandelt und die meisten davon in einer Ausführlichkeit und Prägnanz, die ihresgleichen suchen. Sogar die Frage der Irrlichter wird eingehend und unter Anführung von Augenzeugenberichten erörtert. Der Limnologe wird der klaren und übersichtlichen Darstellung der limnischen Sedimente (S. 82—87) dabei sicher das größte Interesse zuwenden, aber auch aus den übrigen Darlegungen vielerlei Gewinn für die eigene Arbeit ziehen.

Die Moore Schleswig-Holsteins und Niedersachsens stehen in diesem Werke eindeutig im Mittelpunkt und unter diesen wiederum die Hochmoore. Demgegenüber treten die Flach- oder Niedermoore in den Hintergrund, wie auch die Moore außerhalb Nordwestdeutschlands im allgemeinen nur kurz umrissen werden. Dabei stellt der Verf. z. B. die *Sphagnum*-Moore Brandenburgs mit ihrer geringen Wölbung und den flecken- und flächenweise verschiedenen Trophiegraden der Vegetation, hierin ALETSEE (1967) folgend, nicht zu den Hochmooren, sondern zu den Zwischenmooren. Daß OVERBECK hinsichtlich der Vegetation im wesentlichen nur den Untersuchungen und der Darstellungsweise von KLAUS MÜLLER (1965) folgt und auch auf die synsystematische Gliederung der mitteleuropäischen Moorvegetation und deren Probleme nicht eingeht, wird vielleicht manchen Vegetationsforscher enttäuschen, doch liegt es auf der Hand, daß bei einem solchen Mammutbuch nicht alle Kapitel mit gleichem Sachinteresse und mit gleicher Intensität bedacht werden können.

Festzuhalten ist jedenfalls, daß hier als Ergebnis lebenslanger Beschäftigung mit den Mooren ein für lange Zeit gültiges Standardwerk der Moorkunde entstanden ist. Für jeden, der sich in welcher Weise auch immer mit den Hochmooren im NW Mitteleuropas beschäftigen will, dürfte dieses Buch schlechthin unentbehrlich, aber auch für den Forscher außerhalb dieser Gebiete in vieler Hinsicht nützlich sein. Entwässerungen und Landschaftseutrophierungen haben die lebenden Hochmoore des Gebiets bis auf wenige Reste verschwinden lassen, so daß manche hier niedergelegten Befunde sich jetzt kaum noch erbringen ließen und verschiedene Schilderungen heute schon historischen Wert haben. Möge das Buch daher auch mit dazu beitragen, daß die letzten Flecken der Moorvegetation Mitteleuropas als wirksam gesicherte Naturschutzgebiete der Nachwelt erhalten bleiben.

H.-D. Krausch

Man-Made Lakes As Modified Ecosystems (SCOPE-Report 2). Paris: International Council of Scientific Unions, 1972. 76 S., 9 Abb.

Der Bau großer Talsperren führt zu Änderungen, die weit über die Grenzen des Gewässerökosystems hinausreichen. Sie betreffen den Wasserhaushalt und die Produktivität eines häufig mehr als 100 km² messenden Areals und ziehen oft weitreichende Konsequenzen auf ökonomischem und sozialem Gebiet nach sich. Unter Hinweis auf die bislang überwiegend rein empirischen Methoden der Planung derartiger Vorhaben und das oft große Ausmaß unerwünschter Nebenwirkungen (z. B. Massenentwicklung von Schwimmblattpflanzen, starke Ausbreitung von Krankheiten, die durch Wasserorganismen übertragen werden) legt die SCOPE-Expertengruppe (Scientific Council on Problems of the Environment) eine Reihe von Empfehlungen vor, welche Gesichtspunkte bei der Planung großer Talsperren von vornherein berücksichtigt werden sollten. Jeder Vorschlag wird umfassend begründet. Bereits 1970 existierten mindestens 40 Stauseen mit einer Fläche von mehr als 1000 km² und 260 mit einer Oberfläche > 100 und < 1000 km². Die meisten großen Stauseen befinden sich in der UdSSR, in Kanada und China.

Obwohl der Beitrag in erster Linie landeskulturelle, geographische, hydrologische und ökonomische Gesichtspunkte behandelt, wird auch die Struktur und zeitliche Entwicklung des Gewässerökosystems berücksichtigt. Die Gesamtartenzahl pro m² kann vor dem Anstau mehr als 1500 betragen, dann aber auch im limnischen Bereich dieses Niveau erreichen. Soweit wie möglich wird versucht, die bisher sehr wenig erforschten afrikanischen Stauseen in die Betrachtung einzubeziehen. Andererseits fällt auf, daß die sehr umfangreiche sowjetische Literatur über die Biologie von Stauseen nicht einmal am Beispiel einiger zusammenfassender Arbeiten mit referiert wird.

Mit ihren Empfehlungen wenden sich die Autoren vor allem an die Regierungen. Das Buch ist eine wichtige Unterlage für Planungsfachleute, die an ökonomisch-ingenieurtechnischen Alternativentscheidungen über große Stauseen beteiligt sind.

D. Uhlmann

Rudolf Piechocki: Makroskopische Präparationstechnik. Leitfaden für das Sammeln, Präparieren und Konservieren. Teil II, Wirbellose. 2. Aufl. Jena: VEB Gustav Fischer Verlag 1975. 349 S., 156 Abb., 2 Tab. Ln. M 32,–

Nach fast 10 Jahren liegt nunmehr die 2. überarbeitete Auflage dieses Werkes vor. Die auf verschiedenen außereuropäischen Expeditionen gesammelten Erfahrungen des Verfassers spiegeln sich in der Überarbeitung wider. Unter Beibehaltung der bewährten Gliederung erfuhren insbesondere die Sammelmethoden eine Erweiterung. Der Schwerpunkt des Buches liegt auf entomologisch-terrestrischem Gebiet, deswegen sind auch leider aquatische Biotope etwas kurz geraten. Besonders die Sammelmethodik aquatischer Extrembiotope, wie etwa des Grundwassers, entspricht leider nicht dem neuesten Stand. Trotzdem bedeutet die Verlagerung des Schwergewichtes auf die Sammelmethoden eine Bereicherung des Buches, die sowohl dem Systematiker als auch dem Ökologen zu gute kommt. Letzterem ist der „Piechocki" auch ein wertvolles Nachschlagewerk, wenn es um die Versendung von Bestimmungsmaterial an die Spezialisten geht. In der Präparationstechnik fällt in verschiedenen Kapiteln die Einführung der Präparationsmethodik bestimmungswichtiger Organe auf.

Die technische Gestaltung des Buches hat in der Neuauflage sehr zur Aussagefähigkeit und Übersichtlichkeit beigetragen. So hebt der Fettdruck einzelner Begriffe die Gliederung innerhalb des Textes klar hervor. Die Verlagerung des Literaturverzeichnisses an den Schluß des Buches erleichtert das Auffinden von Literaturstellen. Zu der Gestaltung der Neuauflage ist dem Autor und dem Verlag zu gratulieren und dem Buch eine ebenso große Verbreitung zu wünschen wie der ersten Auflage. D. Ronneberger

Yvonne Herman (ed.): Marine Geology and Oceanography of the Arctic Seas. Berlin, Heidelberg, New York: Springer-Verlag 1974. IX, 397 S., 172 Abb., 41 Tab., 22 Taf. Geb. DM 90,50 (US $ 39.40)

In dem vorliegenden Sammelband kommen 23 Autoren aus den USA, der Sowjetunion, den Niederlanden, aus Kanada, Belgien und England in 15 Beiträgen (= Kapiteln) zu Wort. Es ist verblüffend, welcher Materialreichtum von den Autoren dargestellt wird, ist doch der ca. 12 Mio km^2 große Arktische Ozean weitgehend von Eis bedeckt und damit der direkten Untersuchung entzogen. Das Material stammt von Schiffsreisen, Eisdriftstationen und Satellitenbeobachtungen, wobei auch die Ergebnisse älterer Forschungen mit eingearbeitet sind, z. B. die der Fram-Expedition Nansens.

Die beiden Hauptkapitel 1 und 13 haben folgende Titel „Physical Oceanography of Arctic and Subarctic Seas" (72 S.) und „Arctic Ocean Sediments, Microfauna, and the Climatic Record in Late Cenozoic Time" (66 S.) Letzteres stammt von der Herausgeberin, einer Palökologin. Die Untersuchung der Sedimente und der Mikrofauna (zu über 90% aus planktischen und benthischen Foraminiferen bestehend, durch zahlreiche rasterelektronenmikroskopische Aufnahmen sind auch einige neue Arten dokumentiert) führt zu paläoklimatischen Ergebnissen sowie zu Zusammenhängen zwischen paläomagnetischen Polaritätsänderungen und Klimaänderungen. Während des oberen Pleistozäns waren die Temperaturen am niedrigsten, höhere Temperaturen und niedrige Salinität ($< 29‰$) kennzeichnen dagegen die Matuyama-Epoche (vor 0,7—2,4 Mio Jahren), in der der Arktische Ozean nicht ständig mit Packeis bedeckt war.

Daneben werden behandelt: Topographie des Arktischen Ozeans, tektonische Entwicklung der arktischen Becken („Teillösungen und ungelöste Mysterien"), tektonische Situation, känozoische Sedimentationsverhältnisse und geologische Ozeanographie der Beringsee und ihrer Schelfgebiete (in 3 Kapiteln), die Sedimentationsverhältnisse und die Geologie der Beaufortsee, der Ostsibirischen See, der Laptevsee und der Karasee (in 4 Kapiteln), subarktische Molluskenfauna des Pleistozäns (mit einer Korrelationstabelle des marinen Pleistozäns entlang der Nordküste Eurasiens von den Niederlanden bis zur Tschuktschen-Halbinsel), Neogen im subarktischen Teil des Pazifiks (Gliederung auf Grund von Mollusken und Diatomeen unter Berücksichtigung nichtpaläontologischer Ergebnisse), atmosphärische Zirkulation zu Beginn und während des Maximums der Wisconsin/Würm-Eiszeit sowie mögliche Ursachen von Vereisungen. Ein ausführliches Sachregister beschließt den inhaltsreichen und informativen Band. D. Storch

G. G. Winberg (ed.): Methods for the estimation of production of aquatic animals. London: Academic Press Inc. 1971. 175 S., 35 Abb., 28 Tab. Geb. £ 3.00

Dieses Buch ist die Übersetzung des 1. Teiles eines 1968 in Minsk erschienen Symposiumsberichtes mit Beiträgen sowjetischer Hydrobiologen zur Methodik und Theorie der Sekundärproduktion in aquatischen Ökosystemen. Es ist das erste methodische Handbuch auf diesem mit Beginn des Internationalen Biologischen Programms hochaktuellen Gebiet, dem insofern noch besondere Bedeutung zukommt, als es die seit über 40 Jahren betriebenen, bisher aber wenig bekannten grundlegenden Untersuchungen sowjetischer Limnologen über die Bioproduktion in Binnengewässern einem weltweiten Benutzerkreis zugänglich macht. Die Darstellung beschränkt sich auf die Wirbellosen des Süßwassers, unter denen sich für den Stoff- und Energiefluß in Gewässern so wichtige Gruppen wie Chironomiden, Rotatorien und Cladoceren befinden. Behandelt werden einfache und komplizierte Methoden zur Messung des Feucht- und Trockengewichts, des Kaloriengehalts der Organismen sowie des Gehalts an Fetten, Protein und Kohlenhydraten. Ein weiteres Kapitel enthält eine ausführliche Diskussion des tierischen Wachstums und des Einflusses von Temperatur und Nahrung auf Entwicklungsdauer, Wachstum und Fortpflanzungsraten. Es folgt die Darstellung der verschiedenen Methoden zur Berechnung und Abschätzung der Sekundärproduktion, getrennt nach Populationen mit und ohne kontinuierliche Reproduktion. Abschließend werden Methoden zur Produktionsberechnung mit Hilfe von Nahrungsuntersuchungen an Fischen in Seen und Teichen besprochen.

Das Schriftenverzeichnis enthält außer einer Auswahl wichtiger Arbeiten der Weltliteratur alle einschlägigen Veröffentlichungen sowjetischer Autoren bis zum Jahre 1968, deren Titel zusätzlich ins Englische übertragen wurden. Beigefügt sind außerdem Hinweise auf vorhandene englische Übersetzungen russischer Literatur. Ein Autoren- und Sachregister beschließt das gehaltvolle Methodenbuch, das von großem Nutzen für alle mit produktionsbiologischen Untersuchungen befaßten Limnologen und Hydrobiologen sein wird. D. FLÖSSNER

LARS OLOF BJÖRN: Photobiologie. Licht und Organismen. Aus dem Schwedischen übersetzt von GRETA SCHÖLLHORN und PETER HEIDEMANN. Stuttgart: Gustav Fischer Verlag 1975. X, 210 S., 90 Abb., 8 Tab., 16 Taf. Flex. Taschenb. DM 15,80

Der in der UTB-Reihe (Nr. 429) erschiene Band ist eine Übersetzung des 1973 von L. O. BJÖRN bei Bokförlaget Aldus/Bonniers, Stockholm, veröffentlichten Originaltitels „Ljus och liv". In anspruchsvoller populär-wissenschaftlicher Form wird eine Einführung in Grundlagen der Photobiologie gegeben. Ergebnisse und offenstehende Fragestellungen werden vorgestellt. Besonders ausführlich geht der Autor dabei auf die Photosynthese (u. a. Eigenschaften der Pigmente, Energieniveaus des Chlorophylls, Elektronentransportkette, Photophosphorylierung, CO_2-Assimilation, photobiologische Hilfsprozesse der Photosynthese) und den Sehsinn bei verschiedenen Organismen ein (u. a. Konstruktion und Funktion der Sehorgane, Farben im Pflanzen- und Tierreich, Entwicklung der Blütenpflanzen und Insekten, Schutzfarben und schützende Verkleidung, Mimikry). Darstellungen zur Photobiologie leuchtender Lebewesen, zur Photobiologie der menschlichen Haut (u. a. Sonnenbrand, Hautkrebs, Vitamin D), Photoorientierung in Zeit und Raum, Bedeutung des Lichtes für die Entstehung und Entwicklung des Lebens, zum Wechselverhältnis von Licht und Kosmos, zum photochemischen Smog und zum künstlichen Licht lassen ein abgerundetes Bild der vielfältigen biologischen Funktionen des Lichtes entstehen.

Ein Appendix (Lichtempfindlichkeiten), ein Register und ein ausgewogenes Literaturverzeichnis, in dem vorrangig zusammenfassende Darstellungen berücksichtigt wurden, ergänzen das lesenswerte Büchlein. R. KOSCHEL

H. L. GOLTERMAN: Physiological limnology. An approach to the physiology of lake ecosystems. (Developments in water science 2) (Advis. edit. V. T. CHOW). Amsterdam, Oxford, New York: Elsevier Scientific Publishing Company 1975. XIV, 489 S., 128 Abb., 4 Taf., 62 Tab. Geb. Dfl 125,—

Unter kritischer Mithilfe von K. E. CLYMO und R. S. CLYMO ist diese „Physiologische Limnologie" entstanden, ein Versuch, die chemisch determinierte Umwelt mit der Biochemie und Physiologie der Organismen in einem gegebenen System in quantitative Beziehungen zu bringen. Dabei verfolgt das Werk primär didaktische Ziele: Es ist als Lehrbuch für postgraduale Studenten gedacht, als Grundlage einer Spezialausbildung also, und wendet sich sowohl an den Chemiker als auch den Biologen, bemüht, beiden das an Kenntnissen zu vermitteln, was für das Verständnis der Ökologie von Wasserorganismen notwendig ist. Viele Beispiele der Darstellung stammen aus Untersuchungen, die an 2 Objekten, der 11 m tiefen Sandgrube Lake Vechten und dem flachen Polderreservoir Tjeukenmeer, durchgeführt worden sind. Die 19 Kapitel überstreichen das Gesamtgebiet der theoretischen und angewandten Limnologie unter besonderer Berücksichtigung solcher Schwerpunkte wie Primärproduktion in Beziehung zur Photosynthese unter natürlichen Bedingungen, Nährstoffzyklen, Stickstoff und Blaualgen, Silizium und Kieselalgen, Algen und ihre Pigmente, Phytoplanktonperiodizität, Rolle der Bakterien, Nährstoffbilanz und Eutrophierung und schließlich Wasserversorgung und Verschmutzung der Gewässer. Im Anhang finden sich eine Liste der Algen, die im Buch behandelt werden, eine geologische Zeitskala und ein Schema der Photosynthese- und Respirationszyklen. Autoren- und Sachverzeichnisse vervollständigen das flüssig geschriebene, gut gedruckte und ausgestattete Buch, das eine wertvolle Ergänzung der bekannten Lehrbücher von RUTTNER und HUTCHINSON darstellt. S. J. CASPER

GESA HARTMANN-SCHRÖDER: Annelida, Borstenwürmer, Polychaeta (Die Tierwelt Deutschlands, 58. Teil). Jena: Gustav Fischer Verlag 1971. 594 S., 191 Abb. Br. M 128,50

Die vorliegende monographische Bearbeitung der Meeresborstenwürmer der deutschen Fauna behandelt in einem allgemeinen Teil in sehr gedrängter Form Eidonomie, Anatomie, Entwicklung, systematische Stellung, Ökologie und Biologie sowie Sammeln und Präparieren dieser artenreichen Tiergruppe. Der spezielle Teil enthält neben übersichtlichen Bestimmungsschlüsseln und den Diagnosen der höheren Taxa (Ordnungen bis Gattungen) die ausführlichen Beschreibungen von über 400 Arten. Es werden auch solche Formen mit berücksichtigt, die, obschon an den deutschen Küsten noch nicht nachgewiesen, auf Grund ihrer Verbreitung im behandelten Gebiet vorkommen könnten. Hervorzuheben ist die übersichtliche Gliederung der einzelnen Artbeschreibungen nach dem Schema: Synonymie, Diagnose, Färbung, Verbreitung, Ökologie und Biologie. Bei kritischen Formen finden sich kurze systematische Bemerkungen zu den in der vorliegenden Bearbeitung vertretenen Auffassungen. Eine wertvolle Bestimmungshilfe bilden die zahlreichen, klaren Strichzeichnungen, in der Mehrzahl Originale der Autorin. In einem kurzen zoogeographischen Übersichtskapitel werden die insgesamt behandelten 426 Polychaetenarten 8 verschiedenen Verbreitungstypen zugeordnet. Das Literaturverzeichnis beschränkt sich auf die im Text erwähnten Arbeiten. Ein Register, das Art- und Gattungsnamen und die wichtigsten Fachausdrücke enthält, erleichtert die Orientierung. Das informationsreiche, mit Sorgfalt und Sachkenntnis auf den neuesten Stand gebrachte Werk bildet ein für Meeresbiologen und alle einschlägigen Systematiker unentbehrliches Arbeitsmittel.

D. FLÖSSNER

W. H. VAN DOBBEN & R. H. LOWE-MC CONNELL (eds.): Unifying concepts in ecology. Report of the plenary sessions of the First international congress of ecology, The Hague, the Netherlands, September 8—14, 1974. The Hague: Dr. W. Junk B. V. Publishers/Wageningen: Centre for agricultural publishing and documentation 1975. 302 S., 52 Abb., 24 Tab. Ln Dfl. 75,—

Der Band enthält die Plenarvorträge des 1. Internationalen Kongresses für Ökologie in Den Haag. In diesen Vorträgen kommt das Bemühen zum Ausdruck, die allgemeinen Eigenschaften von Ökosystemen in verallgemeinerungsfähigen Konzepten und Modellen zu erfassen. Die Darstellungen beziehen sich auf den Stoff- und Energiefluß zwischen den „trophic levels" (hierüber berichten: L. P. ODUM, F. H. RIGLER, D. E. REICHLE et al., H.VELDKAMP, S. S. SCHWARZ), auf die Eigenschaften Mannigfaltigkeit, Stabilität und Reife von natürlichen und beeinflußten Ökosystemen (es berichten: G. H. ORIANS, R. MARGALEF, R. H. MAY, R. H. WITTAKER, J. JACOBS, J. HARTE & D. LEVY, M. ALEXANDER, C. O. TAMM), auf vergleichende Untersuchungen über die Produktivität (sowohl der Primär- als auch der Sekundärproduktion) in Ökosystemen (Autoren: F. E. WIELGOLASKI, H. LIETH, O. W. HEAL & S. F. MACLEAN, L. RYSZKOWSKI, M. SHILO) und schließlich auf die Probleme der gezielten Beeinflussung von Ökosystemen durch den Menschen („Strategies for management..." mit den Autoren J. D. OVINGTON, C. S. HOLLING & W. C. CLARK, W. H. L. ALLSOPP, E. VAN DER MAAREL, O. SOEMARWOTO).

Im Vordergrund der Betrachtung stehen die dynamischen Eigenschaften der Ökosysteme, die einer mathematischen Interpretation zugänglich sind. Einige Artikel sind Forschungskonzepte, die nur den Charakter einer Anregung haben wollen. Dies ist eine zumindest für die Ökologie neue Methode: Man gibt Gedanken und Anregungen („Konzepte"), die als solche respektiert werden müssen und nicht sogleich nach dem Schema richtig — falsch zu beurteilen sind. Es werden Wege aufgezeigt, deren Gangbarkeit erst die künftige Forschung erweisen muß. Sehr interessante Gedanken und Hypothesen werden über Mannigfaltigkeit, Stabilität und Reife von Ökosystemen geboten. Diese Thematik wird von mehreren Autoren unter unterschiedlichem Blickwinkel behandelt. Dabei werden (entsprechend der „Konzeptmethode") auch widersprüchliche Ansichten geäußert.

Das Buch stellt einen wertvollen Beitrag zur Entwicklung einer Allgemeinen Ökologie dar. Es gibt viele Anregungen und Hinweise für die konkrete ökologische Forschung der nächsten Jahre.

W. SCHÖNBORN

DIETMAR RIEDEL: Die Europäische Sardine (Die Neue Brehm-Bücherei Nr. 391). Wittenberg Lutherstadt: A. Ziemsen Verlag 1968. 92 S., 38 Abb., 33 Tab. Brosch. M 6,60

Die meistens nur als „Ölsardine" bekannte Europäische Sardine (*Sardina pilchardus*) wird in dem vorliegenden Heftchen in allgemeinverständlicher Art und Weise vorgestellt. Die einleitenden Kapitel „Systematische Stellung der Europäischen Sardine" (in den Weltmeeren leben ca. 20 Sardinenarten) und „Die geographische Verbreitung der Europäischen Sardine" stecken den Rahmen des Büchleins ab. Die folgenden Kapitel „Morphologie und Anatomie"; „Ontogenie, Biologie und Ökologie"; „Sardinenfang" und „Die Europäische Sardine als Nahrungsmittel" bringen zahlreiche interessante Einzelheiten. Den Schluß bilden Ausführungen über den „Sardinenhandel" über die „Fischereiliche Gesetzgebung für den Sardinenfang" und ein ausführliches Literaturverzeichnis, das auch auf wichtige Fischereizeitschriften hinweist.

Die Schemata und Graphiken könnten durch eine einheitliche Gestaltung übersichtlicher werden. Die Aussage einiger Abbildungen läßt zu wünschen übrig. Die oft verwendete Masseeinheit mT (Metertonne) ist nicht allgemein gebräuchlich und sollte erläutert werden. L. KÜCHLER

N. A. HOLME & A. D. MCINTYRE: Methods for the Study of Marine Benthos (IBP Handbook No. 16). Oxford: Blackwell Scientific Publications 1971. 334 S., 83 Abb., 21 Tab. Brosch. £ 3.75

Entsprechend dem Standard dieser Reihe ist auch der Band 16 ein Ergebnis kollektiver Zusammenarbeit. Die Einzelkapitel stammen vor allem aus der Feder englischer Autoren, was eine Straffung und Geschlossenheit des dargebotenen Stoffes sicher vereinfachte.

Das Buch beginnt mit der Planung der Probeentnahme, führt über die Positionsbestimmung, physikalische und chemische Milieubeschreibung, Photographie und Fernsehen, Tauchen, Sammelmethoden für Makrobenthos, Meiofauna und Mikrofauna, Effektivität der Entnahmegeräte, Gerät zur Bedienung der Probeentnahmegeräte, Behandlung und Sortierung der Proben, Sammlung von Phytobenthos und Bestimmung der Primärproduktion sowie Energieströme. Es wird abgeschlossen durch technische Angaben zu einigen Entnahmegeräten, einer Liste von Firmen, die Geräte liefern, Umrechnungszahlen nautischer Einheiten in das metrische System, Literaturverzeichnis und einen Sachindex.

Der Inhalt kann hier im einzelnen nicht wiedergegeben werden. Was können wir Limnologen aber diesem Handbuch entnehmen, wo ergänzt es wesentlich die No. 17 (Secondary Productivity in Fresh Waters)? Unabhängig von dem absoluten Aufwand, der im Meere getrieben werden muß, mit Schiffen, Elektrowinden, Navigation etc. fällt auf, daß die im limnologischen Bereich noch weit verbreitete „blinde Probeentnahme", also Probeentnahme in einem vorher nicht visuell wahrgenommenem Terrain, mit Geräten unbekannter Funktionsweise am Entnahmeort im Meeresbereich weit weniger aktuell ist. Tauchen und Fernsehen gehören dort bereits zur Normalausstattung größerer Institute, Tauchboote und Unterwasserhäuser sind erst etwas Besonderes. — Weiterhin wird man zur Planung der Probeentnahme wie auch Habitatbeschreibung angeregt und eine Tabelle (S. 160) informiert über den Einfluß der verwandten Siebe auf das Ergebnis bei unterschiedlichen Tiergruppen.

Was den limnischen und marinen Methoden fehlt und in Zukunft nachgeholt werden sollte, ist eine Wertung der Effizienz der Vielzahl von vorgestellten Entnahmegeräten für die einzelnen Böden und auch Organismengruppen. Der Vergleichbarkeit von Daten würde das sehr entgegen kommen und eine Planung von Forschungsprogrammen erleichtern. Ein erster Versuch dazu wurde in dem hier besprochenen Werk bereits gemacht (S. 143).

Insgesamt fällt die klare und lückenlose Behandlung des Gebiets auf, der Mut weniger Wichtiges wegzulassen und vielleicht anfangs scheinbar Unwichtiges aufzunehmen (Definitionen). Ist dieses Buch als Lehrbuch für Anfänger, als Nachschlagewerk für auf dem Gebiet nicht als Spezialist Arbeitende geschrieben, erfüllt es voll seine Aufgabe. Auch mancher Spezialist wird es zur Hand nehmen und uns Limnologen vermag es schnell zu informieren, wo wir methodisches Terrain gegenüber der Ozeanologie aufzuholen haben. G. MOTHES

G. VIDA (ed.): Evolution in plants (Symposia Biologica Hungarica Vol. 12). Budapest: Akademiai Kiadó. 1972 231 S., 59 Abb., 18 Tab., 7 Taf. Ln. Ft 170,—

Der Sammelband erfaßt 24 Einzelbeiträge von 32 Autoren, die auf dem Symposium über Evolution der Pflanzen im Institut für Biologie der Ungarischen Akademie der Wissenschaften vom 1.—4. September 1970 in Tihany vorgetragen wurden. Die 66 Teilnehmer kamen aus 14 Ländern Europas, Nordamerikas und Indiens. In 7 Sektionen wurde die Evolution gut umgrenzter taxonomischer Einheiten unter Berücksichtigung solcher Aspekte wie Introgression (*Picea*: BOBROW), Polyploidie, ökologischer Adaptation und geographischer Artbildung erörtert. Die mögliche Bedeutung der extrachromosomalen Vererbung (SCHWANITZ), die Muster der geographischen Verbreitung der Arten in Europa (VALENTINE; *Pedicularis*: MAYER) und Pestizide als Evolutionsförderer (GRANT) spielten unter den diskutierten Evolutionsfaktoren eine besondere Rolle. Relativ groß war der Anteil zytotaxonomisch-biosystematischer und zytogenetischer Vorträge (Farne: VIDA, sowie VIDA, PAGE, WALKER & REICHSTEIN; *Clarkia*: LEWIS & BLOOM; Weizen: SEARS; *Dianthus plumarius*: BAKSAY; *Festuca ovina*: HORÁNSZKY, JANKÓ & VIDA; *Symphytum*: GADELLA). Mit der Evolution der größeren Pflanzengruppen beschäftigte sich EHRENDORFER. Auch die Phylogenie der Grünalgen (ŞTEFUREAC) wurde nicht vergessen. Der insgesamt informative Überblick über die gegenwärtige Situation der Evolutionsforschung ist freilich in sich nicht ganz ausgewogen; das Niveau der Einzelbeiträge schwankt ziemlich; zwei Beiträge sind als Zusammenfassung abgedruckt. Trotzdem ein beachtenswerter Band. S. J. CASPER

T. B. GRIFFIN & J. H. KNELSON (guest eds.): Environmental Quality and Safety, Supplement Vol. II: Lead. Stuttgart: Georg Thieme Publ./Academic Press New York 1975. VIII, 300 S., 108 Abb., 166 Tab. Geb. DM 58,—

Im Mittelpunkt der Monographienreihe „Umwelt — Qualität und Sicherheit" stehen globale Aspekte der Chemie, Toxikologie und Technologie der chemischen Elemente und Verbindungen und ihre Auswirkung auf die Umwelt des Menschen. Die wissenschaftliche Bearbeitung eines so aktuellen Problems ist nur auf einer breiten interdisziplinären Basis möglich. An der Lösung dieser Frage arbeiten weltweit vom Mediziner, Biochemiker, Biologen bis zum Technologen und Geochemiker nahezu alle naturwissenschaftlichen Disziplinen mehr oder weniger intensiv mit. Die vorliegende Monographienreihe leistet eine wichtige Arbeit bei der Überwindung der Verständigungsschwierigkeiten zwischen Spezialisten aus so verschiedenen Wissenschaftsdisziplinen. Sie schafft eine leicht zugängliche, wissenschaftlich solide Informationsquelle für alle interessierten Kreise.

Gegenstand des vorliegenden Ergänzungsbandes ist die Analyse der Wirkungen von Blei im Kreislauf unserer Umwelt. Hierzu werden von 25 Autoren in 11 Beiträgen zu verschiedenen Problemen zusammenfassende Darstellungen gegeben. C. F. COLE gibt auf ca. 70 Seiten auf der Grundlage umfangreicher Arbeiten in Dänemark in beispielhafter Weise eine Übersicht über die Einflüsse von Blei in der menschlichen Zivilisation, die in ihrer Aussage über den engeren regionalen Rahmen hinausgeht und von allgemeinem Interesse ist. Ergänzt wird diese Darstellung durch Zahlenmaterial über die Bleikonzentrationen im Boden, in der Luft, in Organismen und in Lebensmitteln in verschiedenen Gebieten der USA (G. TER HAAR und V. HASSELBLAD et al.) und in Japan (TSUDIYA et al.), hier sind von besonderem Interesse eine Zusammenfassung des Studienmaterials über die Bleiverunreinigungen in zivilisatorischen Ballungsgebieten (z. B. in Tokio) und die sich hieraus ergebenden biomedizinischen Probleme. Gegenstand der weiteren Arbeiten sind medizinische Untersuchungen über die Auswirkungen von Bleiaufnahmen auf den menschlichen Organismus.

Jeder Beitrag wird durch ein Literaturverzeichnis abgeschlossen, in dem die Literatur bis 1973 noch berücksichtigt wird. Umfangreiches analytisches Zahlenmaterial ist in Tabellen jeweils als Anhang zusammengefaßt. Ein Sachregister ermöglicht eine handbuchgerechte Nutzung dieses Arbeitsmaterials. Die chemischen und biologischen Analysenverfahren werden verbal beschrieben. Eine Anwendung der eingesetzten Methoden macht jedoch das Studium der Originalliteratur notwendig.

Verständlicher Weise kann in einer solchen Darstellung mit einem begrenzten Umfang keine vollständige Erfassung des gesamten Zahlenmaterials zur Bleiverunreinigung erfolgen. In der gewählten Begrenzung liegt für einen breiteren Interessentenkreis der Nutzen, da sich aus den gewählten Beispielen durchaus bestimmte Verallgemeinerungen ableiten lassen, ohne daß man beim Lesen des Materials von einer Flut von Einzelergebnissen überschüttet wird. Daher kann dieses Buch allen empfohlen werden, die sich mit den Problemen des Umweltschutzes beschäftigen. Darüber hinaus ist es für Biochemiker, Geochemiker und Mediziner eine reiche Fundgrube für spezielles Faktenmaterial im Zusammenhang mit Blei und seinem Kreislauf in der menschlichen Zivilisation. K. HEIDE

Isotope ratios as pollutant source and behaviours indicators. Proceedings of a symposium on isotope ratios as pollutant source and behaviour indicators jointly organized by the International Atomic Energy Agency and the Food and Agriculture Organization of the United Nations and held in Vienna, 18—22 november 1974. Vienna: International Atomic Energy Agency 1975. 489 S., 109 Abb., 127 Tab. Brosch. US $ 31.—; AS 510,—

Die Isotopen- und Strahlenforschung erbringen im verstärkten Maße wesentliche Grundlagen für die Umweltforschung. So lassen sich aus den Isotopenvariationen, -zusammensetzungen und -effekten bestimmter Elemente weitgehende Aussagen über das Ausmaß, die Herkunft und die Natur von Verunreinigungen in der Bio-, Hydro-, Geo- oder Atmosphäre ableiten. Diesen vielfältigen Fragestellungen widmete sich ein 1974 in Wien von der IAEA und der FAO veranstaltetes Symposium, dessen Verhandlungen im vorliegenden Band veröffentlicht werden.

34 Beiträge von namhaften Autoren aus 11 Staaten vermitteln eine Fülle interessanter Ergebnisse. Der Band gliedert sich dabei in 4 Abschnitte: 1. Stabile Isotopenverhältnisse als Verunreinigungsquelle und Verhaltensindikatoren (8 Beiträge), 2. Radioaktive Isotopenverhältnisse als Verunreinigungsquelle und Verhaltensindikatoren (12 Beiträge), 3. Präparation und Anwendung von angereicherten oder getrennten stabilen Isotopen für Verunreinigungsuntersuchungen (12 Beiträge) und 4. Natürliche Variation der $^{15}N/^{14}N$-Isotopenverhältnisse mit speziellem Bezug auf die Stickstoffdüngung (2 Beiträge). Ein Vorwort, eine Schlußdiskussion und ein Anhang (Teilnehmerliste, Indizes) ergänzen den Band.

Aus der Fülle der Vorträge können nur einzelne Themenkreise genannt werden. So widmen sich einige Beiträge der Umweltkontamination mit Radionukliden als Produkte von Kernkraftwerken und anderen Nuklearprozessen. Als vorteilhafte Anzeiger für derartige Verunreinigungen haben sich die Isotopenverhältnisse von $^{85}Kr/^{3}H$ und verschiedener Rutheniumisotope bewährt. Für die Belastung einzelner Ökosysteme (z. B. Äcker, Wiesen, Wälder, Gewässer) scheinen besonders die Verhältnisse von ^{90}Sr, ^{137}Cs, $^{103-106}Ru$, ^{127}I und ^{129}I in Pflanzen, Tieren und Boden zuverlässige Aussagen zu ergeben. Zahlreiche Arbeiten beschäftigen sich mit der Variation der Kohlenstoffisotope in der Natur. Aus den Isotopenverhältnissen von ^{12}C, ^{13}C und ^{14}C in Wasser, Boden und Luft lassen sich oft detaillierte Aussagen zur Oberflächen- und Grundwasserverschmutzung sowie zum Kohlenstoffkreislauf erbingen. Auch die besorgniserregende Nitratanreicherung in vielen Gewässern wird diskutiert. Über das Ausmaß dieser auf übermäßige Stickstoffdüngung in der Landwirtschaft zurückzuführenden Belastung geben die Verhältnisse von $^{14}N/^{15}N$ in Wasser, Boden und Nutzpflanzen Auskunft. Weitere Arbeiten (u. a. zur Variation der Schwefelisotope, zu ^{18}O-Verhältnissen, zum Konzentrationseffekt von Radioisotopen in der Biologie) sowie methodisch weiterführende Beiträge (u. a. $^{14}N/^{15}N$-Analyse, $^{15}NO_2$-Isotopenverdünnungsmethode) ergänzen die Schwerpunktthemen und lassen ein abgerundetes Bild über den derzeitigen Kenntnisstand auf diesem Sektor entstehen. Die Vorträge werden in der Originalsprache wiedergegeben (25 Englisch, 5 Französisch, 2 Russisch), die Zusammenfassung in Englisch und in der Originalsprache. Ausführliche Literaturverzeichnisse und vor allem auch die veröffentlichten Diskussionsbeiträge bringen zusätzliche Einzelinformationen. R. Koschel

Günter Haensch & Gisela Haberkampf-Antón: Wörterbuch der Biologie. Englisch-Deutsch-Französisch-Spanisch. München: BLV Verlagsgesellschaft 1976. XII, 483 S. Geb. (Kunststoff). DM 98,—

Für alle, die sich mit der Biologie oder deren Randgebieten befassen, sei es als Übersetzer oder Dolmetscher, sei es als Student oder Wissenschaftler, bringt dieses Wörterbuch eine repräsentative Auswahl von ca. 9800 Stichwörtern. Bei der Zusammenstellung der Termini wurde Wert auf eine möglichst gleichmäßige Berücksichtigung aller Gebiete gelegt, wobei aber zugunsten von Ökologie, Verhaltens- und Umweltforschung z. B. die Anatomie und die Systematik bewußt eingeschränkt wurden.

Das Buch besteht aus einem viersprachigen Glossar (englisch, deutsch, französisch, spanisch), das in der alphabetischen Reihenfolge der englischen Stichwörter durchnumeriert ist, dem drei einsprachige Register (deutsch, französisch, spanisch) folgen. Mittels letzterer kann man sehr rasch die gesuchten Termini in den anderen Sprachen finden. — Diesem wertvollen und zuverlässigen Nachschlagewerk ist eine weite Verbreitung sicher. D. Storch

Walter Nagl: Zellkern und Zellzyklen. Molekularbiologie, Organisation und Entwicklungsphysiologie der Desoxyribonucleinsäure und des Chromatins. Stuttgart: Verlag Eugen Ulmer 1976. 486 S., 122 Abb., 35 Tab. Ln. DM 120,—

Zellkern und Chromosomen haben seit ihrer Entdeckung eine große Rolle in der zytologischen Forschung gespielt. Ihre Bedeutung für den Stoffwechsel, die Differenzierung und die Systematik der Organismen hat zwar zeitweise, zuletzt im Zusammenhang mit genetischen Fragen, geschwankt, ist aber heute, besonders unter dem Eindruck der raschen Entwicklung der molekularen Karyologie, allgemein erkannt. In dem vorliegenden, in der Reihe „Phytologie — klassische und moderne Botanik in Einzeldarstellungen" erschienen Werk wird erstmalig in deutscher Sprache das gesamte gegenwärtige Wissen über die molekulare Organisation des Zellkerns und ihre entwicklungsbedingte Variabilität zusammengefaßt, wobei die Resultate anhand von Beispielen aus der Pflanzen- und Tierwelt sowie aus dem Gebiet der Humanbiologie kritisch besprochen werden.Der Entwicklungsbiologe und Genphysiologe findet zahlreiche Aspekte der Zell- und Gewebedifferenzierung sowie die Rolle des mitotischen Zellzyklus und seiner Abänderungen ausführlich diskutiert. Es wird hervorgehoben, daß im Unterschied zu den Prokaryoten bei den Eukaryoten die genetische Funktion nicht nur auf der Organisation der DNA, sondern vielmehr auf der des Chromatins beruht. Den besonderen Charakter des ungemein informationsreichen Buches machen die zahlreichen Tabellen aus, die die verfügbaren Daten über Kern-DNA, Genom-Organisation, Endopolyploidie, chromosomale Proteine, Replikation usw. „griffbereit" und überschaubar darstellen, sowie die Erläuterung der wichtigsten Methoden und Techniken als „Rezepturen" für die praktische Durchführung von Versuchen.

Das gut gedruckte Nachschlagewerk verfügt über ein Literaturverzeichnis mit über 4000 Zitaten sowie ein Sachregister. Es ist dem Autor gelungen, die klassischen und modernen („molekularen") Aspekte der Chromosomenforschung zu verbinden und damit eine Brücke von der Zell- zur Molekularbiologie zur schlagen. S. J. Casper

Werner Steffens: Der Karpfen (Die Neue Brehm-Bücherei Nr. 203). Wittenberg Lutherstadt: A. Ziemsen Verlag 1969. 156 S., 84 Abb., 25 Tab., Brosch. M 9,—

Die 3. Auflage des Büchleins gehört zu den vielen guten Heften der Reihe. Bei der Überarbeitung berücksichtigte der Verfasser besonders die neue Literatur. Die Zahl der Abbildungen wurde erhöht.

Nach einer kurzen Einleitung und der Charakterisierung der systematischen Stellung des Karpfens wird die geographische Verbreitung beschrieben, mit interessanten Angaben zur wirtschaftlichen Bedeutung. Es folgen ausführliche Kapitel über Körperbau und Lebensweise, über Domestikation und Zuchtrassen und über die Karpfenteichwirtschaft. Die folgenden Kapitel informieren über weitere interessante Gebiete: Karpfenfang und -wirtschaft in natürlichen Gewässern, industriemäßige Karpfenproduktion, Sportangeln auf Karpfen, Haltung im Aquarium, Karpfen als Nahrungsmittel, Krankheiten und Feinde des Karpfens.

Ein ausführliches Literaturverzeichnis und ein Sachregister runden das gelungene Bändchen ab. Für interessierte Laien wäre bei künftigen Auflagen zu wünschen, daß der verwendete Fachterminus g% (S. 38) näher erklärt wird. L. Küchler

Rudolf Dickscheit & Alexander Janke: Handbuch der mikrobiologischen Laboratoriumstechnik. Dresden: Verlag Th. Steinkopff 1971. XVI, 503 S., 101 Abb., 28 Tab. Geb. M 46,60

Seit langem gehört das Handbuch der mikrobiologischen Laboratoriumstechnik zu den notwendigen und anerkannten Hilfsmitteln mikrobiologischer Forschung. Es wurde auf der Grundlage der „Arbeitsmethoden der Mikrobiologie" von Alexander Janke erarbeitet.

Neben der umfangreichen Aufstellung bereits veröffentlichter und bewährter Methoden vermittelt es in gedrängter Form ebenfalls Grundlagenwissen über Morphologie und Physiologie der Mikroben. Dieses Buch ist somit wertvoller Helfer in der Grundlagenforschung und in ihren angewandten Bereichen. Es ist deshalb sehr zu begrüßen, daß der Verlag Th. Steinkopff sich entschloß, dieses Buch, dessen 2. Auflage sehr schnell vergriffen war, in einer Neuauflage zu drucken.

G. Guthke

1

2

Tafel 1

Fig. 1.: Blick vom Park Rheinsberg über den Grienerick-See. Im Vordergrund Potametum lucentis, im Hintergrund die waldbestandenen Ufer des Boberow (Aufn. H.-D. KRAUSCH 1965)

Fig. 2: Verlandungsvegetation im Grienerick-See (Bucht östlich Kanalmündung) mit Hydrocharitetum morsus-ranae, Cicuto-Caricetum pseudocyperi, Myriophyllo-Nupharetum, Typhetum angustifoliae und Scirpo-Phragmitetum (im Hintergrund) (Aufn. L. JESCHKE Aug. 1965)

1

2

Tafel 2

Fig. 1: Einfahrt zum Körkenpfuhl; rechts Bootsschuppen, links Cicuto-Caricetum pseudocyperi (Aufn. L. JESCHKE Aug. 1974).

Fig. 2: Bau von Bootsschuppen im Uferbereich des Grienerick-Sees (Aufn. L. JESCHKE)

1

3

2

4

Tafel 3

Fig. 1: Verlandungsvegetation an der Einfahrt zum Körkenpfuhl mit Hydrocharitetum vor einem Cicuto-Caricetum pseudocyperi (Aufn. K. MÜTHER)

Fig. 2: Scirpetum lacustris, Subass. von *Nuphar luteum*, in der Warenthiner Bucht des Rheinsberger Sees (Aufn. K. MÜTHER)

Fig. 3: Kleinröhricht (Eleocharitetum palustris) in einer nassen Ausbildung mit *Potamogeton natans*, *Nuphar luteum* und *Nymphaea alba* in der SE-Bucht des Rheinsberger Sees; rechts anschließend Caricetum rostratae, dahinter Phragmitetum (Aufn. K. MÜTHER)

Fig. 4: Hydro-Caricetum rostratae im Rheinsberger See (Aufn. K. MÜTHER)

1

2

Tafel 4

Fig. 1: Blick auf das S-Ufer des Parsteiner Sees. Im Wasser ausgedehnte Bestände von *Schoenoplectus lacustris*, am Ufer *Phragmites*-Röhrichte, die von basiphilen Birken—Weiden-Gebüschen abgelöst werden, dahinter lindenreicher Uferwald (Foto: R. Krause)

Fig. 2: Blick vom Pehlitzwerder zum Sauwerder mit naturnahen Laubwaldgesellschaften der Absenkungsterrasse, im Wasser *Phragmites*-Röhrichte (Foto: Dr. G. Alscher)

1

2

Tafel 5

Fig. 1: Schütteres Wasserröhricht (Meso-Phragmitetum) am Pehlitzwerder, die Bestände sind durch den Bootsbetrieb stark gefährdet. (Foto: R. Krause)

Fig. 2. Nahezu vegetationslose Unterwasserböden einer eutrophierten Bucht des Parsteiner Sees. Lediglich *Potamegeton pectinatus* vermag vereinzelt auf diesen nährstoffreichen, starker Sedimentation unterliegenden Böden zu gedeihen. — Durchfahrt zum Pehlitzsee; 0,5 m Wassertiefe, *Phragmites*-Bestände durch Bootsverkehr zerstört (Foto: Dr. D. Alscher)

1

2

3

Tafel 6

Fig. 1: *Nitellopsis obtusa*, die herrschende Characeenart der Seebereiche von 3–6 m Tiefe (Nitellopsidetum obtusae) – Parsteiner See; 5 m Wassertiefe (Foto: R. Krause)

Fig. 2: Optimalbestände des Charetum tomentosae mit *Chara tomentosa* und *Ch. fragilis* – Parsteiner See, SW-Bucht; 1,5 m Wassertiefe (Foto: R. Krause)

Fig. 3: *Nitellopsis obtusa* – Bestände an der absoluten unteren Vegetationsgrenze in 6 m Tiefe im Parsteiner See; im Vergleich zum Optimalbestand der Taf. 6, Fig. 1 wesentlich kleinwüchsiger und sedimentbehaftet (Kalkmudde) (Foto: R. Krause)

1

2

3

Tafel 7

Fig. 1: *Chara tomentosa* und *Ch. aculeatula* — Parsteiner See, SW-Bucht; 1,5 m Wassertiefe (Foto: R. KRAUSE)

Fig. 2: *Chara hispida* — Parsteiner See, SW-Bucht; 1,5 m Wassertiefe (Foto: R. KRAUSE)

Fig. 3: Charetum tomentosae mit beginnender Aufwuchsschädigung durch Grün- und Blaualgen — Parsteiner See, Enteninsel; 1,8 m Wassertiefe (Foto: Dr. D. ALSCHER)

1

2

3

Tafel 8

Fig. 1: *Chara tomentosa* — Parsteiner See, SW-Bucht; 1,5 m Wassertiefe (Foto: R. KRAUSE)

Fig. 2: *Chara tomentosa* mit Aufwuchs von Grünalgen — Parsteiner See, Pehlitzwerder; 1,2 m Wassertiefe (Foto: R. KRAUSE)

Fig. 3: *Chara tomentosa* minusvital, völlig von Torfmuddesedimentation erstickt (eutrophe Standortbedingungen) — Parsteiner See, SW-Bucht; 1,5 m Wassertiefe (Foto: Dr. D. ALSCHER)

1

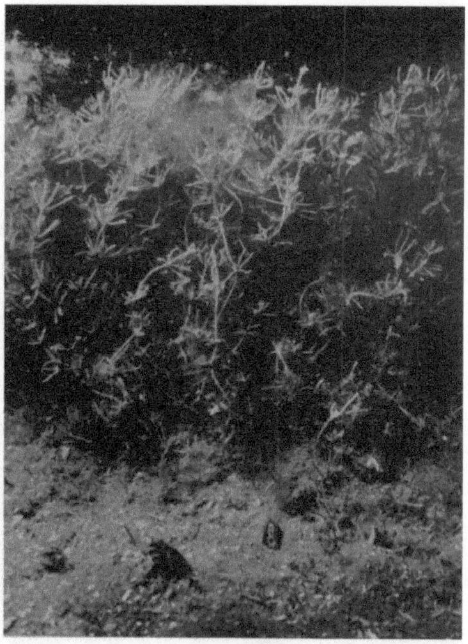

2

3

Tafel 9

Fig. 1: Charetum asperae mit *Chara aspera* und *Ch. filiformis* im schütteren *Phragmites*-Röhricht — Parsteiner See, Pehlitzwerder; 1,5 m Wassertiefe (Foto: Dr. D. ALSCHER)

Fig. 2: Charetum asperae mit schwachem Aufwuchs fädiger Grünalgen — Parsteiner See, Pehlitzwerder; 0,6 m Wassertiefe im Randbereich einer Badestelle (Foto: R. KRAUSE)

Fig. 3: Grünalgenwatten überlagern die Characeenbestände (*Ch. fragilis, Ch. filiformis, Nitellopsis obtusa*) als Ausdruck der Nährstoffanreicherung — Parsteiner See, SW-Bucht; 2,5 m Wassertiefe (Foto: R. KRAUSE)

Tafel 10

Luftbild Aufnahme-Maßstab 1:2500 vom E-Rand der SW-Bucht des Parsteiner Sees. Zu erkennen sind: eine Grünlandfläche links unten, lindenreicher Laubmischwald mit Silberweiden (an der Uferkante) auf der Seeabsenkungsterrasse (Sauwerder). An den naturnahen Wald schließen sich seewärts lichte Wasserröhrichte in Fazies von *Phragmites australis* an. Die dunklen Flecken im rechten äußeren Teil des Bildes stellen Bestände von *Schoenoplectus lacustris* dar, die rötlichen Röhrichtflächen links sind Bestände von *Typha angustifolia*. Diesen Röhrichten sind die im Bild hellgrün erscheinenden See- u. Teichrosenbestände vorgelagert. Während der rechte Teil des Bildes noch ausgesprochen mesotrophe Standortbedingungen zeigt, herrschen im linken Teil bereits eutrophe Verhältnisse. (Freigegeben von HVZL DDR unter Nr. 1786/74.)

Tafel 11

Luftbild Aufnahme-Maßstab 1:2500 vom E-Ufer (Steilufer) des Parsteiner Sees südwestlich Bölkendorf. Der obere Teil des Bildes zeigt Äcker, vorgelagert ist ein Ufergehölzstreifen, der am Steilhang lichte Stellen mit Wiesensteppenvegetation aufweist. Am Ufer befinden sich, unterbrochen von einer Badestelle, ausgedehnte Bestände von schütter stehendem Meso-Phragmitetum als Ausdruck hoher Wassergüte und damit mesotropher Verhältnisse. (Freigegeben von HVZL DDR unter Nr. 1712/74.)

Tafel 12

Luftbild Aufnahme-Maßstab 1:5000 vom NE-Teil des Parsteiner Sees mit eu- bis polytrophen Verhältnissen. Unten ist die Fischersiedlung auf dem Parsteiner Werder zu sehen, rechts davon die ausgedehnten Röhrichte, die fast den gesamten Seebereich bis zum E-Ufer des Sees einnehmen (anschließend gepflügter Acker). In den Röhrichtflächen finden sich Komplexe mit *Salix cinerea* und *Alnus glutinosa*. Bei den Röhrichten handelt es sich um Landröhrichte bzw. am offenen Wasser um Wasserröhrichte des nährstoffreichen Typs. Die rötlichen Röhrichtpartien an den direkten Wasserflächen stellen die Fazies von *Typha angustifolia* dar. Die hellgrünen, den Röhrichten vorgelagerten Flächen geben *Nymphaea*- und *Nuphar*-Bestände wieder. (Freigegeben von HVZL DDR unter Nr. 1872/74.)

1

3

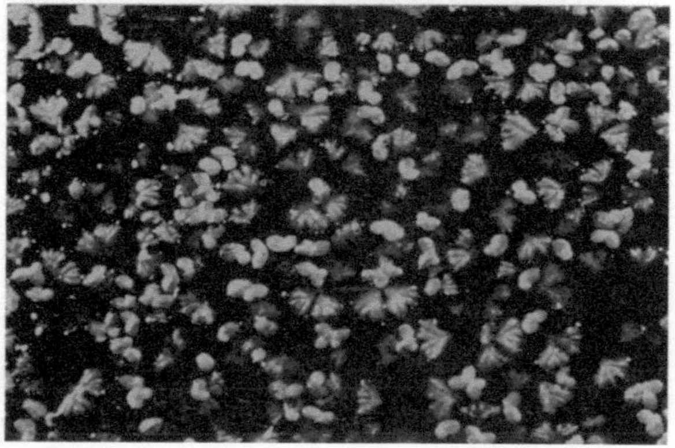

2

4

Tafel 13

Fig. 1: Spirodelo-Salvinietum aus einem Muldealtwasser bei Dessau-Törten (Foto HANDRICK)
Fig. 2: Riccietum fluitantis, Ausbildung von *Ricciocarpus natans*, in einem Graben südlich Wörlitz (Foto RODEMANN)

Fig. 3: Lemno-Utricularietum mit *Salvinia natans* als Differentialart der thermophilen *Salvinia*-Rasse (*Hydrocharis*-Rasse) (Foto HANDRICK)

Fig. 4: Hydrocharitetum morsus-ranae, typische AF, typische Subass., im Sarensee bei Klieken (Foto HANDRICK)

Tafel 14

Fig. 1: Hydrocharitetum morsus-ranae, Ausbildung von *Stratiotes aloides*, typische Subass., *Utricularia*-Var., im Sarensee bei Klieken (Foto HANDRICK)

Fig. 2: Myriophyllo-Nupharetum, im Hintergrund Acoretum calami, Subass. von *Ceratophyllum demersum* (Foto HANDRICK)

Fig. 3: Trapetum natantis, Subass. von *Nuphar lutea*, im Kühnauer See bei Dessau (Foto HANDRICK)

Fig. 4: Großflächig ausgebildetes Ranunculetum aquatilis in einem Wiesengewässer in der Aue bei Dessau (Foto HANDRICK)

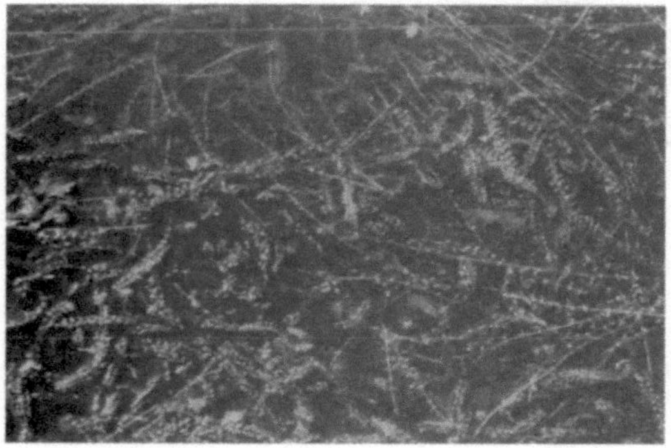

Tafel 15

Fig. 1: Hottonietum palustris mit hohem Anteil an Lemnaceen (Foto HANDRICK)

Fig. 2: Elodeetum canadensis in einem z. T. trockengefallenen Kolk am Fuchsberg bei Dessau-Waldersee (Foto Verf.)

Fig. 3: Phragmitetum, typische Subass., dahinter die höherwüchsige Subass. von *Solanum dulcamara* (Foto Verf.)

Fig. 4: Glycerietum maximae am Abflußgraben des Kühnauer Sees bei Dessau (Foto Verf.)

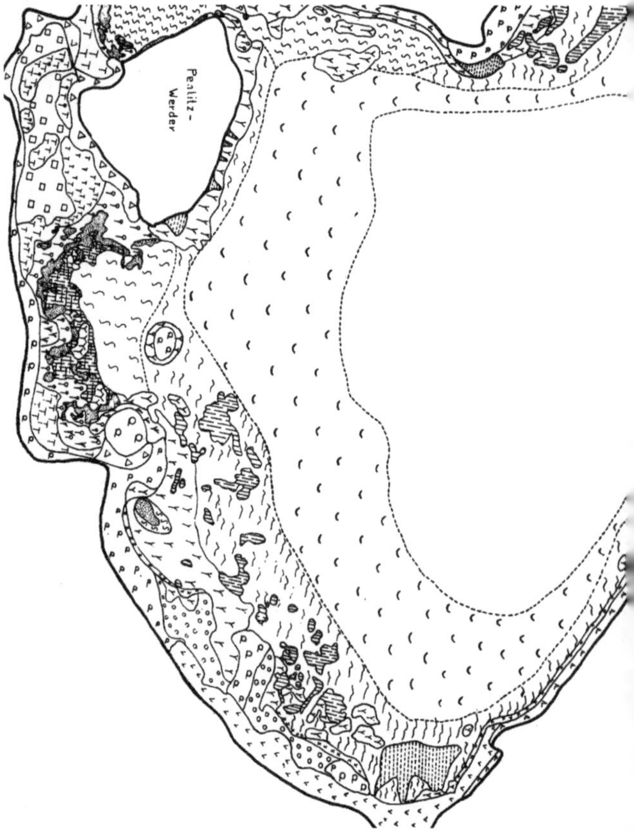
Pealitz-
Werder

terrestrischer Uferstandorte	Lindenreicher Erlen-Eschenwald (Fraxino-Alnetum tilietosum)
	Ulmenreicher Steppen-Eichenwald im Komplex mit Wiesensteppe, Gebüsch- u. Saumgesellschaften (Cynancho-Quercetum ulmetosum)
Grünlandvegetation	Wiesen der Uferterrassen (Eu-Molinietum, Arrhenatheretum, Angelico-Cirsietum oleracei)

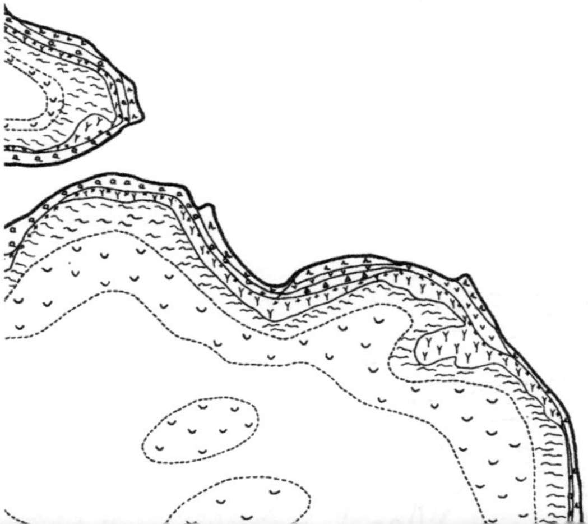

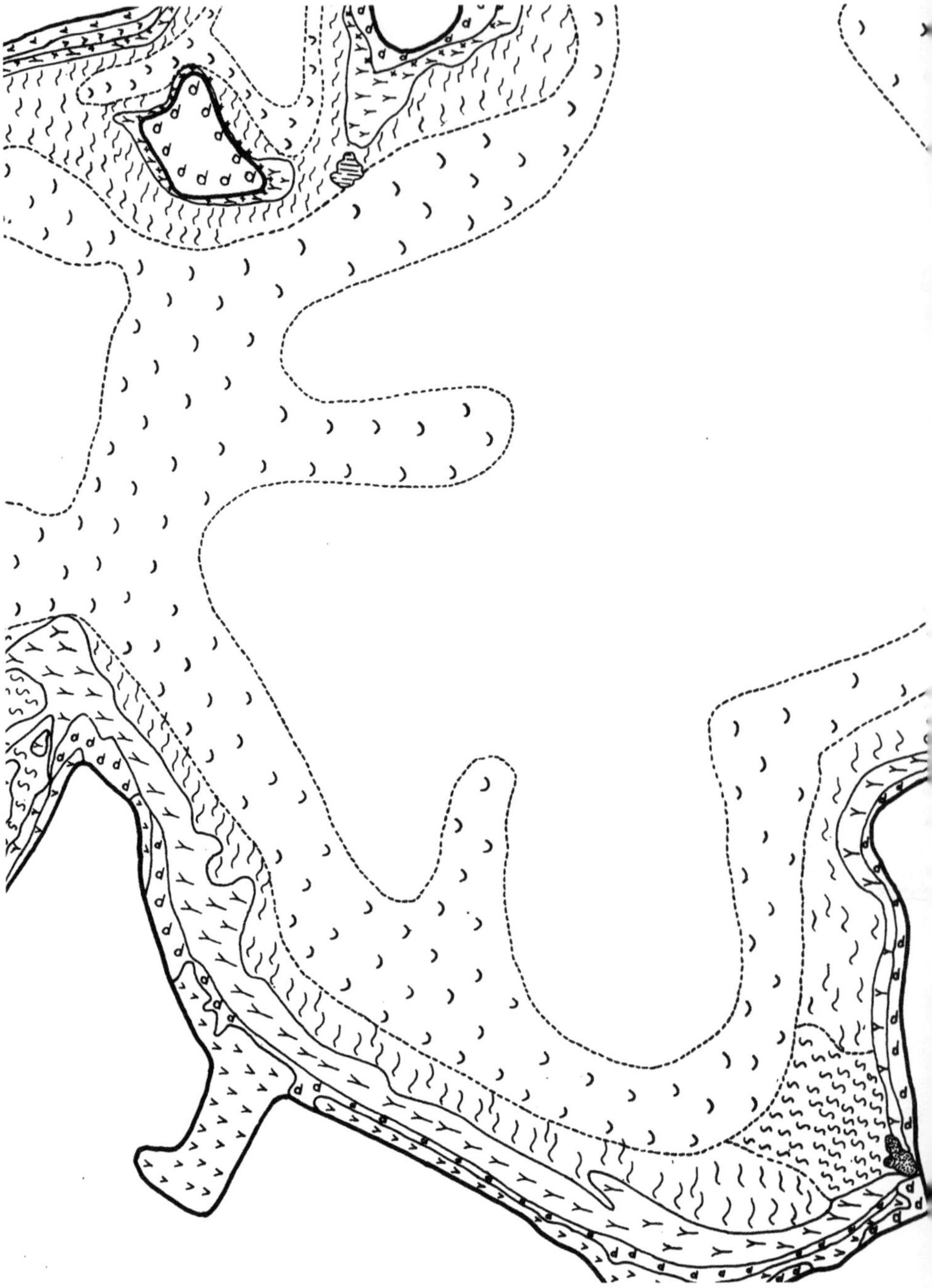

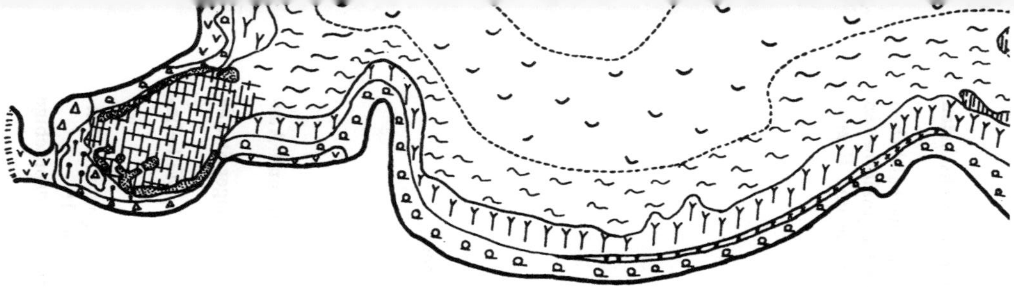

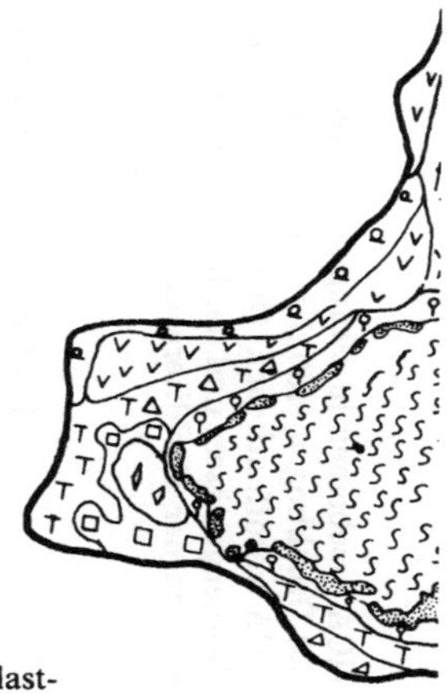

Limnologica, Band 11, Heft 2
Beitrag SUCCOW & REINHOLD: Das Vegetationsgefüge eines jungpleistozänen Klarwassersees und seine Belastbarkeit — eine Studie mit Hilfe von Farbluftbildern

Die LIMNOLOGICA erscheinen in zwangloser Folge in einzeln berechneten Heften wechselnden Umfangs. Etwa 30 Druckbogen (480 Seiten) bilden einen Band.
Die LIMNOLOGICA veröffentlichen Originalarbeiten aus allen Gebieten der wissenschaftlichen Erforschung der Binnengewässer und der benachbarten Lebensräume. Neben den Originalarbeiten erscheinen Übersichten der Fachliteratur osteuropäischer Staaten, Tagungsberichte und Rezensionen.

BEZUGSMÖGLICHKEITEN:

Sämtliche Veröffentlichungen unseres Verlages sind durch jede Buchhandlung im In- und Ausland zu beziehen. Falls keine Bezugsmöglichkeit vorhanden ist, wende man sich
in der Deutschen Demokratischen Republik an den Akademie-Verlag, 108 Berlin, Leipziger Straße 3—4,
in der BRD und Westberlin an KUNST UND WISSEN, Erich Bieber, 7 Stuttgart 1, Wilhelmstraße 4—6,
in Österreich an den GLOBUS-Buchvertrieb, Wien I, Salzgries 16,
bei Wohnsitz im übrigen nichtsozialistischen Ausland an den Buchexport, Volkseigener Außenhandelsbetrieb der Deutschen Demokratischen Republik, 701 Leipzig, Leninstraße 16.
Im sozialistischen Ausland können Bestellungen über die Buchhandlungen für fremdsprachige Literatur bzw. den zuständigen Postzeitungsvertrieb erfolgen.
Auf Wunsch sendet der Akademie-Verlag Interessenten bei Bekanntgabe der Anschrift und Fachgebiete unverbindlich Informationen über lieferbare und kommende Veröffentlichungen und gibt auch Bezugsquellen im In- und Ausland bekannt.

Erschienen im Akademie-Verlag, DDR-108 Berlin, Leipziger Str. 3—4

Lizenznummer: 202 · 100/535/79
P 87/78
Gesamtherstellung: VEB Druckerei „Thomas Müntzer“, 582 Bad Langensalza
Bestellnummer: 762 058 1 (2111/11/2) · LSV 1305
Printed in the GDR
DDR 62,– M

Wichtiger Hinweis
für wasseranalytische Laboratorien

Aus einer Mitteilung des VEB Gustav Fischer Verlag Jena über vorhandene Bestände von Teillieferungen der „Ausgewählten Methoden der Wasseruntersuchung“ ist zu schließen, daß zahlreiche Benutzer der Methodensammlung diese nicht durch die weiteren Lieferungen ergänzt haben. Der Herausgeber weist darauf hin, daß Wasseruntersuchungen in den Laboratorien der Wasserwirtschaft, des Gesundheitswesens und der Industrie der DDR gemäß der Festlegungen im DDR-Standard TGL 28400/01 auf der Grundlage dieser auf dem aktuellen Stand zu haltenden Methodensammlung durchzuführen sind. Folgende Teillieferungen sind zur Komplettierung beim Verlag vorrätig:

Band I: Chemische, physikalisch-chemische, physikalische und elektrochemische Methoden, Lieferung 2 (Bestell-Nr. 5318530) und (Schluß-) Lieferung 3 (Bestell-Nr. 5324260)

Band II: Biologische, mikrobiologische und toxikologische Methoden (Schluß-) Lieferung 3
(Bestell-Nr. 5322628)

Bestellungen nimmt der Buchhandel oder der Verlag entgegen.

Bei Fragen zur Produktsicherheit wenden Sie sich bitte an:
If you have any questions regarding product safety,
please contact:

Walter de Gruyter GmbH
Genthiner Straße 13
10785 Berlin
productsafety@degruyterbrill.com